普通高等教育规划教材

数控技术

第2版

龚仲华　主编

机械工业出版社

本书以数控机床为主线，比较全面、系统地叙述了机床数控技术的有关内容，突出了内容的先进性、技术的综合性，理论联系实际，重在应用。

全书共分六章，内容包括：绪论，数控机床的机械结构，数控加工技术，数控机床编程，数控机床的驱动系统与检测技术，数控机床的工程设计。各章节后均附复习思考题。

本书可作为高等学校相关专业的教材，也可供研究单位、企业从事数控机床设计、数控技术应用的技术人员参考。

图书在版编目（CIP）数据

数控技术/龚仲华主编. —2版. —北京：机械工业出版社，2010（2023.7重印）
普通高等教育规划教材
ISBN 978-7-111-31480-6

Ⅰ.①数… Ⅱ.①龚… Ⅲ.①数控机床—高等学校—教材 Ⅳ.①TG659

中国版本图书馆CIP数据核字（2010）第150286号

机械工业出版社（北京市百万庄大街22号 邮政编码100037）
策划编辑：王小东 责任编辑：王小东
责任校对：陈延翔 封面设计：陈 沛
责任印制：郜 敏
北京富资园科技发展有限公司印刷
2023年7月第2版第10次印刷
184mm×260mm ·16.5印张·402千字
标准书号：ISBN 978-7-111-31480-6
定价：45.00元

电话服务 网络服务
客服电话：010-88361066 机 工 官 网：www.cmpbook.com
010-88379833 机 工 官 博：weibo.com/cmp1952
010-68326294 金 书 网：www.golden-book.com
封底无防伪标均为盗版 机工教育服务网：www.cmpedu.com

普通高等教育应用型人才培养规划教材
编审委员会委员名单

数控技术应用专业分委员会委员名单

主　任：朱晓春　南京工程学院
副主任：赵先仲　北华航天工业学院
　　　　龚仲华　常州工学院
委　员：（按姓氏笔画排序）
　　　　卜云峰　淮阴工学院
　　　　汤以范　上海工程技术大学
　　　　朱志宏　福建工程学院
　　　　李洪智　黑龙江工程学院
　　　　吴　祥　盐城工学院
　　　　宋德玉　浙江科技学院
　　　　钱　平　上海应用技术学院
　　　　谢　骐　湖南工程学院

序

工程科学技术在推动人类文明的进步中一直起着发动机的作用。随着知识经济时代的到来，科学技术突飞猛进，国际竞争日趋激烈。特别是随着经济全球化发展和我国加入WTO，世界制造业将逐步向我国转移。有人认为，我国将成为世界的“制造中心”。有鉴于此，工程教育的发展也因此面临着新的机遇和挑战。

迄今为止，我国高等工程教育已为经济战线培养了数百万专门人才，为经济的发展作出了巨大的贡献。但据IMD1998年的调查，我国“人才市场上是否有充足的合格工程师”指标排名世界第36位，与我国科技人员总数排名世界第一形成很大的反差。这说明符合企业需要的工程技术人员特别是工程应用型技术人才市场供给不足。在此形势下，国家教育部近年来批准组建了一批以培养工程应用型本科人才为主的高等院校，并于2001、2002年两次举办了“应用型本科人才培养模式研讨会”，对工程应用型本科教育的办学思想和发展定位作了初步探讨。本系列教材就是在这种形势下组织编写的，以适应经济、社会发展对工程教育的新要求，满足高素质、强能力的工程应用型本科人才培养的需要。

航天工程的先驱、美国加州理工学院的马．卡门教授有句名言：“科学家研究已有的世界，工程师创造未有的世界。”科学在于探索客观世界中存在的客观规律，所以科学强调分析，强调结论的唯一性。工程是人们综合应用科学(包括自然科学、技术科学和社会科学)理论和技术手段去改造客观世界的实践活动，所以它强调综合，强调方案优缺点的比较并作出论证和判断。这就是科学与工程的主要不同之处。这也就要求我们对工程应用型人才的培养和对科学研究型人才的培养应实施不同的培养方案，采用不同的培养模式，采用具有不同特点的教材。然而，我国目前的工程教育没有注意到这一点，而是：①过分侧重工程科学(分析)方面，轻视了工程实际训练方面，重理论，轻实践，没有足够的工程实践训练，工程教育的“学术化”倾向形成了“课题训练”的偏软现象，导致学生动手能力差。②人才培养模式、规格比较单一，课程结构不合理，知识面过窄，导致知识结构单一，所学知识中有一些内容已陈旧，交叉学科、信息学科的内容知之甚少，人文社会科学知识薄弱，学生创新能力不强。③教材单一，注重工程的科学分析，轻视工程实践能力的培养；注重理论知识的传授，轻视学生个性特别是创新精神的培养；注重教材的系统性和完整性，造成课程方面的相互重复、脱节等现象；缺乏工程应用背景，存在内容陈旧的现象。④老师缺乏工程实践经验，自身缺乏“工程训练”。⑤工程教育在实践中与经济、产业的联系不密切。要使我国工程教育适应经济、社会的发展，培养更多优秀的工程技术人才，我们必须努力改革。

组织编写本套系列教材，目的在于改革传统的高等工程教育教材，建设一套富有特色、有利于应用型人才培养的本科教材，满足工程应用型人才培养的要求。

本套系列教材的建设原则是：

1. 保证基础，确保后劲

科技的发展，要求工程技术人员必须具备终生学习的能力。为此，从内容安排上，保证学生有较厚实的基础，满足本科教学的基本要求，使学生日后具有较强的发展后劲。

2. 突出特色，强化应用

围绕培养目标，以工程应用为背景，通过理论与工程实际相结合，构建工程应用型本科教育系列教材特色。本套系列教材的内容、结构遵循如下9字方针：知识新、结构新、重应用。教材内容的要求概括为："精"、"新"、"广"、"用"。"精"指在融会贯通教学内容的基础上，挑选出最基本的内容、方法及典型应用；"新"指将本学科前沿的新进展和有关的技术进步新成果、新应用等纳入教学内容，以适应科学技术发展的需要。妥善处理好传统内容的继承与现代内容的引进。用现代的思想、观点和方法重新认识基础内容和引入现代科技的新内容，并将这些按新的教学系统重新组织；"广"指在保持本学科基本体系下，处理好与相邻以及交叉学科的关系；"用"指注重理论与实际融会贯通，特别是注入工程意识，包括经济、质量、环境等诸多因素对工程的影响。

3. 抓住重点，合理配套

工程应用型本科教育系列教材的重点是专业课(专业基础课、专业课)教材的建设，并做好与理论课教材建设同步的实践教材的建设，力争做好与之配套的电子教材的建设。

4. 精选编者，确保质量

遴选一批既具有丰富的工程实践经验，又具有丰富的教学实践经验的教师担任编写任务，以确保教材质量。

我们相信，本套系列教材的出版，对我国工程应用型人才培养质量的提高，必将产生积极作用，会为我国经济建设和社会发展作出一定的贡献。

机械工业出版社颇具魄力和眼光，高瞻远瞩，及时提出并组织编写这套系列教材，他们为编好这套系列教材做了认真细致的工作，并为该套系列教材的出版提供了许多有利的条件，在此深表衷心感谢！

编 委 会 主 任
湖南工程学院院长　刘国荣教授

第2版前言

党的二十大报告指出：坚持把发展经济的着力点放在实体经济上，推进新型工业化，加快建设制造强国、质量强国、航天强国、交通强国、网络强国、数字中国。实施产业基础再造工程和重大技术装备攻关工程，支持专精特新企业发展，推动制造业高端化、智能化、绿色化发展。要坚持教育优先发展、科技自立自强、人才引领驱动，加快建设教育强国、科技强国、人才强国，坚持为党育人、为国育才，全面提高人才自主培养质量，着力造就拔尖创新人才，聚天下英才而用之。

数控技术是先进制造技术的基础，它的普及与应用，使制造业发生了巨大的变化。数控技术的水平和普及程度，已成为衡量一个国家综合国力和现代化水平的重要标志。

本书以数控技术应用最早、最广泛的代表性产品——数控机床为主线，就数控技术所涉及的几个重要方面内容，进行了比较全面、系统地叙述。

本书通过对现代数控机床的技术前沿，如高速加工机床、虚拟轴机床、高速电主轴、直线电动机、凸轮机械手换刀等方面的结构与原理的介绍，力求内容的先进性；根据应用型本科教学的需要，全书内容、实例主要来源于工程实际，选材典型、实用、新颖，以数控技术的应用为主，兼顾理论分析，力求内容的实用性。

为了适应现代科技发展与应用型人才培养需求，本次修订删去了原书中实用性不强与工程实践中渐趋淘汰的内容，同时增补了车削中心编程、交流调速系统、数控机床工程设计等方面的知识，使全书内容更为先进、实用。

本书既是高等学校相关专业的系列教材之一，又可供研究单位、企业从事数控机床设计、数控技术应用的技术人员参考。

本书由龚仲华教授任主编。第三章由荣瑞芳教授编写，其余各章全部由龚仲华编写。编写过程中还得到了史建成、孙毅同志的大力支持，在此表示衷心感谢。

由于编者水平有限，书中难免有不少缺点和错误，恳请广大读者批评指正。

编　者

第1版前言

数控技术是先进制造技术的基础，它的普及与应用，使制造业发生了巨大的变化。数控技术的水平和普及程度，已成为衡量一个国家综合国力和现代化水平的重要标志。

本书以数控技术应用最早、最广泛的代表性产品——数控机床为主线，就数控技术所涉及的几个重要方面内容，进行了比较全面、系统地叙述。

本书通过对现代数控机床的技术前沿，如高速加工机床、虚拟轴机床、高速电主轴、直线电动机、凸轮机械手换刀等方面的结构与原理的介绍，力求内容的先进性；根据应用型本科教学的需要，全书内容、实例主要来源于工程实际，选材典型、实用、新颖，以数控技术的应用为主，兼顾理论分析，力求内容的实用性。

本书既是高等学校相关专业的系列教材之一，又可供研究单位、企业从事数控机床设计、数控技术应用的技术人员参考。

本书由常州工学院龚仲华任主编，华北航天工业学院荣瑞芳任副主编。第一章、第二章、第四章由龚仲华编写，第三章、第六章、第七章由荣瑞芳编写，第五章由淮阴工学院宗国成编写。编写过程中还得到了常州工学院史建成、孙毅同志的大力支持，在此表示衷心感谢。

由于编者水平有限，书中难免有不少缺点和错误，恳请广大读者批评指正。

编　者

2003年9月

目　　录

注：带＊者可以选择讲授

第一章　绪　论

第一节　概　述

一、数控技术的基本概念

1. 数控技术、数控系统与数控机床

数控技术，简称数控(Numerical Control——NC)是利用数字化信息对机械运动及加工过程进行控制的一种方法。由于现代数控都采用计算机进行控制，因此，也可以称为计算机数控(Computerized Numerical Control——CNC)。

为了对机械运动及加工过程进行数字化信息控制，必须具备相应的硬件和软件。用来实现数字化信息控制的硬件和软件的整体称为数控系统(Numerical Control System)，数控系统的核心是数控装置(Numerical Controller)。由于数控技术、数控系统、数控装置的英文缩写都采用NC(或CNC)，因此，在实际使用中，在不同场合NC(或CNC)具有三种不同含义，即：既可以在广义上代表一种控制技术，又可以在狭义上代表一种控制系统的实体，此外还可以代表一种具体的控制装置——数控装置。

数控系统和计算机技术的发展始终保持同步，至今已经历了从电子管、晶体管、集成电路、计算机到微处理机的演变，系统的功能日益增强，应用领域日益扩大，发展异常迅速，更新换代十分频繁。

采用数控技术进行控制的机床，称为数控机床(NC机床)。它是一种综合应用了计算机技术、自动控制技术、精密测量技术和机床设计等先进技术的典型机电一体化产品，是现代制造技术的基础。机床控制也是数控技术应用最早、最广泛的领域，数控机床的水平代表了当前数控技术的性能、水平和发展方向，因此，本书将以数控机床为主线，介绍数控技术的有关内容。

2. NC机床、加工中心、FMC、FMS与CIMS

数控机床种类繁多，有钻铣镗类、车削类、磨削类、电加工类、锻压类、激光加工类和其他特殊用途的专用数控机床等，凡是采用了数控技术进行控制的机床统称NC机床。

带有自动刀具交换装置(Automatic Tool Changer——ATC)的数控机床(带有回转刀架的数控车床除外)称为加工中心(Machine Center——MC)。它通过刀具的自动交换，可以一次装夹完成多工序的加工，实现了工序的集中和工艺的复合，从而缩短了辅助加工时间，提高了机床的效率，减少了零件安装、定位次数，提高了加工精度。加工中心是目前数控机床中产量最大、应用最广的数控机床。

在加工中心的基础上，通过增加多工作台(托盘)自动交换装置(Auto Pallet Changer——APC)以及其他相关装置，组成的加工单元称为柔性加工单元(Flexible Manufacturing Cell——FMC)。FMC不仅实现了工序的集中和工艺的复合，而且通过工作台(托盘)的自动交换和较完善的自动检测、监控功能，可以进行一定时间的无人化加工，从而进一步提高了设备的加工效率。FMC 既是柔性制造系统的基础，又可以作为独立的自动化加工设备使用，因此，其发展速度较快。

在 FMC 和加工中心的基础上，通过增加物流系统、工业机器人以及相关设备，并由中央控制系统进行集中、统一控制和管理，这样的制造系统称为柔性制造系统（Flexible Manufacturing System——FMS）。FMS 不仅可以进行长时间的无人化，而且可以实现多品种零件的全部加工或部件装配，实现了车间制造过程的自动化，它是一种高度自动化的先进制造系统。

随着科学技术的发展，为了适应市场需求多变的形势，对现代制造业来说，不仅需要发展车间制造过程的自动化，而且要实现从市场预测、生产决策、产品设计、产品制造直到产品销售的全面自动化。将这些要求综合，构成的完整的生产制造系统，称为计算机集成制造系统（Computer Integrated Manufacturing System——CIMS）。CIMS 将一个工厂的生产、经营活动进行了有机的集成，实现了更高效益、更高柔性的智能化生产，是当今自动化制造技术发展的最高阶段。

3. NC 机床与程控机床

NC 机床与程控机床是两种不同含义的机床，它们的控制要求和控制对象有本质的不同。一般来说，机床自动控制主要包括三方面内容：

1）机床动作顺序的程序控制，典型的有组合机床、自动生产线等的流程与工步控制。其主要控制要求是根据机床的动作顺序表（如电磁阀等执行元件的动作表），按规定的顺序通过执行元件的依次动作，完成机床的动作流程。

2）主电动机与辅助电动机的起动、停止、变速，冷却、润滑、排屑、自动换刀等辅助机能的控制。这些控制有的是为了实现机械加工所必需的，有的是机床特殊动作和功能方面的需要。它可以通过继电器、接触器、变频器、调速器等进行控制。

对于只需要上述 1）、2）两方面控制的加工设备，称为程序控制机床，简称程控机床。如：组合机床、自动生产线等，可编程序控制器（Programmable Controller），是实现以上控制的最佳选择。

3）刀具（或坐标轴）移动轨迹控制。对刀具运动轨迹进行控制，是加工轮廓的必要条件，它包括移动速度控制、移动位置控制、移动轨迹控制等几方面的基本要求，必须通过采用数控技术才能实现。

在程控机床上，对于运动部件的位移量控制，一般需要通过挡铁、行程开关等检测元件的发信和对执行元件的通断控制实现。即便是采用了伺服驱动装置的程控机床，一般也只能对各运动部件的移动速度、移动位置进行单独的控制和调整，因此，程控机床能实现点位控制，但不能实现各运动部件间的“联动”来任意改变坐标轴（或刀具）在平面或空间的移动轨迹，故不能称为数控机床。

在数控机床上，通过数控系统的“插补”运算，实现了坐标轴的联动功能。它不仅可以控制移动部件的起点与终点坐标，而且还能同时控制各运动部件每一时刻的速度和位移，以及各运动部件间的相互关系，从而可以将工件加工成要求的轮廓形状。这是数控机床与其他机床的本质区别，也是机床采用数控技术的根本原因。

二、数控系统及其组成

1. 机床数控系统的基本组成

数控系统是所有数控设备的核心。数控系统的主要控制对象是坐标轴的位移(包括移动速度、方向、位置等)，其控制信息主要来源于数控加工或运动控制程序。因此，作为数控系统的最基本组成应包括：程序的输入/输出装置、数控装置、伺服驱动等三部分。

(1) 输入/输出装置　输入/输出装置的作用是进行数控加工或运动控制程序、加工与控制数据、机床参数以及坐标轴位置、检测开关的状态等数据的输入、输出。键盘和显示器是任何数控设备都必备的最基本输入/输出装置。此外，根据数控系统的不同，还可以配光电阅读机、磁带机或软盘驱动器等。作为外围设备，计算机是目前常用的输入/输出装置之一。

(2) 数控装置　数控装置是数控系统的核心。它由输入/输出接口线路、控制器、运算器和存储器等部分组成。数控装置的作用是将输入装置输入的数据，通过内部的逻辑电路或控制软件进行编译、运算和处理，并输出各种信息和指令，以控制机床的各部分进行规定的动作。

在这些控制信息和指令中，最基本的是坐标轴的进给速度、进给方向和进给位移量指令，它经插补运算后生成，提供给伺服驱动，经驱动器放大，最终控制坐标轴的位移。它直接决定了刀具或坐标轴的移动轨迹。

此外，根据系统和设备的不同，还有一些其他指令，如：在数控机床上，还可能有主轴的转速、转向和起、停指令；刀具的选择和交换指令；冷却、润滑装置的起、停指令；工件的松开、夹紧指令；工作台的分度等辅助指令。在基本的数控系统中，它们是通过接口，以信号的形式提供外部辅助控制装置，由辅助控制装置对以上信号进行必要的编译和逻辑运算，放大后驱动相应的执行元件，带动机床机械部件、液压气动等辅助装置完成指令规定的动作。

(3) 伺服驱动　伺服驱动通常由伺服放大器(亦称:驱动器、伺服单元)和执行机构等部分组成。在数控机床上，目前一般都采用交流伺服电动机作为执行机构；在先进的高速加工机床上，已经开始使用直线电动机。另外，在20世纪80年代以前生产的数控机床上，也有采用直流伺服电动机的情况；对于简易数控机床，步进电动机也可以作为执行元件。伺服放大器的形式决定于执行元件，它必须与驱动电动机配套使用。

以上是数控系统最基本的组成部分。随着数控技术的发展和机床性能水平的提高，对系统的功能要求也日益增强。为了满足不同机床的控制要求，保证数控系统的完整性和统一性，并方便用户使用，常用的较为先进的数控系统，一般都带有内部可编程序控制器作为机床的辅助控制装置。此外，在金属切削机床上，主轴驱动装置也可以成为数控系统的一个部分；在闭环数控机床上，测量检测装置也是数控系统必不可少的。对于先进的数控系统，有时甚至采用计算机作为系统的人机界面和数据的管理、输入/输出设备，从而使数控系统的功能更强、性能更完善。

总之，数控系统的组成决定于控制系统的性能和设备的具体控制要求，其配置和组成具有很大的区别，除加工程序的输入/输出装置、数控装置、伺服驱动这三个最基本的组成部分外，还可能有更多的控制装置。

2. NC(CNC)、SV与PC(PLC、PMC)

NC(CNC)、SV与PC(PLC、PMC)是数控设备中最为常用的英文缩写，在实际使用中，在不同的场合具有不同的含义。

(1) NC(CNC)　它是数控(Numerical Control)的常用英文缩写。由于现代数控都采用了计算机控制，因此，可以认为NC和CNC的含义完全等同。如前所述，NC(CNC)在广义上代表一种控制技术——数控技术；在狭义上代表一种控制系统的实体——数控系统；此外，还可以代表一种具体的控制装置——数控装置。

(2) SV　它是伺服驱动(Servo Drive,简称伺服)的常用英文缩写。按日本JIS标准规定的术语，它是“以物体的位置、方向、状态等作为控制量，追踪目标值的任意变化的控制机构”。简言之，它是一种能够自动跟随目标位置等物理量的控制装置。

在数控机床上，伺服驱动的控制对象通常是机床坐标轴的位移(包括速度、方向和位置)，其执行机构是伺服电动机，对输入指令信号进行控制和功率放大的是伺服放大器(亦称:驱动器、放大器、伺服单元等)，实际位移量的检测通过检测装置进行。伺服驱动不仅可以和数控装置配套使用，而且还可以单独作为一个位置(速度)随动系统使用，故而也常称为伺服系统。所以，通常情况下，伺服、伺服驱动、伺服系统具有相同的含义，它们都可以用SV表示。此外，和数控系统一样，伺服驱动的核心是伺服放大器，因此，在有些场合，SV也被用来表示伺服放大器。

在数控机床上，伺服驱动的作用主要有两个方面：一是按照数控装置给定的速度运行；二是按照数控装置给定的位置定位。因此，伺服驱动的精度和动态响应性能是影响数控机床的加工精度、表面质量和生产率的重要因素之一。

(3) PC　它是可编程序控制器(Programmable Controller)的英文缩写。随着个人计算机的日益普及，为了避免和个人计算机(亦称:PC)混淆，现在一般都将可编程序控制器称为可编程序逻辑控制器(Programmable Logic Controller——PLC)或可编程序机床控制器(Programmable Machine Controller——PMC)。因此，在数控机床上，PC、PLC、PMC具有完全相同的含义。

PLC具有响应快、性能可靠、使用方便、编程和调试容易等特点，并可直接驱动部分机床电器，因此，被广泛用来作为数控设备的辅助控制装置。目前，大多数数控系统都带有内部PLC，用于处理数控机床的辅助指令，从而大大简化了机床的辅助控制装置。

第二节　数控机床的基本组成和工作原理

一、数控机床的基本组成

数控机床是最典型的数控设备。为了了解数控机床的基本组成，首先需要分析数控机床加工零件的工作过程。在数控机床上，为了进行零件的加工，可以通过如下步骤进行：

1) 根据被加工零件的图样与工艺方案，用规定的代码和程序格式，将刀具的移动轨迹、加工工艺过程、工艺参数、切削用量等编写成数控系统能够识别的指令形式。即：编写加工程序。

2) 将所编写的加工程序输入数控装置。

3) 数控装置对输入的程序(代码)进行译码、运算处理，并向各坐标轴的伺服驱动装置和辅助机能控制装置发出相应的控制信号，以控制机床的各部件的运动。

4) 在运动过程中，数控系统需要随时检测机床的坐标轴位置、行程开关的状态等，并与程序的要求相比较，以决定下一步动作，直到加工出合格的零件。

5）操作者可以随时对机床的加工情况、工作状态进行观察、检查，必要时还需要对机床动作和加工程序进行调整，以保证机床安全、可靠地运行。

由此可知，作为数控机床的基本组成，它应包括：输入/输出装置、数控装置、伺服驱动和反馈装置、辅助控制装置以及机床本体等部分，如图 1-1 所示。

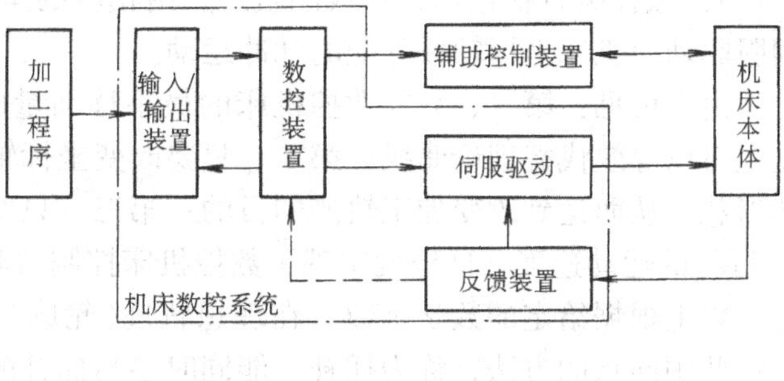

图 1-1　数控机床的组成

图 1-1 所示为数控机床的组成，其中的输入/输出装置、数控装置、伺服驱动和反馈装置构成了机床数控系统，其作用见前述。测量装置的作用是检测数控机床坐标轴的实际位置和移动速度，检测信号被反馈输入到机床的数控装置或伺服驱动中，数控装置或伺服驱动对反馈的实际位置和速度与给定值进行比较，并向机床输出新的位移、速度指令。检测装置的安装、检测信号反馈的位置，决定于数控系统的结构形式。由于先进的伺服都采用了数字化伺服驱动技术(称为数字伺服)，伺服驱动和数控装置间一般都采用总线进行连接，反馈信号在大多数场合都是与伺服驱动进行连接，并通过总线传送到数控装置。只有在少数场合或采用模拟量控制的伺服驱动(称为模拟伺服)时，反馈装置才需要直接和数控装置进行连接。

数控装置发出的一个进给脉冲所对应的机床坐标轴的位移量，称为数控机床的最小移动单位，亦称脉冲当量。根据机床精度的不同，常用的脉冲当量有 0.01mm、0.005mm、0.001mm 等，在高精度数控机床上，可以达到 0.0005mm、0.0001mm 甚至更小。测量装置的位置检测精度也必须与之相适应。

辅助控制装置的主要作用是根据数控装置输出主轴的转速、转向和启停指令、刀具的选择和交换指令、冷却、润滑装置的启停指令；工件和机床部件的松开、夹紧与工作台转位等辅助指令所提供的信号，以及机床上检测开关的状态等信号，经过必要的编译和逻辑运算，经放大后驱动相应执行的元件，带动机床机械部件、液压气动等辅助装置完成指令规定的动作。辅助控制装置通常由 PLC 和强电控制回路构成。

机床本体与传统的机床基本相同，它也是由主传动系统、进给传动系统、床身、工作台以及辅助运动装置、液压气动系统、润滑系统、冷却装置等部分组成。但为了满足数控的要求，充分发挥机床性能，它在总体布局、外观造型、传动系统结构、刀具系统以及操作性能方面都已发生了很大的变化。

二、数控机床的工作原理

在传统的金属切削机床上，零件加工是由操作者根据图样的要求，通过不断改变刀具的运动轨迹和运动速度等参数，使刀具对工件进行切削加工，最终加工出合格零件。

数控机床的加工，其实质是应用了“微分”原理。其工作原理如图 1-2 所示，加工过程可以简要描述如下：

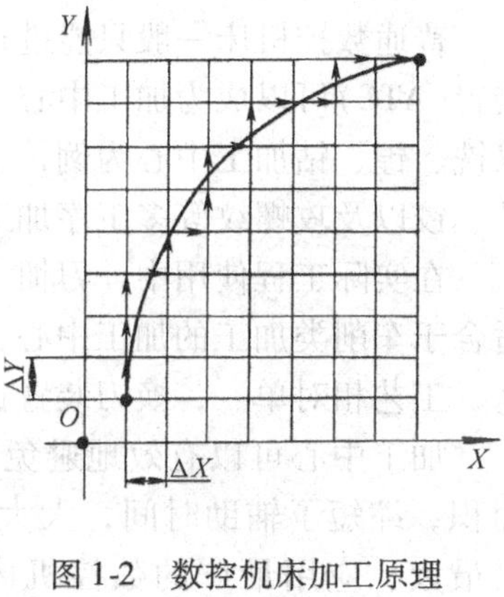

图 1-2　数控机床加工原理

1）数控装置根据加工程序要求的刀具轨迹，将轨迹按机床对应的坐标轴，以最小移动量(脉冲当量)进行微分(图 1-2 中的 ΔX、ΔY)，并计算出各轴需要移动的脉冲数。

2）通过数控装置的插补软件或插补运算器，把要求的轨迹用以“最小移动单位”为单位的等效折线进行拟合，并找出最接近理论轨迹的拟合折线。

3）数控装置根据拟合折线的轨迹，给相应的坐标轴连续不断地分配进给脉冲，并通过伺服驱动使机床坐标轴按分配的脉冲运动。

由上可见：第一、只要数控机床的最小移动量(脉冲当量)足够小，所用的拟合折线就完全可以等效代替理论曲线；第二、只要改变坐标轴的脉冲分配方式，就可以改变拟合折线的形状，从而达到改变加工轨迹的目的；第三、只要改变分配脉冲的频率，就可改变坐标轴(刀具)的运动速度。这样就实现了数控机床控制刀具移动轨迹的根本目的。

以上根据给定的数学函数，在理想轨迹(轮廓)的已知点之间，通过数据点的密化，确定一些中间点的方法，称为插补。能同时参与插补的坐标轴数，称为联动轴数。显然，当数控机床的联动轴越多，机床加工轮廓的性能就越强。因此，联动轴的数量是衡量数控机床性能的重要技术指标之一。

第三节　数控机床的分类

数控机床品种规格繁多，对数控机床的分类方法较多，但定义明确、分类较确切的一般有下面几种分类方法。

一、按加工工艺方法分类

1. 普通数控机床

普通数控机床是指加工用途、加工工艺相对单一的数控机床。按加工用途可以分数控车床、数控铣床、数控镗床、数控钻床、数控磨床、数控齿轮加工机床等。这些数控机床虽然加工工艺方法各异，控制方式也各不相同，但它们与传统的同类机床相比，具有精度一致性好、生产率和自动化程度高的共同特点。

除了金属切削数控机床以外，数控技术还大量用于压力机、冲床、弯管机、折弯机、电火花加工机床等。此外，非加工设备中也是数控技术应用的重要领域，如：数控多坐标测量机、自动绘图机及工业机器人等也都广泛采用了数控技术。

2. 加工中心

普通数控机床一般只能进行单一工艺的加工，如前所述，在普通数控机床增加自动换刀装置(ATC)可以成为加工中心。加工中心进一步提高了数控机床的自动化程度和生产效率。以铣、镗、钻加工中心为例，工件通过一次装夹，就可以完成大部分加工面的铣、镗、钻、扩、铰以及攻螺纹等多工序加工，因此特别适合法兰、箱体类零件的加工。

在实际工程使用中，习惯上将适用于铣、镗、钻类的加工中心，直接称为加工中心；将适合于车削类加工的加工中心，称为车削中心；但只带有回转刀架的数控车床，由于加工用途、工艺相对单一，换刀装置比较简单，故仍称为数控车床。

加工中心可以有效地避免工件多次安装造成的定位误差，且减少了机床的台数和占地面积，缩短了辅助时间，大大提高了生产率和加工质量，因此，它是目前数控机床中产量最大、应用最广的数控机床。特别是最近，国外已经开发生产了集铣、镗、钻、车、磨等加工于一体的数控加工机床，此类加工中心，由于其用途十分广泛，因此被称为“万能加工中心”。

如前所述，在加工中心的基础上，通过增加多工作台（托盘）自动交换装置（APC）以及其他相关装置，组成的加工单元称为柔性加工单元（FMC）。FMC是柔性制造系统的基础，因此，通常归入柔性制造系统的领域。

二、按伺服驱动的特点分类

1. 开环控制数控机床

无位置反馈装置的数控机床称为开环控制数控机床。使用步进电动机（包括电液脉冲马达）作为伺服执行元件，是其最明显的特点。在开环控制数控机床中，数控装置输出的脉冲，经过步进驱动器的环形分配器或脉冲分配软件的处理，并通过驱动电路进行功率放大，最终控制了步进电动机的角位移。步进电动机再经过减速装置（或直接连接）带动了丝杠旋转，通过丝杠将角位移转换为移动部件的直线位移。因此，控制步进电动机的转角与转速，就可以间接控制移动部件的移动速度与位移量。图1-3a为开环数控机床伺服驱动部分的结构原理图。

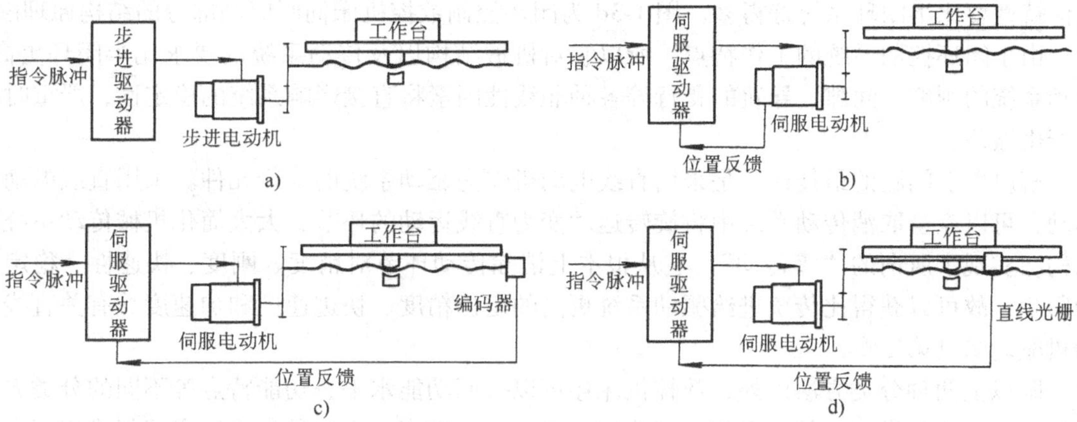

图1-3　伺服驱动结构示意图

a）开环控制　b）、c）半闭环控制　d）全闭环控制

开环控制数控机床结构简单，制造成本较低，但是，由于系统对移动部件的实际位移量不进行检测，因此无法通过反馈自动进行误差检测和校正。另外，步进电动机的步距角误差、齿轮与丝杠等部件的传动误差，最终都将影响被加工零件的精度，特别是在负载转矩超过电动机输出转矩时，将导致步进电动机的“失步”，使加工无法进行。因此，开环控制仅适用于加工精度要求不很高，负载较轻且变化不大的简易、经济型数控机床上。

2. 半闭环控制数控机床

半闭环控制数控机床的特点是：机床的传动丝杠或伺服电动机上装有角位移检测装置（如光电编码器等），通过它检测丝杠的转角，从而间接地检测了移动部件的位移。角位移信号被反馈到数控装置或伺服驱动中，实现了从数控装置到电动机输出转角间的闭环自动调节。同样，由于伺服电动机和丝杠相连，通过丝杠将旋转运动转换为移动部件的直线位移，因此，间接控制了移动部件的移动速度与位移量。这种结构，只对电动机或丝杠的角位移进行了闭环控制，没有实现对最终输出的直线位移的闭环控制，故称为“半闭环控制”。

半闭环控制的数控机床，电气控制与机械传动间有明显的分界，因此调试较方便；且机械部分的间隙、摩擦死区、刚度等非线性环节都在闭环以外，因此系统的稳定性较好。

伺服电动机和光电编码器通常做成一体，电动机和丝杠间可以直接联接或通过减速装置联接；位置检测单位和实际最小移动单位间的匹配，可以通过数控系统的参数(称为"电子齿轮比")进行设置。它具有设计方便、传动系统简单、结构紧凑、制造成本低、性能价格比高等特点，从而在数控机床上得到了广泛应用。

图 1-3b、c 为半闭环控制数控机床伺服驱动部分的结构原理图。图 1-3b 所示为伺服电动机内装编码器的情况，图 1-3c 所示为编码器安装于丝杠上的情况。

3. 闭环控制数控机床

闭环控制数控机床的特点是：机床移动部件上直接安装直线位移检测装置，检测装置检测最终位移输出量。实际位移值被反馈到数控装置或伺服驱动中，它可以直接与输入的指令位移值进行比较，用误差进行控制，最终实现移动部件的精确运动和定位。从理论上说，对于这样的闭环系统，其运动精度仅取决于检测装置的检测精度，它与机械传动的误差无关，显然，其精度将高于半闭环系统。而且，它可以对传动系统的间隙、磨损能自动补偿，其精度保持性要比半闭环系统好得多。图 1-3d 为闭环控制数控机床伺服驱动部分的结构原理图。

由于闭环控制系统的工作特点，所以它对机械结构以及传动系统的要求比半闭环更高，传动系统的刚度、间隙、导轨的爬行等各种非线性因素将直接影响系统的稳定性，严重时甚至产生振荡。

解决以上问题的最佳途径是采用直线电动机作为驱动系统的执行元件。采用直线电动机驱动，可以完全取消传动系统中将旋转运动变为直线运动的环节，大大简化机械传动系统的结构，实现了所谓的"零传动"。它从根本上消除传动环节对精度、刚度、快速性、稳定性的影响，故可以获得比传统进给驱动系统更高的定位精度、快进速度和加速度。有关直线电动机驱动参见第二章。

除以上两种分类方法以外，数控机床还可以按照功能水平、功能特点等不同的分类方法分类，但这些分类方法的定义均不够确切，概念比较模糊，不同种类机床之间很难规定出明确的界限，在此从略。

第四节　数控机床的特点

除少数使用步进电动机驱动的简易数控机床以及作为特殊用途的数控机床外，一般来说，数控机床都具有以下特点：

1. 加工精度高

数控机床加工精度之所以比普通机床高的原因主要有以下几个方面：

1）数控机床的脉冲当量小，位置分辨率高。机床的脉冲当量决定了机床理论上可以达到的定位精度，在数控机床上，脉冲当量一般都达到了 0.001mm，高精度数控机床则更小，因此它能实现比普通机床更精确的定位。

2）数控系统具备误差自动补偿功能。在数控机床上，进给传动系统的反向间隙与丝杠的螺距误差等均可由数控系统进行自动补偿，因此，数控机床能在同等条件下，提高零件的加工精度。

3）数控机床的传动系统与机床结构设计，都具有比普通机床更高的刚度和稳定性，部件的制造、装配精度均比较高，提高了机床本身的精度与稳定性。

4）数控机床采用了自动加工方式，避免了加工过程中的人为干扰。特别是在加工中心上，通过一次装夹，可以完成多工序的加工，减少了零件的装夹误差。因此，零件的尺寸一致性好，产品合格率高，加工质量稳定。

目前，对于普通中、小型数控机床，其定位精度一般都可以达到0.02mm，重复定位精度达到0.01mm；在高精度数控机床上，精度更高。

2. 机床的柔性强

在数控机床上，改变加工零件只需重新编制（更换）程序，就能实现对不同零件的加工，它为多品种、小批量生产加工以及新产品试制提供了极大的便利。同时，由于数控机床通过多轴联动，具备曲线、曲面的加工能力，扩大了机床的适用范围。特别对于普通机床难以加工或无法加工的复杂零件，利用数控机床可以充分发挥功能，提高加工精度和效率。因此，对加工对象变化的适应性好，“柔性”比普通机床强。

3. 自动化程度高，劳动强度低

数控机床对零件的加工是根据事先编好的程序自动完成的。在正常加工过程中，操作者只要进行极为简单的操作，即可完成零件的自动加工，不需要进行繁杂的重复性手工操作，操作者的劳动强度可大为减轻。此外，数控机床一般都具有较好的安全防护、自动排屑、自动冷却和自动润滑装置，使操作者的劳动条件也得到了很大改善。

4. 生产率高

零件加工效率主要决定于零件的实际加工时间和辅助加工时间。数控机床的效率主要通过以下几个方面体现：

1）在数控机床上，由于主轴的转速和进给量都可以任意选择，因此，对于每一道工序的加工，都可选择最合适的切削用量，以提高加工效率。此外，由于数控机床的结构刚性好，一般都允许进行较大切削用量的强力切削，提高了数控机床的切削效率，节省了实际加工时间。

2）数控机床的移动部件的空行程运动速度大大高于普通机床，它一般都在15m/min以上，在高速加工数控机床上，目前已经达到100m/min左右，刀具定位时间非常短，空程运动辅助时间比普通机床要小得多。

3）数控机床更换被加工零件时一般都不需要重新调整，在加工中心上，更是一次装夹，完成多工序加工，节省了零件安装、调整时间。

4）数控机床加工零件的尺寸一致性好，质量稳定，一般只需要做首件检验，即可以代表批量加工精度，节省了停机检验时间。

5）数控机床可以实现精确、快速定位，它不必像普通机床那样，在加工前对工件进行“划线”，节省了“划线”工时。

5. 良好的经济效益

数控机床虽然设备价格较高，分摊到每个零件的加工费用较普通机床高，但使用数控机床加工，可以通过上述优点体现出整体效益。特别是数控机床的加工精度稳定，减少了废品，降低了生产成本；此外，数控机床还可一机多用，节省厂房面积和投资。因此，使用数控机床，通常都可获得良好的经济效益。

6. 有利于现代化管理

采用数控机床加工，能准确地计算零件加工工时和费用，简化了检验工、夹具，减少了半成品的管理环节，有利于生产管理的现代化。数控机床使用了数字信息控制，适合数字计算机管理，使它成为了计算机辅助设计、制造及管理一体化的基础。

第五节　现代制造技术简介

现代制造技术与先进制造技术的含义类似，前者强调现代(Modern)，后者强调先进(Advanced)。现代制造技术的内涵很广，人们通过不同的角度对现代制造技术的各个分支进行了研究，产生了诸如产品数据管理、企业资源计划、计算机辅助工艺设计、快速成型、虚拟产品开发、分散网络化制造等各种支撑技术，并形成了柔性制造系统、计算机集成制造系统等高度自动化的生产制造系统。

1. 现代制造技术的特点

总体而言，现代制造技术具有如下特点：

1）现代制造技术是一个系统工程。机械制造过程虽然是一种离散的生产过程，但从系统论的观点来分析和研究制造过程，它是一个由物质流、能量流和信息流三个基本要素组成的系统。信息流的引入是现代制造技术的关键，计算机技术、数控技术、微电子技术的发展是现代制造技术的产生和发展的基础。

2）现代制造技术强调设计与制造一体化。产品的质量不仅决定于设计，而且需要受到制造条件的制约，必须在产品设计时即考虑到制造可行性，从加工精度、表面粗糙度、尺寸、结构等方面综合考虑实现的可能，设计与制造密切结合、集成一体，是现代制造技术鲜明的特征。

3）精密加工是现代制造技术的关键。精密和超精密加工技术是衡量先进制造技术水平的重要指标之一，也是提高产品质量的关键。在当前阶段，以纳米加工技术为代表的超精密加工是现代制造技术的最高水平。

4）现代制造技术应考虑产品生命周期的全过程。现代制造技术涵盖了产品设计、制造、拆卸和再循环四个方面，考虑了从产品设计到产品形成、产品使用、报废处理的全过程。材料的循环利用、资源的节约、环境的保护在现代制造技术中已经显得越来越重要。

5）现代制造技术重视人、组织、技术的结合。在生产高度自动化的今天，特别重视人的创造性和作用的永恒性；现代制造技术是人、组织、技术的综合集成，在产品开发过程中强调市场驱动、需求导向的作用，强调了经营管理、战略决策的重要性。

2. 现代制造的支撑技术

现代制造技术是一种不断发展的技术，其技术领域在不断延伸，以下是目前较为成熟的支撑技术。

1）计算机辅助工艺设计(Computer Aided Process Planning——CAPP)：CAPP 是计算机技术在工艺设计上的应用。CAPP 可以利用工艺人员的知识与经验并通过对各种工艺数据的分析，自动完成工艺规程设计、工序尺寸计算、工序图绘制、切削参数选择的全过程，使得工艺设计与 CAD/CAM 集成，从而提高企业工艺设计水平与效率。

2）产品数据管理(Product Data Management——PDM)：产品数据管理是为解决工程图

样文档管理而产生的技术，现已拓展到了产品整个生命周期内的数据管理。PDM 进行的是从产品设计到制造全过程的数据管理，可为企业的人、财、物，产、供、销部门传送准确的产品信息，是实现企业信息化的基础。

3）企业资源计划（Enterprise Resource Planning——ERP）：ERP 是一种面向企业供应链的管理，它把企业经营过程中所涉及的供应商、制造工厂、销售网络、客户等纳入一个紧密的供应链，可以对产品供应过程中的订单、采购、库存、计划、生产、质量、销售、服务、财务、人力资源等环节实施有效管理，将企业的制造、销售、财务紧密集成，实现多工厂、多地点的跨地区经营。

4）快速成型技术（Rapid Prototyping——RP 技术）：快速成型技术又叫快速原型制造技术，它通过“分层制造、逐层叠加”的原理，可在不使用刀具、模具及工装卡具的情况下，快速、直接制造任意复杂形状的实体样件，提高产品的开发与制造速度。

5）虚拟产品开发（Virtual Product Development——VPD）：VPD 是一种利用计算机模拟产品开发全过程的技术。利用 VPD 技术可在虚拟状态下构思、设计、制造、测试和分析产品，通过对产品模型的分析，提出改进设计方案，以加快新产品的开发速度与成功率。

6）分散网络化制造（Distributed Network Manufacture——DNM）：分散网络化制造是利用信息技术实现高层次异地制造资源共享的制造技术。DNM 可以充分利用不同地区的设计能力和制造资源优势，组建成一种跨地区、跨行业、靠信息技术联系、统一指挥的经营实体。

3. 柔性制造系统

柔性制造系统（Flexible Manufacturing System——FMS）是一个由计算机集中控制和管理的制造系统，它能自主高效地完成多品种中小批量零件的生产任务。FMS 一般由以下部分组成：

1）中央控制和管理系统。负责 FMS 的监控和管理，协调各设备、控制装置间的动作。

2）物流系统。包括自动化仓库、无人输送车、自动装卸机器人等，负责工件、夹具、刀具的输送与集中管理。

3）自动化仓库。储存毛坯、半成品、成品等。

4）生产制造设备。包括 CNC 机床、工业机器人、FMC 等柔性、自动加工与装配设备。

5）中央刀具库。用来存储系统中加工设备所需要的刀具。

FMS 具有如下主要特点：

1）物流途径可变。FMS 的加工工序可根据需要按一定的规则选择与调整，同一工序可在不同的机床上加工完成。

2）加工次序可调。FMS 可以根据实际加工的需要，调整内部加工设备配置。

3）模块化组合。FMS 可根据工件加工的需要，将内部加工设备以单元模块的形式组合，形成相对独立的单元。

柔性制造系统的规模有大有小，总体而言，FMS 的功能包括以下几方面：

1）以成组技术为核心的零件分析编组功能。

2）以计算机管理为核心的作业计划编排功能。

3）以加工中心、FMC 为核心的自动换刀、自动交换工件的加工功能。

4）以工件输送系统为核心的工件自动存储与调度功能。

5）以各种自动检测设备为核心的自动测量功能。

4. 计算机集成制造

计算机集成制造系统(Computer Integrated Manufacturing System——CIMS)是在自动化技术、信息技术和制造技术的基础上，通过计算机将制造企业全部生产活动所需的各种分散自动化系统有机集成后的综合系统，是适合于多品种、中小批量产品高效、柔性生产的智能制造系统。

计算机集成制造系统的目的是缩短产品开发周期、提高质量、降低成本。CIMS 包含了一个工厂从市场预测、产品设计、加工工艺设计、制造、管理至售后服务的全部生产经营活动。计算机集成制造系统不是工厂各环节自动化系统的简单叠加，而是在计算机网络和分布式数据库支持下的有机集成。

CIMS 包含了一个制造工厂的设计、制造和经营管理三方面主要功能，它们通过数据库、计算机网络的支撑进行有机的集成。

1）设计功能：包括计算机辅助设计、计算机辅助工艺过程设计、计算机辅助制造的工程设计(如夹具、刀具、检具等)与分析。

2）加工制造功能：通过加工设备、加工单元、物料输送及存储、检测、装配、清洗等设备完成产品的加工、制造、检测的全过程。

3）生产经营管理功能：CIMS 可以完成市场预测和企业发展计划、生产计划、物料需求计划、制造资源计划的制订，可以进行物料需求、生产能力的平衡及财务、仓库等的管理。

从系统的结构上，CIMS 一般由以下四个应用分系统和两个支持分系统组成。

1）工程信息系统(Engineering Information System——EIS)：其主要功能是进行工程设计、分析和制造，其主要功能包括计算机辅助设计(CAD)、计算机辅助工程(CAE)、计算机辅助工艺过程设计(CAPP)、计算机辅助制造(CAM)与成组技术(GT)等。

2）柔性制造系统(Flexible Manufacturing System——FMS)：它由 CNC 机床、柔性制造单元(FMC)等组成，包括了自动化仓库、运输车、刀具中心、清洗机、测量机、机器人等主要设备。

3）管理信息系统(Management Information System——MIS)：其主要功能是进行信息处理、提供决策信息，需要处理的信息包括经营计划管理、物料管理、生产管理、财务管理、人才资源管理、质量管理以及辅助事务管理等。

4）质量管理系统(Quality Management System——QMS)：其主要功能是制订质量计划与进行质量信息管理与计算机辅助在线质量控制，功能涵盖产品质量控制计划、产品加工和装配过程的检测、工量具管理、生产过程质量的监控等。

5）数据库管理系统(Data Base Management System——DBMS)：CIMS 的支持分系统，用来提供、收集、管理 CIMS 数据。

6）计算机通信网络系统(Computer Communication Network System——CCNS)：CIMS 支持分系统，实现网络管理和数据通信。

CIMS 的集成包括了以下方面的主要内容：

1）功能集成：CIMS 具有产品设计、工程分析、工艺设计、制造生产等全部功能。

2）信息集成：CIMS 集成了工程、管理、质量控制等全方位的信息，可以做到无图样自动化生产。

3）物流集成：CIMS 能够自动完成从毛坯到成品的储存、运输、加工、监测、清洗、检测、装配的全过程物流控制。

4）人机集成：CIMS 强调了人、技术和管理的集成，提出了“人的集成制造(Human Integrated Manufacturing——HIM)”和“人机集成制造(Human and Computer Integrated Manufacturing——HCIM)”等概念。

CIMS 是现代制造技术的理想境界，目前尚处于研究阶段，其技术的成熟与普及还需要各方面的努力。

复习思考题

1. 什么叫数控技术？什么叫数控系统？数控系统最基本的组成部分是什么？
2. 什么叫数控机床？它的基本组成部分是什么？
3. 何谓 NC 机床、加工中心、FMC、FMS、CIMS？
4. 何谓 CNC、SV、PLC？
5. 简述数控机床的分类方法。
6. 简述数控机床的主要特点。
7. 简述计算机集成系统的功能、结构和集成内容。

第二章　数控机床的机械结构

第一节　概　　述

从本质上说，数控机床与普通机床一样，也是一种通过切削将金属材料加工成各种不同形状零件的设备。早期的数控机床，包括目前部分改造、改装的数控机床，大都是在普通机床的基础上，通过对进给系统的革新、改造而成的。因此，在许多场合，普通机床的构成模式、零部件的设计计算方法仍然适用于数控机床。但是，随着数控技术(包括伺服驱动、主轴驱动)的迅速发展，为了适应现代制造业对生产效率、加工精度、安全环保等方面越来越高的要求，现代数控机床的机械结构已经从初期对普通机床的局部改进，逐步发展形成了自己独特的结构。特别是随着电主轴、直线电动机等新技术、新产品在数控机床上的推广应用，部分机械结构日趋简化，新的结构、功能部件不断涌现，数控机床的机械结构正在发生重大的变化，虚拟轴机床的出现和实用化，使传统的机床结构面临着更严峻的挑战。

一、数控机床机械结构的主要特点

1. 结构简单、操作方便、自动化程度高

数控机床需要根据数控系统的指令，自动完成对进给速度、主轴转速、刀具运动轨迹以及其他机床辅助机能(如自动换刀、自动冷却等)的控制。它必须利用伺服进给系统代替普通机床的进给系统，并可以通过主轴调速系统实现主轴自动变速。因此，在机械结构上，数控机床的主轴箱、进给变速箱结构一般都非常简单；齿轮、轴类零件、轴承的数量大为减少；电动机可以直接连接主轴和滚珠丝杠，不用齿轮；在使用直线电动机、电主轴的场合，甚至可以不用丝杠、主轴箱。在操作上，它不像普通机床那样，需要操作者通过手柄进行调整和变速，操作机构比普通机床要简单得多，许多机床甚至没有手动机械操作机构。此外，由于数控机床的大部分辅助动作都可以通过数控系统的辅助机能(M 机能)进行控制，因此，常用的操作按钮也较普通机床少，操作更方便、更简单。

2. 广泛采用高效、无间隙传动装置和新技术、新产品

数控机床进行的是高速、高精度加工，在简化机械结构的同时，对于机械传动装置和元件也提出了更高的要求。高效、无间隙传动装置和元件在数控机床上得到了广泛的应用。如滚珠丝杠副、塑料滑动导轨、静压导轨、直线滚动导轨等高效执行部件，不仅可以减少进给系统的摩擦阻力、提高传动效率，而且还可以使运动平稳和获得较高的定位精度。

特别是随着新材料、新工艺的普及、应用，高速加工已经成为目前数控机床的发展方向之一。快进速度达到了每分钟数十米、甚至每分钟上百米，主轴转速达到每分钟上万转、甚至每分钟十几万转，采用电主轴、直线电动机、直线滚动导轨等新产品、新技术已势在必行。

3. 具有适应无人化、柔性化加工的特殊部件

“工艺复合化”和“功能集成化”是无人化、柔性化加工的基本要求，也是数控机床

最显著的特点和当前的发展方向。在加工中心上，工件一次装夹，可以完成钻、铣、镗、攻螺纹等多工序加工；在车削中心上，除能加工内孔、外圆、端面外，还可在外圆、端面的任意位置进行钻、铣、镗、攻螺纹和曲面的加工等。因此，自动换刀装置(ATC)、动力刀架、自动排屑装置、自动润滑装置等特殊机械部件是必不可少的，有的机床还带有自动工作台交换装置(APC)。

“功能集成化”是当前数控机床的另一重要发展方向。在现代数控机床上，自动换刀装置、自动工作台交换装置等已经成为基本装置。随着数控机床向无人化、柔性化加工发展，功能集成化更多地体现在：工件的自动装卸、自动定位，刀具的自动对刀、破损检测、寿命管理，工件的自动测量与自动补偿等功能上。此外，国外还最新开发了几种突破传统机床界限，集钻、铣、镗、车、磨等加工于一体的所谓“万能加工机床”，大大提高了机床的附加值，并随之不断出现新颖的机械部件。

4. 对机械结构、零部件的要求高

高速、高效、高精度的加工要求，无人化的管理以及工艺复合化、功能集成化，一方面可以大大提高生产率，同时，也必然会使机床的开机时间、工作负载随之增加，机床必须在高负载下，长时间可靠工作。因此，对组成机床的各种零部件和控制系统的可靠性要求很高。

此外，为了提高加工效率，充分发挥机床性能，数控机床通常都能够同时进行粗、精加工。这就要求机床既能满足大切削量的粗加工对机床刚度、强度和抗振性的要求，而且也能达到精密加工机床对机床精度的要求。因此，数控机床的主轴电动机的功率一般都比同规格的普通机床大，主要部件和基础件的加工精度通常比普通机床高，对组成机床各部件的动、静态性能以及热稳定性和精度保持性也提出了更高的要求。

二、数控机床对机械结构的基本要求

1. 具有较高的静、动刚度和良好的抗振性

机床的刚度反映了机床结构抵抗变形的能力。机床变形所产生的误差，通常很难通过调整和补偿的办法予以彻底解决。为了满足数控机床高效、高精度、高可靠性以及自动化的要求，与普通机床相比，数控机床应具有更高的静刚度。此外，为了充分发挥机床的效率，加大切削用量，还必须提高机床的抗振性，避免切削时的共振和颤振。而提高结构的动刚度是提高机床抗振性的基本途径。

2. 具有良好的热稳定性

机床的热变形是影响机床加工精度的主要因素之一。由于数控机床的主轴转速、快进速度都远远高于普通机床，机床又长时间处于连续工作状态，电动机、丝杠、轴承、导轨的发热都比较严重，加上高速切削产生的切屑影响，使得数控机床的热变形影响比普通机床要严重得多。虽然在先进的数控系统中具有热变形补偿功能，但是它并不能完成消除热变形对于加工精度的影响，在数控机床上还应采取必要的措施，尽可能减小机床的热变形。

3. 具有较高的运动精度与良好的低速稳定性

利用伺服系统代替普通机床的进给系统是数控机床的主要特点。伺服系统的最小移动量(脉冲当量)，一般只有0.001mm，甚至更小；最低进给速度，一般只有1mm/min，甚至更低。这就要求进给系统具有较高的运动精度，良好的跟踪性能和低速稳定性，才能对数控系统的位置指令作出准确的响应，从而得到要求的定位精度。

传动装置的间隙直接影响着机床的定位精度，虽然在数控系统中可以通过间隙补偿、单向定位等措施减小这一影响，但并不能完全消除。特别是对于非均匀间隙，必须采取机械消除间隙措施，才能得到较好的解决。

4. 具有良好的操作、安全防护性能

方便、舒适的操作性能，是操作者普遍关心的问题。在大部分数控机床上，刀具和工件的装卸、刀具和夹具的调整，还需要操作者完成，机床的维修更不可能离开人，而且由于加工效率的提高，数控机床的工件装卸可能比普通机床更加频繁，因此良好的操作性能是数控机床设计时必须考虑的问题。数控机床是一种高度自动化的加工设备，动作复杂，高速运动部件较多，对机床动作互锁、安全防护性能的要求也比普通机床要高得多。同时，数控机床一般都有高压、大流量的冷却系统，为了防止切屑、切削液的飞溅，数控机床通常都采用封闭或半封闭的防护形式，增加防护性能。

三、提高数控机床性能的措施

1. 合理选择数控机床的总体布局

机床的总体布局直接影响到机床的结构和性能。合理选择机床布局，不但可以使机械结构更简单、合理、经济，而且能提高机床刚性，改善机床受力情况，提高热稳定性和操作性能，使机床满足数控化的要求。如：在数控车床上采用斜床身布局，可以改善受力情况，提高床身的刚度，提高操作性能。卧式数控镗铣床(卧式加工中心)采用T形床身、框架结构双立柱、立柱移动式(Z轴)布局，可减少机床的结构层次，大大提高机床结构刚度和加工精度，精度的稳定性好，热变形的影响小。在高速加工机床上，则通过采用固定门式立柱、“箱中箱”等特殊的布局形式，以最大限度地降低运动部件的质量，提高机床的运动部件的快进速度和加速度，以满足高速加工的需要。

2. 提高结构件的刚度

结构的刚度直接影响机床的精度和动态性能。机床的刚度主要决定于组成机械系统的部件质量、刚度、阻尼、固有频率以及负载激振频率等。提高机床结构件刚度的主要措施有：改善机械部件的结构，减少部件承受的弯曲、扭转负载；合理设计的截面、布置筋板；选用焊接构件；利用平衡机构补偿部件变形；改善构件间的连接形式；缩短传动链，适当加大传动轴，对轴承和滚珠丝杠等传动部件进行预紧等。

3. 提高机床抗振性

高速转动零件的动态不平衡力与切削产生的振动，是引起机床振动的主要原因。提高数控机床抗振性的措施主要有：对机床高速旋转部件，特别是主轴部件进行动平衡，对传动部件进行消隙处理，减少机床激振力；提高机械部件的静态刚度和固有频率，避免共振；在机床结构大件中充填阻尼材料，在大件表面喷涂阻尼涂层抑制振动等。

4. 改善机床的热变形

引起机床热变形的主要原因是机床内部热源发热、摩擦以及切削产生的发热。减少机床热变形的措施主要有：采用伺服电动机和主轴电动机、变量泵等低能耗执行元件，减少热量的产生；简化传动系统的结构，减少传动齿轮、传动轴，采用低摩擦因数的导轨和轴承，减少摩擦发热；改善散热条件、增加隔热措施、对发热部件(如：电柜、丝杠、油箱等)进行强制冷却，吸收热量，避免温升；采用对称结构设计，使部件均匀受热；对切削部分采用高压、大流量冷却系统冷却等。

5. 保证运动的精度和稳定性

机床的运动精度和稳定性，不仅和数控系统的分辨率、伺服系统的精度的稳定性有关，而且还在很大程度上取决于机械传动系统的精度。传动系统的刚度、间隙、摩擦死区、非线性环节都对机床精度和稳定性产生很大的影响。减小运动部件的质量，采用低摩擦因数的导轨和轴承以及滚珠丝杠副、静压导轨、直线滚动导轨、塑料滑动导轨等高效执行部件，可以减少系统的摩擦阻力，提高运动精度，避免低速爬行。缩短传动链，对传动部件进行消隙，对轴承和滚珠丝杠等进行预紧，可以减小机械系统的间隙和非线性影响，提高机床的运动精度和稳定性。

第二节　数控机床的总体布局

一、数控车床的常用布局形式

数控车床常用的布局形式有平床身、斜床身、立式床身三种(图 2-1)。

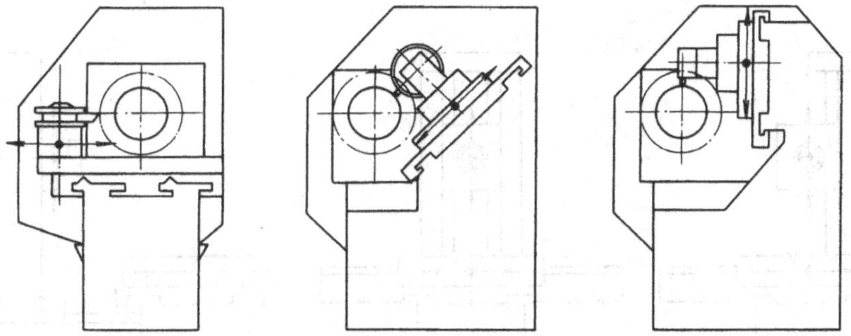

图 2-1　数控车床的三种常用布局

a）平床身布局　b）斜床身布局　c）立式床身布局

这三种布局方式各有特点，一般经济型、普及型数控车床以及数控化改造的车床，大都采用平床身；性能要求较高的中、小规格数控车床采用斜床身(有的机床是用平床身斜滑板)；大型数控车床或精密数控车床采用立式床身。

斜床身布局的数控车床(导轨倾斜角度通常选择 45°、60°或 75°)，不仅可以在同等条件下，改善受力情况，而且还可通过整体封闭式截面设计，提高床身的刚度，特别是自动换刀装置的布置较方便。而平床身、立式床身布局的机床受结构的局限，布置比较困难，限制了机床性能。因此，斜床身布局的数控车床应用比较广泛。在其他方面则三种布局方式各具特点。

(1) 热稳定性　当主轴箱因发热使主轴轴线产生热变位时，斜床身的影响最小；斜床身、立式床身因排屑性能好，受切屑产生的热量影响也小。

(2) 运动精度　平床身布局由于刀架水平布置，不受刀架、滑板自重的影响，容易提高定位精度；立式床身受自重的影响最大，有时需要加平衡机构消除；斜床身介于两者之间。

(3) 加工制造　平床身的加工工艺性较好，部件精度较容易保证。另外，平床身机床工件重量产生的变形方向竖直向下，它和刀具运动方向垂直，对加工精度的影响较小；立式床身产生的变形方向正好沿着运动方向，对精度影响最大；斜床身介于两者之间。

(4) 操作、防护、排屑性能　斜床身的观察角度最好、工件的调整比较方便，平床身有刀架的影响，加上滑板凸出前方，观察、调整较困难。但是，在大型工件和刀具的装卸方面，平床身因其敞开面宽，起吊容易，装卸比较方便。立式床身因切屑可以自由落下，排屑性能最好，导轨防护也较容易。在防护罩的设计上，斜床身和立式床身结构较简单，安装也比较方便；而平床身则需要三面封闭，结构较复杂，制造成本较高。

二、卧式数控镗铣床（卧式加工中心）的常用布局形式

卧式数控镗铣床（卧式加工中心）的布局形式种类较多，其主要区别在于立柱的结构形式和 X、Z 坐标轴的移动方式上（Y 轴移动方式无区别）。常用的立柱有单立柱（图 2-2a）和框架结构双立柱（图 2-2b）两种形式；Z 坐标轴的移动方式有工作台移动式（图 2-2a、b）和立柱移动式（图 2-2c）两种。以上基本形式通过不同组合，还可以派生其他多种变形，如 X、Z 两轴都采用立柱移动，工作台完全固定的结构形式；或 X 轴为立柱移动、Z 轴为工作台移动的结构形式等。

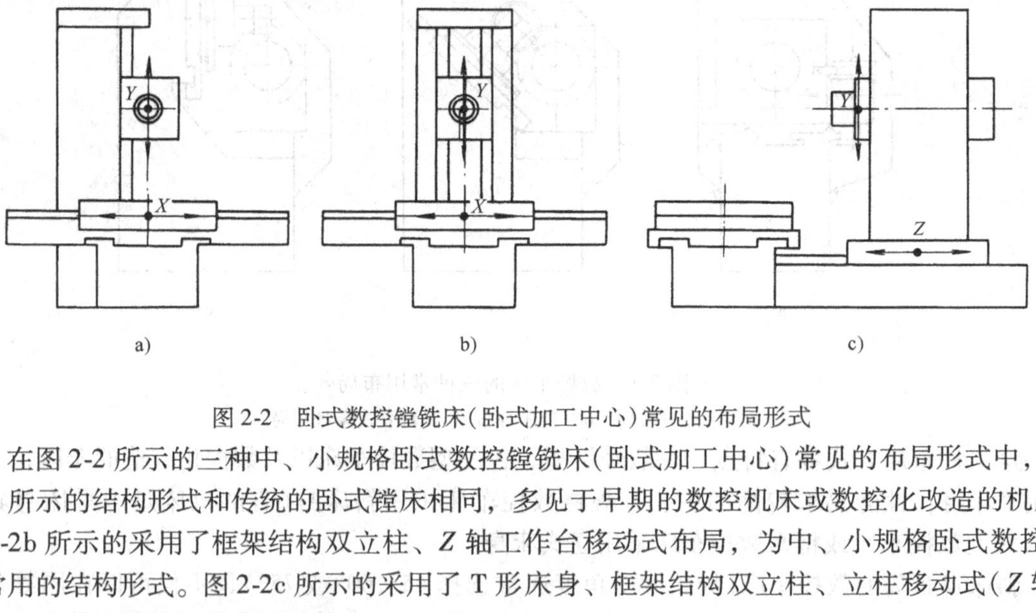

图 2-2　卧式数控镗铣床（卧式加工中心）常见的布局形式

在图 2-2 所示的三种中、小规格卧式数控镗铣床（卧式加工中心）常见的布局形式中，图 2-2a 所示的结构形式和传统的卧式镗床相同，多见于早期的数控机床或数控化改造的机床；图 2-2b 所示的采用了框架结构双立柱、Z 轴工作台移动式布局，为中、小规格卧式数控机床常用的结构形式。图 2-2c 所示的采用了 T 形床身、框架结构双立柱、立柱移动式（Z 轴）布局，为卧式数控机床典型结构。

框架结构双立柱采用了对称结构，主轴箱在两立柱中间上、下运动，与传统的主轴箱侧挂式结构相比，大大提高了结构刚度。另外，主轴箱是从左、右两导轨的内侧进行定位，热变形产生的主轴轴线变位被限制在垂直方向上，因此，可以通过对 Y 轴的补偿，减小热变形的影响。

T 形床身布局可以使工作台沿床身作 X 向移动时，在全行程范围内，工作台和工件完全支承在床身上，因此，机床刚性好，工作台承载能力强，加工精度容易得到保证。而且，这种结构可以很方便地增加 X 轴行程，便于机床品种的系列化、零部件的通用化和标准化。

立柱移动式结构的优点是：首先，这种形式减少了机床的结构层次，使床身上只有回转工作台、工作台，共三层结构，它比传统的四层十字工作台，更容易保证大件结构刚性；同

时又降低了工件的装卸高度，提高了操作性能。其次，Z 轴的移动在后床身上进行，进给力与轴向切削力在同一平面内，承受的扭曲力小，镗孔和铣削精度高。此外，由于 Z 轴导轨的承重是固定不变的，它不随工件重量改变而改变，因此有利于提高 Z 轴的定位精度和精度的稳定性。但是，由于 Z 轴承载较重，对提高 Z 轴的快速性不利，这是其不足之处。

三、立式数控镗铣床(立式加工中心)的常用布局形式

立式数控镗铣床(立式加工中心)的布局形式与卧式数控镗铣床类似，图 2-3 所示的是三种常见的布局形式。

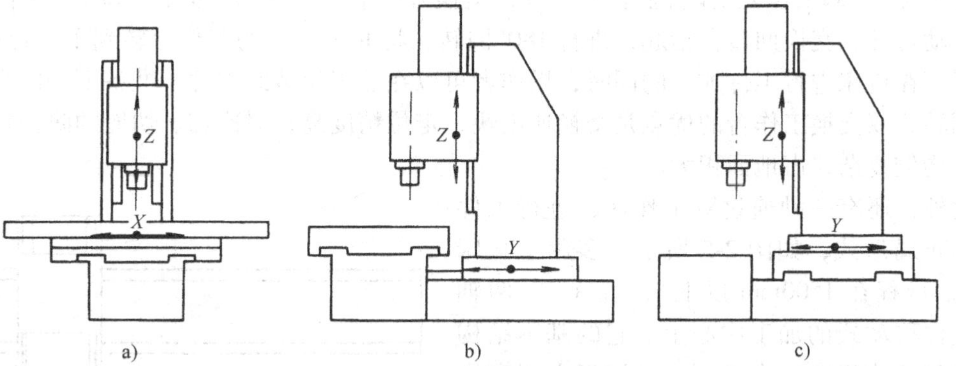

图 2-3 立式数控镗铣床(立式加工中心)的布局

这三种布局形式中，图 2-3a 所示的结构形式是常见的工作台移动式立式数控镗铣床(立式加工中心)的布局，为中、小规格机床的常用结构形式；图 2-3b 所示的采用了 T 形床身，Y 轴为立柱移动式。图 2-3c 所示的则采用了 T 形床身、X、Y 两轴都是立柱移动式的布局，多见于长床身(大 X 轴行程)或采用交换工作台的立式数控机床。这三种布局形式的结构特点，基本和卧式数控镗铣床(卧式加工中心)的对应结构相同。

同样，以上基本形式通过不同组合，还可以派生其他多种变形 X 轴为立柱移动、Y 轴为工作台移动的结构形式等等。

四、数控机床交换工作台的布局

为了提高数控机床的加工效率，在加工中心上经常采用双交换工作台，进行工件的自动交换，以进一步缩短辅助加工时间，提高机床效率。图 2-4 所示的是两种常见的双交换工作台布局形式。

图 2-4a 是移动式双交换工作台布局图，用于工作台移动式加工中心。对于图示的初始状态，其工作过程是：首先在Ⅱ工位工作台上装上工件，交换开始后，X 轴自动运动到Ⅰ工位的位置，并松开工作台

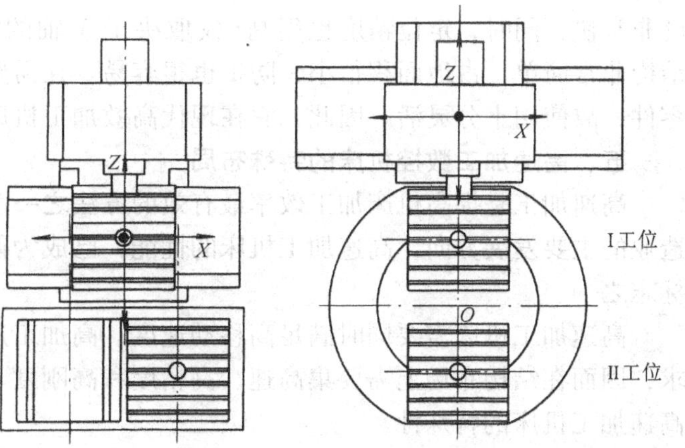

图 2-4 卧式加工中心双交换工作台布局

夹紧机构；交换机构通过液压缸或辅助电动机将机床上的工作台拉到Ⅰ工位上；*X* 轴再自动运动到Ⅱ工位的位置，交换机构将装有工件的Ⅱ工位工作台送到机床上，并夹紧。在机床进行工件加工的同时，操作者可以在Ⅰ工位装卸工件，准备第二次交换。这样就使得工件的装卸和机床加工可以同时进行，节省了加工辅助时间，提高了机床的效率。

移动式双交换工作台的优点是结构简单，占地面积小，维修方便；缺点是交换时间较长，交换台定位精度不容易提高，另外，对冷却、切屑的防护也较困难。

图 2-4b 是回转式双交换工作台布局图，用于立柱移动式加工中心。其工作过程是：首先在Ⅱ工位(装卸工位)工作台上装上工件，交换开始后，Ⅰ工位(加工工位)的工作台夹紧机构自动松开；交换回转台抬起，进行 180°回转，将Ⅱ工位上的工作台转到Ⅰ工位的位置，并夹紧。在机床进行工件加工的同时，操作者可以在Ⅱ工位装卸工件，准备下一次交换。

回转式双交换工作台的优点是交换速度快，定位精度高；对冷却、切屑的防护容易；缺点是结构较复杂，占地面积大。

此外，还有一种通过双工作区，进行工件交换的布局形式，如图 2-5 所示，多用于长床身(*X* 轴行程在 1500mm 以上)，且 *X*、*Y* 两轴都是立柱移动式的加工中心上。它的基本结构和立柱移动式机床完全相同，区别仅在于利用中间防护，使机床原工作台分成了两个相对独立的操作区域。其工作过程是：立柱首先运动到Ⅰ区，对安装在该区的零件进行正常加工；与此同时，操作者可以在Ⅱ区装卸工件。在Ⅰ区的零件加工完成后，通过 *X* 轴的快速移动，将立柱运动到Ⅱ区，进行Ⅱ区零件的加工；操作者可以在Ⅰ区装卸工件，如此循环。机床通过电气控制系统实现严格的互锁，对于加工区的防护门也需要通过机电联锁装置予以封闭，确保机床的安全性、可靠性。

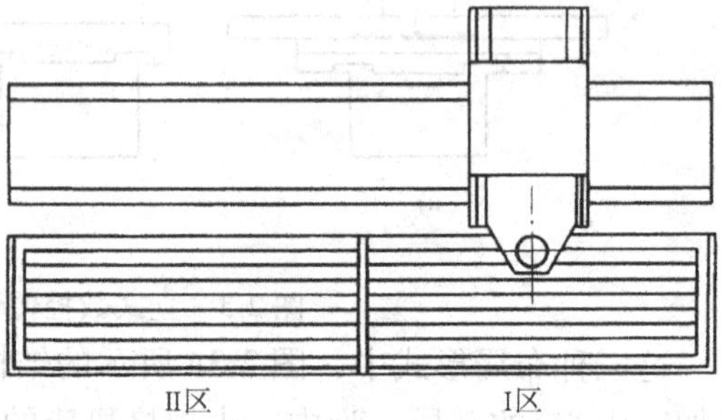

图 2-5　双工作区交换的布局图

这种交换方式，只需通过 *X* 轴从Ⅰ区到Ⅱ区的快速移动，即可完成交换动作，交换速度非常快，同时，定位精度也很高(仅取决于 *X* 轴的定位精度)。而且无需设计交换机构，结构非常简单，占地面积很小，防护也很容易。在需要时还可以通过拆除中间防护，加工长零件，故使用十分灵活。因此，它在现代高效加工机床上得到了广泛的应用。

五、高速加工数控机床的特殊布局

高速加工是提高机床加工效率最有效的方法之一。近年来，高速加工机床已成为机床制造业的主要发展方向，高速加工机床的性能，已成为衡量机床制造厂家产品性能水平的主要标志之一。

高速加工机床需要同时满足高移动速度、高加工速度、高主轴转速以及高精度加工的要求，因而在结构布局上需要集高速、高精度和高刚度于一体。在机床总体布局上必须考虑到高速加工机床的特殊性。

图 2-6 所示的是两种高速加工机床的布局形式。图 2-6a 所示的是立式数控机床采用固定门式立柱的布局形式，图 2-6b 是卧式数控机床采用了“内外双框架”即“箱中箱”(Box in Box)结构的布局形式。这两种布局形式在总体上的共同特点是：运动部件重量轻，结构

刚性好。机床的进给系统的结构全部(或部分)移出工作台外，以最大限度减轻移动部件的重量和惯量，是高速加工机床结构布局设计的总原则。

图 2-6a 中的立式数控机床采用了固定门式立柱的布局形式，但它已脱离传统的门式结构仅仅为了满足大行程或重型加工需要的理念，目的是为了提高机床的整体刚性和快速性以满足高速加工的要求。它通过在上面架设 X 轴导轨，利用滑座实现 X 轴移动，从而降低了运动部件的重量，而且，运动部件的质量和加工工件的质量无关。机床的 Y 轴采用上置式结构，虽然滑座仍为两层，但与传统的立柱移动式布局相比，移动部件中已经去除了立柱本身的重量，从而达到了减重的目的。

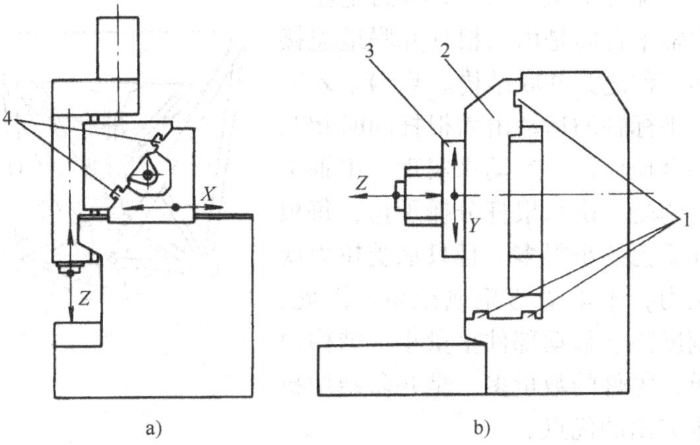

图 2-6　高速加工机床布局

1—X 轴导轨　2—内框　3—主轴箱　4—Y 轴导轨

图 2-6b 中的卧式布局高速数控机床，采用了“内外双框架”即“箱中箱”结构。外框架固定，上设 X 轴导轨，通过内框的移动实现 X 轴的运动；Z 轴的运动通过安装在主轴箱内的滑枕实现。与传统的立柱移动式布局比较，这两轴在移动部件中都去除了立柱本身的重量，重量不到原来的 1/3，得到了大大减轻。而且，X 轴上、下均有导轨支撑，彻底改变了传统立柱受悬臂式弯曲的状况，提高了整体刚度。另外 X、Y 的对称布局形式，也提高了机床的热稳定性，使机床的加工精度得到了提高。

六、虚拟轴机床

虚拟轴机床是最近出现的一种全新概念的机床，它和传统的机床相比，在机床的机构、本质上有了巨大的飞跃，它的出现被认为是机床发展史上的一次重大变革。

传统的机床(以动立柱立式加工中心为例，参见图 2-3c)从基座(床身)至末端运动部件，是经过床身到滑座(在床身上作 X 轴运动)，滑座到立柱(在滑座上作 Y 轴运动)，立柱到主轴箱(在立柱上作 Z 轴运动)，按此先后顺序，逐级串联相连接的。因此，当滑座在作 X 轴运动时，滑座上的 Y 轴和立柱上的 Z 轴也作相应的空间运动，也即后置的轴必须随同前置的轴一起运动。这无疑增加了 X 轴运动部件的重量。

同时，加工时主轴上刀具所受的切削力反力，也依次传递给立柱、滑座，最终传递给床身，也即末端所受的力按顺序依次也是串联地传至最前端。此外，这些作用力一般是不通过构件重心的，必然会产生弯矩和扭矩，而构件抵抗弯矩和扭矩的变形能力，一般仅为抵抗拉、压力变形的 1/5 ~ 1/6。因此，前端构件不但要额外负担后端构件的重力，而且还要考虑承受切削力。这样一来，为了达到机床高刚度的要求，每部分结构件都得考虑以上因素，使其具有相应体积和材料。总之，传统机床的串联结构特性，必然会导致移动部件的重量大、系统刚度低，而成为机床的致命的弱点；特别是当机床运动速度高和工件重量大时，这些弱点更为突出。

虚拟轴机床(图 2-7)的基座与主轴平台间是由六根杆并联地连接的，称之为并联结构。X、Y、Z 三个坐标轴的运动由六根杆同时相互耦合地作伸缩运动来实现。主轴平台的受力由六根杆分摊承担，每根杆受力要小得多，且只承受拉力或压力，不承受弯矩或扭矩。因此，刚度高、移动部件重量小、结构简单，零件的数量多，是并联结构机床突出的优点。

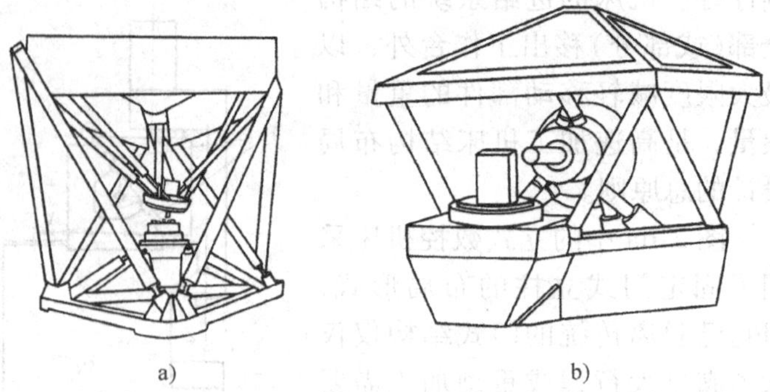

图 2-7　虚拟轴机床

虚拟轴机床常见的布局有立式(图 2-7a)和卧式(图 2-7b)两种，立式布局的结构简单、制造方便，但工件可接近性较差。而卧式机床却极大地改善了立式机床的工件可接近性差和工作空间对机床所占空间之比低的缺陷，但是，由杆系本身重量而产生的弯矩增大(立式时,此负荷可略)，使它对联杆的要求比立式布局更高。

第三节　数控机床的主传动系统

一、主传动的基本要求和变速方式

数控机床和普通机床一样，主传动系统也必须通过变速，才能使主轴获得不同的转速，以适应不同的加工要求。并且，在变速的同时，还要求传递一定的功率和足够的转矩，以满足切削的需要。数控机床作为高度自动化的设备，它对主传动系统的基本要求有以下几点：

1）为了达到最佳切削效果，一般都应在最佳切削条件下工作，因此，主轴一般都要求能自动实现无级变速。

2）机床主轴系统必须具有足够高的转速和足够大的功率，以适应高速、高效的加工需要。

3）为了降低噪声、减轻发热、减少振动，主传动系统应简化结构，减少传动件。

4）在加工中心上，还必须具有安装刀具和刀具交换所需的自动夹紧装置，以及主轴定向准停装置，以保证刀具和主轴、刀库、机械手的正确啮合。

5）为了扩大机床功能，实现对 C 轴位置(主轴回转角度)的控制，主轴还需要安装位置检测装置，以便实现对主轴位置的控制。

主传动的无级变速通常有以下三种方法：

1）采用交流主轴驱动系统实现无级变速传动，在早期的数控机床或大型数控机床(主轴功率超过 100kW)上，也有采用直流主轴驱动系统的情况。

2）在经济型、普及型数控机床上，为了降低成本，可以采用变频器带变频电动机或普通交流电动机实现无级变速的方式。

3）在高速加工机床上，广泛使用主轴和电动机一体化的新颖功能部件——电主轴。电主轴的电动机转子和主轴一体，无需任何传动件，可以使主轴达到每分钟数万转、甚至十几万转的高速。

但是，不管采用何种形式，数控机床的主传动系统结构都要比普通机床简单得多。

二、主轴的联接形式

1. 用辅助机械变速机构联接

在大、中型数控机床上，为了使主轴在低速时获得大转矩和扩大恒功率调速范围，通常在使用无级变速传动的基础上，再增加两级或三级辅助机械变速机构作为补充。通过分段变速方式，确保低速时的大转矩，扩大恒功率调速范围，满足机床重切削时对转矩的要求。

图 2-8 是在采用 22kW、额定转矩为 140N · m、额定转速为 1500r/min、最高转速为 6000r/min的交流无级变速主轴驱动系统的基础上，通过 1∶1 和 1∶4 两级辅助机械变速机构，获得的主轴输出转矩和功率曲线图。由图 2-8 可见，它使主轴的低速输出扭矩提高了 4 倍，恒功率调速范围由原来的 1∶4 增加到了 1∶16，而主轴的最高转速仍保持 6000r/min 不变，可以更好地满足机床的加工要求。辅助机械变速机构的结构、原理和普通机床相同，可以通过电磁离合器、液压或气动带动滑移齿轮等方式实现。辅助变速的动作控制，可以通过数控系统的“自动传动级变换”功能自动实现。辅助机械变速机构的变速比应根据实际机床的参数进行选择，并尽可能保持功率曲线的连续。

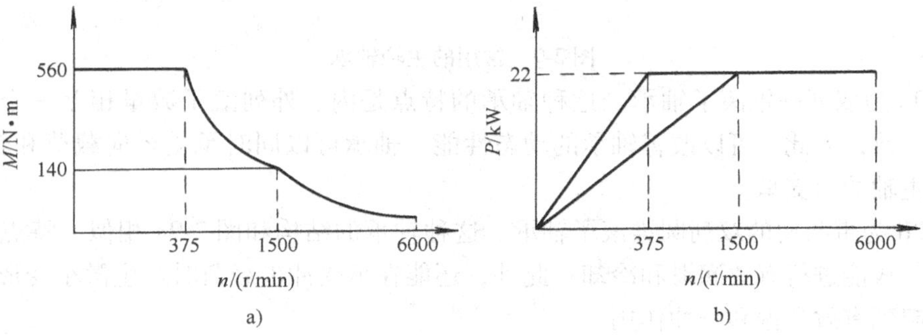

图 2-8　主轴输出转矩、功率曲线

2. 定传动比的联接形式

在小型数控机床上，主电动机和主轴一般采用定传动比的联接形式，或是主电动机和主轴直接联接的形式。在使用定传动比传动时，为了降低噪声与振动，通常采用 V 带或同步带传动。电动机和主轴直接联接的形式，可以大大简化主轴传动系统的结构，有效提高主轴刚度和可靠性。但是，其主轴的输出转矩、功率、恒功率调速范围决定于主电动机本身。另外，主电动机的发热对主轴精度有一定的影响。

3. 采用电主轴

在高速加工机床上，大多数使用电动机转子和主轴一体的电主轴，可以使主轴达到每分钟数万转、甚至十几万转的高速，主轴传动系统的结构更简单、刚性更好。有关电主轴的详细内容见下述。

三、主轴部件的支承

主轴部件是数控机床的关键部件之一，它直接影响机床的加工质量。主轴部件包括主轴的支承、安装在主轴上的传动零件等。

1. 主轴轴承

数控机床的主轴一般都采用滚动轴承作为支承，图 2-9 所示为主轴常用的几种滚动轴承。

图 2-9a 为锥孔双列圆柱滚子轴承，内圈为 1∶12 的锥孔，当内圈沿锥形轴轴向移动时，内圈胀大，可以调整滚道间隙。这种轴承的特点是滚子数量多，两列滚子交错排列，因此承载能力大，刚性好，允许转速较高。但它对箱体孔、主轴颈的加工精度要求高，且只能承受径向载荷。

图 2-9b 为双列推力角接触球轴承，接触角为 60°。这种轴承的球径小、数量多，允许转速高，轴向刚度较高，能承受双向轴向载荷。该种轴承一般与双列圆柱滚子轴承配套用作主轴的前支承。

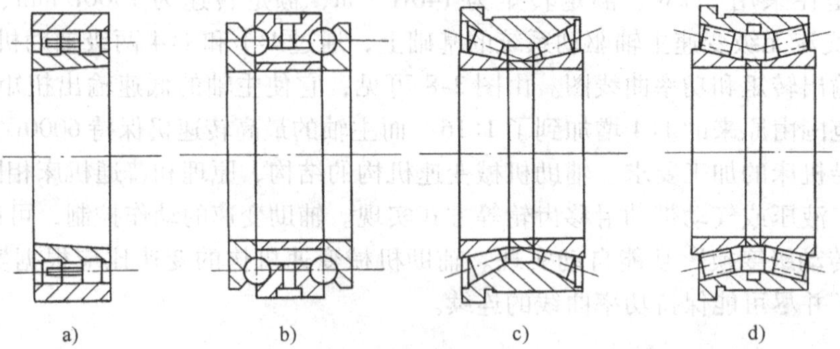

图 2-9　常用的主轴轴承

图 2-9c 为双列圆锥滚子轴承。这种轴承的特点是内、外列滚子数量相差一个，能使振动频率不一致，因此，可以改善轴承的动态性能。轴承可以同时承受径向载荷和轴向载荷，通常用作主轴的前支承。

图 2-9d 为带凸肩的双列圆锥滚子轴承。这种轴承的结构和图 2-9c 相似，特点是滚子被做成空心，故能进行有效润滑和冷却；此外，还能在承受冲击载荷时产生微小变形，增加接触面积，起到有效吸振和缓冲作用。

滚动轴承的性能比较见表 2-1。

表 2-1　滚动轴承性能比较表

轴承种类	允许转速	刚度	阻尼	温升
圆柱滚子轴承	较高	高	中	中、高
角接触球轴承	高	较高	低	低
圆锥滚子轴承	中	中、高	较大	中、高

滚动轴承的精度有 E 级（高级）、D 级（精密级）、C 级（特精级）、B 级（超精级）四种等级。前轴承的精度一般比后轴承高一个精度等级。数控机床前支承通常采用 B、C 级精度的轴承，后支承则常采用 C、D 级。

2. 轴承的配置

合理配置轴承，可以提高主轴精度，降低温升，简化支承结构。在数控机床上配制轴承时，前后轴承都应能承受径向载荷，支承间的距离要选择合理，并根据机床的实际情况配制承受轴向力的轴承。图 2-10 是几种常见的轴承配置形式示意图。

图 2-10a 采用后端定位，推力轴承布置在后支承的两侧，轴向载荷由后支承承受。这种形式的优点是能简化结构，缺点是由于前端不定位，因此当主轴受热时将引起主轴伸长；另

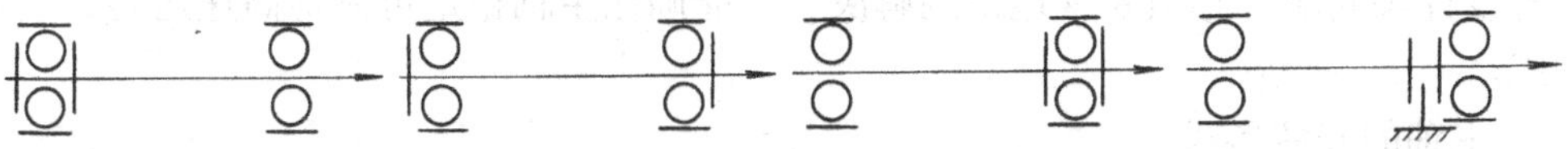

图 2-10　轴承配置形式示意图

外，特别是对于细长主轴，当切削力较大时，可能引起横向弯曲，影响加工精度。因此，多用于精度不是很高的机床上。

图 2-10b 采用前、后两端定位，推力轴承布置在前、后支承的两外侧，轴向载荷由前支承承受，轴向间隙由后端调整。这种形式的布置，在主轴受热伸长时，会改变支承的轴向、径向间隙，影响加工精度。因此，最好能在设计时考虑对主轴的自动预紧。

图 2-10c 和图 2-10d 采用前端定位，推力轴承布置在前支承，轴向载荷由前支承承受。这两种形式的共同优点是结构刚度较高，主轴受热时的伸长，不会影响加工精度。图 2-10c 的推力轴承安装在前支承两侧，会增加主轴的悬伸长度，对提高刚度不利。图 2-10d 的两只推力轴承均布置在前支承内侧，主轴的悬伸长度小，刚度大。但前支承结构较复杂，一般用于高速精密数控机床。

四、电主轴与高速主轴系统

在高速加工机床上，大多数使用电动机转子和主轴一体的电主轴，可以使主轴达到每分钟数万转、甚至十几万转的高速，主轴传动系统的结构更简单、刚性更好。电主轴最早应用于磨床上，随着高速加工机床的发展，电主轴以其卓越的高速性能，被广泛用于其他数控机床。

虽然电主轴外形各不相同，但其实质都是一只转子中空的电动机（如图 2-11 所示）。外壳有进行强制冷却的水槽，中空套筒用于直接安装各种机床主轴。从而取消了从主电动机到主轴之间一切中间的机械传动环节（如传动带、齿轮、离合器等），实现了主电动机与机床主轴的一体化，使机床的主传动系统实现了所谓的“零传动”。

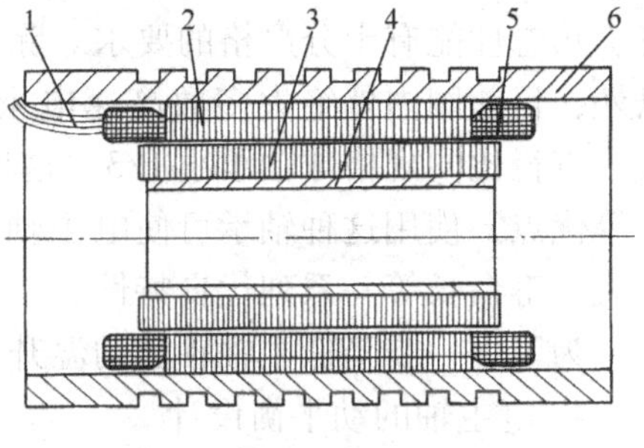

图 2-11　电主轴结构原理图
1—引出线　2—定子　3—转子
4—套筒　5—绕组　6—外壳

1. 电主轴的主要特点

主轴部件采用电主轴的传动方式有以下特点：

1）机械结构最为简单，传动惯量小，因而快速响应性好，能实现极高的速度、加（减）速度和定角度的快速准停（*C* 轴控制）。

2）通过采用交流变频调速或磁场矢量控制的交流主轴驱动装置，输出功率大，调速范围宽，并有比较理想的转矩—功率特性。

3）可以实现了主轴部件的单元化。电主轴可独立做成标准功能部件，并由专业厂进行系列化生产；机床生产厂只需根据用户的不同要求进行选用，可很方便地组成各种性能的高速机床，符合现代机床设计模块化的发展方向。

但是，电主轴的机械结构虽然比较简单，但制造工艺的要求却非常严格。这种结构还带来一系列新的技术难题，诸如内置电动机的散热、高速主轴的动平衡、主轴支撑及其润滑方式的合理设计等问题，必须妥善地得到解决，才能确保主轴稳定可靠地高速运转，实现高效精密加工。

2. 电主轴的安装形式

根据主电动机和主轴轴承相对位置的不同，高速电主轴有两种安装形式：

1）主电动机置于主轴前、后轴承之间。这种方式的优点是：主轴单元的轴向尺寸较短，主轴刚度高，出力大，较适用于中、大型高速加工中心，目前大多数加工中心都采用这种结构形式。

2）主电动机置于主轴后轴承之后，即主轴箱和主电动机作轴向的同轴布置（有的用联轴器）。这种布局方式有利于减小电主轴前端的径向尺寸，电动机的散热条件也较好。但整个主轴单元的轴向尺寸较大，常用于小型高速数控机床，尤其适用于模具型腔的高速精密加工。

3. 电主轴的发热及其解决方法

与一般的主轴部件不同，电主轴最突出的问题之一是内藏式高速主电动机的发热。由于主电动机旁边就是主轴轴承，电动机的发热会直接降低轴承的工作精度。如果主电动机的散热问题解决不好，就会影响机床工作的可靠性。

为此，电主轴一般都采用外循环油—水冷却系统进行冷却。即：在主电动机定子的外面加工有带螺旋槽的铝质外套（图2-11），机床工作时，冷却水不断在该螺旋槽中流动，从而把主电动机的热量及时、迅速地带走。

主轴轴承的发热也是电主轴的主要热源之一。由于电主轴的运转速度高，$d_m \cdot n$ 值大（d_m 为主轴前轴径直径，单位：mm；n 为主轴最高转速，单位：r/min），因此对主轴轴承的动态、热态性能有十分严格的要求。除个别超高速电主轴采用磁悬浮轴承或液体动-静压轴承以外，目前国内外绝大多数高速电主轴都采用角接触陶瓷球轴承，其滚球用 Si_3N_4 材料制成，直径比同规格球轴承小1/3。这种材料具有密度小、硬度高、线膨胀系数小、弹性模量大等优点，使用这种轴承可使电主轴获得运转速度高（$d_m \cdot n$ 值高达 2×10^6）、温升小、刚度大、寿命长等一系列优良特性。

为了进一步降低主轴轴承的温升，轴承一般都采用油—气润滑系统。

4. 电主轴的动平衡设计

电主轴的最高转速一般在10000r/min以上，甚至高达60000～100000r/min，主轴运转部分微小的不平衡量，都会引起巨大的离心力，造成机床的振动，影响加工精度和表面质量，因此必须对电主轴进行严格的动平衡。

采用电主轴后，主轴和主轴上的零件都要经过十分精密的加工、装配和调校，一般要使主轴组件动平衡精度达到0.4级以上的水平。

在设计电主轴时，必须严格遵守结构对称性原则，键联接和螺纹联接在电主轴上被禁止使用。电动机转子与机床主轴之间用过盈配合来实现转矩的传递，过盈量应按所传递的扭矩来计算，其值有时高达0.08～0.10mm。主轴上轴向固定零件用的螺纹套也用与主轴有过盈配合的圆盘来代替。

为了使转子在装配后达到精确的动平衡，除了上述对称性设计以外，还必须采取下列两个工艺措施：一是电主轴转子的外径在装配前一般都留有一定的加工余量，当转子用热压法（转子一般加温到180～200℃）装入主轴以后，以主轴前、后轴径为定位支承，把主轴装夹在车床上对转子进行最后的精车。另一个保证主轴动平衡的措施是在电动机转子的两个端盖上，对称地加工 16 ~ 24 个直径略有不同的螺纹孔(M4 或 M6)。当电主轴组装完毕后，根据动平衡机的测试结果，在一定的方位上，旋入相应的动平衡螺钉并调节旋入深度，进行动平衡的调节，在完全达到动平衡精度后，用环氧树脂将这些平衡螺钉固化。

5. 高速主轴系统的轴承配置要求

随着机床主轴高速化的发展，在主轴传动代替传统机械传动后，为适应高速传动，并使轴承可实现高速旋转，且温升低、刚性好，它对机床用轴承提出了更为严格的要求，这些要求概括起来有以下几点：

1）提高轴承尺寸公差及旋转精度，以适应高精度切削要求。

2）采用角接触球轴承取代圆柱滚子轴承和推力球轴承，以承受径向和轴向载荷，并适应高速切削的需要。

3）应减小径向截面尺寸，以减小主轴系统的体积，并有利于系统的热传导。

4）应尽量采用小而多的滚动体，以减小高速旋转惯性力并进而提高轴系的动刚度。

5）采用高强度、轻质保持架，选择合理的引导方式，以适应高速旋转。

6）尽量采用配对轴承，以保证轴承的旋转精度与刚度。

五、主轴部件的结构

机床主轴部件的结构根据不同的机床有较大的差别，图 2-12 和图 2-13 是两种卧式车床的主轴部件结构示意图。在图 2-12 中，主轴和电动机间采用的是传动带联接的定传动比传动方式；图 2-13 则采用了电主轴。立式加工中心(数控铣镗床)的主轴部件结构可以参照本章第六节。

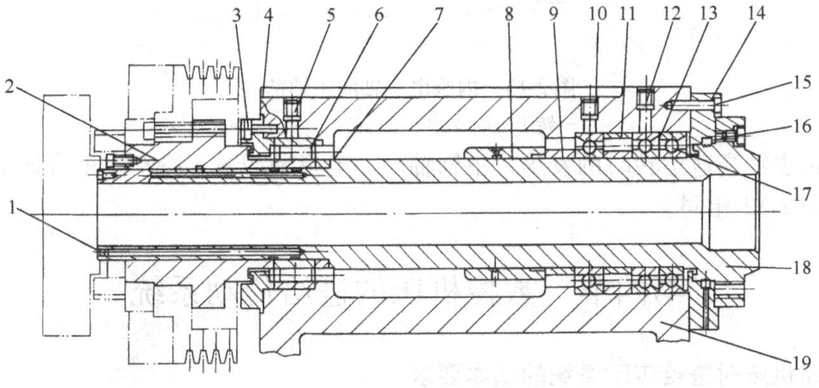

图 2-12　车床主轴部件图

1、3、5、15、16—螺钉　2—带轮联接盘　4—端盖　6—圆柱滚珠轴承

7、9、11、12—挡圈　8—热调整套　10、13、17—角接触球轴承

14—卡盘过渡盘　18—主轴　19—主轴箱箱体

图 2-12 所示的主轴部件的最大的特点是：传动件，轴承、挡圈等均采用先进的热套工艺进行安装和调整，因而主轴上无键槽和螺纹，既增强了主轴的刚度，又最大限度地降低了主轴的不平衡量。主轴采用双支承方式，前支承采用了成组角接触球轴承，后支承为双列圆柱滚子轴承。前端的三个角接触轴承中，前两个轴承的大端向主轴前端，另一个轴承的大端向主轴后端，前支承可以同时承受径向和轴向力。向左的轴向力由主轴前端，通过轴承 17、

轴承 13、挡圈 11、轴承 10 的外圈传到箱体上。向右的轴向力由热调整套 8、挡圈 9、轴承 10 的内圈、球、外圈、挡圈 11、轴承 13 和 17 的外圈、卡盘过渡盘 14、螺钉 15 传到箱体上。当轴承间隙过大时，需卸下主轴部件，通过修磨 2 个挡圈 11 和 12，调整热调整套的轴向位置进行。热调整套的内孔与主轴外圆以一很小锥度配合，以便调整。后支承为双列圆柱滚子轴承，其调整可通过热套工艺，调整带轮联接盘 2 的轴向位置和修磨挡圈 7 来实现。

图 2-13 所示为内装电主轴的主轴部件结构。电主轴主要由空心转子 1、带绕组的定子 2 和位置检测器（图中未示出）三部分组成。由于主轴 4 与电动机合为一体，电动机的转子轴就是主轴本身，电动机定子与主轴箱体联接，所以，主轴传动不仅结构简单，而且降低了噪声和共振。主轴部件经过严格的动平衡，故可以在高速下运行。

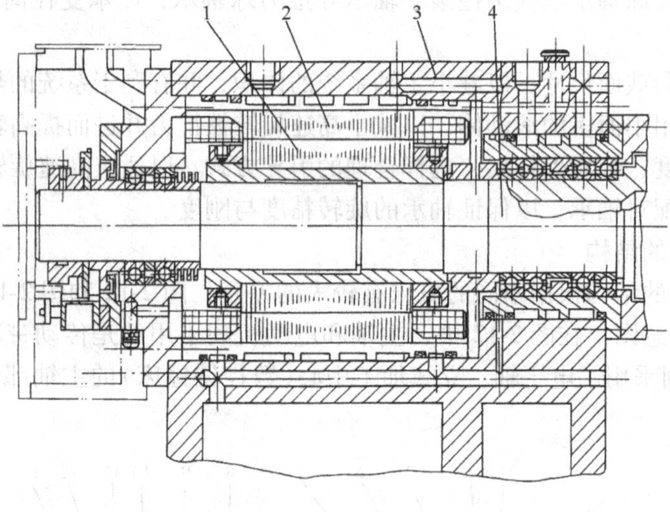

图 2-13　内装电主轴的主轴部件

1—转子　2—定子　3—箱体　4—主轴

为了防止主轴高速运转时的发热，主轴轴承、电主轴均通入冷却水进行强制冷却。主轴前端结构与图 2-12 相同。

第四节　数控机床的进给传动系统

一、数控机床对进给传动系统的基本要求

进给传动系统的精度、灵敏度、稳定性直接影响了数控机床的定位精度和轮廓加工精度。从系统控制的角度分析，其中起决定作用的因素主要有：①传动系统的刚度和惯量，它直接影响进给系统的稳定性和灵敏度；②传动部件的精度与传动系统的非线性，它直接影响系统的位置精度和轮廓加工精度，在闭环系统中还影响系统的稳定性。

传动系统的刚度和惯量主要决定于机械结构设计，而传动系统的间隙、摩擦死区则是造成传动系统的非线性的主要原因。因此，数控机床对机械传动系统的要求可以概括如下：

1. 提高传动部件的刚度

一般来说，数控机床的直线运动的定位精度和分辨率都要达到微米级，回转运动的定位精度和分辨率都要达到角秒级，伺服电动机的驱动转矩（特别是起动、制动时的力矩）也很

大。如果传动部件的刚度不足，必然会使传动部件产生弹性变形，影响系统的定位精度、动态稳定性和响应的快速性。加大滚珠丝杠的直径，对丝杠螺母副、支承部件进行预紧，对丝杠进行预拉伸等，都是提高传动系统刚度的有效措施。

2. 减小传动部件的惯量

在驱动电动机一定时，传动部件的惯量直接决定了进给系统的加速度，它是影响进给系统的快速性的主要因素。特别是在高速加工的数控机床上，由于对进给系统的加速度要求高，因此，在满足系统强度和刚度的前提下，应尽可能减小零部件的重量、直径，以降低惯量，提高快速性。

3. 减小传动部件的间隙

在开环、半闭环进给系统中，传动部件的间隙直接影响进给系统的定位精度；在闭环系统中，它是系统的主要非线性环节，影响系统的稳定性，因此，必须采取措施消除传动系统的间隙。常用的消除传动部件间隙的措施是对齿轮副、丝杠螺母副、联轴器、蜗轮蜗杆副以及支承部件进行预紧或消隙。但是，值得注意的是，采取这些措施后可能会增加摩擦阻力及降低机械部件的使用寿命，必须综合考虑各种因素，使间隙减小到允许范围。

4. 减小系统的摩擦阻力

进给系统的摩擦阻力一方面会降低传动效率，产生发热；而且，它还直接影响系统的快速性；此外，由于摩擦力的存在，动、静摩擦因数的变化，将导致传动部件的弹性变形，产生非线性的摩擦死区，影响系统的定位精度和闭环系统的动态稳定性。采用滚珠丝杠螺母副、静压丝杠螺母副、直线滚动导轨、静压导轨和塑料导轨等高效执行部件，以减少系统的摩擦阻力，提高运动精度，避免低速爬行。

二、数控机床进给传动系统的基本形式

数控机床的进给运动可以分为直线运动和圆周运动这两大类。直线进给运动包括机床的基本坐标轴(X、Y、Z 轴)以及和基本坐标轴平行的坐标轴(U、V、W 等)的运动；圆周进给运动是指绕基本坐标轴 X、Y、Z 回转的坐标轴运动。在数控机床上，实现直线进给运动主要有三种形式：①通过丝杠(通常为滚珠丝杠或静压丝杠)螺母副，将伺服电动机的旋转运动变成直线运动；②通过齿轮、齿条副，将伺服电动机的旋转运动变成直线运动；③直接采用直线电动机进行驱动。实现圆周运动除少数情况直接使用齿轮副外，一般都采用蜗轮蜗杆副。

1. 滚珠丝杠螺母副

滚珠丝杠螺母副具有以下特点：①摩擦损失小，传动效率高；②丝杠螺母之间预紧后，可以消除间隙，提高了传动刚度；③摩擦阻力小，而且它几乎与运动速度无关，动、静摩擦力的变化也很小，不易产生低速爬行现象；④长期工作磨损小、使用寿命长、精度保持性好。因此，在数控机床上得到了广泛的应用，是目前中、小型数控机床最为常见的传动形式。

但由于它有运动的可逆性，即：一方面能将旋转运动转换为直线运动，反过来也能将直线运动转换为旋转运动，不能实现自锁，当用在垂直传动或水平放置的高速大惯量传动中必须装有制动装置，使用具有制动装置的伺服驱动电动机是最简单的方法。另外，为了防止安装、使用时螺母脱离丝杠滚道，在机床上还必须配置超程保护装置，这一点对于高速加工数控机床来说尤为重要。

2. 静压丝杠螺母副

静压丝杠螺母副是通过油压在丝杠和螺母的接触面之间，产生一层保持一定厚度，且具有一定刚度的压力油膜，使丝杠和螺母之间由边界摩擦变为液体摩擦。当丝杠转动时通过油膜推动螺母直线移动，反之，螺母转动也可使丝杠直线移动。静压丝杠螺母的特点是：①摩擦因数很小，仅为0.0005，比滚珠丝杠(摩擦因数为0.002～0.005)的摩擦损失更小，因此，其起动转矩很小，传动灵敏，避免了爬行。②油膜层可以吸振，提高了运动的平稳性；③由于油液的不断流动，有利于散热和减少热变形，提高了机床的加工精度和表面粗糙度。④油膜层具有一定刚度，减小了反向间隙；⑤油膜层介于螺母与丝杠之间，对丝杠的误差有“均化”作用，即可以使丝杠的传动误差小于丝杠本身的制造误差；⑥承载能力与供油压力成正比，与转速无关。但静压丝杠螺母副应有一套供油系统，而且对油的清洁度要求高，如果在运动中供油忽然中断，将造成不良后果。

3. 静压蜗杆蜗条副和齿轮齿条副

大型数控机床不宜采用丝杠传动，因长丝杠制造困难，且容易弯曲下垂，影响传动精度；同时轴向刚度与扭转刚度也难提高。如果加大丝杠直径，因传动惯量增大，伺服系统的动态性能不易保证，故常用静压蜗杆蜗条副和齿轮齿条副传动。

静压蜗杆条副的工作原理与静压丝杠螺母副相同，蜗条实质上是螺母的一部分，蜗杆相当于一根短丝杠。这种传动机构，压力油必须从蜗杆进入静压油腔，加上蜗杆是旋转的，与蜗条的接触区只有120°左右，要使压力油只能进入接触区，必须解决蜗杆的配油问题。

齿轮齿条副传动用于行程较长的大型机床上，可以得到较大的传动比，进行高速直线运动，刚度及机械效率也高。但其传动不够平稳，传动精度不高，而且还不能自锁。采用齿轮齿条副传动时，必须采取措施消除齿侧间隙。当传动负载小时，也可采用双片薄齿轮调整法，分别与齿条齿槽的左、右两侧贴紧，从而消除齿侧间隙；当传动负载大时，可采用双厚齿轮传动的结构。

有关静压丝杠螺母副、静压蜗杆蜗条副和齿轮齿条副的内容在其他教材中有较多的介绍，在此从略。

4. 直线电动机直接驱动

直线电动机是近年来发展起来的高速、高精度数控机床最有代表性的先进技术之一。利用直线电动机驱动，可以完全取消传动系统中将旋转运动变为直线运动的环节，大大简化机械传动系统的结构，实现所谓的“零传动”。它从根本上消除了传动环节对精度、刚度、快速性、稳定性的影响，故可以获得比传统进给驱动系统更高的定位精度、快进速度和加速度，详见下述。

三、直线电动机与高速进给单元

1. 直线电动机的主要特点

直线电动机的原理与机床上实际安装结构如图2-14所示。

采用直线电动机驱动与旋转电动机驱动相比，它具有以下优点：

1）采用直线电动机驱动，不需要丝杠、齿轮齿条等转换装置即能直接实现直线运动，因此，它大大简化了进给系统结构，提高了传递效率。

2）旋转电动机本身机械结构由于受到离心力的作用，其旋转速度受到限制；滚珠丝杠又受转速特征值的约束，转速不能太高。对于高速加工机床来说，虽然可以通过加大螺距提高进给速度，但是，难以提高加速度。采用直线电动机驱动时，则可以不受此限制，它可以

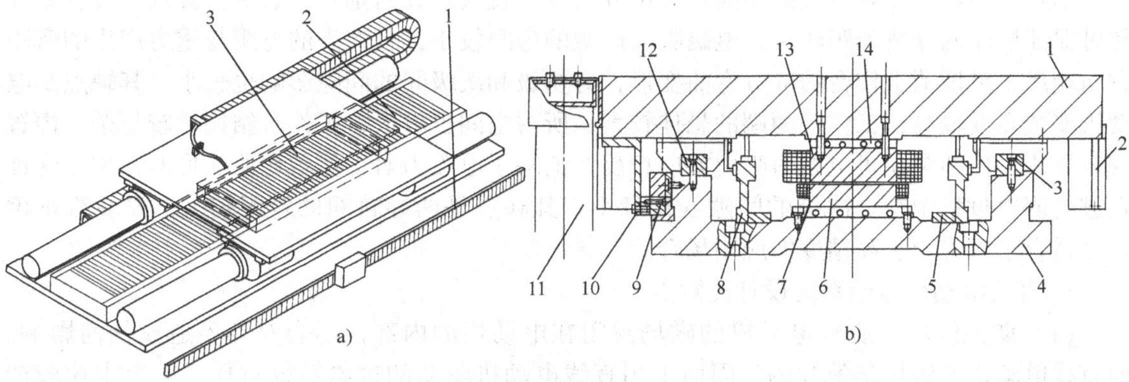

图 2-14　直线电动机及安装

1、9、10—位置检测器　2、6—转子　3、13—定子　4—床身　5、8—辅助导轨　7、14—冷却板　11—拖链　12—导轨

达到大于 100m/min 的进给速度和大于 10m/s^2 的加速度。

3）旋转电动机必须通过丝杠、齿条等转换机构转换成直线运动，传动环节对精度、刚度、快速性、稳定性的影响无法避免；而且，这些转换机构在运动中必然会带来噪声。直线电动机从根本上消除了传动环节，故进给系统的精度高、刚度大、快速性、稳定性好，噪声很小或无噪声。

直线电动机的不足之处，主要表现在以下几个方面；

1）与同容量旋转电动机相比，直线电动机的效率和功率因数较低，特别在低速时更明显。

2）直线电动机，特别是直线感应电动机的起动推力受电源电压的影响较大，故对驱动器的要求较高，应采取措施保证或改变电动机的有关特性来减少或消除这种影响。

3）在金属加工机床上，由于电动机直接和导轨、工作台做成一体，必须采取措施以防止磁力和热变形对加工的影响。

2. 高速进给单元的结构设计

根据直线电动机安装方式的不同，进给单元结构可分为水平布局和垂直布局两种基本方式。在驱动方式上，可以采用单电动机和双电动机两种形式。图 2-14b 所示为常用的水平布局、单电动机驱动的结构。

水平布局方式具有结构简单、安装维护方便和机床工作台较低等优点。但由于初级和次级之间的电磁吸力与重力方向相同，若工作台刚度不足，将会使初级与次级间的间隙减小，影响直线电动机的正常工作，因而这种布局适合于中等载荷以下使用。

单电动机驱动布局结构简单、工作台两导轨间跨距较小、测量装置安装与维修方便，适用于推力要求不大的场合。双电动机驱动布局的合成推力大，但两导轨间的跨距较大、工作台受电磁力变形较大，对工作台的刚度要求较高，安装也比较困难，测量与控制复杂，只适于特殊场合使用。

为了抵消直线电动机吸力对工作台刚度的影响，可采用双电动机垂直布局的方式。这种布局具有推力大、工作台垂直变形小、工作载荷对电动机初级与次级间的间隙影响小、运动精度高等优点，适合于载荷较大的高速机床。

垂直布局根据安装方式的不同，又可分为外垂直安装和内垂直安装两种方式。外垂直安装可保证机床的导轨跨距较小，电磁吸力产生的弯距较小，且产生的弯距与重力产生的弯距方向相反，可抵消工作台的部分弯曲变形，对初级和次级间的间隙影响也较小。其缺点是电动机安装高度较高，工作台两端的悬伸较大，所占空间也较大，工作台结构比较复杂。内置安装方式可使两电动机电磁力吸力方向相反，消除了电磁力对工作台弯曲变形的影响，保证在进给调速过程中初、次级的间隙变化量小。其缺点是两导轨间的跨距较大，安装维护困难，适合于大推力、高精度的应用场合。

3. 直线电动机进给系统设计注意点

（1）防磁问题　旋转电动机的磁场封闭在电动机的内部，不会对外界造成任何影响。而直线电动机的磁场是敞开的，因而采用直线电动机驱动的进给系统对环境的要求比较严格。尤其是使用永磁式直线电动机时，在机床床身上要安装一排磁力强大的永久磁铁，因此必须采用隔磁措施。

（2）直线电动机的散热问题　直线电动机安装在工作台和导轨之间，处于机床腹部，散热困难，又加之低速运行时效率低，发热量大，必须采取强有力的冷却措施，把电动机工作时产生的热量迅速散出，否则将会直接影响机床的工作精度，降低直线电动机的推力。常用的方法是采用循环水进行强制冷却，图 2-14b 中，冷却板 7、14 中通以一定压力和流量的冷却水，用以吸收和带走电动机线圈中产生的热量。

四、滚珠丝杠螺母副的原理

1. 滚珠丝杠螺母副的结构原理

滚珠丝杠螺母副是目前中、小型数控机床使用最为广泛的传动形式。其结构原理如图 2-15 所示。

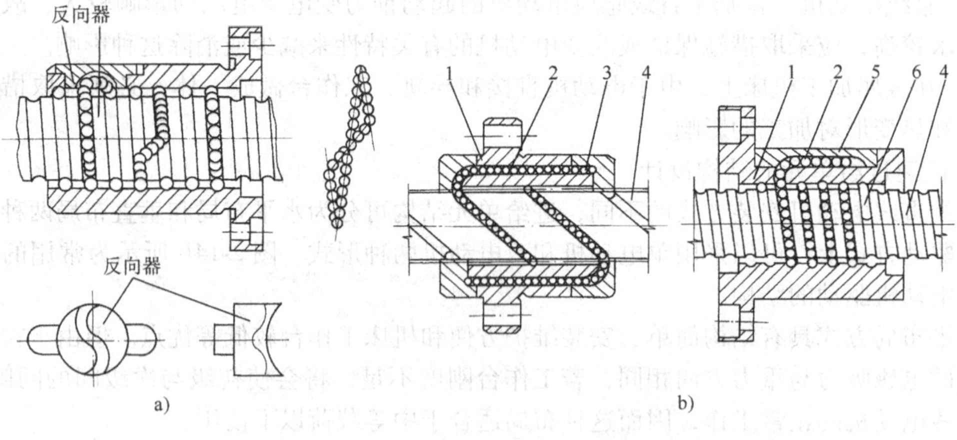

图 2-15　滚珠丝杠
1—螺母　2—滚珠　3—端盖　4—丝杠　5—盖板　6—挡珠环

在丝杠和螺母上都有半圆形的螺旋槽，当它们套装在一起时便成了滚珠的螺旋滚道。螺母上有滚珠回珠滚道，它将数圈螺旋滚道的两端联接成封闭的循环滚道。螺母滚道内装满滚珠，当丝杠旋转时，滚珠在滚道内自转，同时又在封闭滚道内循环，使丝杠和螺母相对产生轴向运动。当丝杠（或螺母）固定时，螺母（或丝杠）即可以产生相对直线运动，从而带动工作台做直线运动。

滚珠丝杠螺母副回珠滚道的结构形式称为滚珠循环方式。循环方式有两种：回珠滚道布置在螺母外部，滚珠在循环过程中，有部分时间滚珠与丝杠脱离接触的称为外循环，如图2-15b所示；回珠滚道布置在螺母内部，循环过程中滚珠始终与丝杠保持接触的称内循环，如图2-15a所示。

外循环结构的滚珠丝杠螺母副制造工艺简单，使用较广泛。但其缺点是对滚道接缝处的要求高，通常很难做到平滑，影响滚珠滚动的平稳性，严重时甚至会发生卡珠现象，另外其噪声也较大。内循环结构的滚珠丝杠螺母与外循环相比，结构紧凑，定位可靠，刚性好，且不易发生磨损和滚珠堵塞现象；其缺点是结构复杂，制造较困难，且内循环结构的滚珠丝杠螺母不能做成多头螺纹传动。

2. 滚珠丝杠螺母副的预紧

滚珠丝杠螺母副的预紧是提高刚度、减小传动系统间隙的重要措施。滚珠丝杠螺母副的预紧方法与螺母的形式有关。对于单螺母结构主要有三种：

（1）增加滚珠直径预紧法　它是一种预紧力不能调整的预紧方法，如图2-16a所示。这种方法通过筛选滚珠的大小进行预紧，特点是不改变螺母结构，简单可靠，刚性好；但它一旦配好，就不能对预紧力再进行调整。这种方法预紧，当预紧力调整为额定动载荷的2%~5%左右时，性能最佳；允许最大预紧力为额定动载荷的5%。

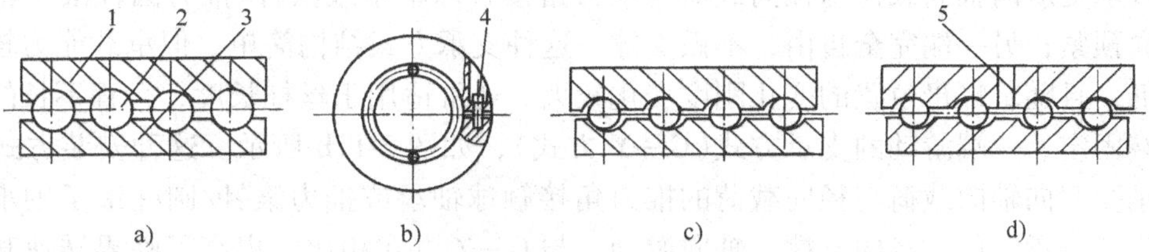

图2-16　滚珠丝杠螺母副的预紧原理

1—螺母　2—滚珠　3—丝杠　4—螺栓　5—垫片

（2）螺母夹紧预紧法　这是预紧力可以调整的预紧方法，如图2-16b所示。这种结构是通过在螺母的单边加工一条0.1mm的缝隙，再通过螺栓4径向夹紧螺母，实现预紧的方法。其特点是制造成本低，调整简单，预紧力调整方便；但对刚性有一定的影响。允许最大预紧力为额定动载荷的5%。

（3）整体螺母变位螺距预紧法　它是通过整体螺母变位，使螺母相对丝杠产生轴向移动的预紧方法，如图2-16c所示。这种方法的特点是结构紧凑，工作可靠，调整方便；但调整位移量不易精确控制，故预紧力也不能准确控制。

对于双螺母结构的滚珠丝杠螺母副，主要采用垫片预紧法。它是通过改变垫片5的厚度，使螺母相对丝杠产生轴向位移的预紧方法，如图2-16d所示。这种方法的特点是结构简单可靠，刚性好；但调整较费时间，且不能在工作中随意调整。最大预紧力不能超过平均工作载荷的33%，通常调整为额定动载荷的10%左右。

五、滚珠丝杠螺母副的支承

1. 滚珠丝杠螺母副的支承形式

滚珠丝杠螺母副的支承形式与传动系统的结构、刚度密切相关。合理选择支承形式、轴承形式；合理布置加强筋；加大螺母座的接触面积；保证安装部位加工精度等都是提高传动系统刚度的重要措施。

常用的滚珠丝杠螺母副的支承形式有以下几种，如图 2-17 所示。

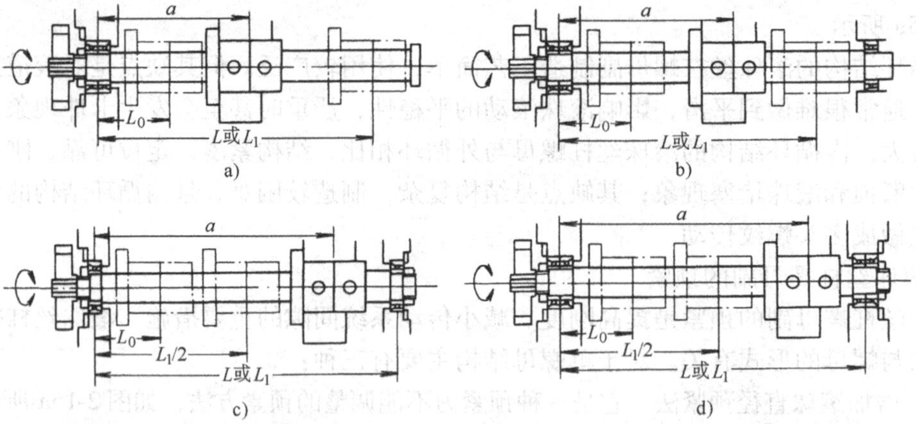

图2-17　滚珠丝杠螺母副的支承形式

一端固定、一端自由的支承方式(G—Z 方式)，如图 2-17a 所示。这种安装方式仅在一端装可以承受双向轴向载荷与径向载荷的推力角接触球轴承或滚针/推力圆柱滚子轴承，并进行轴向预紧；另一端完全自由，不做支撑。这种支承方式结构简单，但承载能力较小，总刚度较低，且随着螺母位置的变化刚度变化较大。通常适用于丝杠长度、行程不长的情况。

一端固定、一端游动的支承方式(G—Y 方式)，如图 2-17b 所示。这种安装方式在一端装可以承受双向轴向载荷与径向载荷的推力角接触球轴承或推力滚针/圆柱滚子轴承，另一端装深沟球轴承，仅作径向支撑，轴向游动。与 G—Z 方式相比，提高了临界转速和抗弯强度，可以防止丝杠高速旋转时的弯曲变形，其他方面与 G—Z 方式相似。可以适用于丝杠长度、行程较长的情况。

两端支承方式(J—J 方式)，如图 2-17c 所示。这种安装方式是在滚珠丝杠的两端装推力轴承，并进行轴向预紧，有助于提高传动刚度。但这种安装方式在丝杠热变形伸长时，将使轴承去载，产生轴向间隙。

两端固定的支承方式(G—G 方式)，如图 2-17d 所示。这种安装方式在两端都装可以承受双向轴向载荷与径向载荷的推力角接触球轴承或推力滚针/圆柱滚子轴承，丝杠两端采用双重支承，并进行预紧，提高了刚度。这种结构方式可使丝杠的热变形转化为轴承的预紧力，但设计时要注意提高轴承的承载能力和支承刚度。

2. 滚珠丝杠螺母副的支承轴承

常用于作为滚珠丝杠支承的轴承主要有图 2-18 所示的两种。

图 2-18a 是双向推力角接触球轴承，它有一个整体的外圈和一个剖分式内圈，接触角为 60°，可以承受双向轴向载荷和径向载荷，装配后可以采用精密锁紧螺母预紧。它的轴向刚度高，可以承受很大的轴向力，是一种专门用

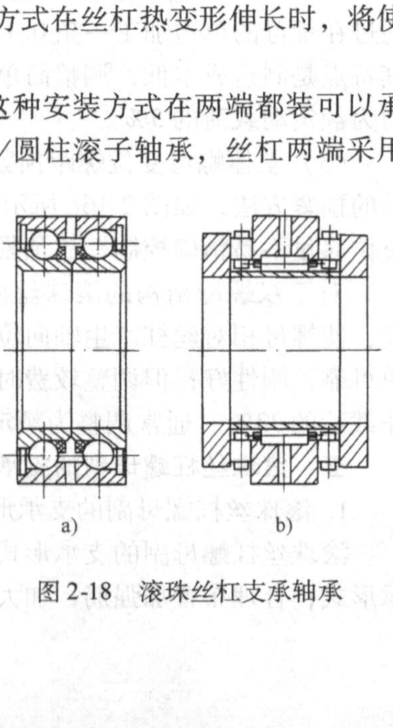

图 2-18　滚珠丝杠支承轴承

于滚珠丝杠的轴承。

与图 2-18a 的结构相类似，采用两组 60°推力角接触球轴承，组合成“面对面”或“背靠背”的形式，也是数控机床常用的结构。

图 2-18b 是滚针/推力圆柱滚子轴承，它是由一个带向心和推力滚道的外圈、两个轴圈、一个内圈、一个向心滚针、两个推力圆柱滚珠等组成的完整单元。可以承受双向轴向载荷和径向载荷，装配后可以采用精密锁紧螺母预紧。可以承受很大的轴向力，也是一种专门用于滚珠丝杠的轴承。

六、滚珠丝杠螺母副与电动机的联接

滚珠丝杠螺母副与驱动电动机的联接形式主要有以下三种，如图 2-19 所示：

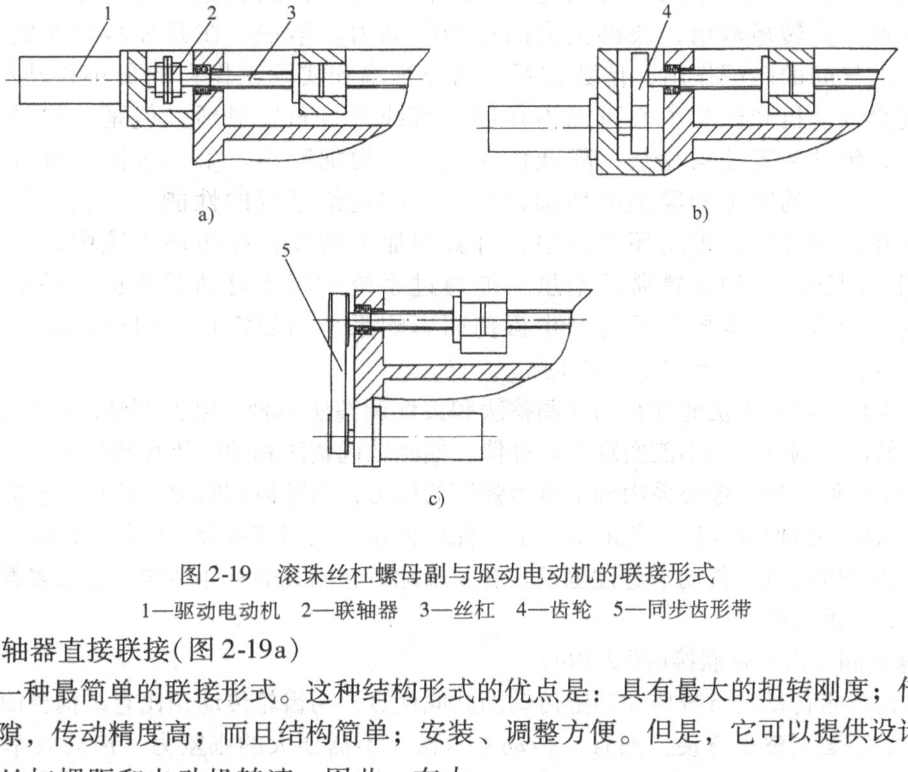

图 2-19　滚珠丝杠螺母副与驱动电动机的联接形式

1—驱动电动机　2—联轴器　3—丝杠　4—齿轮　5—同步齿形带

1. 联轴器直接联接(图 2-19a)

这是一种最简单的联接形式。这种结构形式的优点是：具有最大的扭转刚度；传动机构本身无间隙，传动精度高；而且结构简单；安装、调整方便。但是，它可以提供设计选择的参数只有丝杠螺距和电动机转速，因此，在大、中型机床上使用，难以发挥伺服电动机高速、低转矩的特性。通常适用于输出扭矩要求在 15 ~ 40Nm 左右的中、小型机床或高速加工机床。

挠性联轴器是数控机床上广泛采用的一种联轴器，它能补偿因同轴度及垂直度误差引起的“干涉”现象。

挠性联轴器的结构原理如图 2-20 所示。压圈 1 用螺钉与联轴套 2 联接，通过拧紧压圈上螺钉，使压圈 1 对锥环 5 施加轴向压力。锥环 5 分内锥环和外锥环，成对使用；由于锥环之间的楔紧作用，

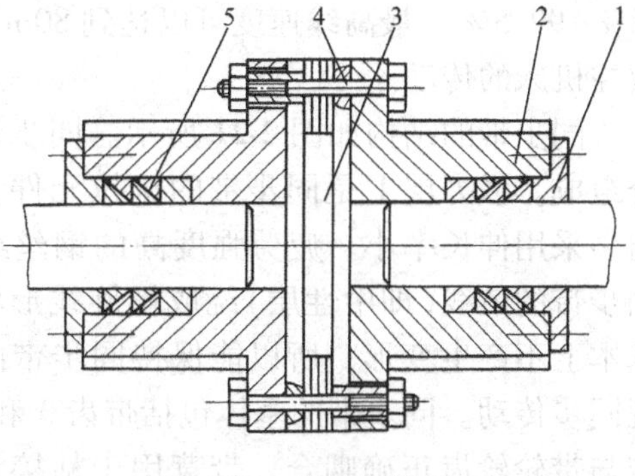

图 2-20　挠性联轴器

1—压圈　2—联轴套

3—柔性片　4—球面垫　5—锥环

压圈 1 的轴向压力使内、外锥环分别产生径向收缩和胀大的弹性变形，消除了配合间隙。

同时，在被联接的轴与内锥环、内锥环与外锥环、外锥环与联轴套之间的接合面上产生很大的接触压力，依靠这个接触压力产生的摩擦力传递转矩。为了能补偿两轴的安装位置误差(同轴度和垂直度误差)引起的“干涉”现象，采用了柔性片 3。柔性片 3 分别用螺钉和球面垫圈 4 与两边的联轴套 2 相连，通过柔性片传递转矩。柔性片每片厚在 0.25mm 左右，材料一般为不锈弹簧钢。两端的位置偏差由柔性片的变形抵消。采用这种挠性联轴器把伺服电动机与丝杠直接联接，不仅可简化结构，减少噪声，而且对消除传动间隙，提高传动刚度很有利。

2. 通过齿轮联接(图 2-19b)

这种结构的优点是：第一、可以降低丝杠、工作台的惯量在系统中所占的比重，提高进给系统的快速性。第二、可以充分利用伺服电动机高转速、低转矩的性能，使其变为低转速、大转矩输出，获得更大的进给驱动力。第三、在开环步进系统中还可起到机械、电气间的匹配作用，使数控系统的分辨率和实际工作台的最小移动单位统一。第四、进给电动机和丝杠中心可以不在同一直线上，布置灵活。但是，它带来的问题是：第一、传动装置结构复杂，降低传动效率，增加噪声。第二、传动级数的增加必将带来传动部件的间隙和摩擦的增加，从而影响进给系统的性能。第三、传动齿轮副的间隙存在，在开环、半闭环系统中，将影响加工精度；在闭环系统中，由于位置反馈的作用，间隙产生的位置滞后量虽然能通过系统的闭环自动调节得到补偿，但它将带来反向时冲击，甚至导致系统产生振荡而影响系统的稳定性。因此，必须采取相应的措施，使间隙减小到允许的范围内。

消除齿轮间隙的方法通常有刚性调整法和柔性调整法两种。刚性调整法结构比较简单，且有较好的传动刚度，但不能实现自动补偿。偏心轴调整法和轴向垫片调整法是常用的刚性调整法。柔性调整法一般都采用调整压力弹簧的压力，消除齿侧间隙。这种调整方法的优点是可以在齿轮的齿厚和齿距变化的情况下，保持齿轮的无间隙啮合；但其结构较复杂，轴向尺寸大、传动刚度低，传动平稳性也差。有关消除齿轮间隙的具体结构，在很多教材中都有具体介绍，在此从略。

3. 通过同步齿形带联接(图 2-19c)

同步齿形带传动具有带传动和链传动的共同优点，与齿轮传动相比它结构更简单、制造成本更低、安装调整更方便。而且，传动不打滑、不需要大的张紧力；传动效率可以达到 98%~99.5%，最高线速度可以达到 80m/s，故可以广泛用于一般数控机床和高速、高精度数控机床的传动。

同步带的结构如图 2-21 所示。同步带由强力层和基本部分组成。强力层 1 是同步带的抗拉元件，用于传递动力。目前多采用伸长率小、疲劳强度高的钢丝绳或玻璃纤维绳沿着同步带的节线(即中性层)绕成螺旋线形状。由于它在受力后基本上不产生变形，所以能保持同步带的齿距不变，从而实现同步传动。同步带的基体包括带齿 3 和带背 2，同步带带齿应与带轮轮齿正确啮合，带背用于粘接包覆强力层。基体通常采用聚氨酯制造，具有强度高、弹性好、耐磨损及抗老化等性能。在同步带的内表面上，做有尖角凹槽，以增加带的

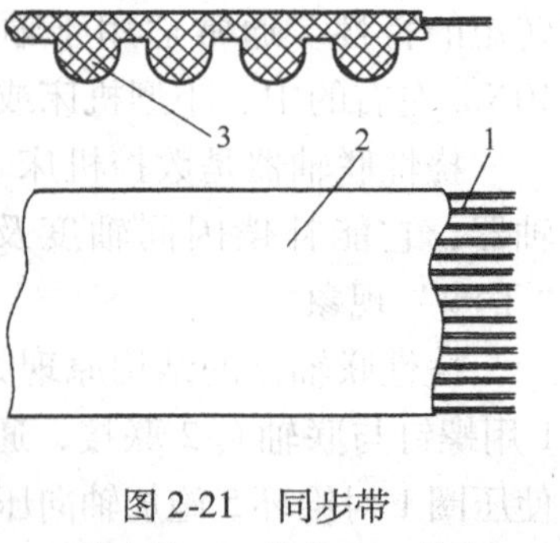

图 2-21　同步带

1—强力层　2—带背　3—带齿

挠性，改善带的弯曲疲劳强度。同步带带轮除轮缘表面需凸出轮齿外，其他结构与平带带轮相似。使用同步带的允许工作温度一般为 -20 ~ 80℃。在数控机床上，通常采用圆弧同步齿形带传动。圆弧同步齿形带与梯形同步齿形带相比，改善了啮合条件，均化了应力，传动效果更佳。

同步齿形带传动设计时应注意以下几点：

1）为了减小惯量，同步带轮材料宜采用密度较小的铝合金或塑料制造。

2）同步带轮应直接安装在电动机及丝杠轴上，以避免中间环节给系统带来附加惯量。

3）必须对同步带轮的平行性进行调节，以防止不平行产生的传动带边缘张力，引起传动带磨损。

4）为了消除间隙，同步带必须通过张力调整进行预紧，张力调整的方法与普通传动带的张紧方法相同，在此从略。

***七、滚珠丝杠螺母副的选择与计算**

滚珠丝杠螺母副按用途可以分为 T 类和 P 类两大类。T 类为传动滚珠丝杠螺母副，P 类为定位滚珠丝杠螺母副，数控机床的直线运动定位轴应采用 P 类滚珠丝杠螺母副。

滚珠丝杠螺母副的精度等级通常分 1、2、3、4、5、7、10 七个等级，1 级精度最高，其他依次降低。在数控机床上，一般采用 3、4 级精度，精密型数控机床可以采用 2、3 级精度。

在工程设计时，滚珠丝杠螺母副一般都是选用标准化生产的成品。它需要根据机床实际使用条件、负载情况、所要求的速度与加速度、最大工作行程、定位精度要求、使用寿命等参数确定滚珠丝杠的导程 P_n、额定动载荷 C_{am}、丝杠的最小螺纹底径 d_{2m}；必要时还要确定预紧力和预拉伸力。其方法和步骤如下：

1. 确定滚珠丝杠的导程 P_n

P_n 由工作台最高移动速度 V_{max}、电动机最高转速 n_{max}、传动比 i 等参数确定：

$$P_n = \frac{V_{max}}{in_{max}} \tag{2-1}$$

式中 P_n——滚珠丝杠的导程(mm)；

V_{max}——工作台最高移动速度(mm/min)；

n_{max}——电动机最高转速(r/min)；

i——传动比，当电动机与滚珠丝杠副直联时，取 $i=1$。

计算得出的 P_n 值为小数时，应向较大的标准公称导程圆整。

2. 滚珠丝杠副的载荷及转速计算

（1）最小载荷 F_{min}　取机床空载时滚珠丝杠副的传动力，如工作台重量引起的摩擦力，单位：N。

（2）最大载荷 F_{max}　取机床承受最大负荷时滚珠丝杠副的传动力。如：机床切削时，可以取切削力在滚珠丝杠轴向的分力与导轨摩擦力之和。注意：这时的导轨摩擦力应是由工作台、工件、夹具三者总的重量以及切削力在垂直导轨方向的分量共同产生。

（3）滚珠丝杠副的当量转速 n_m 及当量载荷 F_m　设：滚珠丝杠副在 n_1、n_2、…、n_n 各种转速下，各转速工作时间占总时间的百分比分别为 $t_1\%$、$t_2\%$、…、$t_n\%$，所受载荷分别是 F_1、F_2、…、F_n。则当量转速 n_m 及当量载荷 F_m 可由下式计算：

$$n_m = n_1 \frac{t_1}{100} + n_2 \frac{t_2}{100} + \cdots + n_n \frac{t_n}{100} \tag{2-2}$$

$$F_m = \sqrt[3]{\frac{F_1^3 n_1 \frac{t_1}{100} + F_2^3 n_2 \frac{t_2}{100} + \cdots + F_n^3 n_n \frac{t_n}{100}}{n_m}} \tag{2-3}$$

式中　n_i——实际工作转速，单位为 1/min；

t_i——实际工作时间的百分率(%)；

n_m——当量转速，单位为 1/min；

F_m——当量载荷，单位为 N。

当负荷与转速接近正比变化，且各种转速使用的机会均相等时，可采用式(2-4)计算：

$$n_m = \frac{n_{max} + n_{min}}{2} \qquad F_m = \frac{2F_{max} + F_{min}}{3} \tag{2-4}$$

式中　n_{max}——最高工作转速，单位为 1/min；

n_{min}——最低工作转速，单位为 1/min。

3. 确定丝杠预期额定动载荷

丝杠预期额定动载荷可以根据滚珠丝杠副的预期工作时间或滚珠丝杠副的预期运行距离两种方法计算：

1）丝杠预期额定动载荷按滚珠丝杠副的预期工作时间 L_h 计算：

$$C_{am} = \sqrt[3]{60 n_m L_h} \frac{F_m f_w}{100 f_a f_c} \tag{2-5}$$

按滚珠丝杠副的预期运行距离 L_s 计算：

$$C_{am} = \sqrt[3]{\frac{L_s}{P_s}} \frac{F_m f_w}{100 f_a f_c} \tag{2-6}$$

式中　L_h——预期工作时间，单位为 h，数控机床可以取 $L_h = 20000$h；

（即 $L_h = 250$〈天〉×16〈时〉×10〈年〉×0.5〈开机率〉= 20000h）；

L_s——预期运行距离，单位为 km，在数控机床上，一般可以取 250km；

f_a——精度系数。根据需要的精度等级确定。当精度等级为 1～3 级时，f_a 取 1.0；精度等级为 4～5 级时，f_a 取 0.9；精度等级为 7 级时，f_a 取 0.8；精度等级为 10 级时，f_a 取 0.7；

f_c——可靠性系数，一般情况下可以取：$f_c = 1$；

f_w——负荷系数，运动无冲击、较平稳时，f_w 取 1～1.2；有轻微冲击时，f_w 取 1.2～1.5；当有冲击或震荡时，f_w 取 1.5～2；

C_{am}——预期额定动载荷，单位为 N；

F_m——当量载荷，单位为 N。

2）对于有预加负荷的滚珠丝杠副，应根据最大轴向负荷 F_{max} 计算预期额定动载荷

$$C_{am} = f_e F_{max} \tag{2-7}$$

式中　f_e——预加负荷系数，对于轻预载 f_e 取 6.7，中预载 f_e 取 4.5，重预载 f_e 取 3.4；

F_{max}——最大载荷，单位为 N。

根据式(2-5)或式(2-6)以及式(2-7)的两种计算结果，选取较大的值作为滚珠丝杠副的

预期额定动载荷计算值 C_{am}。

4. 按精度要求确定允许的滚珠丝杠的最小螺纹底径 d_{2m}

滚珠丝杠的最小螺纹底径 d_{2m}决定了丝杠本身的刚度，它应根据数控机床的实际定位精度要求进行选择，主要应考虑丝杠受到轴向力作用变形时，其产生的轴向变形量应在机床的允许范围内。

(1) 估算滚珠丝杠的最大允许轴向变形量 δ_m　滚珠丝杠的最大允许轴向变形量 δ_m 决定于滚珠丝杠的刚度，丝杠的弹性变形产生数控机床的死区间隙。一般情况下，刚度对死区间隙的影响，按影响程度的大小，自大到小排列顺序是：

a. 滚珠丝杠本身的拉压刚度 K_s；

b. 支承轴承的轴向刚度 K_b；

c. 滚珠丝杠副中滚珠与滚道的接触刚度 K_c；

d. 折合到滚珠丝杠副上的伺服系统的刚度 K_R；

e. 联轴器的刚度 K_t；

f. 滚珠丝杠副的扭转刚度 K_k；

g. 螺母座、轴承座的刚度 K_h；

滚珠丝杠副传动系统的总刚度 K 可按下式计算：

$$\frac{1}{K}=\frac{1}{K_S}+\frac{1}{K_b}+\frac{1}{K_c}+\frac{1}{K_R}+\frac{1}{K_t}+\frac{1}{K_k}+\frac{1}{K_h} \tag{2-8}$$

其中，前三项是丝杠最主要的刚度，而 K_S 又占总量的(1/3 ~ 1/2)，所以在一般情况下进给系统的总刚度可按下式进行近似计算：

$$\frac{1}{K}=\frac{1}{K_S}+\frac{1}{K_b}+\frac{1}{K_c} \tag{2-9}$$

式(2-8)、式(2-9)中，刚度的单位均为 N/μm。

计算时应注意：机械装置中移动部件处在不同位置时，系统的刚度 K 是不同的。若刚度最小处用 K_{min}表示，当滚珠丝杠副轴向有工作载荷作用时，传动系统中便产生弹性变形 δ，且 $\delta=F/K$，从而影响了系统的传动精度，因此，K_{min}处受影响最大。

确定进给系统刚度应从机床允许的重复定位精度和定位精度两方面考虑。

机床的伺服进给系统的重复定位精度大多在空载下检验。空载时，作用在滚珠丝杠副上的最大轴向工作载荷是系统的静摩擦力 F_0。当移动部件在 K_{min}处起动或反向时，由于 F_0 方向变化将产生 $2F_0/K_{min}$的摩擦死区误差，它是影响机床重复定位精度的最主要因素。实际计算时，一般按摩擦死区误差占重复定位精度的(1/2 ~ 2/3)，来确定滚珠丝杠副允许的最大轴向变形，即

$$\delta_m=\frac{F_0}{K_{min}}\approx\left(\frac{1}{3}\sim\frac{1}{4}\right)\text{重复定位精度} \tag{2-10}$$

式中　F_0——进给系统的静摩擦力，单位为 N；

K_{min}——移动部件处在刚度最小处的刚度值，单位为 N/μm；

δ_m——允许的最大轴向变形量，单位为 μm。

影响机床定位精度最主要的因素有：滚珠丝杠副本身的制造精度；滚珠丝杠本身的拉压弹性变形(这种弹性变形随滚珠螺母在滚珠丝杠上的位置变化而变化)；滚珠丝杠副的摩擦

力矩的变化等。一般估算进给系统刚度时，可以取 $\delta_m \leqslant (1/4 \sim 1/5)$定位精度。

根据以上两种要求，取其中的较小值作为计算的 δ_m 值，计算滚珠丝杠副的底径。

(2) 估算滚珠丝杠副的底径 d_{2m} 计算滚珠丝杠副的底径时必须根据滚珠丝杠螺母副不同的支承形式，进行不同的计算，其计算式如下：

a. 一端固定，另一端自由或游动的支承形式(G—Z、G—Y 方式)：

$$d_{2m} \geqslant 2 \times 10\sqrt{\frac{10F_0L}{\pi\delta_m E}} = 0.078\sqrt{\frac{F_0L}{\delta_m}} \tag{2-11}$$

式中 E——弹性模量，单位为 N/mm^2，$E = 2.1 \times 10^5 N/mm^2$；

δ_m——要求的滚珠丝杠最大允许轴向变形量，单位为 μm；

F_0——导轨静摩擦力，单位为 N，$F_0 = \mu_0 W$(μ_0 为导轨的静摩擦因数，W 为导轨所承载的重量)；

L——滚珠螺母至滚珠丝杠固定端支承的最大距离(mm)，在无法精确确定时，它可以根据下式估算：

$$\begin{aligned} L &\approx 行程 + 安全行程 + 余程 + 螺母长度一半 + 支承长度的一半 \\ &\approx 行程 + (2 \sim 4)P_n + 4P_n + (1/20 \sim 1/10)行程 \\ &\approx (1.05 \sim 1.1)行程 + (10 \sim 14)P_n \end{aligned} \tag{2-12}$$

式中 P_n——丝杠导程，单位为 mm。

b. 滚珠丝杠副为两端支承或两端固定(J—J、G—G 方式)：

$$d_{2m} \geqslant 10\sqrt{\frac{10F_0L}{\pi\delta_m E}} = 0.039\sqrt{\frac{F_0L}{\delta_m}} \tag{2-13}$$

式中 L——两个固定支承之间的距离(mm)；

$L \approx$ 行程 + 安全行程 + 两个余程 + 螺母长度 + 一个支承长度

$\approx (1.1 \sim 1.2)$行程 + $(10 \sim 14)P_n$

5. 确定滚珠丝杠副的规格型号

根据以上步骤计算，即可以得到滚珠丝杠的导程 P_n、预期额定动载荷计算值 C_{am} 和底径 d_{2m}，这三个最主要的参数。然后，可以根据传动方式及使用情况，按照样本即可以确定滚珠螺母形式、滚珠丝杠底径 d_2、额定动载荷 C_a。这样，也就确定了滚珠丝杠的公称直径，循环圈数，滚珠螺母的规格代号及有关的安装联接尺寸。

选择时要注意：一方面要保证 $d_2 \geqslant d_2$m、$C_a \geqslant C_{am}$，但是 d_2、C_a 也不宜过大。否则，会使滚珠丝杠副的转动惯量过大，结构尺寸也偏大。

6. 确定预紧力 F_p

对于需要预紧螺母形式的滚珠丝杠副时需规定预紧力 F_p。预紧力的确定方法有两种：

1) 当最大轴向工作载荷 F_{max} 能确定时

$$F_p = \frac{1}{3}F_{max} \tag{2-14}$$

2) 当最大轴向工作载荷不能确定时

$$F_p = \xi C_a \tag{2-15}$$

式中的 ξ 为预载荷系数，其值按表 2-2 选择，C_a 是所选择丝杠对应的额定动载荷，可在样本上查到。

表 2-2　预载荷系数表

预加载荷类型	轻 载 荷	中 载 荷	重 载 荷
ξ	0.05	0.075	0.1

7. 计算行程补偿值 C 和拉伸力 F_t

对于两端固定的支承形式，滚珠丝杠副通常需预拉伸，这时应规定目标行程补偿值 C，并计算预拉伸力。

1）目标行程补偿值 C 的计算

$$C = \alpha \Delta t L_u = 11.8 \Delta t L_u \times 10^{-3} \tag{2-16}$$

式中　C——行程补偿值，单位为 μm；

Δt——温度变化值，通常取 2～3℃；

α——丝杠的线膨胀系数，通常取 11.8×10^{-6}℃$^{-1}$；

L_u——滚珠丝杠副的有效行程（单位：mm），长度不确定时，它可以由下式估算：

$L_u \approx$ 工作台行程 + 螺母长度 + 两个安全行程 $\approx$ 行程 + $(8 \sim 14)P_n$

2）预拉伸力的计算：

$$F_t = \frac{\Delta LAE}{L} = \alpha \Delta t \frac{\pi d_2^2}{4} E = 1.95 \Delta t d_2^2 \tag{2-17}$$

式中　F_t——预拉伸力，单位为 N；

d_2——滚珠丝杠螺纹底径，单位为 mm；

E——弹性模量，取 2.1×10^5 N/mm^2；

Δt——滚珠丝杠的温升，一般可以取 2～3℃。

在以上参数确定后，滚珠丝杠即可以基本确定。然后，可以确定滚珠丝杠副支承所用轴承规格、型号。确定轴承时应注意以下几点：

1）计算轴承所受的最大轴向载荷 F_{Bmax} 时，对于在有预拉伸的滚珠丝杠副应考虑到预拉伸力 F_t；

2）轴承应根据滚珠丝杠副支承的要求选择相应的轴承的型号。

3）确定轴承内径时，为便于丝杠加工，轴承内径最好不大于滚珠丝杠的大径。在选用内循环滚珠丝杠副时必须有一端轴承内径略小于丝杠底径 d_2。其次，轴承样本上规定的预紧力应大于轴承受到最大载荷 F_{Bmax} 的 1/3。

第五节　数控机床的导轨

一、数控机床对导轨的基本要求

机床上的直线运动部件都是沿着它的床身、立柱、横梁等上的导轨进行运动的，导轨的作用概括地说是对运动部件起导向和支承作用，导轨的制造精度及精度保持性对机床加工精度有着重要作用的影响。数控机床对导轨的要求主要有：

（1）导向精度高　导向精度是指机床的运动部件沿导轨移动时的直线与有关基面之间的相互位置的准确性。无论空载还是加工，导轨都应具有足够的导向精度，这是对导轨的基本要求。各种机床对于导轨本身的精度都有具体的规定或标准，以保证导轨的导向精度。

（2）精度保持性好 精度保持性是指导轨能否长期保持原始精度。影响精度保持性的主要因素是导轨的磨损，此外，还与导轨的结构形式及支承件（如床身）的材料有关。数控机床的精度保持性要求比普通机床高，应采用摩擦因数小的滚动导轨，塑料导轨或静压导轨。

（3）足够的刚度 机床各运动部件所受的外力，最后都由导轨面来承受，若导轨受力后变形过大，不仅破坏了导向精度，而且恶化了导轨的工作条件。导轨的刚度主要决定于导轨类型、结构形式和尺寸大小、导轨与床身的联接方式、导轨材料和表面加工质量等。数控机床的导轨截面积通常较大，有时还需要在主导轨外添加辅助导轨来提高刚度。

（4）良好的摩擦特性 数控机床导轨的摩擦因数要小，而且动、静摩擦因数应尽量接近，以减小摩擦阻力和导轨热变形，使运动轻便平稳，低速无爬行。

此外，导轨结构工艺性要好，便于制造和装配，便于检验、调整和维修，而且有合理的导轨防护和润滑措施等。

二、数控机床导轨的种类与特点

导轨按接触面的摩擦性质可以分为滑动导轨、滚动导轨和静压导轨三种，其中，数控机床最常用的是镶粘塑料滑动导轨和滚动导轨。

1. 滑动导轨

滑动导轨具有结构简单、制造方便、刚度好、抗振性高等优点，是机床上使用最广泛的导轨形式。但普通的铸铁—铸铁、铸铁—淬火钢导轨，存在的缺点是静摩擦因数大，而且动摩擦因数随速度变化而变化，摩擦损失大，低速（1～60mm/min）时易出现爬行现象，降低了运动部件的定位精度。

通过选用合适的导轨材料和采用相应的热处理及加工方法，可以提高滑动导轨的耐磨性及改善其摩擦特性。如：采用优质铸铁、合金耐磨铸铁或镶淬火钢导轨；进行导轨表面滚轧强化、表面淬硬、涂铬、涂钼工艺处理等等。

镶粘塑料导轨不仅可以满足机床对导轨的低摩擦、耐磨、无爬行、高刚度的要求，同时又具有生产成本低、应用工艺简单、经济效益显著等特点。因此，在数控机床上得到了广泛的应用。

镶粘塑料导轨是通过在滑动导轨面上镶粘一层由多种成分复合的塑料导轨软带，来达到改善导轨性能的目的。这种导轨的共同特点是：摩擦因数小，且动、静摩擦因数相差很小，能防止低速爬行现象；耐磨性、抗撕伤能力强；加工性和化学稳定性好、工艺简单、成本低，并有良好的自润滑和抗震性。塑料导轨多与铸铁导轨或淬硬刚导轨相配使用。

常用的塑料导轨软带主要有以下几种：

1）以聚四氟乙烯（PTFY）为基体，通过添加不同的填充料构成的高分子复合材料。聚四氟乙烯是现有材料中摩擦因数最小（0.04）的一种，但纯聚四氟乙烯不耐磨，因而需要添加663青铜粉、石墨、MoS_2、铅粉等填充料增加耐磨性。这种导轨软带具有良好的抗磨、减磨、吸振、消声性能；适用的工作温度范围广（－200～280℃）；动、静摩擦因数小，且两者差别很小；还可以在干摩擦下应用；并且能吸收外界进入导轨面的硬粒，使导轨不至拉伤和磨损。这种材料常被做成厚度0.1～2.5mm的塑料软带的形式，粘结在导轨基面上，图2-22是镶粘塑料导轨的结构示意图。

图2-22b中滑板2和床身1间采用了聚四氟乙烯—铸铁导轨副，在滑板的各导轨面，以

及压板 5 和镶条 3 也粘贴有聚四氟乙烯塑料软带，满足了机床对导轨的低摩擦、耐磨、无爬行、高刚度的要求。图 2-22a 为聚四氟乙烯塑料软带的粘贴尺寸以及粘贴表面加工要求示意图，在导轨面加工出 0.5～1mm 深的凹槽，通过粘接胶将塑料软带和导轨粘接。

这种导轨软带还可将其制成金属与塑料的导轨板形式(称 DU 导轨)。DU 导轨是一种在钢板上烧结青铜粉及真空浸渍含铅粉的聚四氟乙烯的板材。导轨板的总厚度为 2～4mm，多孔青铜上方表层的聚四氟乙烯厚度为 0.025mm。它的优点是刚性好，线性膨胀系数与钢板几乎相同。

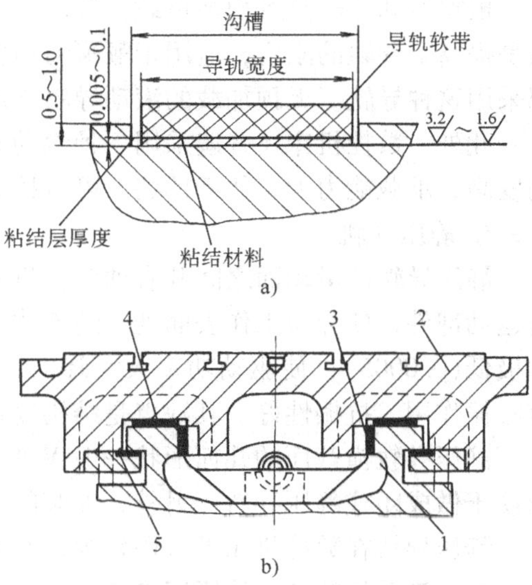

图 2-22 镶粘塑料导轨的结构示意图
1—床身 2—滑板 3—镶条
4—软塑料带 5—压板

2）以环氧树脂为基体，加入 MoS_2，胶体石墨 TiO_2 等制成的抗磨涂层材料。这种涂料附着力强，可用涂敷工艺或压注成形工艺涂到预先加工成锯齿形状的导轨上，涂层厚度为 1.5～2.5mm，我国已生产的有环氧树脂耐磨涂料(MNT)，在它与铸铁组成的导轨副中，摩擦因数 $f=0.1\sim0.12$，在无润滑油情况下仍有较好的润滑和防爬行的效果。塑料涂层导轨主要使用在大型和重型机床上。

2. 滚动导轨

滚动导轨是在导轨面之间放置滚珠、滚柱、滚针等滚动体，使导轨面之间的滑动摩擦变成为滚动摩擦。滚动导轨与滑动导轨相比的优点是：①灵敏度高，且其动摩擦与静摩擦系数相差甚微，因而运动平稳，低速移动时，不易出现爬行现象；②定位精度高，重复定位精度可达 0.2μm；③摩擦阻力小，移动轻便，磨损小，精度保持性好，寿命长。但滚动导轨的抗振性较差，对防护要求较高。

滚动导轨特别适用于机床的工作部件要求移动均匀，运动灵敏及定位精度高的场合。这是滚动导轨在数控机床上得到广泛应用的原因。根据滚动体的类型，滚动导轨有下列三种结构形式：

（1）滚珠导轨　这种导轨以滚珠作为滚动体，运动灵敏度好，定位精度高；但其承载能力和刚度较小，一般都需要通过预紧提高承载能力和刚度。为了避免在导轨面上压出凹坑而丧失精度，一般采用淬火钢制造导轨面。滚珠导轨适用于运动部件质量不大，切削力较小的数控机床。

（2）滚柱导轨　这种导轨的承载能力及刚度都比滚珠导轨大，但对于安装的要求也高，如果安装不良，会引起偏移和侧向滑动，使导轨磨损加快、降低精度。目前数控机床、特别是载荷较大的机床，通常都采用滚柱导轨。

（3）滚针导轨　滚针导轨的滚针比同直径的滚柱长度更长。滚针导轨的特点是尺寸小，结构紧凑。为了提高工作台的移动精度，滚针的尺寸应按直径分组。滚针导轨适用于导轨尺寸受限制的机床上。

根据滚动导轨是否预加负载，滚动导轨还可以分为预加载和无预加载两类。预加载的优点是提高了导轨的刚度，适用于颠覆力矩较大和垂直方向的导轨中，数控机床的坐标轴通常都采用这种导轨。无预加载的滚动导轨常用于数控机床的机械手、刀库等传送机构。

此外，数控机床还普遍采用一种滚动导轨支承块，它已做成独立的标准部件，其特点是刚度高，承载能力大，便于拆装，可直接装在任意行程长度的运动部件上。

3. 静压导轨

静压导轨的滑动面之间开有油腔，将有一定的油通过节流输入油腔，形成压力油膜，浮起运动部件，使导轨工作表面处于纯液体摩擦，不产生磨损，精度保持性好。同时摩擦因数也极低(0.0005)，使驱动功率大大降低；低速无爬行，承载能力大，刚度好；此外，油液有吸振作用，抗振性好。其缺点是结构复杂，要有供油系统，油的清洁度要求高。

静压导轨横截面的几何形状一般V形和矩形两种。采用V形便于导向和回油，采用矩形便于做成闭式静压导轨。另外，油腔的结构，对静压导轨性能影响很大。

静压导轨在数控机床上应用较少，有关详细介绍，在此从略。

三、滚动导轨的结构原理与特点

1. 滚动导轨的结构原理

使用滚珠的滚动直线导轨副的结构原理如图2-23所示，是由导轨、滑块、钢球、反向器、密封端盖及挡板等部分组成。当导轨与滑块做相对运动时，钢球就沿着导轨上经过淬硬并精密磨削加工而成的四条滚道滚动；在滑块端部，钢球通过反向器反向，进入回珠孔后再返回到滚道，钢球就这样周而复始地进行滚动运动。反向器两端装有防尘密封端盖，可有效地防止灰尘、屑末进入滑块内部。

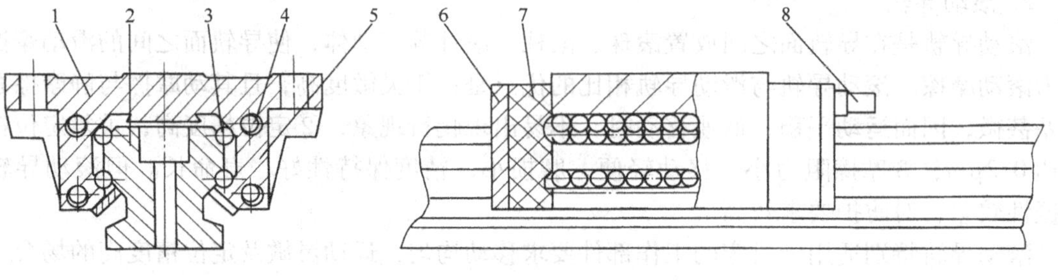

图2-23　滚动直线导轨副

1—滑块　2—导轨　3—钢球　4—回珠孔　5—侧密封　6—密封端盖　7—挡板　8—油杯

2. 滚动导轨的特点

滚动直线导轨副是在滑块与导轨之间放入适当的钢球，使滑块与导轨之间的滑动摩擦变为滚动摩擦，因此，在大大降低两者间的运动摩擦阻力的同时，使得它还具有以下特点：

1）动、静摩擦力之差很小，灵敏性极好，驱动信号与机械动作间的滞后时间极短，有利于提高数控系统的响应速度和灵敏度。

2）可以使驱动电动机的功率大幅度下降，它实际所需的功率只相当于普通导轨的1/10左右。它与V形十字交叉滚子导轨相比，摩擦阻力可下降40倍左右。

3）适合于高速、高精度加工的机床，它的瞬时速度可以比滑动导轨提高10倍左右。从而可以实现高定位精度和重复定位精度的机床要求。

4）可以实现无间隙运动，提高进给系统的运动精度。

5）滚动导轨成对使用时，具有“误差均化效应”，从而降低基础件（导轨安装面）的加工精度要求，降低基础件的机械制造成本与难度。

6）导轨副的滚道截面采用合理比值的圆弧沟槽，接触应力小，承载能力及刚度比平面与钢球点接触时大大提高。

7）导轨采用表面硬化处理工艺，导轨内仍保持良好的力学性能，从而使它具有良好的可校性。

8）滚动导轨对安装面的要求较低，简化了机械结构的设计，降低了机床加工、制造成本。

*四、滚动导轨的选择与计算

滚动导轨的选择与计算主要包括额定寿命、载荷、预载荷等方面的计算，精度等级的选择等等。

（一）滚动导轨的精度等级与通用数据

滚动导轨的精度分四个等级，即2、3、4、5级，其中2级精度最高，依次递减。由于滚动直线导轨副具有“误差均化效应”，当在同一平面内使用两套或两套以上时，可选用较低一级精度达到高一级的运动精度，成套使用通常可以提高产品质量20%~50%。

各类机床推荐采用的精度为：数控车床、数控铣床、加工中心（坐标镗床、坐标磨床）的X、Y轴可以采用2、3、4级精度，Z轴通常可以使用与X、Y轴相同或低一级的精度。

滚动导轨的预紧等级可以分为P_0、P_1、P_2、P_3四个等级。P_0为重预载，适用于大刚度并有冲击和振动的场合，常用于重型机床的主导轨等。P_1为中预载，适用于要求较高重复定位精度的场合，它可以承受侧悬载荷及扭转载荷。P_2为普通预载，适用于振动和冲击较小的场合，运动灵敏度高。P_3为无预载，适用于输送机构中。

为了不降低使用寿命，预载荷原则上不应该超过轴向载荷的1/3。在预载荷后，对导轨安装面的要求也应相应提高。

滚动导轨的直线运动速度原则上可以达到500m/min，但考虑到使用寿命，通常情况下应在300m/min以下使用比较合适。

滚动导轨的加速度受预载荷的影响较大，最大加速度一般可以达到250m/s^2，但对于无预载荷的情况，原则上不应超过50m/s^2。

滚动导轨的摩擦因数一般为0.002~0.003左右。

（二）滚动直线导轨副的额定寿命

1）滚动直线导轨副的额定运动距离寿命的计算公式为

$$L=50\left(\frac{f_h f_t f_c f_a}{f_w}\frac{C}{P_c}\right) \tag{2-18}$$

式中　L——额定运动距离寿命，单位为km；

C——额定动载荷，单位为N；

P_c——当量载荷（见下计算）；

f_h——硬度系数，可以由下式计算：

$$f_h=\left\{\frac{(\text{滚导实际硬度(HRC)})}{58}\right\}^{3.6} \tag{2-19}$$

f_t——温度系数，在工作温度小于100℃时，取1；

f_c——接触系数，与安装的滑动块数量有关，见表2-3。

表2-3　滚动导轨的接触系数表

每根导轨上的滑动块数量	1	2	3	4	5
接触系数f_c	1	0.81	0.72	0.66	0.61

f_a——精度系数，对于精度等级2、3级，取1；4、5级取0.9；

f_w——载荷系数，对于低速运动(≤15m/min)、无外部冲击或振动的场合，取1～1.5；对于中速运动(15～60m/min)、无明显外部冲击或振动的场合，取1.5～2；对于高速运动(≥60m/min)、有外部冲击或振动的场合，取2～3.5。

2）当行程的长度一定，以小时为单位的额定寿命的计算公式：

$$L_h = \frac{L\times 10^3}{2ln60} \approx \frac{8.3L}{ln} \tag{2-20}$$

式中　l——行程长度，单位为km；

n——每分钟往复次数，单位为次/min；

L——按式(2-18)计算得出的额定运动距离寿命，单位为km。

（三）滚动直线导轨副的载荷计算

1. 滚动直线导轨副的载荷特点

由于滚动直线导轨副的特殊结构，使其具有垂直向上，向下和左右水平四方向额定载荷相等，且额定载荷大、刚性好、刚度高、三个方向抗颠覆力矩能力强，因此，可以适用于各种载荷机床。

2. 作用于滚动直线导轨副的载荷计算

直线运动滚动支承系统所受的负荷，受配置形式(水平、垂直、横排…)、移动件的重心和受力点位置、导轨上移动件牵引力的作用点、起动及停止的惯性以及运动阻力等因素的影响。按照工程力学的方法可求出每个滑块承负的载荷，根据计算得出值，便可以确定合适的导轨和滑块数。

对于全行程中大小变化的载荷，在计算出载荷后，还应根据不同情况，通过以下方法算出其当量载荷P_c。

1）载荷为分段变化的情况

$$P_c = \sqrt[3]{\frac{P_1^3L_1 + P_2^3L_2 + \cdots + P_n^3L_n}{L}} \tag{2-21}$$

式中　P_n——对应行程L_n内的载荷，单位为kN；

L_n——分段行程，单位为mm；

L——总行程，单位为mm，$L = \sum_1^n L_i$

2）载荷呈线性变化的情况

$$P_c = (P_{min} + 2P_{max})/3 \tag{2-22}$$

3）载荷呈全波正弦曲线变化的情况

$$P_c = 0.65P_{max} \tag{2-23}$$

4）载荷呈半波正弦曲线变化的情况

$$P_c = 0.75P_{max} \quad (2\text{-}24)$$

5）同时承负垂向载荷 P_v 和水平向载荷 P_h 的情况

$$P_c = P_v + P_h \quad (2\text{-}25)$$

式(2-22)～(2-25)中　P_{max}——最大载荷，单位为 kN；

P_{min}——最小载荷，单位为 kN；

P_v——垂向载荷，单位为 kN；

P_h——水平向载荷，单位为 kN。

6）同时承负外部扭矩 M 和外部载荷 P_0 的情况

$$P_c = P_0 + C_0 \frac{M}{M_t} \quad (2\text{-}26)$$

式中　P_0——外部载荷，单位为 kN；

C_0——额定静载荷，单位为 kN；

M——外部扭矩，单位为 N·m；

M_t——对应方向上的额定承载扭矩(N·m)，数值可以从生产厂家的样本中查到。

（四）滚动直线导轨副的预载荷

滚动直线导轨副一般可以分 P0、P1、P2、P3 四种预载荷等级，P0 为重预载，P1 为中预载，P2 为普通预载、P3 为无预载(间隙配合)。根据不同使用场合、精度等级推荐的预加载荷等级见表 2-4 所示。

表 2-4　推荐预载荷表

预载荷等级	预载荷值	适用的精度等级	使用场合
P0	0.1C	P2、P3、P4	要求刚度大、有冲击和振动的场合，作为重型机床主导轨
P1	0.05C	P2、P3、P4	重复定位精度要求高、承受侧悬载荷、扭转载荷的场合
P2	0.025C	P2、P3、P4	同时使用两根导轨，冲击和振动较小、灵敏度要求高时
P3	0	P3、P4、P5	用于输送机构

注：C——额定动载荷。

在以上参数确定后，滚动直线导轨副的规格、型号即可以基本确定。

五、滚动导轨的安装与使用

1. 滚动直线导轨副的安装

滚动直线导轨副的安装、固定方式主要有使用螺栓固定、使用斜楔块固定、使用压板固定和使用定位销固定等，如图 2-24 所示。

在数控机床上，通常是两根导轨成对使用，这时其中的一根为基准导轨，通过对基准导轨的正确安装，可以保证运动部件相对于支承件的正确导向。在这种情况下，图 2-24 适用于对基准导轨的安装。

图 2-24 中的安装方式虽然形式有所不同，但其总的原则都是一致的，即将基准导轨的定位面(图中均为右侧)紧靠在安装基准面上，然后螺栓、斜楔块、压板或定位销固定。滑块的定位方式与导轨相同。

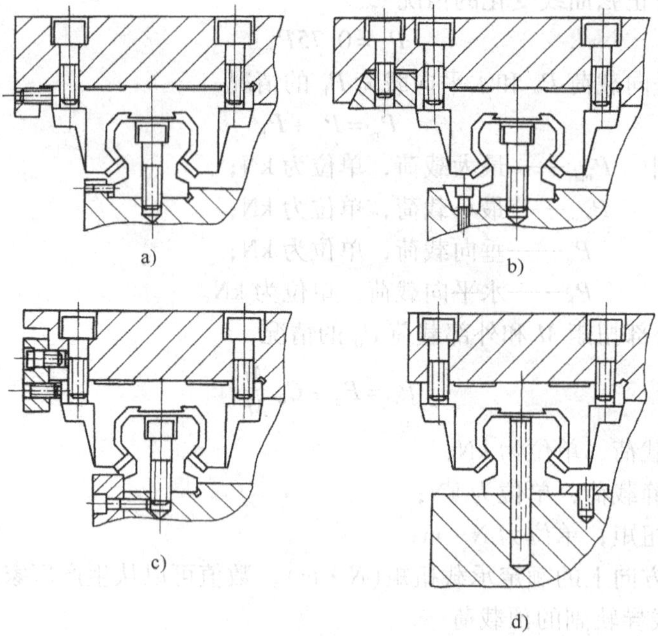

图 2-24　滚动直线导轨副的安装

对于从动导轨，安装时应保证其位置可以调整，使运动轻便，无干涉。

2. 滚动直线导轨副的防护与润滑

使用滚动直线导轨副时，应注意工作环境与装配过程中的清洁，不能有铁屑、杂质、灰尘等粘附在导轨副上。若在工作环境有灰尘时，除利用导轨本身的密封外，还应考虑增加防尘装置。

良好的润滑可以减少摩擦和磨损，防止导轨因发热过大而破坏其内部结构，影响导轨副的运动功能。当滚动直线导轨副的运动速度为高速时（$v \geqslant 15\text{m/min}$）。通常使用 N32 润滑油润滑，低速时（$v < 15\text{m/min}$）通常推荐使用锂基润滑脂润滑。

第六节　数控机床的自动换刀装置

一、自动换刀装置的基本要求和形式

无自动换刀功能的数控机床只能完成单工序的加工，如车、钻、铣等。在节省辅助时间、提高加工效率上主要体现在两个方面：①通过刀具的快速自动定位，提高了空程速度和省去了划线工艺和时间；②由于批量加工一致性好，可以减少工件检验时间。因此，其加工效率的提高受到一定的限制，特别是对于占辅助时间较长的刀具交换和刀具尺寸调整、对刀等还需要手动完成。而实际上，一个零件往往需要进行多工序的加工，因此，在加工一个零件的过程中，必须花费大量的时间用于更换刀具、装卸零件、测量和搬运零件等，切削加工时间仅占整个工时中较小的比例。为了缩短加工辅助时间，充分发挥数控机床的效率，往往采用“工序集中”的原则。常见的带有自动换刀装置的数控机床，即“加工中心”机床就是典型的产品。目前，自动换刀装置已广泛用于镗铣床、铣床、

钻床、车床、组合机床及其他机床上。使用自动换刀装置再配合精密数控转台、不仅扩大了数控机床的使用范围，还可使加工效率得到了大大提高，同时，由于零件一次安装可以完成多工序加工，减少了零件安装定位次数和装夹误差，从而进一步提高了加工精度。

在数控机床上，实现刀具自动交换的装置称为自动换刀装置。作为自动换刀装置的功能，它必须能够存放一定数量的刀具，即有刀库或刀架，并能完成刀具的自动交换。因此，刀具存放数量多(刀库容量大)、换刀时间短、刀具重复定位精度高、结构简单、制造成本低、可靠性高是对数控机床自动换刀装置的基本要求。其中，特别是自动换刀装置的可靠性，对于自动换刀机床来说显得尤其重要。

自动换刀装置的形式与机床种类、机床的总体结构布局、需要交换的刀具数量等因素密切相关。

在数控车床上，由于工件安装于主轴上，刀具只需在刀架上进行交换即可，它不涉及到主轴和刀架间的刀具交换问题，因此，换刀装置结构简单、形式比较单一，通常都使用回转刀架进行换刀。

在加工中心上，由于刀具被安装于主轴上，换刀必须在主轴和刀库之间进行，为此，必须设计专门的自动换刀装置和刀库，其刀具的交换方式通常可以分为无机械手换刀和带机械手换刀两大类。

无机械手换刀方式是通过刀库与机床主轴的相对运动，结合刀库的回转运动，实现刀具自动交换的方法。这种换刀方式的特点是结构简单、动作可靠，不需要专门的换刀机械手。但其缺点是刀具交换的时间较长，刀具数量不宜过多，刀库的布局也受到局限，通常在小型加工中心上使用较多。

机械手换刀是利用机械手实现主轴和刀库间刀具交换的方式。它可以克服无机械手换刀的缺点，刀具交换速度快，刀具数量多，刀库布局灵活，使用范围广。但其结构通常较复杂，制造成本高。

二、回转刀架

回转刀架换刀是一种简单的自动换刀装置，常用于数控车床。根据不同的机床要求，可以设计成四方、六方刀架或圆盘式等多种形式，并相应地安装四把、六把或更多的刀具。为了承受切削力，数控车床的刀架必须具有良好的刚性和强度；另外，由于刀架的定位直接决定了机床的加工精度，因此，刀架必须具有很高的定位精度。在这两点上，它比加工中心的刀库要求高得多。

图 2-25 为一种数控车床用圆盘电动刀架结构原理图。这种刀架常用的规格有 12 位、8 位刀架(如图 2-25b、c 所示)两种，可以装夹 25mm × 25mm 的可调刀具或 20mm × 20mm × 125mm 的标准刀具，两种刀架可装的最大镗杆直径均为 ϕ32mm。回转刀架由驱动电动机作为动力源，通过机械传动系统的动作，自动实现刀盘的放松、转位、定位及夹紧等动作。刀具通过压板及斜铁夹紧，更换刀具和对刀都较方便。

在图 2-25a 中，驱动电动机 11 应带有制动器。换刀动作步骤如下：

(1) 刀架松开　换刀开始后，首先松开电动机制动器，电动机通过齿轮 10、9、8 带动蜗杆 7、蜗轮 5 旋转。由于蜗轮 5 与轴 6 之间采用螺纹连接，因此，通过蜗轮 5 的旋转带动轴 6 沿轴向左移，使右鼠牙盘 3 脱开，刀架完成松开动作。

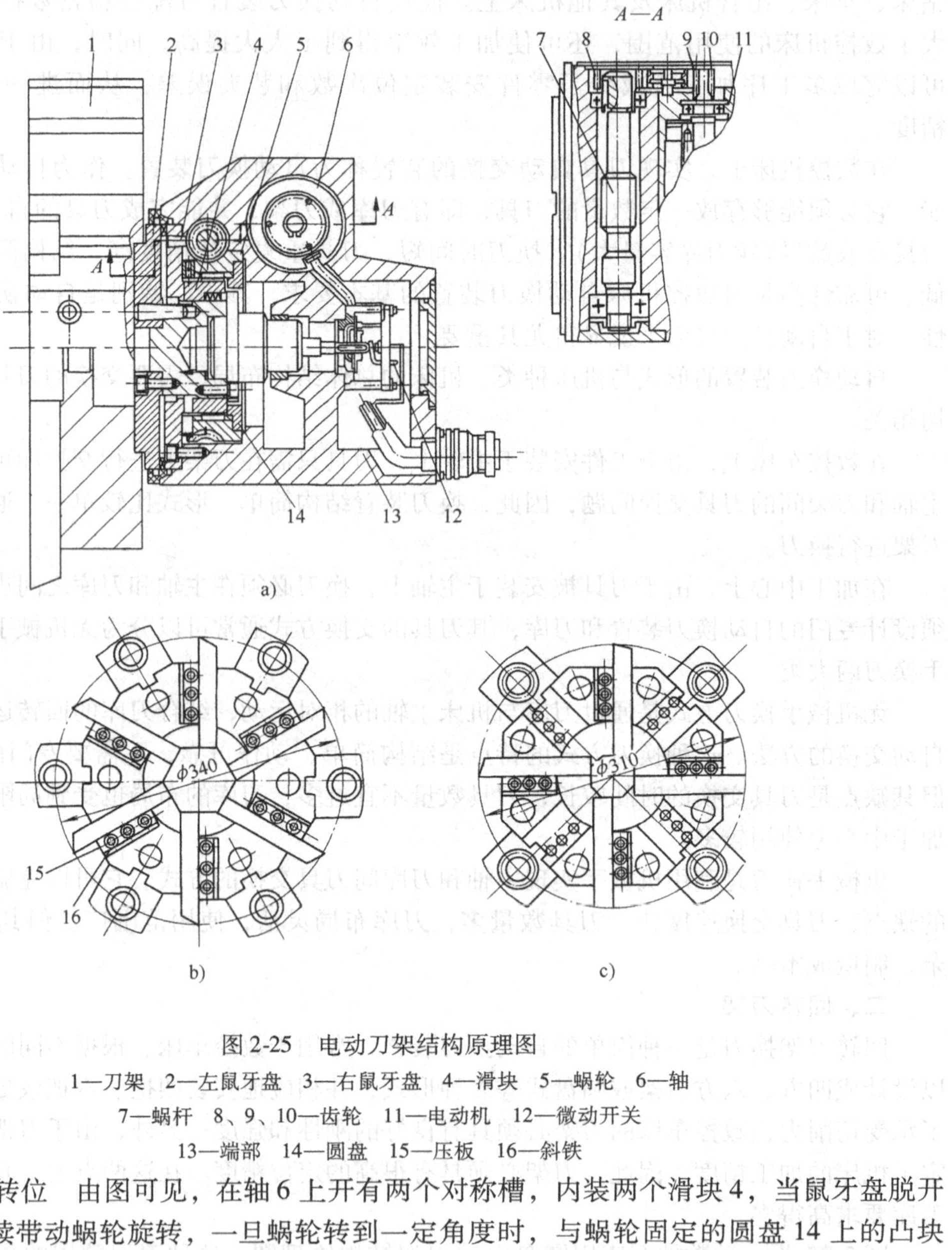

图 2-25 电动刀架结构原理图

1—刀架 2—左鼠牙盘 3—右鼠牙盘 4—滑块 5—蜗轮 6—轴
7—蜗杆 8、9、10—齿轮 11—电动机 12—微动开关
13—端部 14—圆盘 15—压板 16—斜铁

(2) 刀架转位 由图可见，在轴 6 上开有两个对称槽，内装两个滑块 4，当鼠牙盘脱开后，电动机继续带动蜗轮旋转，一旦蜗轮转到一定角度时，与蜗轮固定的圆盘 14 上的凸块便碰到滑块 4，蜗轮便通过圆盘 14 上的凸块带动滑块，连同轴 6、刀盘一起进行旋转，刀架进行转位动作。

(3) 刀架定位 当刀架转到要求的位置之后，驱动电动机 11 反转，这时圆盘 14 上的凸块便与滑块 4 脱离，不再带动轴 6 转动。蜗轮通过螺纹带动轴 6 右移，左鼠牙盘 2 与右鼠牙盘 3 啮合定位，完成刀架定位动作。

(4) 刀架夹紧 刀架定位完成后，电动机制动器制动，维持电动机轴上的反转力矩，以保证鼠牙盘之间有一定的夹紧力。同时轴 6 右端的端部 13 压下微动开关 12，发出转动结束信号，电动机断电，换刀动作结束。

三、加工中心刀库的类型与布局

刀库的作用是用来存放刀具，它是自动换刀装置中最主要的部件之一。刀库的容量、布局以及具体结构随机床结构的不同而差别很大，种类繁多，不胜枚举。加工中心目前最常见的刀库形式主要有鼓轮式刀库、链式刀库等几种，并根据不同的机床可以采用多种布局形式，如图 2-26 ~ 图 2-28 所示。

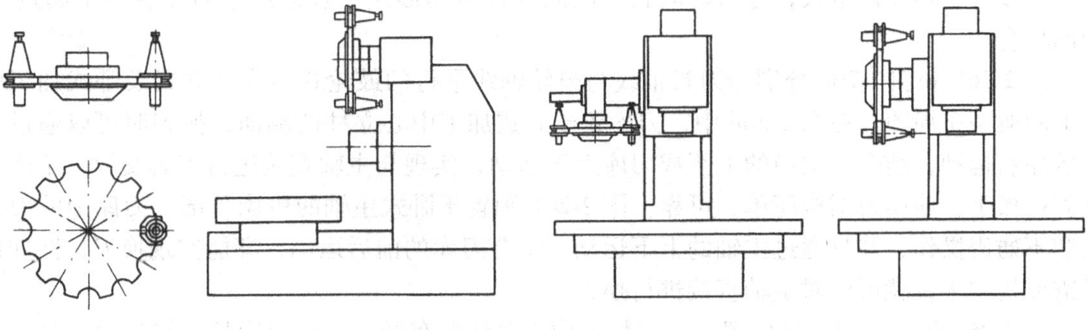

a)　b)　c)　d)

图 2-26　鼓轮式刀库布局图

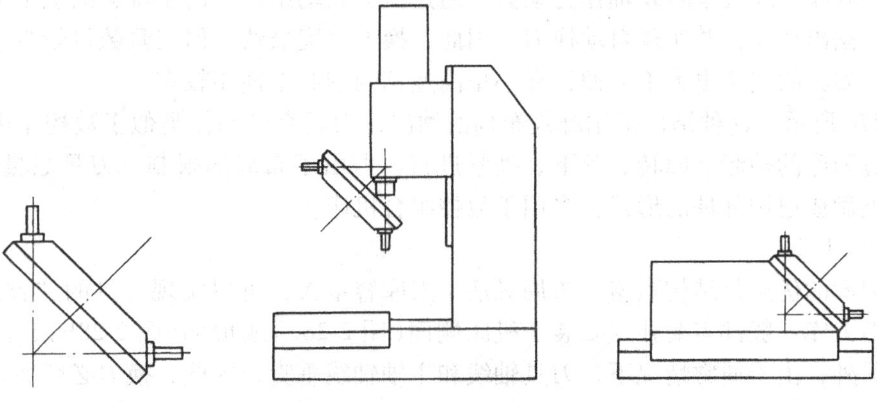

a)　b)　c)

图 2-27　倾斜式鼓轮式刀库布局图

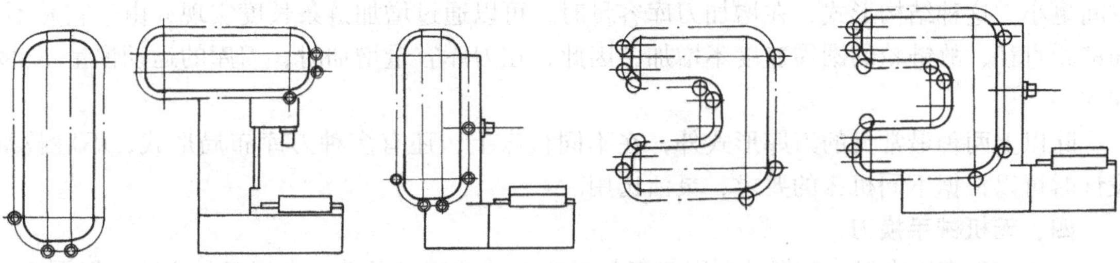

a)　b)　c)　d)　e)

图 2-28　链式刀库图

1. 鼓轮式刀库

鼓轮式刀库又称为圆盘刀库，其中最常见的形式有刀具轴线与鼓轮轴线平行式(图 2-26a)布局和刀具轴线与鼓轮轴线倾斜式(图 2-27a)布局两种。

这种形式的刀库因结构简单紧凑，在中小型加工中心上应用较多。但因刀具为单环排列，空间利用率较低，而且刀具长度较长时，容易和工件、夹具干涉。另外，大容量的刀库外径比较大，转动惯量大，选刀时间长，因此这种刀库形式一般适用于刀库容量不超过 24 把的场合。

图 2-26b 和图 2-26c 分别为刀具轴线与鼓轮轴线平行的鼓轮式刀库在立式及卧式加工中心上的典型布局图。在图 2-26c 中，刀库置于立式加工中心立柱的侧面，换刀时可以通过刀库的左右运动，结合主轴箱的上下或刀库上下运动，实现与主轴直接进行刀具交换，不需要换刀机械手，使换刀结构简单、可靠。图 2-26b 则置于卧式主轴的机床顶部，刀库中的刀具安装不妨碍操作，并且通过主轴的上下运动，结合刀库的前后运动，即能实现换刀，同样也不需要机械手，就可以对主轴直接进行换刀。

图 2-26d 所示为刀库横向置于立式加工中心侧面的布局，允许使用长度较长的刀具，刀库中的刀具安装也不妨碍操作，换刀速度也较快，但必须通过机械手进行换刀(详见后述)。

图 2-27 所示为刀具轴线与鼓轮轴线成一定角度的布局形式。这种结构在立式机床上(图 2-27b)，一般都是以机床的 Z 轴作为动力，通过机械联动结构，由主轴箱的上下运动完成刀库的摆入、摆出动作，并实现自动换刀，因此，换刀速度极快。但刀具数量较少、刀具尺寸不宜过大、刀具的安装也太不方便，在小型高速钻削中心上使用较多。

图 2-27c 所示为这种结构采用卧式布局的情况，刀具交换动作类似于数控车床回转刀架动作，通过刀库的抬起、回转、落下、夹紧进行。但由于布局的限制，刀具数量不宜过多，因此经常被做成通用部件的形式，多用于数控组合机床。

2. 链式刀库

链式刀库的优点是结构紧凑、布局灵活、刀库容量大，可以实现刀具的“预选”，换刀时间短。但刀库一般都需要独立安装于机床侧面(图 2-28c)或顶部(图 2-28b)，占地面积通常较大。另外，由于通常情况下，刀具轴线和主轴轴线垂直，因此，换刀必须通过机械手进行，机械结构比鼓轮式刀库复杂。

刀库链环可以根据机床的总体布局要求，设计成适当形式以利于换刀机构的工作，在刀库容量较大时，可采用 U 形布置(图 2-28d、e)或多环链式刀库布置，使其外形更紧凑，占用空间更小。这种结构形式，在增加刀库容量时，可以通过增加链条长度实现，由于它并不增加链轮直径，故链轮的圆周速度不增加，因此，在刀库容量增加时，刀库的运动惯量不会增加太多。

除以上两种最常见的刀库形式外，在不同机床上，还有多种刀库布局形式，不胜枚举，设计时可以根据不同机床的要求，灵活选用。

四、无机械手换刀

无机械手直接换刀一般都是利用刀库与机床主轴的相对运动，实现刀具交换。以图 2-26c 所示的布局为例，其俯视图如图 2-29 所示。动作步骤如下：

1）主轴定向准停，使主轴上的定位键方向和刀库定位键一致；同时，Z 轴快速向上运动到换刀点，作好换刀准备，如图 2-29 及图 2-30a 所示。

2）刀库向右运动，刀座中的弹簧机构卡入刀柄的V形槽中，主轴内的刀具夹紧装置放松，刀具被松开，如图2-30b所示。

3）主轴箱上升，使主轴上的刀具放回刀库的空刀座中，如图2-30c所示。

4）刀库旋转，将下一步需要的刀具转到主轴下。

5）主轴箱下降，将刀具插入机床的主轴，同时，主轴箱内的夹紧装置夹紧刀具，如图2-30d所示。

6）刀库快速向左返回，将刀库从主轴下面移开，刀库恢复图2-30a所示状态，主轴箱再向下运动，便可以进行下一工序的加工。

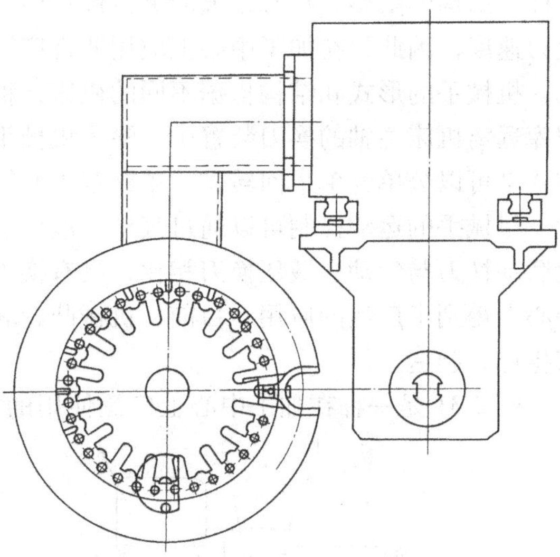

图2-29　刀库布局

由于这种换刀方式，不需要其他装置，

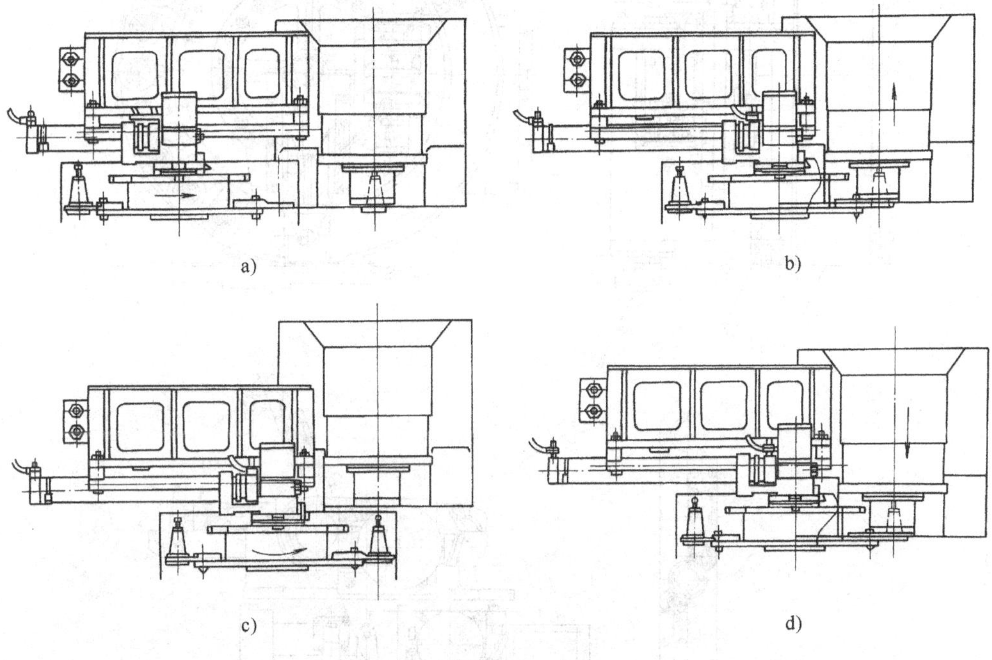

图2-30　换刀动作图

结构极为简单，动作也较可靠，因此，在小型低价位加工中心中应用很广。其缺点是不能实现刀具在刀库中的“预选”，即在换刀时必须首先将用过的刀具送回刀库，然后再通过刀库的旋转，选择新刀具，两个动作不可能同时进行；且每交换一次刀具，刀库和主轴箱就必须作一次往复运动，因而增加了换刀时间。因此换刀时间通常较长。

五、机械手换刀

采用机械手进行刀具的交换，一方面在刀库的布置和刀具数量的增加上，不像无机械手那样受结构的限制，具有很大的灵活性；而且还可以通过刀具预选择，减少换刀时间，提高换刀速度，因此，在加工中心上应用非常广泛。

机械手的形式和结构根据不同的机床，种类繁多，有钩手、抱手、伸缩手、擦手等。当刀库远离机床主轴的换刀装置中，除了机械手外，还必须带有中间搬运装置。机械手的运动方式又可以分单臂单爪回转式、单臂双爪回转式、双臂回转式、双机械手换刀等多种。

机械手的运动控制可以通过气动、液压、机械凸轮联动机构等方式实现。其中，机械凸轮联动换刀与气动、液压换刀相比，具有换刀速度快、换刀可靠、运动平稳等优点，在加工中心上得到了广泛的应用。目前，机械凸轮联动换刀机构已经作为标准部件，由专业生产厂家生产、制造。

图 2-31 是一种在加工中心上广泛使用的机械凸轮联动换刀机构结构原理图。它在机床

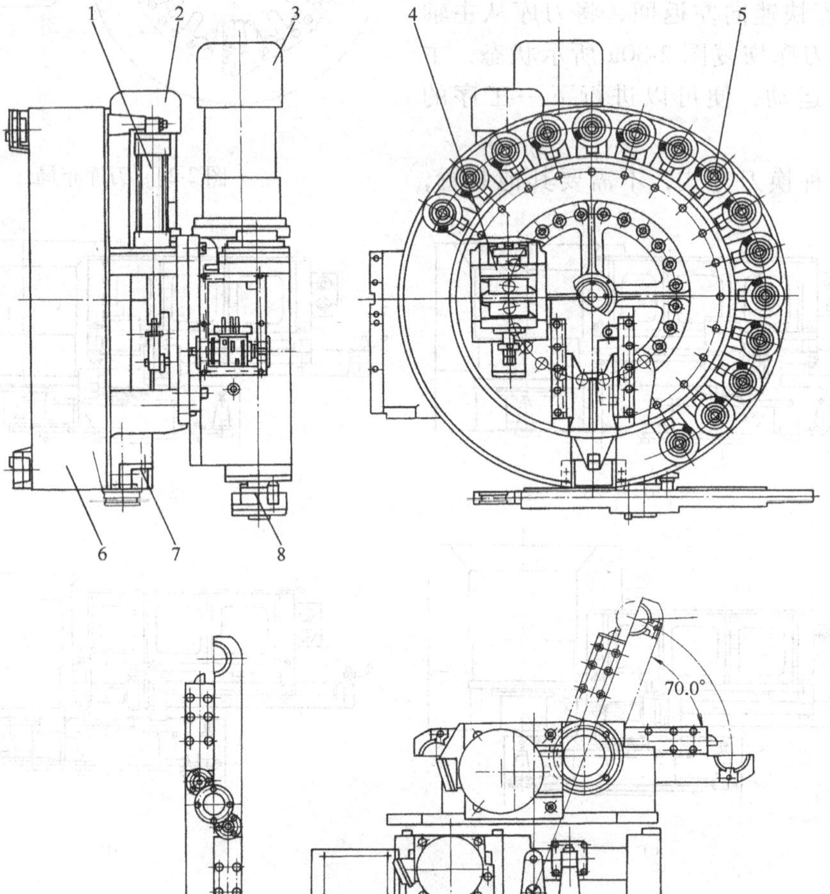

图 2-31　机械凸轮联动换刀机构结构原理图

1—刀座转位气缸　2—回转电动机　3—机械手电动机　4—回转蜗杆
5—刀座　6—刀库　7—刀具交换位置　8—机械手

上的布局形式可以参见图2-26d。

在图2-31中，刀具被安装在刀库6的刀座5上（刀座的数量根据不同的机床有所不同），刀库连同刀座可以由回转电动机2通过回转蜗杆4带动进行旋转，使所需要的刀具回转到刀具交换位置7，实现选刀动作。选刀完成后，可以通过刀座转位气缸1将刀具交换位置7的刀具连同刀座向下旋转90°，使刀具轴线和主轴轴线平行，以便机械手8进行换刀。由于以上动作可以在机床加工的同时进行，因此，可以进行刀具的“预选”动作。机械手8由机械手电动机3驱动，通过一套机械凸轮结构（主要有弧面凸轮和平面凸轮等组成），完成机械手的转位、夹紧、伸出、回转、缩回、松开等动作。机械手两边手爪结构、动作完成相同。

其换刀动作步骤如下（参见图2-32、图2-26d）：

（1）刀具预选　在机床进行加工的同时，根据数控系统发出的T代码指令，由回转电动机2将下一把要加工的刀具，回转到刀具交换位置7，完成刀具的“预选”动作，为刀具交换做好准备。

（2）主轴定向准停　在换刀指令发出后，首先进行主轴定向准停，使主轴上的定位键方向和刀库定位键一致。与此同时，Z轴快速向上运动到换刀点；刀座转位气缸1将预选好的刀具连同刀座向下旋转90°，使刀具轴线和主轴轴线平行。

（3）机械手回转夹刀　当主轴箱到达换刀位置，同时刀库上的刀具完成旋转90°动作后，凸轮换刀机构通过电动机3驱动，使机械手进行70°转位，两边的手爪分别夹持刀库换刀位以及主轴上的刀具。

（4）卸刀　在机械手完成夹刀动作后，刀库以及主轴内的刀具夹紧装置同时放松，刀具被松开，凸轮换刀机构在电动机3驱动下，机械手向下伸出，同时取出刀库和主轴上的刀具，进行卸刀。

（5）刀具换位　卸刀完成后，凸轮换刀机构在电动机3驱动下，使机械手旋转180°，进行刀库侧刀具和主轴侧刀具的换位。

（6）装刀　刀具完成换位后，凸轮换刀机构在电动机3驱动下，机械手向上缩回，将刀库侧刀具和主轴侧刀具同时装入刀座和主轴，并且，刀库以及主轴内的刀具夹紧装置同时夹紧。

（7）机械手返回　刀库以及主轴内的刀具夹紧装置完成夹紧后，凸轮换刀机构在电动机3驱动下，机械手反向旋转70°回到起始位置（这时手臂为180°位置，两边手爪互换），完成换刀动作。

换刀完成后，主轴箱向下运动即可进行下一把刀的加工，同时刀座转位气缸1将主轴上换下的刀具连同刀座向上旋转90°，并根据下一把刀的T代码指令再进行刀具的“预选”动作。

六、凸轮机械手换刀装置

凸轮机械手换刀装置是目前加工中心中常用的机构之一，与传统的气动、液压换刀机构相比，它具有换刀速度快、换刀可靠、运动平稳等优点，近年来在加工中心得到了广泛的应用。凸轮机械手换刀装置通常由两个凸轮以及相应的机构组成，其中，一个平面凸轮通过连杆机构，用来完成“装刀”与“拔刀”动作；另一个弧面凸轮带动凸轮分度机构，用来实现机械手的转位，完成“抓刀”和“换刀”动作。

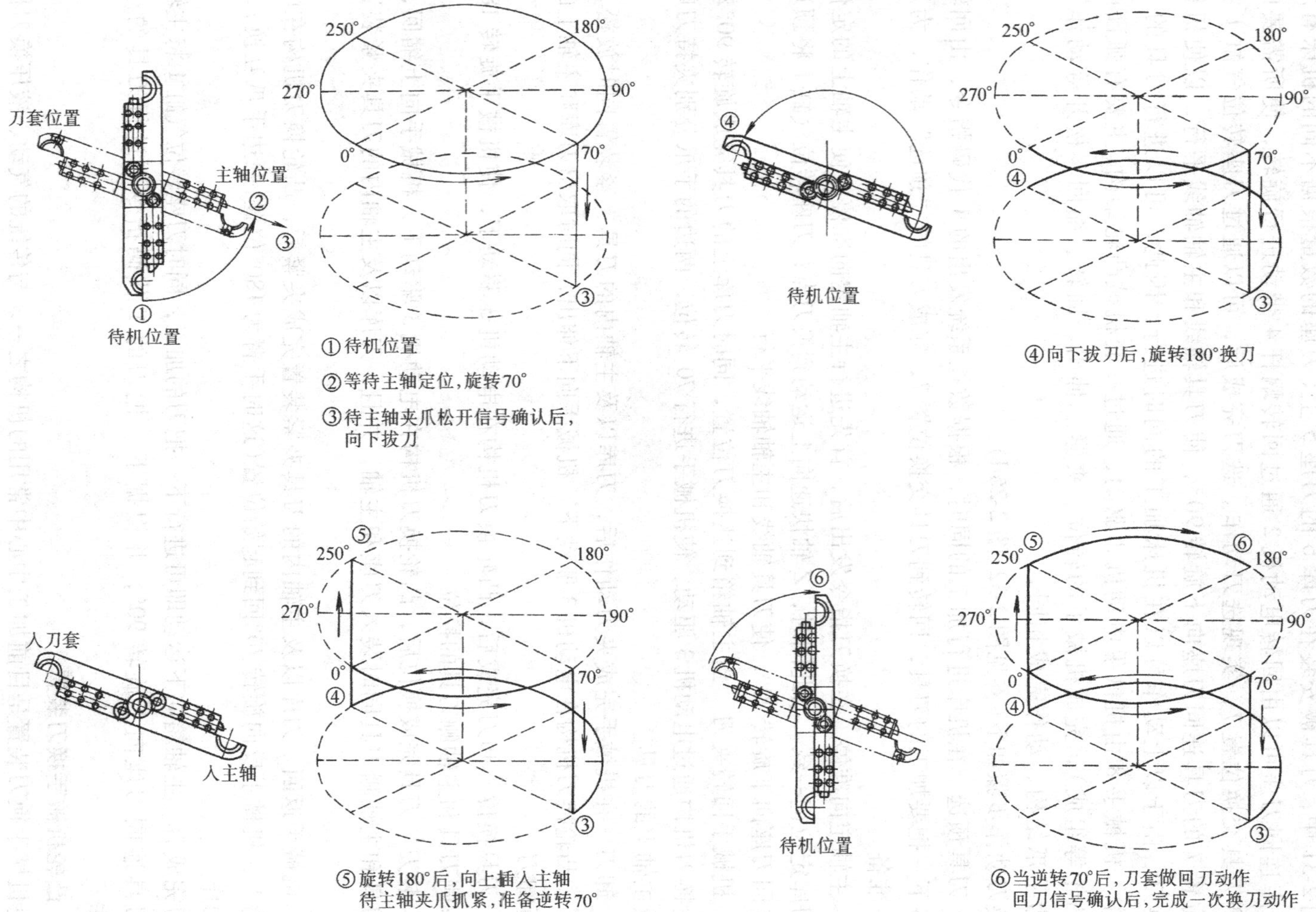

图 2-32　机械凸轮联动换刀动作图

典型的凸轮换刀装置的结构原理如图2-33所示，它主要由驱动电动机1、减速器2、平面凸轮4、弧面凸轮5、连杆6、机械手7等部件构成。换刀时，驱动电动机1连续回转，通过减速器2与凸轮换刀装置相连，提供装置的动力；并通过平面凸轮、弧面凸轮以及相应的机构，将驱动电动机的连续运动转化为机械手的间隙运动。

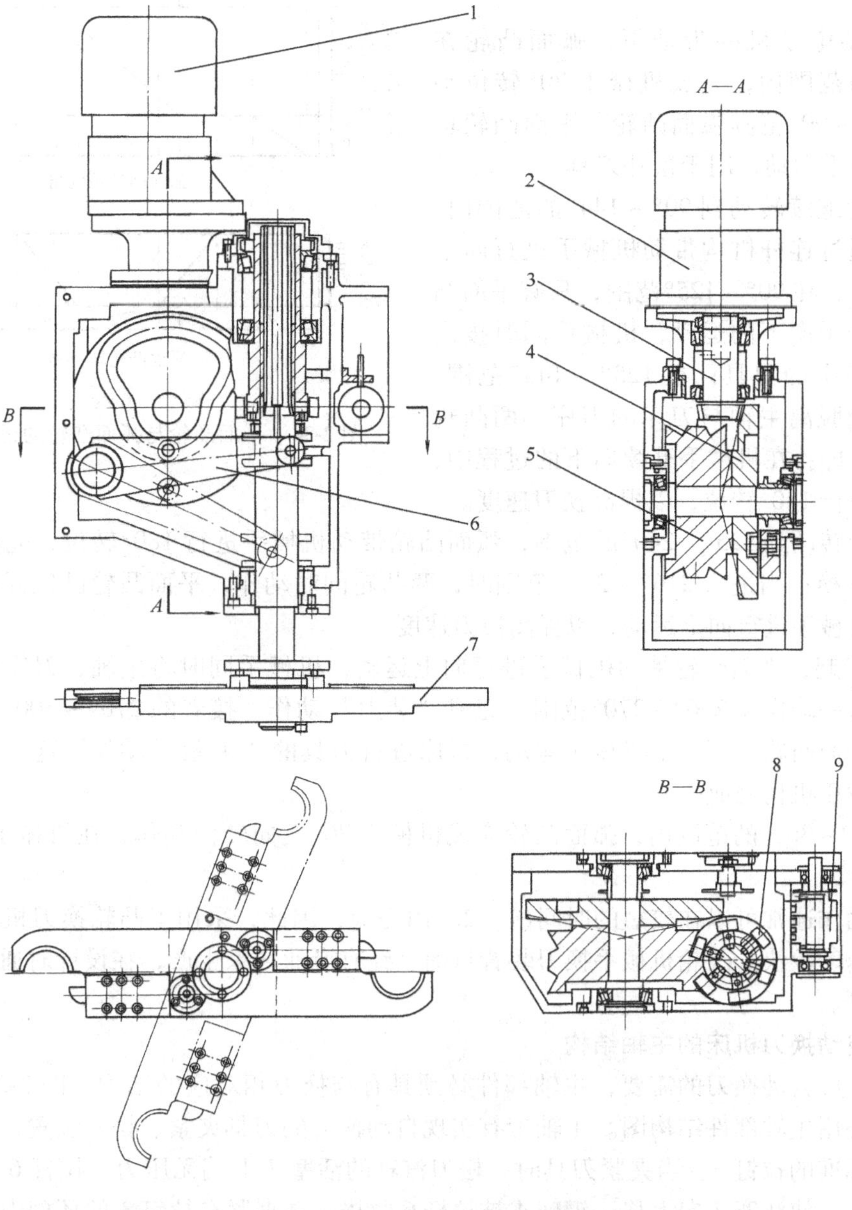

图2-33　凸轮机械手换刀机构原理图

1—驱动电动机　2—减速器　3—锥齿轮　4—平面凸轮　5—弧面凸轮

6—连杆机构　7—机械手　8—滚珠盘　9—电气信号盘

图2-33中，平面凸轮4通过锥齿轮3和减速器2连接，在驱动电动机转动时，通过连杆机构6，带动机械手7在垂直方向作上、下运动，以实现机械手在主轴上的“拔刀”、“装刀”动作。弧面凸轮5和平面凸轮4相连，在驱动电动机回转时，通过滚珠盘8(共6个滚

珠)带动花键轴转动，花键轴带动机械手 7 在水平方向做旋转运动，以实现从机械手转位，完成“抓刀”和“换刀”动作。电气信号盘 9 中安装有若干开关，以检测机械手实际运动情况，实现电气互锁。

平面凸轮与弧面凸轮的运动过程如图 2-34所示。

在驱动电动机的带动下，弧面凸轮在 10°～60°的范围内，完成机械手 70°转位动作。在 60°～90°范围弧面凸轮、平面凸轮均不产生机械手运动，用于松开刀具。

当凸轮继续转动到 90°～144°的范围内，平面凸轮通过连杆机构带动机械手进行向下运动；其中，在 90°～125°范围，只有平面凸轮带动机械手向下的运动，机械手同时拔出主轴、刀库中的刀具；在 125°～144°范围，因刀具已经脱离主轴与刀库的刀座，两凸轮同时动作，即：在机械手继续向下的过程中，已经开始进行 180°转位，以提高换刀速度。

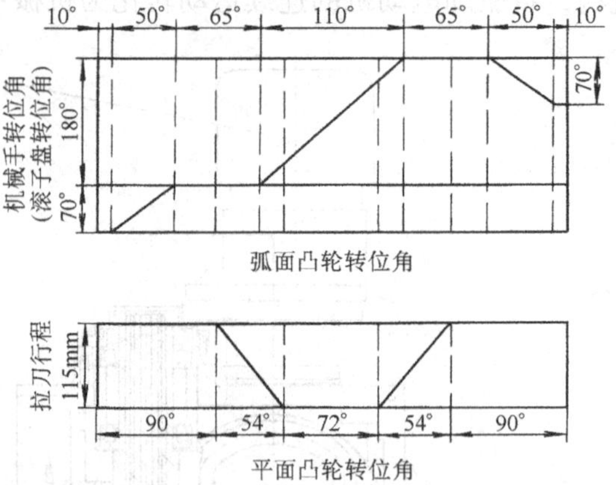

图 2-34　平面凸轮与弧面凸轮的运动过程

在凸轮转动到 125°～240°的范围，弧面凸轮带动机械手进行 180°转位，完成主轴与刀库的刀具交换；当进入 216°～240°范围时，两凸轮同时动作，平面凸轮已经开始通过连杆机构带动机械手进行向上运动，以提高换刀速度。

从 216°起，平面凸轮带动机械手进行向上运动，机械手同时将主轴、刀库中的刀具装入刀座；这一动作在 216°～270°范围，完成“装刀”动作。接着的 270°～300°范围内，弧面凸轮、平面凸轮均不产生机械手运动，机床进行刀具的“夹紧”动作，这一动作由机床的气动或液压机构完成。

在 300°～360°的范围内，弧面凸轮完成机械手 70°反向转位动作，在机械手回到原位，换刀结束。

以上动作通常可以在较短的时间(1～2s)内完成，因此，采用了凸轮换刀机构的加工中心其换刀速度较快。凸轮机械手换刀装置目前已经有专业厂家生产，在设计时通常只需要直接选用即可。

七、自动换刀机床的主轴结构

为了适应自动换刀的需要，主轴部件必须具有与换刀相对应的结构。图 2-35 是一种立式加工中心用主轴部件结构图。主轴带有实现自动换刀的刀具夹紧、松开装置，在刀具的刀柄上装有标准的拉钉 3。当夹紧刀具时，松刀汽缸的活塞 7 上端无压力，拉杆 6 通过碟形弹簧 5 的弹力，使活塞 7 向上移。钢球 4 被拉杆 6 收拢，并夹紧在拉钉 3 的环槽中。刀具通过钢球 4 和拉钉 3 向上拉紧，使刀柄的外锥面与主轴锥孔的内锥面相互压紧，实现了刀具在主轴上的夹紧。松开刀具时，通过压缩空气进入松刀汽缸的活塞 7 上端，使活塞 7 下移，推动拉杆 6 向下移动。此时，碟形弹簧 5 被压缩，钢球 4 随拉杆一起向下移动，当钢球移至主轴孔径较大处时，松开拉钉 3，刀具连同拉钉 3 可以取出。夹紧机构使用碟形弹簧夹紧，气压放松，可保证在工作中，如果突然断电，刀具不会自行松开。

在活塞杆孔上端有压缩空气进气孔，当刀具从主轴中拔出后，压缩空气可以通过活塞杆和拉杆中的孔吹净主轴锥孔和刀柄，保证刀具的正确定位，行程开关 8、9 用于检测刀具的夹紧和松开信号。

使用钢球拉紧拉钉的夹紧方式，缺点是接触应力较大，易损坏拉钉。为此，许多机床都采用弹力卡爪代替钢球。弹力卡爪(图 2-35b)装在拉杆 6 的下端代替钢球，卡套 11 与主轴固定在一起，夹紧刀具时，拉杆 6 带动弹力卡爪 10 上移，通过卡爪下端的外锥面 *B* 使卡爪 10 收拢，夹紧刀具。松开刀具时，拉杆带动弹力卡爪下移，锥面 *B* 使卡爪 10 放松，刀柄上

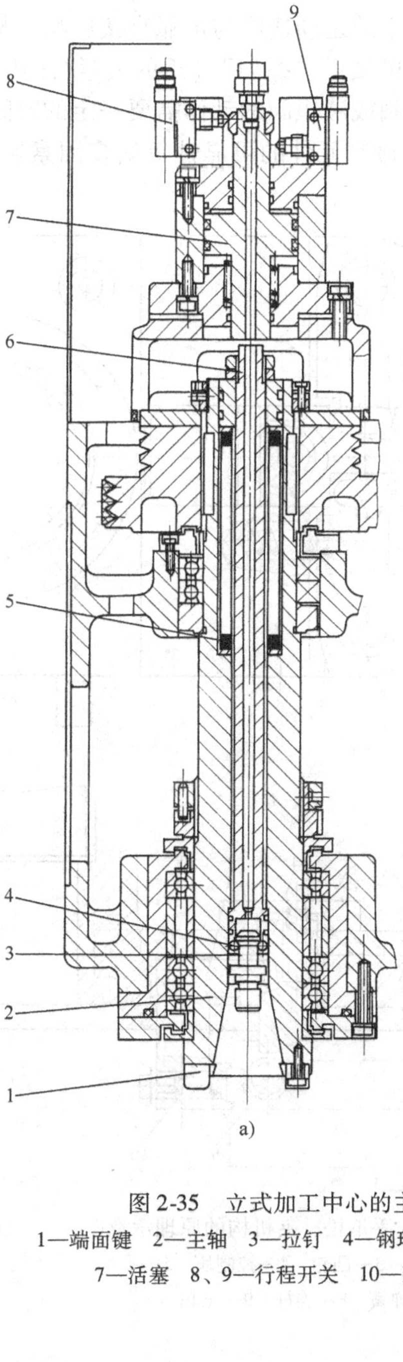

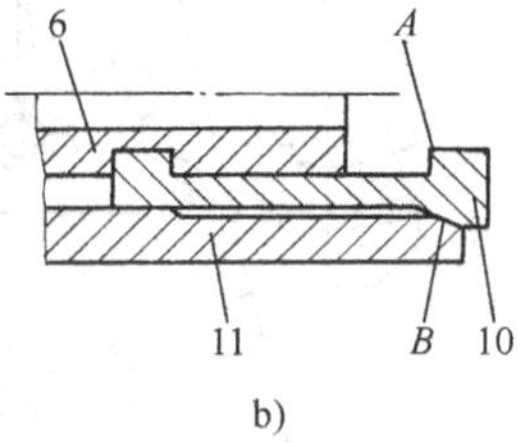

图 2-35　立式加工中心的主轴部件结构图

1—端面键　2—主轴　3—拉钉　4—钢球　5—碟形弹簧　6—拉杆

7—活塞　8、9—行程开关　10—弹力卡爪　11—卡套

的拉钉可从卡爪内退出。卡爪与拉钉的接合面 A 与受力方向垂直，故夹紧力较大；同时卡爪与拉钉为面接触，接触应力较小，不易损坏拉钉。

加工中心的主轴定向准停，一般都通过主轴驱动系统的主轴定向准停功能自动实现。实现主轴定向准停的方式一般有两种：一是通过磁开关检测主轴位置进行定位；二是在主轴上安装一个与主轴直接连接或传动比为 1:1 的脉冲编码器，进行主轴角度检测并实现定位。后者的优点是主轴定向准停的位置调整方便，同时，脉冲编码器还能用于数控机床的刚性攻螺纹机能，因此，在大多数场合都采用脉冲编码器定位方式。

八、机械手手爪结构

在用机械手换刀的加工中心上，机械手的运动速度与可靠直接影响到整机的效率和可靠性，是机床制造厂家十分注重的问题，在机械手"抓刀"（爪的夹紧/松开）装置上，通常采用气动或液压控制的松、夹机构，其气动阀或液压阀的动作需要一定的时间，而且刀具的夹持力受气源或工作压力，电气控制系统、检测元件的可靠性等诸多因素影响。图 2-36 是一

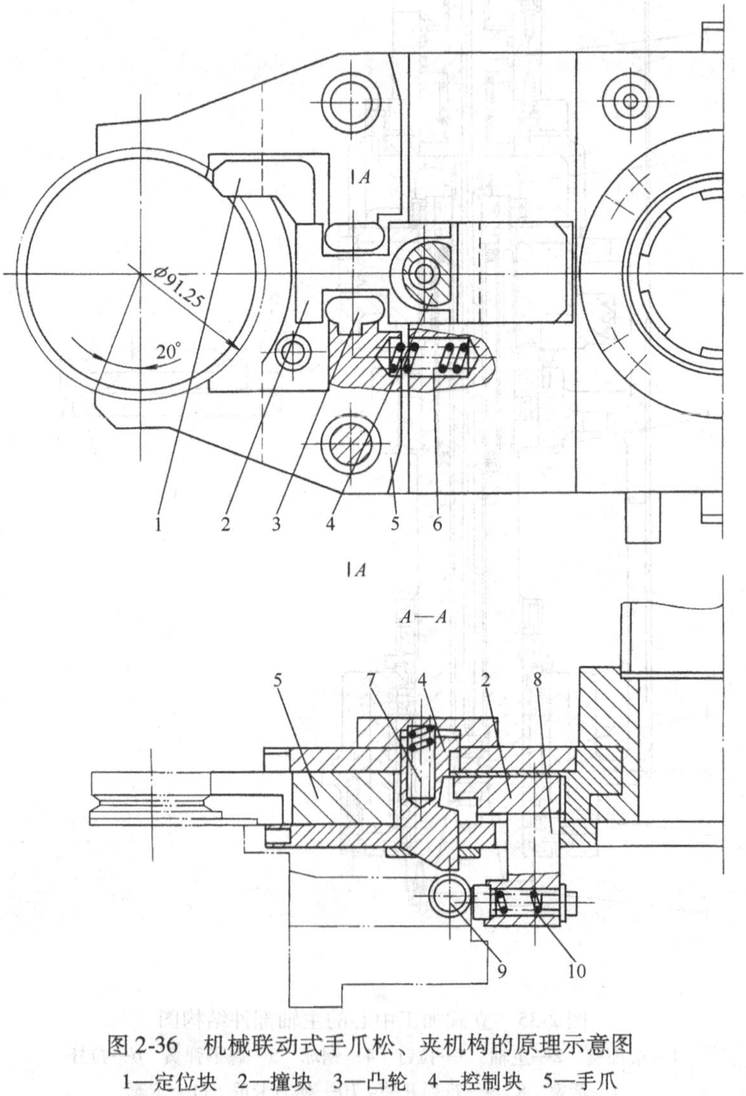

图 2-36 机械联动式手爪松、夹机构的原理示意图

1—定位块 2—撞块 3—凸轮 4—控制块 5—手爪
6、7、10—弹簧 8—连杆 9—滚轮

种卧式加工中心中用的机械联动式手爪松、夹机构的原理示意图，其结构设计颇具特色，动作快捷、可靠。

图2-36中刀具定位块1用来进行刀具在手爪内的定位，它是为了防止刀具在夹住过程中的偏转而安装的。手爪对刀具的夹紧和松开动作过程如下：

1）当机械手向图2-36所示的左边移动时，通过安装在刀库(或主轴)侧的滚轮9推动连杆8向右运动，连杆8又带动撞块2向右运动，并通过凸轮3带动手爪5回转夹住刀具。弹簧10的作用有两个，一是用来调节刀具的夹住力，二是在运动过程中起缓冲作用。

2）当刀库(或主轴)上的刀具被夹持住后，若机械手向上(伸出)运动，由于在起始阶段滚轮9始终压住连杆8，刀具仍然被夹住，而控制块4却通过弹簧7向下运动，这样就使控制块上的定住面逐渐和撞块2啮合，防止了撞块2在连杆8脱离滚轮9以后的复位，刀具夹紧被自锁，保证了手爪一旦从刀库(或主轴)上取下刀具后，这一刀具仍被牢牢夹在手爪上。

3）在机械手完成伸出和旋转运动后，机械手左右两侧的刀具被交换，这时机械手缩回、动作过程相反。首先通过滚轮9推动控制块4向上运动，使控制块定位面逐渐和撞块2脱离，同时滚轮9又连杆8啮合，防止刀具的松开，这样随着机械手的缩回，自动解除了手爪的夹紧自锁机构。

4）在以上1)、3)两种情况下若机械手向左运动，由于这时夹紧自锁已被解除，撞块2被松开弹簧6、手爪5、凸轮3带动自动向左运动，手爪也就被弹簧6松开，从而实现了松开的动作。

综上所述，机构的手爪夹紧和松开动作，完全是通过机械机构的联动实现，在机械手向左、右或伸出、缩回的过程中自动变换，因此动作快捷、可靠，手爪的松、夹不占任何辅助时间。

第七节　数控机床的回转工作台

一、回转工作台的基本要求和形式

为了扩大数控机床的加工性能，适应不同零件的加工需要，数控机床的进给运动，除X、Y、Z三个坐标轴的直线进给运动之外，还可以有绕X、Y、Z三个基本坐标轴的回转的圆周运动，通常为A、B、C轴。为了实现数控机床的圆周运动，需要采用数控回转工作台(简称数控转台)。

数控机床的圆周运动包括分度运动和连续圆周进给运动两种。分辨率小、定位精度高、运动平稳、动作迅速、转台刚性好是数控机床对回转工作台的基本要求。同时，在需要进行多轴联动加工曲线和曲面的场合，回转工作台必须能进行连续圆周进给运动。为了区别，通常将只能实现分度运动的回转工作台称为分度工作台，而将能实现连续圆周进给运动的回转工作台称为数控回转工作台。分度工作台的外形和数控回转工作台没有多大差别，但在结构上则具有各自的特点。

1. 分度工作台

数控机床的分度工作台只能完成分度运动。它可以是按照数控系统的指令，在需要分度时，将工作台连同工件回转一定的角度并定位。采用伺服电动机驱动的分度工作台称为数控分度工作台，它可以分度的最小角度通常都较小，一般有0.5°、1°等，一般都采用鼠牙盘式定位。在数控机床上有时也采用液压或手动分度工作台，这种分度工作台一般只能回转规定的角度，如：可以每隔90°、60°或45°进行分度，可以采用鼠牙盘式定位或定位销式定位。

鼠牙盘式分度工作台也叫齿盘式分度工作台，是用得较广泛的一种高精度的分度定位机构。在卧式数控机床上，它一般都作为数控机床的基本部件提供；在立式数控机床上则作为附件选用。

2. 数控回转工作台

数控机床的回转工作台不但能完成分度运动，而且还能进行连续圆周进给运动。数控回转工作台可以是按照数控系统的指令，进行连续回转，回转速度是无级、连续可调的。同时，它也能实现任意的角度的分度定位。因此，它和直线运动轴在控制上是相同的，也必须采用伺服电动机驱动。

回转工作台从安装形式上可以分为立式和卧式两种。立式回转工作台用于卧式数控机床，台面为水平安装，其回转直径通常都比较大，一般有500×500、630×630、800×800、1000×1000等常用规格。卧式回转工作台用于立式数控机床，台面为垂直安装，由于受机床结构的限制，其回转直径通常都比较小，一般都不超过ϕ500。

二、分度工作台

图2-37是鼠牙盘式液压分度工作台结构原理图。它主要由工作台面、底座夹紧液压缸，分度液压缸及鼠牙盘等部件组成。其工作过程如下：

（1）分度工作台抬起、松开　机床需要分度时，根据数控装置发出分度指令，由电磁铁控制液压阀(图2-37中未示出)，使压力油经管道23进入分度工作台7中央的夹紧液压缸的油腔10，并推动活塞6上移(液压缸上腔9的油经管道22排出回油)。活塞6通过推力轴承5(轴承13与之配套使用)，使工作台7抬起，上鼠牙盘4和下鼠牙盘3脱离啮合。在工作台7向上移动时带动内齿圈12与齿轮11下部啮合，完成了分度前的准备工作。同时，当工作台7向上抬起时，推杆2在弹簧作用下向上移动，使推杆1能在弹簧作用下右移松开微动开关D，发出松开到位信号。

（2）分度工作台回转、分度　控制系统在接到松开到位信号后，控制电磁铁(液压阀)动作，使压力油经管道21进入分度液压缸的液压缸左腔19，并推动齿条8右移(液压缸右腔18的油经管道20排出回油)。齿条8带动齿轮11作回转运动，实现工作台回转。改变液压缸的行程，即可以改变齿轮11的回转角度。图中的分度工作台为：液压缸的行程113mm，齿轮11的回转角度为90°。当齿轮在回转过程中，挡块14放开推杆15。90°回转到位后，挡块17压上推杆16，微动开关E发出到位信号，回转动作结束。分度工作台的回转速度可以通过液压系统进行调节。

（3）分度工作台落下、夹紧　控制系统在接到回转到位信号后，由电磁铁控制液压阀(图中未示出)，使压力油经管道22进入分度工作台7中央的夹紧液压缸的液压缸上腔9，并推动活塞6下移(液压缸下腔10的油经管道23排出回油)。活塞6通过推力轴承5(轴承13与之配套使用)，使工作台7落下，上鼠牙盘4和下鼠牙盘3啮合，夹紧、定位。工作台夹紧后，压下推杆2，使推杆1左移，压上微动开关D，发出夹紧完成信号。

（4）分度液压缸返回　控制系统在接到夹紧完成信号后，控制电磁铁(液压阀)动作，使压力油经管道20进入分度液压缸的液压缸右腔18，并推动齿条8左移(液压缸左腔19的

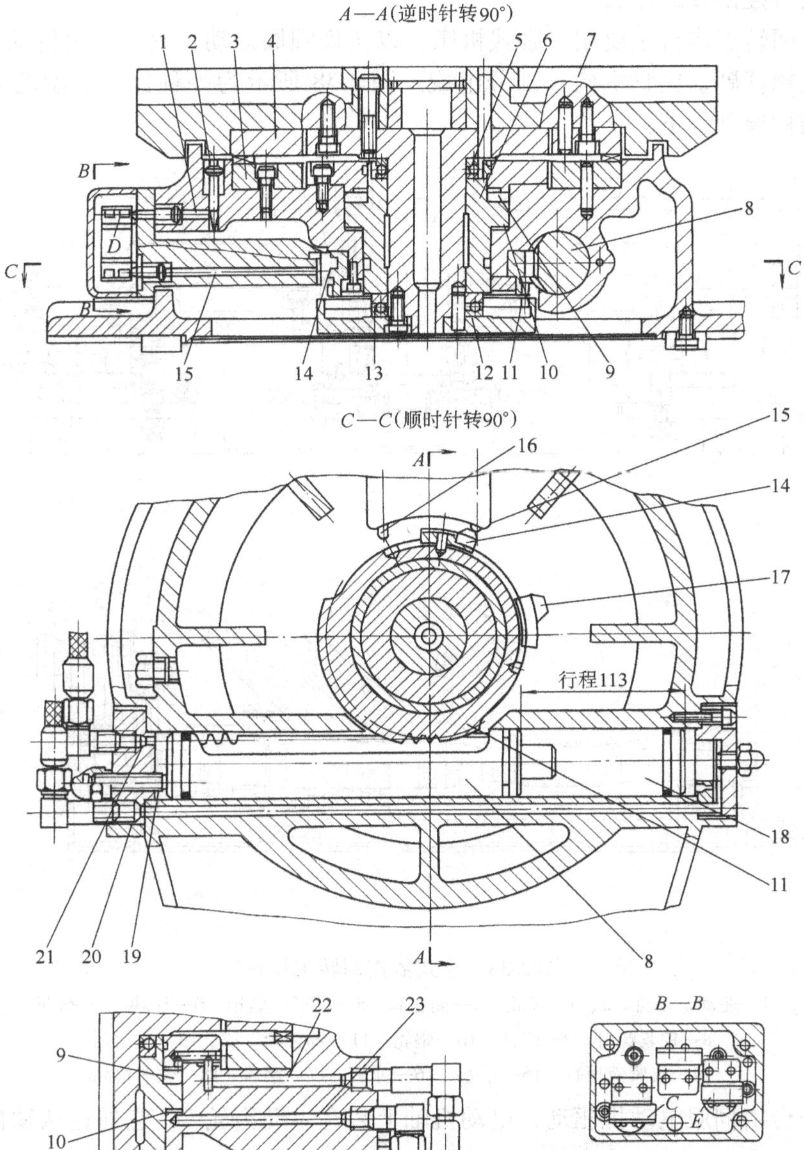

图 2-37　鼠牙盘式液压分度工作台结构原理

1、2、15、16—推杆　3—下鼠牙盘　4—上鼠牙盘　5、13—推力轴承　6—活塞　7—工作台　8—齿条　9—液压缸上腔　10—液压缸油腔　11—齿轮　12—齿圈　14、17—挡块　18、19—分度液压缸　20、21、22、23—回油管

油经管道 21 排出回油)，齿条 8 返回。这时，因为齿轮 11 的内齿圈已经脱开，分度工作台不动，同时挡块 14 压上推杆 15，微动开关 C 动作，发出分度结束信号。

这种分度工作台的特点是分度精度高，定位刚性好，结构简单。为了保证分度工作台动作的平稳、可靠，在液压系统中应通过节流阀进行调节运动速度；同时在控制系统中，对检测开关的信号都应进行延时处理。

三、立式数控回转工作台

立式数控回转工作台主要用于卧式机床，以实现圆周运动，它一般由传动系统、消除间隙机构、蜗轮蜗杆副、夹紧机构等部分组成。图 2-38 所示为一种比较典型的立式数控回转工作台，其结构原理如下：

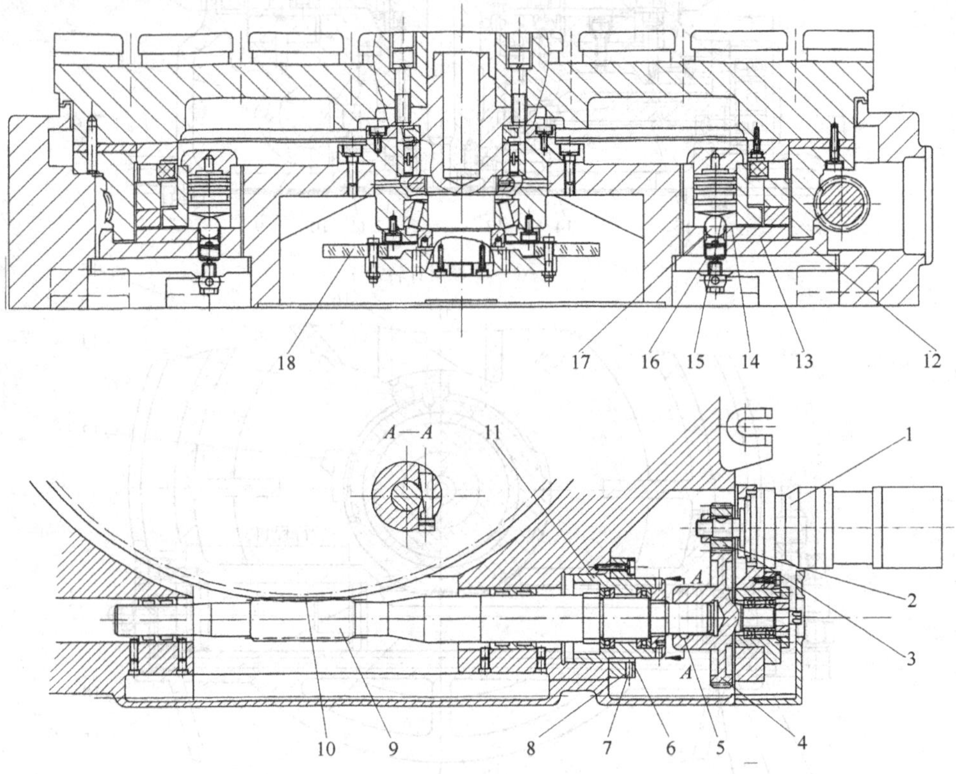

图 2-38　立式数控回转工作台

1—驱动电动机　2、4—齿轮　3—偏心套　5—楔形拉紧销　6—压块　7—螺母　8—锁紧螺钉　9—蜗杆　10—蜗轮　11—调整套　12、13—夹紧瓦　14—夹紧液压缸　15—活塞　16—弹簧　17—钢球　18—位置检测

回转工作台由伺服电动机驱动，电动机轴上装有主动齿轮 2，它通过从动齿轮 4 带动蜗杆 9 旋转。偏心套 3 用于消除齿轮 2、齿轮 4 的间隙。从动齿轮 4 与蜗杆 9 之间利用楔形拉紧销 5 进行联接，这种联接方式可以消除蜗杆 9 与齿轮 4 之间的配合间隙。

蜗杆 9 采用了双导程变齿厚蜗杆，它的特点是可通过蜗杆的轴向移动，消除蜗杆、蜗轮的间隙。蜗杆、蜗轮间隙调整时，首先松开壳体螺母 7 上的锁紧螺钉 8，通过压块 6 将调整套 11 松开。然后，松开楔形拉紧销 5，转动调整套 11，调整套和蜗杆可以在壳体螺母 7 中做轴向移动，从而消除齿侧间隙。调整完毕后，再拧紧锁紧螺钉 8，通过压块 6 压紧调整套 11，锁紧楔形拉紧销 5。蜗杆 9 的两端均采用双列滚针轴承作为径向支承，右端装有两只止推轴承承受轴向力，左端轴向可以自由伸缩，以保证运转平稳。

回转工作台的夹紧、松开动作由液压控制。蜗轮 10 下部的内、外两面均有夹紧瓦 12 及 13，蜗轮 10 不转时，通过回转工作台底座上均布的八个夹紧液压缸 14，在液压缸的上腔进压力油，使活塞 15 下行，通过钢球 17，撑开夹紧瓦 12 和 13，夹紧蜗轮 10。当工作台需要回转时，控制系统发出松开指令，液压缸上腔回油，弹簧16把钢球17抬起，夹紧瓦12和13松开蜗轮10。这样，通过电动机带动蜗杆9，蜗轮10便和回转工作台一起做回转运动。回转工作台的导轨面由大型滚柱轴承支承，并由圆锥滚子轴承和双列圆柱滚子轴承进行回转中心定位。

接到控制系统的回转加工指令后，首先松开蜗轮，然后回转电动机按照指令要求的回转方向、速度、角度回转，实现回转轴的进给运动，进行多轴联动或带回转轴联动的加工。用于分度定位时，回转工作台动作和进给相似，但其回转速度为快速，而且一般都具有自动捷径选择功能，使回转距离小于等于180°，定位完成后，夹紧蜗轮，保证定位精度和刚度。

四、卧式数控回转工作台

卧式数控回转工作台主要用于立式机床，以实现圆周运动，它一般由传动系统、蜗轮蜗杆副、夹紧机构等部分组成。图2-39所示为一种数控机床常用的卧式数控回转工作台，可以采用气动或液压夹紧，其结构原理如下：

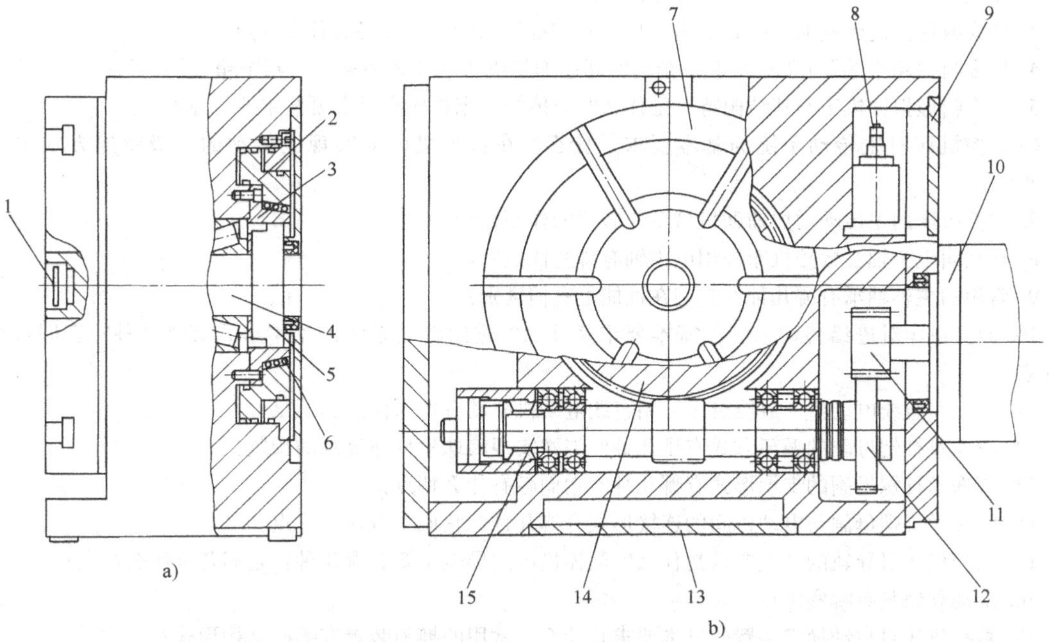

图2-39　卧式数控回转工作台

1—堵　2—活塞　3—夹紧座　4—主轴　5—夹紧体　6—钢球　7—工作台　8—发信开关　9、13—盖板　10—伺服电动机　11、12—齿轮　14—蜗轮　15—蜗杆

在工作台回转前，首先松开夹紧机构，活塞2左侧的工作台松开腔通入压力气(油)，活塞2向右移动，使夹紧装置处于松开位置。这时，工作台7、主轴4、蜗轮14、蜗杆15都处于可旋转的状态。松开信号检测微动开关(在发信开关8中，图2-39中未画出)发信，夹紧微动开关(在发信开关8中，图2-39中未画出)不动作。

工作台的旋转、分度由伺服电动机10驱动。传动系统由伺服电动机10，齿轮11、12，蜗轮14、蜗杆15及工作台7等组成。当电动机接到由控制单元发出的启动信号后，按照指令要求的回转方向、速度、角度回转，实现回转轴的进给运动，进行多轴联动或带回转轴联动的加工。工作台到位后，依靠电动机闭环位置控制定位，工作台依靠蜗杆副的自锁功能保持准确的定位，但在这种定位情况下，只能进行较低切削扭矩的零件加工，在切削扭矩较大时，必须进行工作台的夹紧。

工作台夹紧机构的工作原理如图 2-39a 所示。工作台的主轴 4 后端安装有夹紧体 5，当活塞 2 右侧的工作台夹紧腔通入压力气(油)后，活塞 2 由初始的松开位置向左移动，并压紧钢球 6，钢球 6 再压紧夹紧座 3，夹紧座 3 夹紧夹紧体 5，实现工作台的夹紧。当工作台松开液压缸腔通入压力气(油)后，活塞 2 由压紧位置回到松开位置，工作台松开。工作台夹紧气缸的旁边有与之贯通的小气(液压)缸，与发信开关 8 相连，用于夹紧、松开微动开关的发信。

复习思考题

1. 数控机床对机械结构的基本要求是什么？提高数控机床性能的措施主要有哪些？
2. 数控机床采用斜床身布局，它有什么优点？
3. 卧式数控镗铣床或加工中心采用 T 形床身和框架结构双立柱各有什么优点？
4. 什么叫“箱中箱”(Box in Box)结构？高速加工机床为什么要采用“箱中箱”结构？
5. 什么叫虚拟轴机床？其结构特点是什么？与传统机床相比它具有哪些主要优点？
6. 数控机床对主传动系统的基本要求是什么？在数控机床上实现主传动的无级变速方式主要有哪几种？
7. 数控机床的主传动增加辅助机械变速装置的作用是什么？
8. 什么叫电主轴？数控机床采用电主轴有哪些优点？
9. 常用的主轴轴承有哪几种？它们在性能上有何区别？
10. 数控机床对进给传动系统的基本要求是什么？进给传动系统的基本形式有哪几种？它们各有什么优点？
11. 什么叫直线电动机？数控机床采用直线电动机驱动有什么优点和不足？
12. 滚珠丝杠螺母副的循环方式有哪几种？怎样实现滚珠丝杠螺母副的预紧？
13. 滚珠丝杠螺母副的支承形式有哪几种？它们各有什么特点？
14. 滚珠丝杠螺母副与电动机间的连接形式有哪几种？它们各有什么优点？
15. 数控机床对导轨的基本要求是什么？数控机床的导轨主要有哪几种？它们各有什么特点？
16. 滚动导轨具有哪些优点？
17. 数控机床对自动换刀装置的基本要求是什么？常用的换刀装置有哪些结构形式？
18. 简述立式加工中心无机械手换刀的主要动作过程。
19. 简述立式加工中心凸轮机械手换刀的动作过程。
20. 数控机床对回转工作台的基本要求是什么？常用的回转工作台有哪几种？它们各有什么特点？

第三章　数控加工技术

第一节　数控加工的工艺特点

一、数控加工过程概述

数控加工是数控机床按照事先编制好的加工程序自动对工件进行加工的过程。在数控机床上加工零件时，要把被加工零件的全部数控加工工艺过程、工艺参数和轨迹数据，以信息的形式记录在控制介质上，用控制介质上的信息来控制机床，实现零件的全部数控加工过程。从零件图样到获得数控机床所需控制介质的全部过程，称为程序编制，有关程序编制的详细内容参见第四章。

程序编制是数控加工的一项重要工作，理想的加工程序不仅应保证加工出符合图样要求的合格工件，同时应能使数控机床的功能得到合理的应用与充分的发挥，使数控机床安全可靠及高效地工作。

数控加工的内容主要包括：分析零件图样、工艺处理、数学处理、编写零件加工程序单、制备控制介质及程序校验、首件试加工及现场问题处理、形成规范的数控加工工艺文件、加工操作等。其具体步骤与要求如下：

1. 分析零件图样

首先要分析零件图样。根据零件的材料、形状、尺寸、精度、毛坯形状和热处理要求等确定加工方案，选择合适的数控机床。

2. 工艺处理

工艺处理涉及问题较多，主要考虑以下几点：

（1）确定加工方案　按照能充分发挥数控机床功能的原则，使用合适的数控机床，确定合理的加工方法。

（2）刀具、工夹具的设计和选择　数控加工用刀具由加工方法、切削用量及其他与加工有关的因素来确定。

数控加工时一般不建议采用专用的复杂夹具。在设计和选择夹具时，应选择使工件的定位和夹紧过程迅速完成的方案，以减少辅助时间。建议使用组合夹具，缩短生产准备周期，且夹具零件可以反复使用，经济效益好。此外，所用夹具应便于安装，便于调整工件和机床坐标系的尺寸关系。

（3）选择对刀点　程序编制时正确地选择对刀点是很重要的。“对刀点”是程序执行的起点，也称“程序原点”。对刀点的选择原则是：所选对刀点应使程序编制简单，对刀点应选在容易找正、并在加工过程中便于检查的位置上，以减小加工误差。

对刀点可以设置在被加工零件上，也可以设置在夹具或机床上。为了提高零件的加工精度，对刀点应尽量设置在零件的设计基准或工艺基准上。

（4）确定加工路线　加工路线是以刀具沿工件表面运动产生切削后形成零件的轮廓而

确定的。数控机床上所使用的刀具很多，为了更准确地描述刀具运动，必须定义一个能代表所用刀具特征的点，称为刀位点。对于平头立铣刀及其相似形状的刀具，刀位点是指刀具的轴线与刀具底平面的交点；球头铣刀的刀位点是球头部分的球心；车刀是刀尖；钻头是钻尖；对于多刀尖的刀具可选择其中一个刀尖为刀位点。

确定加工路线时应主要考虑：尽量缩短进给路线，减少空行程，提高生产效率；保证加工零件的精度和表面粗糙度的要求；有利于简化数值计算，减少程序段的数量和编程工作量等。

（5）确定切削用量　切削用量包含背吃刀量和宽度，主轴转速及进给速度等。切削用量的具体数值应根据数控机床使用说明书的规定、被加工工件材料、加工工序、其他工艺要求以及结合实际经验来综合确定。

3. 数学处理

在工艺处理工作完成后，根据零件的几何尺寸、加工路线，计算出数控机床所需的输入数据。一般数控系统都具有直线插补、圆弧插补和刀具补偿功能。对于加工由直线和圆弧组成的较简单的平面零件，只需计算出零件轮廓几何元素的基点（基点是指相邻几何元素的交点或切点）的坐标值。对于较复杂的零件或零件的几何形状与数控系统的插补功能不一致时，就需要进行较复杂的数值计算。例如非圆曲线，需要用直线段或圆弧段来逼近，在满足精度的条件下，计算出相邻逼近直线或圆弧的交点或切点（称为节点）的坐标值。对于自由曲线、自由曲面和组合曲面的程序编制，其数学处理更为复杂，一般需计算机辅助计算。

4. 编写零件加工程序单

在完成工艺处理和数值计算工作后，可以编写零件加工程序单，编程人员根据所使用数控系统的指令、程序段格式，逐段编写零件加工程序。编程人员要了解数控机床的性能、程序指令代码以及数控机床加工零件的过程，才能编写出正确的加工程序。

数控加工程序中必须给定各种切削参数的最佳数值，这点与普通加工有较大的区别。

5. 制备控制介质及程序校验

程序编好后，需制作控制介质。控制介质有穿孔纸带、穿孔卡、磁带、软磁盘和硬磁盘等。早期为穿孔纸带，现在已被磁盘所代替。但是，规定的穿孔纸带代码标准没有变。

制备完成的控制介质需要经过校验、试加工后，才能用于正式加工。一般可采用空进给检测、空运转画图检测、在显示器上模拟加工过程的轨迹和图形显示检测，以及采用铝件、塑料或石蜡等易切材料进行试切削等方法检验程序。通过检验，特别是试切削不仅可以确认程序的正确与否，还可知道加工精度是否符合要求。当发现不符合要求时，要修改程序或采取相应补偿措施。

6. 数控加工工艺文件

数控加工工艺文件是指导数控加工的纲领性技术文件，它具有与机械制造工艺文件相同的作用。由于数控机床自动化程度较高，但自适应性差，因此，数控加工的内容必须十分具体，数控加工的工艺工作相当严密。

二、数控加工及其特点

1. 数控加工及其特点

由于数控机床的性能不断地改善和提高，数控装备不断地完善以及编程技术的迅速发展，使数控加工方法获得日益广泛的应用。数控加工具有以下特点：

（1）具有复杂形状加工能力　复杂形状零件在飞机、汽车、轮船、模具、动力设备和国防军工等制造部门具有重要地位，其加工质量直接影响整机产品的性能。数控加工运动的任意可控性使其能完成普通加工方法难以完成或者无法进行的复杂型面加工。

（2）高质量　数控加工是用程序控制实现自动加工，排除了人为因素影响，且加工误差还可以由数控系统通过软件技术进行补偿校正。因此，采用数控加工可以提高零件加工精度和产品质量。

（3）高效率　与采用普通机床加工相比，采用数控加工一般可提高生产率2~3倍，在加工复杂零件时生产率可提高十几倍甚至几十倍。特别是加工中心和柔性制造单元等设备，零件一次装夹后能完成几乎所有部位的加工，不仅可消除多次装夹引起的定位误差，且可大大减少加工辅助操作，使加工效率进一步提高。

（4）高柔性　只需改变零件程序即可适应不同品种的零件加工，且几乎不需要制造专用工装夹具，因此加工柔性好，有利于缩短产品的研制与生产周期，适应多品种、中小批量的现代生产需要。

（5）易于形成网络控制　数控系统是一种专门化的计算机控制系统，可实现与其他数控系统、主计算机、计算机辅助设计、制造系统等联接，形成网络化控制系统。

（6）技术要求高　数控机床价格昂贵，初期投入较高，且技术复杂，对机床操作、维护、编程等要求较高，不适合应用在单件和大批大量的生产场合。

2. 数控加工的主要应用对象分析

数控加工是一种可编程的柔性加工方法，但其设备费用相对较高，故目前数控加工多应用于加工零件形状比较复杂、精度要求较高，以及产品更换频繁、生产周期要求短的场合。选择在数控机床上加工的零件应考虑的因素主要有：毛坯材料和类型，零件尺寸大小、尺寸精度和表面粗糙度要求，零件轮廓形状的复杂程度，零件数量，热处理状态等。概括起来可归纳为三方面因素：零件的技术要求能否保证，对提高生产率是否有利，经济上是否合算。具体地说，下面这些类型的零件最适宜于数控加工：

1）形状复杂、加工精度要求高或用数学方法定义的复杂曲线、曲面轮廓。

2）公差带小、互换性高、要求精确复制的零件。

3）用通用机床加工时，要求设计制造复杂的专用工装夹具或需很长调整时间的零件。

4）价值高的零件。

5）小批量生产的零件。

6）钻、镗、铰、攻螺纹及铣削加工联合进行的零件。

目前的数控加工主要应用于以下两个方面：

第一个方面的应用是常规零件加工，如回转类零件、箱体类零件等，其目的在于：提高加工效率，避免人为误差，保证产品质量；以柔性加工方式取代高成本的工装设备，缩短产品制造周期，适应市场需求。这类零件一般形状较简单，采用数控加工的目的在于提高制造装备的柔性自动化程度、高速高精加工能力、加工过程的可靠性与设备的操作性能，同时应有合理的生产组织、计划调度和工艺措施来保障。

另一方面的应用是复杂形状零件加工，如模具型腔、涡轮叶片等，该类零件在众多的制造行业中具有重要的地位，其加工质量直接影响以至决定着整机产品的质量。这类零件型面复杂，常规加工方法难以实现，它不仅促使了数控加工技术的产生，而且也一直是数控加工技术的主要研究及应用对象。由于零件型面复杂，在加工技术方面，除要求数控机床具有较强的运动控制能力(如多轴联功)外，更重要的是如何有效地获得高效优质的数控加工程序，并从加工过程整体上提高生产效率。

3. 数控加工技术的重要性

数控技术是机械加工现代化的重要基础与关键技术。应用数控加工可大大提高生产率、稳定加工质量、缩短加工周期、增加生产柔性、实现对各种复杂精密零件的自动化加工，易于在工厂或车间实行计算机管理，可使车间设备总数减少、节省人力、改善劳动条件，有利于加快产品的开发和更新换代，提高企业对市场的适应能力并提高企业综合经济效益。数控加工技术的应用，使机械加工的大量前期准备工作与机械加工过程联为一体，使零件的计算机辅助设计(CAD)、计算机辅助工艺规划(CAPP)和计算机辅助制造(CAM)的一体化成为现实，使机械加工的柔性自动化水平不断提高。

数控加工技术涉及内容很广，但从加工的应用对象看，其技术重点在于复杂形状零件的加工，其中又以铣削加工最具有典型代表性。

4. 数控加工技术主要内容

数控加工技术是指高效、优质地实现产品零件特别是复杂形状零件加工的有关理论、方法与实现技术，它是自动化、柔性化、敏捷化和数字化制造加工的基础与关键技术。

数控加工过程包括由给定的零件加工要求(零件图样、CAD数据或实物模型)进行加工的全过程，其涉及的主要内容如图3-1所示。一般来说，数控加工技术涉及数控机床加工工艺和数控编程技术两大方面。

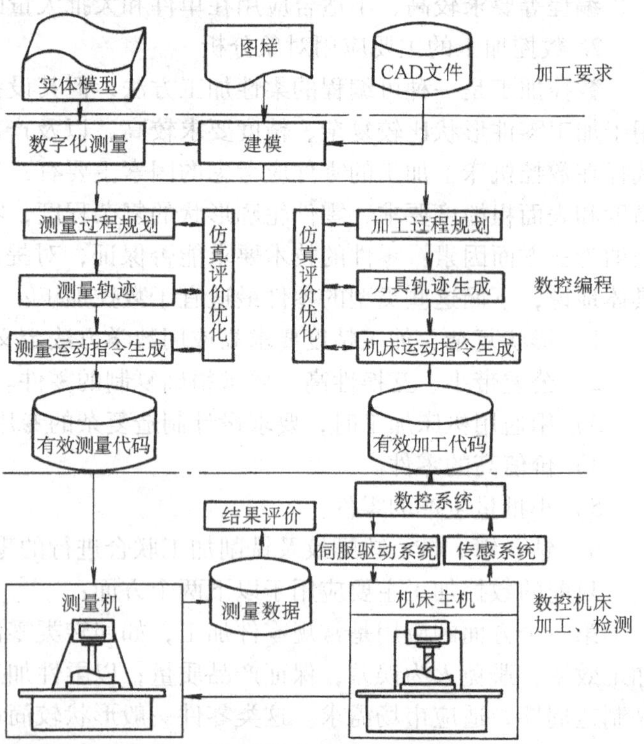

图3-1　数控加工过程及内容

数控机床是一种按照输入的数字程序信息进行自动加工的机床，它集现代机械制造技术、自动控制技术及计算机信息技术于一体，是高效率、高精度、高柔性和高自动化的现代机械加工设备。数控机床由机床主机、数控系统、伺服驱动等装置构成。其中，机床主机是加工执行机构，数控系统是数控机床的控制核心，伺服驱动是数控系统运动信息的功率放大装置。在数控系统的控制下，数控机床各运动轴按照程序指令速度协调运动，实现复杂加工轨迹的控制。数控机床是数控加工的硬件基础，其性能对加工效率、精度具有决定性作用。高速、高精度和高效是数控机床发展的目标。

数控机床的运动可控性为数控加工提供了物质基础，但数控机床是按照提供给它的指令信息——加工程序来执行运动的。因此，零件加工程序的编制(简称数控编程,包括从分析加工要求到获得合格的零件程序的全过程)是实现数控加工的重要环节。特别是对于复杂零件加工，其编程工作的重要性甚至超过数控机床本身。此外，在现代生产中，产品形状及质量信息往往需通过坐标测量机或直接在数控机床上测量得到，测量运动指令也有赖于数控编程来产生。因此，数控编程对于产品质量控制也有着重要的作用。数控编程技术涉及制造工艺、计算机技术、数学、计算几何、微分几何、人工智能等众多学科领域知识，它所追求的目标是如何更有效地获得满足各种零件加工要求的高质量数控加工程序，以更充分地发挥数控机床的性能、获得更高的加工效率与加工质量。

5. 数控加工技术现状与趋势

日益增多的复杂形状零件和高精、高效的加工对数控编程技术提出了越来越高的要求，面向复杂形状零件、多轴加工和加工过程优化的数控编程技术越来越重要。同时，为适应高速加工、CIMS、并行工程和敏捷制造等先进制造技术的发展，缩短产品研制生产周期，灵活与快速地响应市场需求，数控编程技术正在进一步向集成化、智能化、自动化、易使用化和面向车间编程等方向发展。

复杂形状零件的加工一直是数控编程技术的主要研究内容。对于三坐标加工，目前的编程系统一般能较好地完成，并有较高的稳定性。但由于多轴加工在加工复杂形状零件的能力、质量和效率等诸多方面的显著优势，多轴编程显得越来越重要。多轴加工编程较复杂，特别是由于零件形状的复杂多变，要实现通用的多坐标自动编程目前尚有较大的难度。因此，现有的编程系统中对多坐标加工的处理一般采取面向专用零件方式。

数控加工的效率与质量极大地取决于加工方案与加工参数的合理选择，包括合适的机床、刀具形状与尺寸、刀具相对加工表面的姿态、进给路线、主轴速度、切削深度和进给速度等。为了优化这些参数，必须知道在复杂的切削状态下这些参数与刀具受力、磨损、加工表面质量及机床颤振等众多因素之间的关系。在复杂形状零件的加工过程中，切削状态往往是一直变化的，其优化措施还必须具有动态自适应的特点。对于加工方案与参数的自动选择与优化是数控编程走向智能化与自动化的重要标志和要解决的关键问题，同时也是实现面向车间编程的重要前提。在建立工艺数据库的基础上，采取自动特征识别和基于特征与知识的编程是解决该问题的重要途径。

集成化是指数控编程系统与其他系统如计算机辅助设计系统、加工过程控制系统、质量控制系统等的集成。集成化的目的是便于各系统间的信息反馈和并行处理，提高编程以至整个产品设计制造过程的效率与质量。对于编程系统与CAD系统，目前应用较广的是以实体造型几何数据库为核心的集成方法，它可直接从CAD数据库中提取所需要的几何信息及拓扑信息进行数控编程，但这种方式仍然需要较多的人工干预。另一种仍处于研究与开发之中的是以产品模型数据库为核心的集成化方法。产品模型的建立采用新一代的特征造型技术，包括了产品的完备信息，因此有利于根据模型所包含的几何与非几何信息来自动确定加工方案、进给速度、主轴速度和切削深度等，是一种很有前途的集成化方法。

6. 关键技术分析

(1) 复杂形状零件的几何建模　对于基于图样以及型面特征点测量数据的复杂形状零件数控编程，其首要环节是建立被加工零件的几何模型。复杂形状零件几何建模的主要技术内容包括：曲线曲面生成、编辑、裁剪、拼接、过渡、偏置等。

（2）加工方案与加工参数的合理选择　数控加工的效率与质量有赖于加工方案与加工参数的合理选择，其中刀具、主轴控制方式、进给路线和进给速度的自动优化选择与自适应控制是近些年来所研究的重点问题。其目标是在满足加工要求、机床正常运行和一定的刀具寿命的前提下具有尽可能高的加工效率。

（3）刀具轨迹生成　刀具轨迹生成是复杂形状零件数控加工中最重要同时也是研究最为广泛深入的内容，能否生成有效的刀具轨迹直接决定了加工的可能性、质量与效率。刀具轨迹生成的首要目标是使所生成的刀具轨迹能满足无干涉、无碰撞、轨迹光滑、切削负荷变化均匀等要求、代码质量高。同时，刀具轨迹生成还应满足通用性好、稳定性好、编程效率高、代码量小等条件。

（4）数控加工仿真　尽管目前在工艺规划和刀具轨迹生成等技术方面已取得很大进展，但由于零件形状的复杂多变以及加工环境的复杂性，要确保所生成的加工程序不存在任何问题仍十分困难，其中最主要的如加工过程中的过切与欠切、机床各部件之间的干涉碰撞等。对于高速加工，这些问题常常是致命的。因此，实际加工前采取一定的措施对加工程序进行检验并修正是十分必要的。数控加工仿真可通过软件模拟加工环境、刀具路径与材料切除过程来检验并优化加工程序，具有柔性好、成本低、效率高且安全可靠等特点，是提高编程效率与质量的重要措施。

（5）后置处理　后置处理是数控加工编程技术的一个重要内容，它将前置处理生成的通用刀位数据转换成适合于具体机床的数据和数控加工程序。其内容包括：机床运动学建模与求解、机床结构误差补偿、机床运动非线性误差校核修正、机床运动的平稳性校核修正、进给速度校核，修正及代码转换等。因此，有效的后置处理对于提高加工质量、效率与保证机床可靠运行具有重要作用。

第二节　数控加工工序的划分原则与内容

数控技术的应用使机械加工的全过程产生了较大的变化，它不仅涉及数控加工设备，还包括数控加工工艺、工装和加工过程的自动控制等。其中，拟定数控加工工艺是进行数控加工的一项基础性工作。

虽然数控机床是一种先进的加工设备，但也必须由人们去熟悉、掌握和合理使用它，否则，再好的设备也难以发挥其所长。大量应用实践表明，数控机床的使用效果在很大程度上取决于用户技术水平的高低和数控加工工艺拟定的合理性。

数控加工工艺与普通加工工艺即有相同之处，也有差异。在数控加工中对加工零件进行工艺分析，拟定工艺方案都涉及到一些工艺问题的处理，数控加工工艺的合理确定对实现优质、高效、经济的数控加工具有极其重要的意义，其内容主要包括：选择适合在数控机床上加工的零件；对零件图样的数控加工工艺性进行分析；设计数控加工的工艺路线，包括：工序划分和确定零件的工序内容、加工顺序的安排、基准选择以及与非数控加工工序的衔接等；数控加工工序设计（主要包括：根据零件的数控加工内容选择合适的数控机床、工步、进给路线、刀具、夹具、主轴速度、切削深度和进给速度等）；数控加工中的容差分配；编写数控加工技术文件等。

一、零件图样的数控工艺性分析

被加工零件的数控加工工艺性问题涉及面很广，它包含从零件设计、工艺过程直到形成产品的整个过程中，作为设计员和工艺员，应了解数控加工的特点，从机械产品的设计、制造的角度审查零件的数控加工工艺性，使之达到最佳工艺性能，充分发挥数控机床的性能。

1. 与机械产品设计的联系

数控机床的产生和发展为机械制造提供了比较完善的加工手段。某些机械设计方案中所涉及的零件结构形式，如果在普通机床上可能无法加工或难以加工，即认为是结构工艺性差的零件，但在数控机床上加工则可能轻而易举地实现，因而需要对传统的普通机械设计方案的结构工艺性进行重新评价。

图 3-2 所示为某厂在数控车床上加工的航空发动机的一些典型零件，这些零件的共同特点是曲面造型多、壁薄轻巧、结构复杂。这样的结构设计可充分发挥数控车床的加工优势。

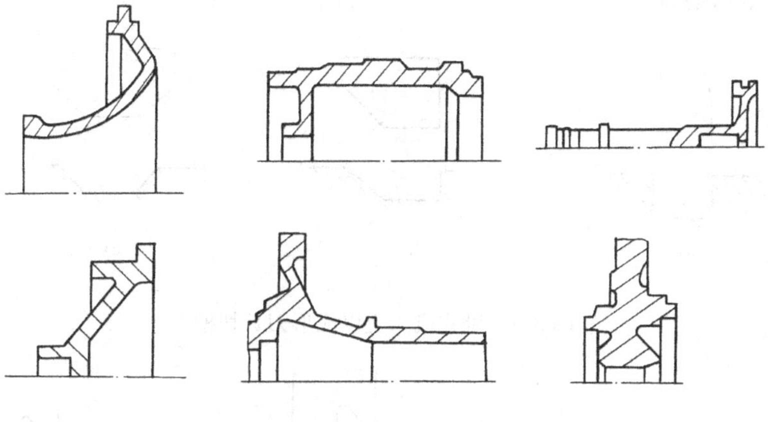

图 3-2　数控车床上加工的典型零件

图 3-3 为某航空发动机轴承座的局部示意图，该零件的设计经过多次变化，最后决定采用如图所示的能充分保证内孔表面、端面形状要求的工艺斜槽结构，这是设计人员考虑到数控车床的加工特点而决定采用的方案。斜槽处于非敞开的加工部位，按常规工艺是难以加工的，也是属于加工工艺性差的零件，但在数控车床上只需控制槽刀作斜线运动可很容易地完成加工。

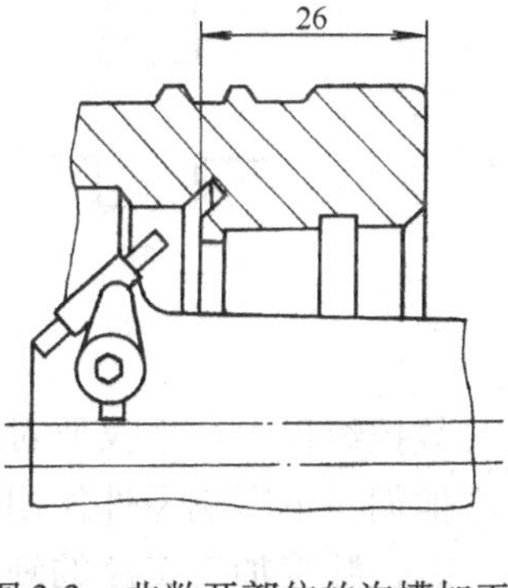

图 3-3　非敞开部位的沟槽加工

2. 与数控加工工艺性的关系

（1）审察与分析零件图样中的尺寸标注方法是否适应数控加工的特点　数控加工倾向于以同一基准标注尺寸或直接给出坐标尺寸。这样有利于编程，也便于尺寸间的协调，为保持设计、工艺、检测基准与编程原点一致性方面带来很大方便。零件设计人员在尺寸标注时，往往较多地考虑装配等使用特性，常采用局部分散的尺寸标注。数控加工的加工精度和重复定位精度很高，不会产生较大的累积误差而破坏使用特性，可以将局部的分散尺寸标注改为集中尺寸标注或坐标尺寸标注。

（2）审察与分析零件图样中构成轮廓的几何元素的条件是否充分　分析图样中各个元

素之间的关系是否正确合理，如直线与圆弧、圆弧与圆弧之间是相交还是相切。只有弄清其关系，才能得到正确的基点、节点坐标值。

（3）审察与分析定位基准的可靠性　数控加工特别强调定位基准的可靠性，特别是需要多次重复使用同一基准装夹的零件，要求定位基准可靠，有时还需要增加工艺定位基准。

（4）数控加工手段甚至使传统的结构工艺性产生相反的结果　例如图 3-4 中所示的三种槽型，从卧式车床或磨床的切削方式进行工艺性判断，则认为图 3-4a 所示槽型的工艺性最好，图 3-4b 所示槽型次之，图 3-4c 所示槽型最差。因为槽型刀具制造困难，切削抗力比较大，刀具磨损后不易重磨，尤以 c 型最为明显。由于在数控机床上加工此类槽是以刀具运动的方式完成的，如图 3-5 所示，工艺性的优劣则应从是否有利于刀具运动来判断，a 型槽在数控机床上加工时仍要用槽型刀具加工，不能充分发挥数控加工的进给特点，故其工艺性最差，b 型和 c 型槽可用通用的外圆刀具加工，余量层层剥去，根据槽型的开敞程度判断，b 型槽次之，c 型槽最好。

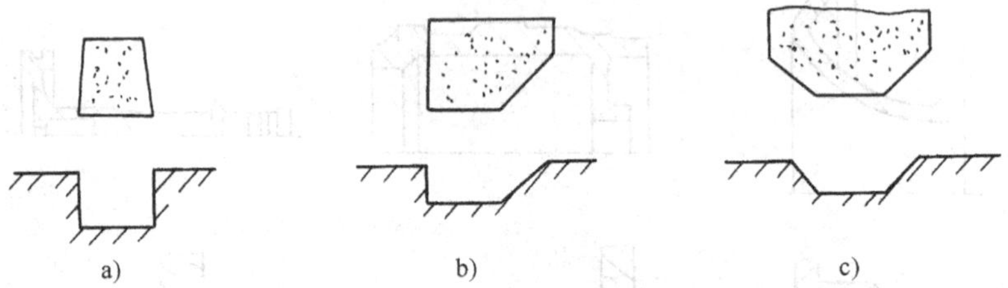

图 3-4　卧式机床上以成形刀具切槽

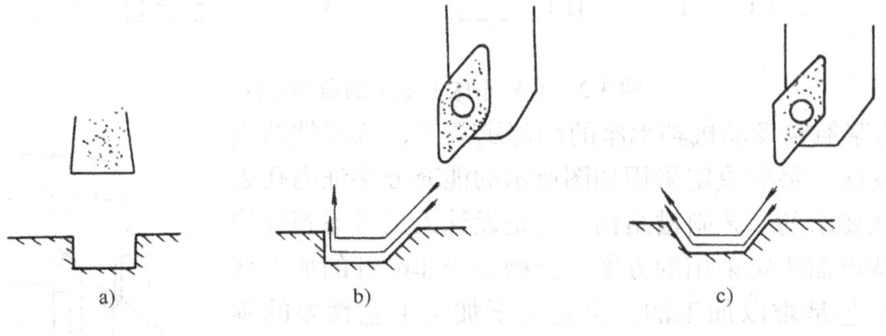

图 3-5　数控机床上以普通刀具切槽

数控编程人员不仅要对图样进行仔细分析和审察，还要与零件设计人员密切合作，尽量说服他们在不影响零件使用特性的情况下，更多地满足数控加工工艺的要求。

二、数控加工工序的划分

1. 工序划分的原则

（1）工序集中原则　一般情况下数控加工的工序内容要比通用机床加工内容复杂，这是因为数控机床价格昂贵，若只加工简单工序，在经济上对提高生产效益有限。另外考虑到数控机床的特点，通常在数控机床上加工的零件应尽可能安排较复杂的工序内容，减少零件的装夹次数。

（2）先粗后精原则　根据零件形状、尺寸精度、零件刚度以及变形等因素，可按粗、精加工分开的原则划分工序，先粗加工，后精加工。考虑到粗加工时零件产生的变形需要一定时间恢复，最好粗加工后不要紧接着安排精加工。当数控机床的精度能满足零件的设计要求时，可考虑粗精加工一次完成。

（3）基准先行原则　在工序安排时，应首先安排零件粗精加工时要用到的定位基准面的加工。被加工零件的基准面和基准孔等可考虑在普通机床上预先加工，但一定要保证精度要求。当零件重新装夹进行精加工时，应考虑精修基准面或孔，也可采用已加工表面作为新的定位基准面的方法。

（4）先面后孔原则　在零件上既有面加工，又有孔加工时，要采用先加工面，后加工孔的工序划分原则，这样可以提高孔的加工精度。

2. 工序划分的方法

数控加工工序划分应遵循以上原则，在具体实行工序划分时，可按下列方法进行：

（1）以一次安装、加工作为一道工序　这种方法适合于加工内容不多的零件，加工完成后就能达到待检状态。

（2）以同一把刀具加工的内容划分工序　有些零件虽然能在一次安装加工多个待加工表面，但程序太长，会受到某些限制，如受到系统的限制（主要是内存容量），机床连续工作时间的限制（一个零件在一个工作班内应该加工完毕）等。此外程序太长，查错和检索困难。因此程序不能太长，一道工序的内容不能太多。

（3）以加工部位划分工序　对于加工内容较多的零件，可按其结构特点将加工部位分成几个部分，如内形、外形、曲面或平面等。一般先加工平面、定位面，后加工孔；先加工简单的几何形状，再加工复杂的几何形状；先加工精度要求较低的部位，再加工精度要求较高的部位。

（4）以粗、精加工划分工序　对于易发生变形的零件，为减小加工后的变形，一般先进行粗加工，后进行精加工，并将粗、精加工工序分开。

综上所述，在划分工序时，一定要视零件的工艺性、机床的功能、零件数控加工内容的多少、安装次数及本单位生产组织状况灵活掌握，哪些零件采用工序集中，哪些零件采用工序分散的原则，也要根据具体情况确定，许多工序的安排是按上述划分方法进行综合安排的。

3. 加工路线的确定

在数控机床加工过程中，每道工序加工路线的确定是非常重要的，因为它与零件的加工精度和表面粗糙度直接相关。

所谓加工路线是指数控机床在加工过程中刀具中心相对于被加工工件的运动轨迹和方向。确定加工路线就是确定刀具运动轨迹和方向。妥善地安排加工路线（或称进给路线），对于提高加工质量和保证零件的技术要求是非常必要的。加工路线不仅包括切削加工时的加工路线，还包括刀具到位、对刀、退刀和换刀等一系列过程的刀具运动路线。确定加工路线的原则主要有下列几点：

1）使被加工零件获得良好的加工精度和表面质量。

2）使数值计算容易，以减少编程工作量。

3）尽量使进给路线最短，这样可使程序段数减少，缩短空走刀时间。

在确定进给路线时应首先考虑刀具如何切入工件。刀具切入方法有法向切入、切向切入和任意向切入三种方法。法向切入是早期数控机床常采用的方法，此法系统程序编制简单，但在零件的切入点易留下切削痕迹，故推荐使用切向切入和任意向切入方法。对于二维轮廓的铣削，无论是外轮廓或内轮廓，要安排刀具从切向进入轮廓进行加工，当轮廓加工完毕之后，要安排一段沿切线方向退刀，这样可以避免刀具在工件上的切入点和退出点处留下接刀痕。例如，图3-6所示为铣削外圆可采取的进给路线，其切向进、退刀采取的是直线段。而对于内轮廓的加工，其切向进、退刀可采用圆弧段。

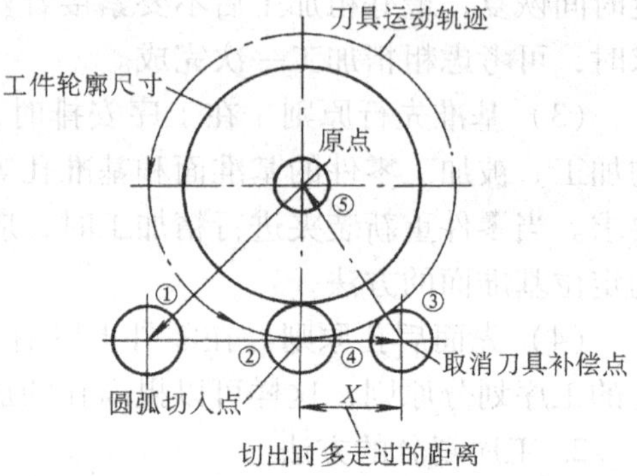

图3-6　铣削外圆走刀路线

此外，在铣削加工零件轮廓时，要考虑尽量采用顺铣加工方式，这样可以提高零件表面质量和加工精度，减少机床的“颠振”。要合理地选择进、退刀位置，尽可能选在不太重要的位置。

对于二维型腔的加工主要包括型腔区域的加工与轮廓(包括边界与岛屿轮廓)的加工，一般采用立铣刀或环形刀(取决于型腔侧壁与底面间的过渡要求)进行加工。

型腔的切削分两步，第一步切内腔，第二步切轮廓。切轮廓通常又分为粗加工和精加工两步。粗加工以切除多余的金属为目的，应主要考虑加工效率，并为精加工留出足够的余量；精加工以成形并达到零件的精度要求为目的，应主要考虑零件型腔的完好性。切削内腔区域时，环切和行切两种进给路线在生产中应用最为广泛，如图3-7所示，其共同点是要切净内腔区域的全部面积，不留死角，不伤轮廓，同时尽量减少重复进给的搭接量。从加工效率(进给路线长短)、代码质量等方面衡量，行切与环切进给路线哪个较好要取决于型腔边界的具体形状、尺寸以及岛屿数量、形状尺寸与分布情况，而且，型腔加工还可采用其他进给路线(例如行切与环切的混合)。对于具体型腔，采用各种不同的进给方式，并以加工时间最短(进给轨迹长度最短)作为评价目标进行比较，原则上可获得较优的进给方案。

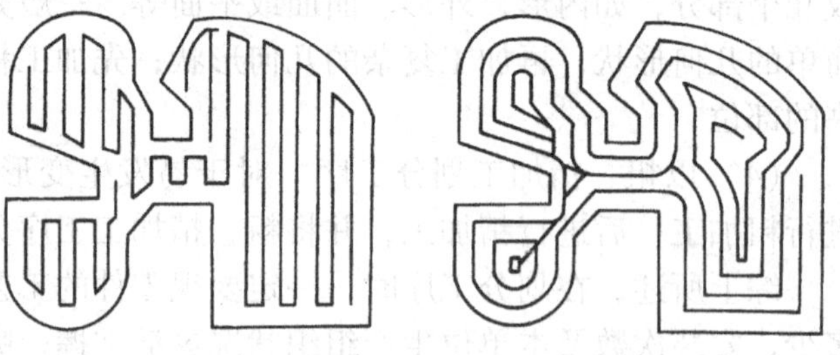

a)　　　b)

图3-7　型腔区域加工走刀路线

a) 行切法　b) 环切法

尽管采用大直径刀具可以获得较高的加工效率，但对于形状复杂的二维型腔，若采用大直径刀具将产生大量的欠切削区域，需进行后续加工处理，而若直接采用小直径刀具则又会降低加工效率。因此，采用大直径刀具与小直径刀具混合使用的方案将是较好的选择。

曲面加工在模具、飞机、动力设备等众多制造部门中具有重要地位，一直是数控加工技术的主要研究与应用对象。曲面加工可在三坐标、四坐标或五坐标数控机床上完成，其中三坐标曲面加工应用最为普遍。

三坐标曲面加工可采用球头刀、平底立铣刀、环形刀、鼓形刀和锥形刀等，其特征是加工过程中刀具轴线方向始终不变，平行于 Z 坐标轴。

三坐标曲面加工通常采用行切法，即通过刀具沿各切削行的运动，近似包络出被加工曲面，如图3-8所示。两相邻切削行刀具轨迹或刀具接触点路径之间的距离称为进给行距，行距的大小是影响曲面加工质量和效率的重要因素。行距过小将使加工时间成倍增加，同时还导致零件程序的膨胀；行距过大则表面残余高度增大，后续处理工作量加大，整体效率降低。因此，为了既满足加工精度和表面粗糙度的要求，又要有较高的生产效率，应确定合适的加工方案以使在满足残余高度要求的前提下使进给行距尽可能大。影响三坐标加工进给行距的主要因素包括：刀具形状与尺寸、零件表面几何形状与安装方位、进给方向及允许的表面残余高度等。

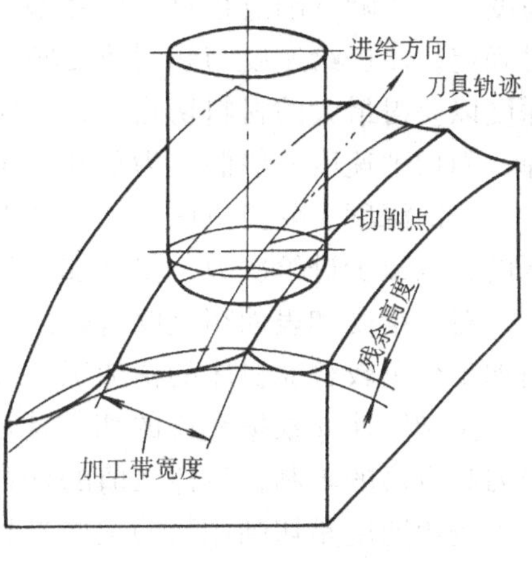

图3-8　三坐标曲面行切法加工

曲面加工的进给路线有参数线型、截面线型、放射线型、环型等多种进给路线方式，对于不同形状的零件采用不同的走刀方式对加工效率、加工质量、编程计算复杂性和零件程序长度等有着重要影响，因此，如何根据曲面形状、刀具形状以及零件加工要求，合理选择进给路线是一个既十分重要又十分复杂的问题，其优化选择的分析方法仍有待进一步的研究。图3-9所示为加工参数曲面时可采取的三种进给路线，即沿平行Y轴方向进给、沿平行X轴方向进给和环切进给。参数线进给的特点是刀具轨迹的规划和刀位计算简单，适合于参数线分布较均匀的情况。例如，图3-9a与图3-9b的方案相比，前种方法的刀具轨迹分布较均匀，与截面线型刀具轨迹基本相当，因而具有较高的加工效率与代码质量。图3-9c所示的环切方案的编程相对麻烦，主要应用于边界受限制的零件(如型腔类零件)的加工中。在加工螺旋桨桨叶等类零件时，由于工件刚度小，加工变形问题突出，因此采用从里到外的环切时，刀具切削部位的四周可受到毛坯刚性边框的支持，有利于减小工件在加工过程中的变形。当工件的边界开敞时，为保证加工的表面质量，应从工件的边界进刀和退刀。

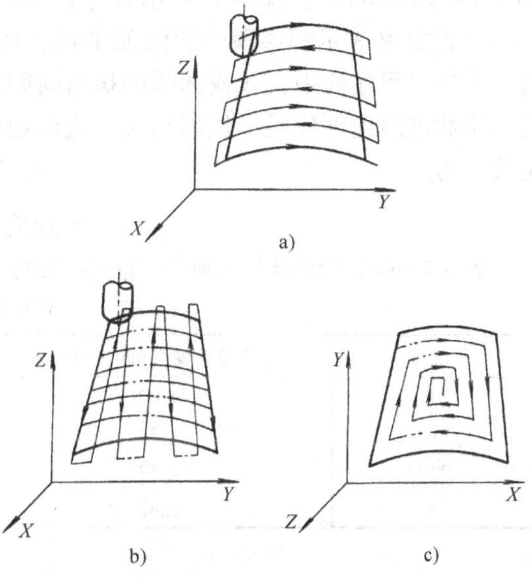

图3-9　曲面加工走刀路线

4. 切削参数的确定

切削参数包括切削深度或宽度、主轴速度、进给速度等。对于粗加工、精加工、钻孔、攻螺纹等，应选用不同的切削参数。具体数值的选取应根据数控机床编程说明书的规定和要求，以及刀具的耐用度、工件材料去选择和计算，同时应参照机床切削用量手册结合实践经验确定。

确定切削参数的目标是尽量提高材料的切除率，同时保持稳定的切削状态和要求的加工精度。在影响铣削过程材料切除率的众多参数中，轴向与径向切削深度必须在刀具轨迹生成时确定，而进给速度与切削速度则可以在其后进行调节。因此，首先应确定轴向与径向切削深度以获得最大的材料切除率，然后再考虑切削力的限制与刀具承受能力对进给速度进行选择，而切削速度一般假定为已知，不予考虑。

切削深度主要受机床、工件和刀具的刚度限制，在刚度允许的情况下，尽可能加大切削深度，以减少进给次数，提高加工效率。

对于精度和表面粗糙度有较高要求的零件，应留有足够的精加工余量。一般加工中心的精加工余量较普通机床的精加工余量小。

主轴转速 n 根据允许的切削速度 v 和刀具直径 D 选择，即 $n=1000v/(\pi D)$。切削速度受刀具寿命的限制，具体数值的计算参见相关的机械加工手册。

进给速度是切削用量的主要参数，要根据零件加工精度和表面粗糙度要求以及刀具与工件材料选取。进给速度在加工程序中的表示方法随数控机床的种类不同而略有差异，常用的表示方法有：直接指定法、进给速率数指定法和 EIA 二位数代码法等。直接指定法是在 F 后面按照预定的单位(mm/min 或 mm/r)直接写上要求的进给速度。这种方法的优点是直观，但有其局限性。进给速率数指定法用 FRN(Feed Rate Number)表示进给速度，对于直线加工 $\mathrm{FRN}=F/L(1/\mathrm{min})$，式中 L 表示程序段中的直线加工长度；对于圆弧加工 $\mathrm{FRN}=F/R(1/\mathrm{min})$，式中 R 表示程序段中的圆弧半径。从公式中不难看出，进给速率数指定法实际上相当于给出了程序段中直线或圆弧的执行时间。EIA 二位数代码法是美国电子工业协会所规定的二位数进给速度代码，代码与实际进给速度有一定的对应关系。如某种数控机床中，其对应关系为

$$实际值=2\times10^{\frac{F}{20}-1}$$

表 3-1 列出了代码与实际值对应关系的一部分。

表 3-1　代码与实际值对应关系

F 代码	进给速度/(mm/min)	F 代码	进给速度/(mm/min)
20	2.00	24	3.18
21	2.24	⋮	⋮
22	2.52		
23	2.82	99	3600

在选择进给速度时需要注意零件加工中的某些特殊情况。例如当加工圆弧段时，切削点的实际进给速度并不等于编程数值。从图 3-10 中可知，当刀具中心的进给速度为 v_c，零件轮廓的圆弧半径为 R，刀具半径为 r 时，加工外圆弧时的切削点实际进给速度为 $v_T=v_cR/(R+r)$，即实际进给速度小于编程值。而加

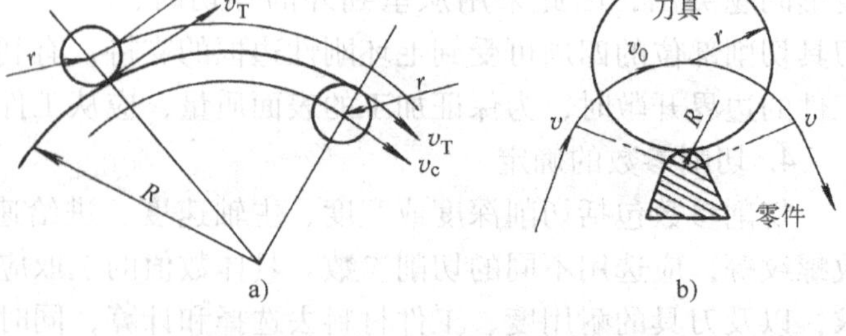

图 3-10　进给速度的确定

工内圆弧时有 $v_T = v_c R/(R-r)$，当 $R \approx r$ 时，切削点的实际进给速度将变得非常大，有可能引起损伤刀具或工件的严重后果。

为保证切削点的实际进给速度要求，可用进给速率数来指定进给速度，但此时刀具中心的运动速度将随刀具半径的变化而变化。例如，对于图 3-10b 中所示的情况，若 $R = 2$mm，$r = 20$mm，切削点进给速度为 500mm/min，则刀具中心的运动速度将达到 5500mm/min。此时，由于运动突变，将会造成切削过载和机床冲击。同时，由于刀具半径偏移的影响，刀具中心轨迹的长度可能与零件轮廓长度不同，也会使实际进给速度偏离指定的进给速率数。此外，在轮廓加工中当零件有突然的拐角时容易出现运动“超程”而导致加工误差，因而应在接近拐角前适当降低进给速度。

对于复杂形状零件的加工特别是多坐标加工，如果进给速度是恒定的，材料切除率常常波动并且可能超过刀具容量的极限，而导致刀具折断，机床各运动轴的速度和加速度也可能超出允许的范围。因此，为实现有效加工运动，进给速度应当根据所生成的刀具轨迹自动地生成，以便刀具运动过程中始终获得保证机床正常运行的最大材料切除率，此时，进给速度随着刀具轨迹而不断发生变化，但切削负荷始终维持恒定并保证安全的切削操作。

为了实现进给速度自动生成，必须根据工件与刀具的几何信息计算刀具沿轨迹移动时的瞬时材料切除率，同时，为保证机床的正常运行，应根据机床特性对进给速度进行限制与修正，从而实现复杂形状零件加工进给速度的可靠优化。

5. 编程误差及其控制

除零件程序编制过程中产生的误差，影响数控加工精度的还有很多其他误差因素，如机床误差、系统插补误差、伺服动态误差、定位误差、对刀误差、刀具磨损误差、工件变形误差等，而且它们是加工误差的主要来源。因此，零件加工要求的公差允许分配给编程的误差只能占很小部分，一般应控制在零件公差要求的 10% ~20% 以内。

程序编制中产生的误差主要由下述三部分组成：

(1) 近似计算误差　这是用近似计算方法表达零件轮廓形状时所产生的误差。例如，当需要仿制已有零件而又无法考证零件外形的准确数学表达式时，只能实测一组离散点的坐标值，用样条曲线或曲面拟合后编程。近似方程所表示的形状与原始零件之间有误差，但一般情况下较难确定这个误差的大小。

(2) 逼近误差　逼近误差包括两个方面。一是用直线或圆弧段逼近零件轮廓曲线所产生的误差，减小这个误差的最简单的方法是减小逼近线段的长度，但这将增加程序段数量和计算时间。

另一方面的误差是在三维曲面加工时采用行切加工方法对实际型面进行近似包络成型，减小这个误差的最简单的方法是减小进给行距，但会成倍增加程序段数量和计算时间，降低加工效率。

(3) 尺寸圆整误差　尺寸圆整误差是指计算过程中由于计算精度而引起的误差，相对于其他误差来说，该项误差一般可以忽略不计。对于简易数控机床因将计算尺寸转化为数控机床的脉冲当量时，会出现一般不超过正负脉冲当量一半的尺寸圆整误差。

6. 数学处理

数学处理工作就是计算出零件轮廓上或刀具中心轨迹上一些点的坐标数据，为程序编制提供准确的数据。一个零件的轮廓线可能由许多不同的几何元素组成，如直线、圆弧、二次曲线等。各几何元素间的联接点叫做基点，例如圆弧与圆弧的切点或交点，直线与圆弧的切点或交点，两直线的交点等。显然，相邻基点间只能是一个几何元素。当零件轮廓曲线(包括圆弧)用直线段逼近时，在满足允许程编误差条件下轮廓曲线被分割成许多直线段，相邻两直线段的交点叫做节点。基点和节点的计算一般比较简单，在此不再赘述。下面主要介绍非圆曲线轮廓零件的数值计算方法。

在生产实践中，我们常会遇到一些用数学方程式描述的非圆曲线轮廓零件。例如凸轮类零件，多数是以方程式形式给出零件轮廓数据的。非圆曲线零件，在编程时所需解决的问题基本相同，即

1）选择插补方式，即是采用直线逼近非圆曲线还是采用圆弧逼近非圆曲线。

2）插补点坐标计算。用直线逼近时，计算其插补节点坐标；用圆弧逼近时，计算各分段圆弧起点、终点坐标和圆心坐标。

3）刀具中心轨迹的坐标计算。

4）按控制系统输入格式要求，人工或计算机编制加工程序单和穿孔纸带。

目前，这类零件的轮廓曲线在用连续折线逼近时，控制系统要求输入的信息是直线坐标数据。编程中主要考虑的问题是，如何将零件轮廓曲线分割成一段段直线，并保证有足够的加工精度。

确定非圆曲线的插补段长度和计算节点坐标的方法有：

（1）等间距直线逼近的节点计算　这是一种最简单的方法，其特点是使每个插补段的一个坐标增量相等，即在直角坐标系中，使相邻带点间的 X 坐标增量或 Y 坐标增量相等；在极坐标系中，相邻节点间的转角坐标增量或径向坐标增量相等。间距值的确定应在非圆曲线最小曲率半径处选择，即间距值 $l\approx\sqrt{8R\delta}$，式中 R 为非圆曲线最小曲率半径；δ 为允许的插补误差。

等间距法计算简单，但由于 ΔX 或 ΔY 为定值，当曲线率变化较大时，程序段数过多。

（2）按“等插补段法”确定插补段长度和计算节点　这种方法是使每个插补段长度相等，因而插补误差不等。编程时必须使产生的最大插补误差小于允许的插补误差，以满足加工精度要求。一般都假设最大误差产生在曲线的曲率半径最小处，并沿曲线的法线方向计量。这一假设虽然不够严格，但数控加工实践表明，对大多数情况是适用的。这种方法计算过程较简单，但编程的工作量较大，所以此法适用于曲率变化不大的曲线节点计算。对于曲线各处的曲率相差较大时，所求得的节点数过多。

（3）按“等插补误差法”确定插补段长度和计算节点　“等插补误差法”是使各插补段的插补误差相等，并小于或等于允许的插补误差。显然，按此法确定的各插补段长度是不相等的，因此又叫“变步长法”。这种方法的优点是插补段数目比上述的“等插补段法”少。这对于一些大型和形状复杂的非圆曲线零件有较大意义。对于曲率变化较大的曲线，用此法求得的节点数最少，但计算稍繁。

（4）圆弧逼近的节点计算　曲线的圆弧逼近有曲率圆法、三点圆法和相切圆法等方法。三点圆法是过已知的三个节点求圆，并作为一个圆程序段。相切圆法是通过已知的四个节点分别做两个相切的圆，编出两个圆弧程序段。这两种方法都必须先用直线逼近的方法求出各节点，再求出各圆，计算较繁琐。

在上面讲述的直线逼近和圆弧逼近算法中，由于直线逼近的计算简便，故较多应用。而在直线逼近方法中，以等误差的程序段数最少。

对于没有给出方程的非圆曲线，可采用列表曲线拟合的方法进行数学处理。

7. 零件的工艺规程

零件的工艺规程是指用机械加工的方法按规定的顺序把毛坯(或半成品)变成零件的全过程。对于数控加工的零件工艺规程的编制，就是综合不同的工序内容，最终确定出每道工序的加工路线和切削参数等。一个零件的工艺过程是各种各样的，应根据实际情况和具体条件对零件加工中可能会出现的各种不同的方案进行分析，力求制定出一个完善、经济、合理的工艺过程，而且用一个文件予以规定。这个用工艺文件形式规定下来的工艺过程就叫做工艺规程。

工艺规程的作用可归纳为：

(1) 工艺规程是组织生产的指导性文件　生产的计划和调度、数控加工程序的编制、质量的检查等都是以工艺规程为依据的。

(2) 工艺规程是生产准备工作的依据　在产品投入生产以前，要做好大量的技术准备工作和生产准备工作，例如刀具、夹具、量具的设计、制造或采购；毛坯件的制造或采购；以及必要设备的改装或添置等，所有这些工作都是以工艺规程作为依据来安排和组织的。

零件的工艺过程要能可靠地保证图样上所有技术要求的实现，这是制定工艺规程的基本原则。在制定零件工艺规程的时候，必须先仔细研究零件图样和有关的装配图，弄清图样规定的各项公差和技术要求，并对零件图的机械加工和数控加工的工艺性进行认真的分析。这样可以抓住关键，保证这些技术要求在加工中得以实现。如果发现图样某一需要规定得不当，应当向设计负责人提出，希望予以更改。但在未经设计负责人员同意并由他们进行更改之前，不得擅自修改图样或不按图样的技术要求去做。

工艺规程的制定要依据零件的毛坯形状和材料的性质等因素来决定。这些因素和零件的尺寸精度是选择加工余量的决定因素，编程员要结合所使用数控机床的功能，依据零件精度、尺寸、形位公差和技术要求编制工艺规程。

为加强技术文件管理，数控加工工艺文件应该走标准化、规范化的道路，但目前还有较大的困难，在此介绍一种数控加工工序卡文件格式，供参考。

数控加工工序卡与普通加工工序卡有许多相似之处，所不同的是：工序图中应注明编程原点与对刀点，要进行编程简要说明(如:数控系统型号、程序介质、程序编号、镜像加工等)及切削参数(主轴转速、进给速度、最大切削深度或宽度等)的选定。

在工序内容不十分复杂的情况下，用数控加工工序卡的形式比较好，可以把工序图、尺寸、技术要求、工序内容及程序要说明的问题集中反映在一张卡片上。表3-2为一个支架零件的数控加工工序卡。从该卡片中不难发现，数控加工工序卡并不能解决加工中的所有问题，例如，在数控加工中，要注意并防止刀具在运动过程中与工件、夹具发生意外碰撞，为此，必须设法告诉操作者数控加工的进给路线，在进给路线图中加上必要的说明。因此，应对工序卡、加工程序进行必要的说明，特别是对于那些需要长期保存和使用的工序卡、加工程序。

表 3-2 支架零件数控加工工序卡

<table>
<tr><td colspan="2" rowspan="2">数控加工
工序卡</td><td colspan="6">零、组件图号</td><td colspan="3">零、组件名称</td><td>版次</td><td>文件编号</td><td>第 页</td></tr>
<tr><td colspan="6"></td><td colspan="3">支架</td><td>1</td><td></td><td>共 页</td></tr>
<tr><td colspan="8" rowspan="9"></td><td colspan="2">工序号</td><td colspan="2"></td><td>工序名称</td><td></td></tr>
<tr><td colspan="2" rowspan="2">加工车间</td><td colspan="2" rowspan="2"></td><td>材料牌号</td><td></td></tr>
<tr><td>设备型号</td><td></td></tr>
<tr><td colspan="6">编程说明及操作</td></tr>
<tr><td colspan="2">数控系统名称</td><td></td><td colspan="2">切削速度</td><td></td></tr>
<tr><td colspan="2">存储程序介质</td><td></td><td colspan="2">主轴转速</td><td></td></tr>
<tr><td colspan="2">程序号</td><td></td><td colspan="2">进给速度</td><td></td></tr>
<tr><td colspan="2"></td><td></td><td colspan="2">原点编码</td><td></td></tr>
<tr><td colspan="2"></td><td></td><td colspan="2">编程直径</td><td></td></tr>
<tr><td colspan="2" rowspan="2">工步号</td><td colspan="4" rowspan="2">工序内容</td><td colspan="2">工装</td><td colspan="2" rowspan="2"></td><td></td><td colspan="2" rowspan="2">刀补界限</td><td rowspan="2"></td></tr>
<tr><td>名称</td><td>图号</td><td></td></tr>
<tr><td colspan="2">1</td><td colspan="4"></td><td></td><td></td><td colspan="2"></td><td></td><td colspan="2"></td><td></td></tr>
<tr><td colspan="2">2</td><td colspan="4"></td><td></td><td></td><td colspan="2"></td><td></td><td colspan="2"></td><td></td></tr>
<tr><td colspan="2">3</td><td colspan="4"></td><td></td><td></td><td colspan="2"></td><td></td><td colspan="2"></td><td></td></tr>
<tr><td>工艺员</td><td>×××</td><td>校对</td><td>×××</td><td>审定</td><td>×××</td><td>更改单号</td><td></td><td>更改人</td><td>×××</td><td>日期</td><td></td><td>批准</td><td>×××</td></tr>
</table>

第三节 数控机床用刀具

要实现高速度、高精度与高效率的数控加工，除数控机床要具有高速(主轴转速和进给速度)、高精能力和高自动化程度外，刀具的性能及如何根据加工对象选用合适的刀具有着极为重要的影响。在刀具性能方面，随着刀具材料性能的提高与结构特性的改善，数控加工用刀具在耐用度、刚度、抗脆性、断屑和调整更换等方面的性能已大大改善，例如，目前涂层刀具、立方氮化硼刀具以至陶瓷刀具与金刚石刀具等可使刀具的切削速度大幅度提高。然而，从如何加工的角度看，加工刀具类型与工艺方案的合理选择则极为重要。

一、数控刀具的类型

1. 机夹可转位刀具

机夹可转位数控刀具常见的品种、规格有 2000 种以上，并要求有各种各样的可转位硬质合金刀片、陶瓷刀片等其他材质刀片与之配套。常见的有各种铣刀、孔加工刀具、车刀及(钻、扩、镗、锪)复合刀具等类型。

2. 高速钢刀具

整体高速钢刀具外径多小于 $\phi25$mm。常见的有钻头、立铣刀(一般要求 PVD 涂层)、丝锥及(钻、扩、铰)复合刀具等类型。

3. 整体硬质合金刀具

整体硬质合金刀具外径多小于 ϕ10mm，硬质合金焊接刀具外径为 ϕ16 ~ 63mm，常见的有钻头、立铣刀、铰刀等类型。

4. 超硬材料刀具

1）氮化硼刀具(CBN)用于加工淬火钢，可进行铣削、车削的精加工。

2）金刚石刀具(PCD)用于加工非铁金属，多用于铣、车、钻、铰削的精加工和超精加工。

3）陶瓷刀具可用于车削及铣削加工。

二、数控车床刀具

数控车床刀具种类繁多，功能互不相同。根据不同的加工条件正确选择刀具是编制程序的重要环节，因此必须对车刀的种类及特点有一个基本的了解。

数控车床刀具的分类方法通常按以下方式进行。

1. 按用途分类

数控车刀从使用特征来看可分为外表面车刀和内表面车刀，它们与普通车刀类似。

2. 按车刀的结构分类

刀具从结构上可分为整体式车刀、焊接装配式车刀和机械紧固刀片的车刀。机夹式车刀根据刀体结构的不同，又可分为不转位刀片车刀和可转位刀片车刀。

目前数控机床用刀具的主流是可转位刀片的机夹刀具。常见的可转位刀片机夹刀具的紧固方式有以下几种。

（1）杠杆式　杠杆式车刀的结构如图 3-11 所示，由杠杆、螺钉、刀垫、刀垫销、刀片组成。这种方式依靠螺钉旋紧压靠杠杆，由杠杆的力压紧刀片达到紧固的目的。其特点适合各种正、负前角的刀片，有效的前角范围为 -6° ~ +18°；切屑可无阻碍地流过，切削热不影响螺孔和杠杆；两面槽壁给刀片有力的支撑，并确保转位精度。

（2）楔块式　楔块式车刀的结构如图 3-12 所示，由紧定螺钉、刀垫、销、楔块、刀片组成。这种方式依靠销与楔块的挤压力将刀片紧固。

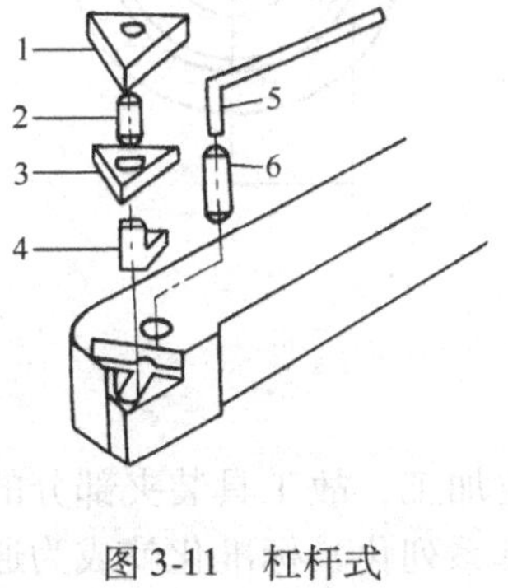

图 3-11　杠杆式

1—刀片　2—刀垫销　3—刀垫

4—杠杆　5—扳手　6—螺钉

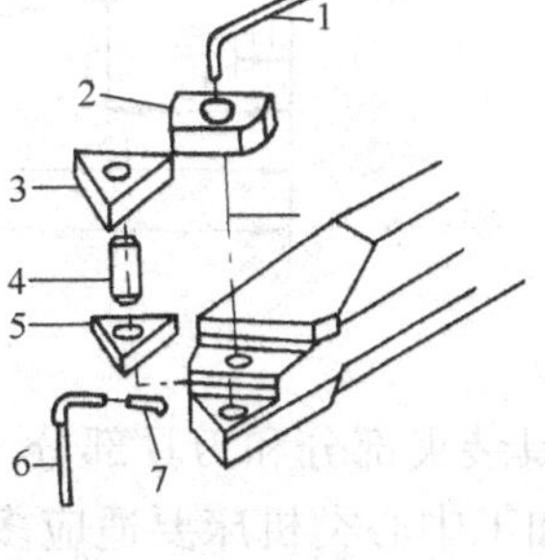

图 3-12　楔块式

1、6—扳手　2—楔块　3—刀片

4—销　5—刀垫　7—紧定螺钉

（3）楔块夹紧式　楔块夹紧式的结构如图 3-13 所示，由紧定螺钉、刀垫、销、压紧楔块、刀片组成。这种方式依靠销与楔块的压力将刀片夹紧。

此外还有螺栓上压式、压孔式、上压式等形式。

机夹可转位刀具有如下特点：

1）刀片各切削刃可转位轮流使用，减少换刀时间。

2）刀刃不需重磨，有利于采用涂层刀片。

3）断屑槽形压制而成，尺寸稳定，节省硬质合金。

4）刀杆、刀槽的制造精度要求高。

因此，机夹可转位刀具不仅广泛应用于车刀，而且被推广到其他各类型的刀具。

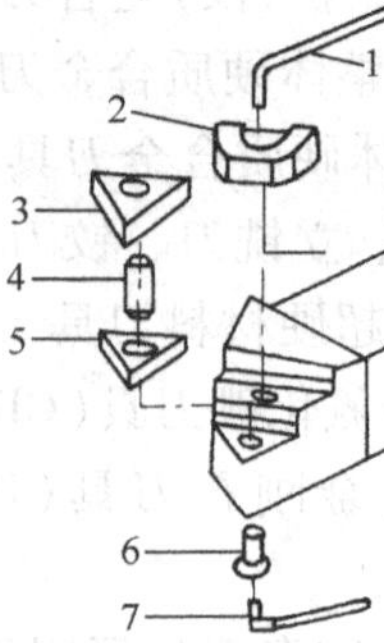

图 3-13　楔块夹紧式
1、7—扳手　2—压紧楔块
3—刀片　4—销　5—刀垫
6—紧定螺钉

在车削加工中，由于目前所使用的机夹不重磨刀片，刀片种类和所用材料品种很多，国际 ISO 标准和我国国家标准（参见 GB 543.1—1985）都对机夹可转位刀具的型号、刀片形状代码、刀垫等作出了规定。

三、数控铣床、加工中心用刀具

数控铣床、加工中心类机床所用的刀具由与机床主轴孔相适应的工具柄部、与工具柄部相连接的工具装夹部分和各种刀具部分组成。

1. 工具柄部

在数控铣床、加工中心类机床上一般都采用 7:24 圆锥柄工具。这是因为这种锥柄不自锁，换刀比较方便，并且与直柄相比有较高的定心精度和较高的刚性。对于有自动换刀装置的加工中心类机床，在加工工件时主轴上的工具要频繁地更换，为了达到较高的换刀精度，工具柄部必须有较高的制造精度。ISO T388/1 和 GB 10944—1989 对工具柄部与机械手夹持部分作了统一的规定。图 3-14 所示为一标准自动换刀机床用的圆锥工具柄部。

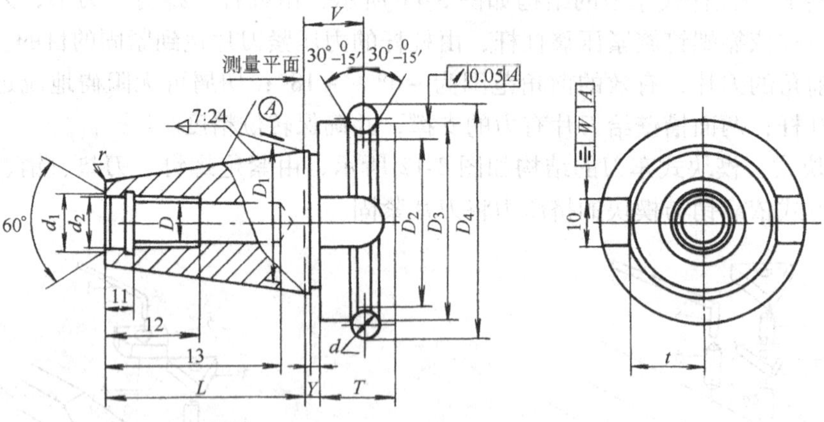

图 3-14　圆锥工具柄部

2. 工具装夹部分和刀具部分

由于加工中心类机床要适应多种形式零件的不同部位加工，故工具装夹部分的结构、形式、尺寸也是多种多样的。把通用性较强的几种装夹工具系列化、标准化就成为通常所说的工具系统。

由于铣床、加工中心类机床工艺能力强大，因此其刀具种类繁多。按工具系统的结构形式可分为整体式结构和模块式结构两大类。整体式结构刀具的刀刃和刀体是一个整体，刀具磨损后需要重新刃磨；而模块式结构刀具的刀刃采用硬质合金刀片，并通过一定的方式固定在刀体上，刀具磨损后只需更换同规格的刀片即可，不仅可节约刀具材料，而且能够避免繁琐的磨刀工作，提高工作效率。

刀具按工艺用途可分为铣削类、镗削类、钻削类等。按刀具刃部形状可分为平底立铣刀、端铣刀、球头刀、环形刀、鼓形刀和锥形刀等。图 3-15 以示意图的形式列出了常用刀具及其应用情况。

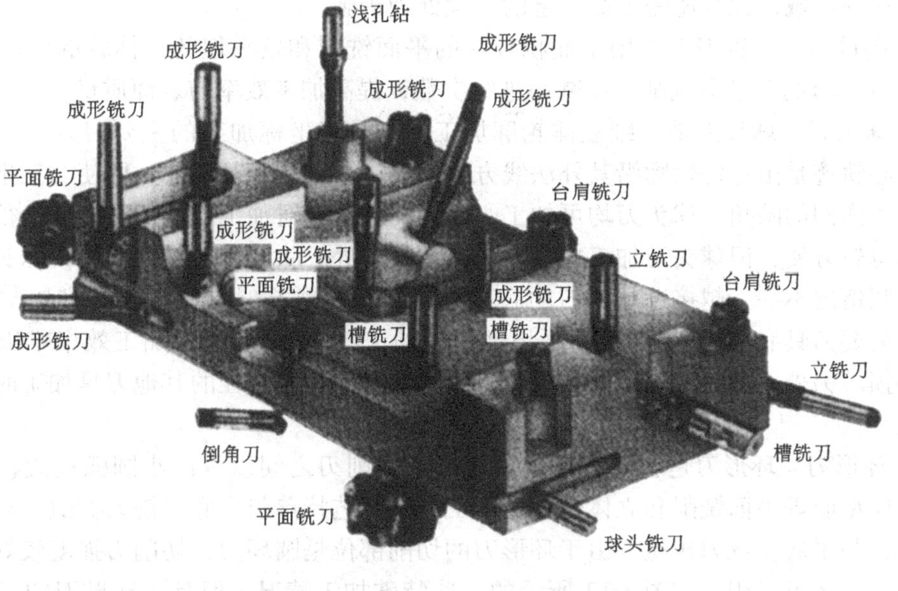

图 3-15　常用刀具及其应用情况示意图

3. 数控铣床、加工中心上常用刀具

下面主要从加工对象方面简要介绍数控机床常用刀具的类型及工艺特点。

应用于数控铣削加工的刀具主要有平底立铣刀、端铣刀、球头刀、环形刀、鼓形刀和锥形刀，分别如图 3-16a、b、c、d、e 和 f 所示。

(1) 平底立铣刀　平底立铣刀制造方便，主要以周边切削刃进行切削，切削性能好，是铣削加工的主要刀具。除用于平面铣削(如凸台、凹槽以及平底型腔等)和二维零件的周边轮廓铣削外，同时也是立体轮廓相加工和多坐标相加工的主要刀具，而且也可应用于立体轮廓的三坐标精加工。

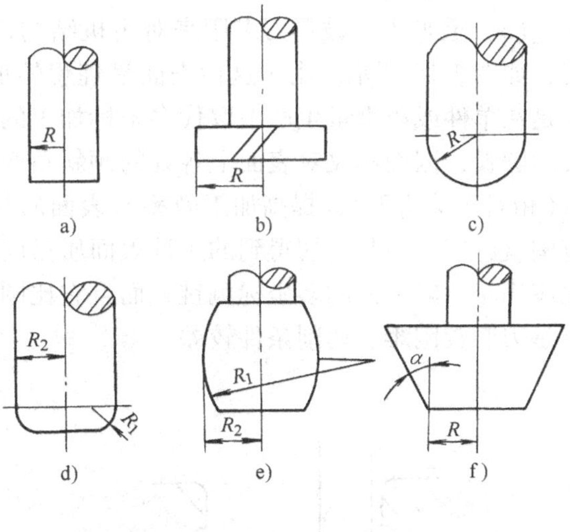

图 3-16　铣削加工常用刀具

在多坐标加工情况下，平底立铣刀的应用有侧铣和端铣两种方式。侧铣方式主要应用于以直线为母线进行旋转、平移或其合成所形成的一类型面(称为直纹面)的加工，是多坐标加工的重要应用场合，可由立铣刀周边切削刃一次成形，加工效率高，并可有效保证型面质量。显然，对于由固定或变化的平坦曲线运动所形成的一般型面，采用多坐标侧铣加工亦可大大减少走刀次数并提高型面质量。端铣方式主要应用于不适合侧铣加工的其他情况，它采用一行一行的行切方式加工。从工艺范围看，它是多坐标加工的主要方式。它在保证刀具不与型面干涉的前提下，尽可能使平底立铣刀底部贴近被加工表面进行加工，切削条件好，并可有效抑制切削行间的残余高度，从而减少走刀次数。

然而，在三坐标加工情况下，采用平底立铣刀加工内凹的型面时可能产生超出公差范围的局部欠切削区域，此时还需采取一定的后续处理措施。

（2）端铣刀　端铣刀主要用于面积较大的平面铣削和较平坦的立体轮廓（如大型叶片、螺旋桨、模具等）的多坐标铣削，以减小进给次数，提高加工效率与表面质量。

（3）球头刀　球头刀是三维立体轮廓加工特别是三坐标加工的主要刀具。球头刀加工的刀具中心轨迹是由零件轮廓沿其外法线方向偏置一个刀具半径而成，即使在三坐标加工情况下，除了内凹的暗角，球头刀均可加工。因此，球头刀对加工对象的适应能力很强，且编程与使用也较方便，但球头刀加工也存在一些不足之处。除其制造较困难外，球头切削刃上各点的切削情况不一，越接近球头刀的底部其切削条件越差（切削速度低、容屑空间小等）。因此，在需要刀具底部切削（如型面平坦部位的加工等）的情况下，加工效率难以提高且刀具容易磨损。另外，球头刀加工时的进给行距一般也比相同直径的其他刀具加工时小，因此效率较低。

（4）环形刀　环形刀是在周边切削刃与底面切削刃之间以一段小圆弧过渡，主要用于凹槽、平底型腔等平面铣削和立体轮廓的加工，其工艺特点与平底立铣刀类似，切削性能较好。而且，与平底立铣刀相比，由于环形刀的切削部位是圆环面，切削刃强度较好且不易磨损。另外，它还可以用于如图 3-17 所示的一些特殊加工情况。但是，环形刀的刃磨和编程相对困难一些。

（5）鼓形刀　鼓形刀多用来对飞机结构件等零件中与安装面倾斜的表面进行三坐标加工，如图 3-18 所示。由于这种表面最理想的加工方案是多坐标侧铣，因此，采用鼓形刀加工是在单件或小批量生产中取代多坐标加工的一种变通方案。鼓形刀的刃口纵剖面为半径较大的圆弧，因而不仅对表面上各处的倾斜角变化具有一定的适应性，而且能有效减少进给次数（相对于球头刀），提高加工效率与表面质量。圆弧半径越小，刀具所能适应的斜角变化范围就越广，但是行切得到的工件表面质量就越差或效率越低。除上述加工应用外，鼓形刀也应用于一般表面的多坐标侧铣，而且它比圆柱面或圆锥面侧铣的适应能力强。鼓形刀的缺点是刃磨较困难、切削条件较差。

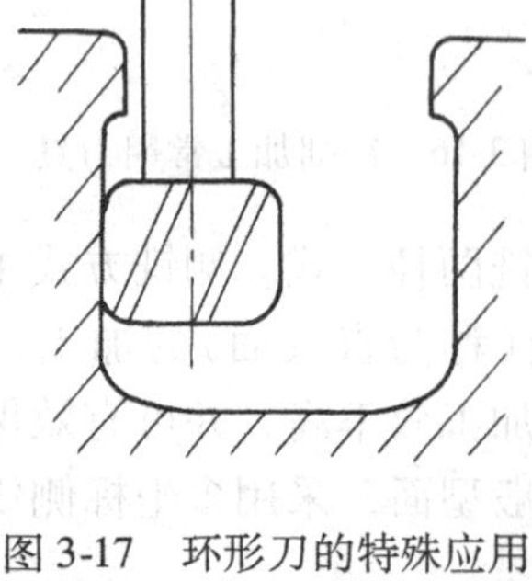

图 3-17　环形刀的特殊应用

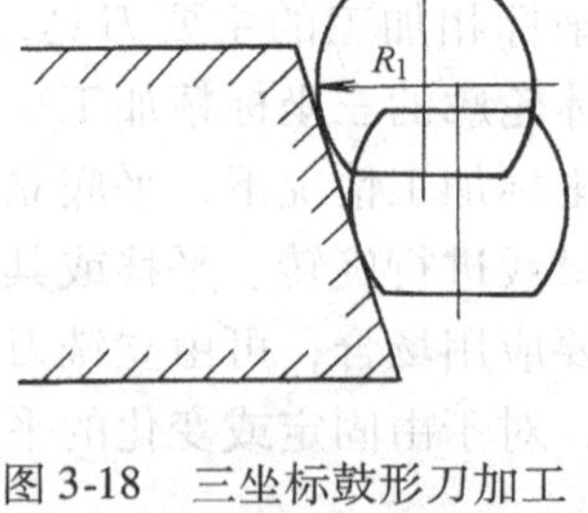

图 3-18　三坐标鼓形刀加工

(6) 锥形刀　锥形刀的应用目的与鼓形刀有些相似，在二坐标机床上。它可代替多坐标侧铣加工零件上与安装面倾斜的表面，特别是当倾斜角固定时(如模具起模面)可一次成形，并可加工内缘表面，如图 3-19 所示。而且，锥形刀刃磨容易，切削条件好，可获得高的加工效率与表面质量。在多坐标机床上，锥形刀可代替圆柱立铣刀侧铣或端铣，采用锥形刀可在满足结构空间限制的前提下增加刀具的刚度利于提高加工效率与精度。

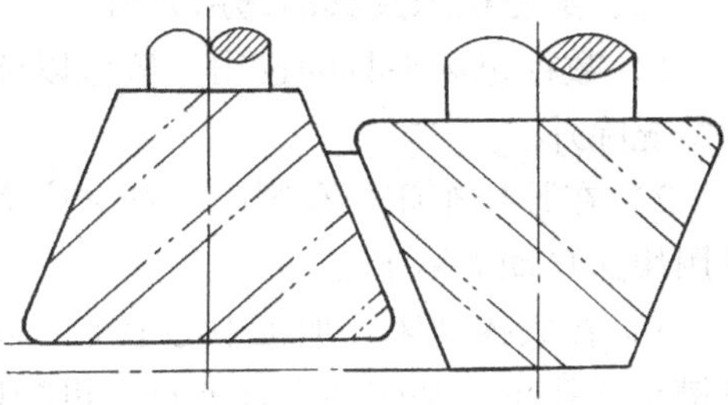

图 3-19　三坐标锥形刀加工

第四节　数控机床的夹具

一、对数控机床用夹具的要求

1. 精度要求

由于数控机床具有连续、多型面和强力自动加工的特点，所以对数控机床夹具也就要求比一般机床夹具精度与刚度都高，这样可减少工件在夹具中因定位和夹紧所产生的误差以及粗加工时的变形误差。

2. 定位、装夹要求

工件在数控机床夹具中定位与在普通机床上定位原理相同，一般都按六点定位原则消除自由度，即实现完全定位。因工件的定位基准相对于机床坐标系的原点应有严格的确定关系，以满足在数控机床坐标系中实现工件与刀具相对运动的要求。同时，夹具上的每个定位面相对数控机床的坐标原点均应有精确的坐标尺寸，以满足数控加工中简化定位和安装的要求。零件的装夹、定位要考虑到重复安装的一致性，以减少对刀时间。应提高同一批零件加工的一致性要求。

3. 空间要求

在数控机床上加工零件，由于工序集中，往往在一次装夹中完成全部工序的加工。零件定位、夹紧的部位应考虑到不妨碍各部位的加工、更换刀具以及重要部位的测量。尤其要注意不要发生刀具与工件、刀具与夹具的干涉碰撞。有些定位件可设计成在工件夹紧后可以卸去的结构形式，以满足多面加工的需要。

4. 夹紧力要求

夹紧力大小适当，既能确保工件加工需要，又不能使夹具、工件产生变形，影响工件的加工精度。夹紧力应力求通过主要支承点上或在支承点所组成的三角形内，尽量靠近切削部位，并作用在刚性较好的地方，以减小零件变形。

5. 快速夹紧调整要求

零件在夹具中装夹要迅速，调整要方便可靠，减少非加工时间，提高加工效率。数控加工可通过快速更换程序载体而变换加工对象，为了减少更换工装的辅助时间，减少贵重设备等待闲置时间，要求夹具在更换加工工件中能具有快速调整或更换定位夹紧元件的功能，宜采用高效的组合夹具。

二、数控机床夹具的选用方法

1）数控机床夹具的选用一般应以通用夹具、组合夹具为主，不建议采用专用夹具，特殊情况除外。

2）在数控车床、车削中心和磨床上加工回转体工件，一般采用能适应一定直径范围的通用快速自动夹紧卡盘。

3）在数控铣床、加工中心上加工以底面作定位的箱体零件时，则可选用当前较新颖的以槽系或孔系为基座的组合夹具，再配以一定量的定位、夹紧元件组合即可。

4）在加工中心上加工不规则形状工件，或同时在托板上需加工多个相同或不相同的工件时，则需设计与配备专用夹具。

三、数控夹具的典型结构

（一）数控车床类夹具

数控车床类常用的夹具有：加工盘、套类零件的自动定心三爪卡盘、加工轴类零件的拨盘、顶尖和自动定心跟刀架等。

1. 三爪卡盘

自动定心三爪卡盘是数控车床上常用的通用夹具。图3-20所示为一种快速可调卡盘。利用扳手将螺杆转动90°，可快速调整卡爪至需要的尺寸位置。为了使卡爪定位可靠，在卡盘体上做有圆周槽，当卡爪到达要求位置后，转动螺杆使螺杆的螺纹与卡爪的螺纹啮合，此时被弹簧压着的钢球进入螺杆的小槽中，并将卡爪固定在需要的位置。工件的快速夹紧可借助于装在主轴尾部的机械（或液压、气动、电气机械）传动来完成。这种夹具的刚性好，可靠性高。

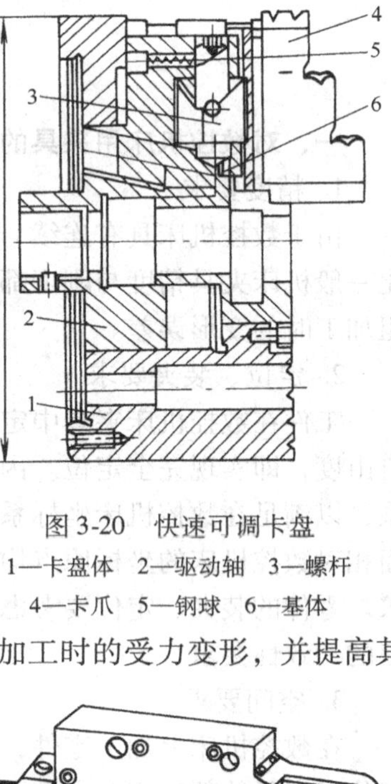

图3-20　快速可调卡盘

1—卡盘体　2—驱动轴　3—螺杆　4—卡爪　5—钢球　6—基体

2. 自定心中心架

图3-21所示为数控机床用自定心中心架。用以减少细长轴加工时的受力变形，并提高其加工精度。自定心中心架可作为机床附件提供。其工作原理为通过安装架与机床导轨相连，工作时由主机发信号，通过液压或气动装置夹紧或松开工件，润滑则采用中心润滑系统。

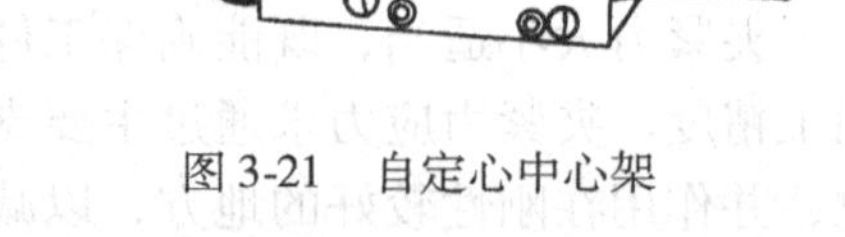

图3-21　自定心中心架

（二）数控铣床和加工中心用夹具

数控铣床和加工中心用夹具可分为通用夹具、组合夹具与专用夹具三种。

1. 通用夹具

根据应用情况不同，其结构又可分为适于小批生产可供多次重复使用的不可调通用夹具；适于成组加工由基础组合件组装，仅制造少量专用调整安装件的可调通用夹具；适于成批生产的通用性强的机床标准附件等。

图3-22所示为可更换支承钳口的气动夹紧通用台虎钳。该系统夹紧工件时由压缩空气驱动活塞带动杠杆使活动钳口右移，完成工件的夹紧过程。固定钳口位置的快速调整是由手柄反转使支承板的凸块从槽中退出实现的。

图 3-23 所示为数控铣床用通用可调夹具基础板。工件可直接通过定位件、压板、锁紧螺钉固定在基础板上，也可通过一套定位夹紧调整装置定位在基础板上，基础板为内装立式液压缸和卧式液压缸的平板，通过定位键和机床工作台的一个 T 形槽联接，夹紧元件可从上或侧面把双头螺杆或螺栓旋入液压缸活塞杆，对不用的对定孔用螺塞封盖。

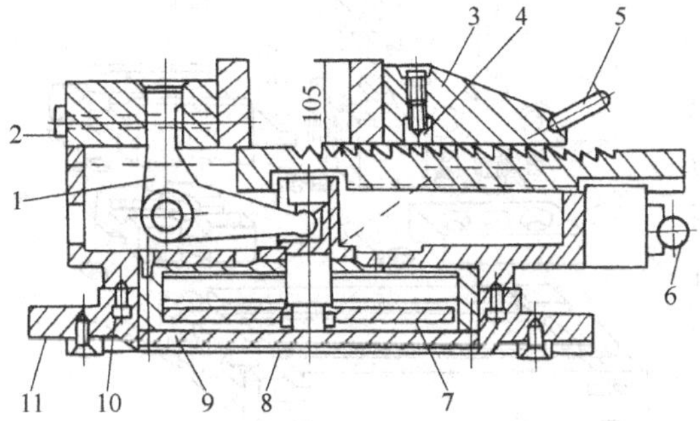

图 3-22　气动夹紧通用台虎钳

1—杠杆　2—活动钳口　3—固定钳口　4—支承板　5—手柄　6—限位组件　7—活塞　8—活塞杆　9—气缸　10—上钳体　11—下钳体

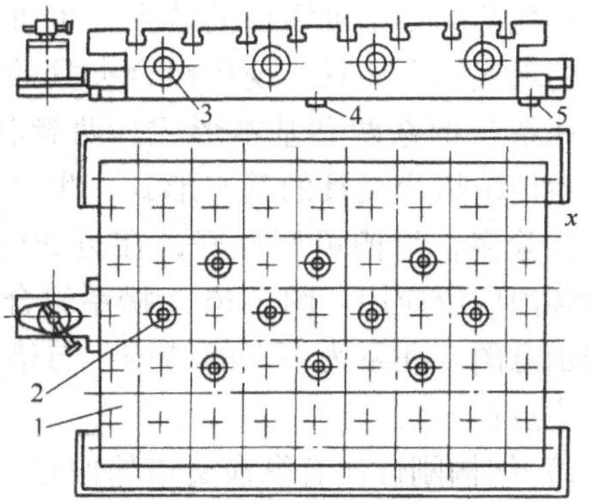

图 3-23　数控铣床用通用可调夹具基础板

1—基础板　2、3—液压缸　4、5—定位键

图 3-24 所示为数控回转台。用于在铣床和钻床上一次安装工件对多个表面进行加工，图 3-24a 所示回转台可做四面加工，图 3-24b、图 3-24c 所示回转台可做圆柱凸轮的空间成形面和平面凸轮加工，图 3-24d 所示为双回转台，可用于加工在表面上成不同角度布置的孔，可做五个方向的加工。

图 3-25 所示为数控气动立卧工作台。端齿盘为分度元件，靠气动转位分度，可完成 5°为基数回转坐标的分度。

2. 组合夹具类

随着产品更新换代速度加快，数控与柔性制造系统的应用日益增多，作为与机床相配套

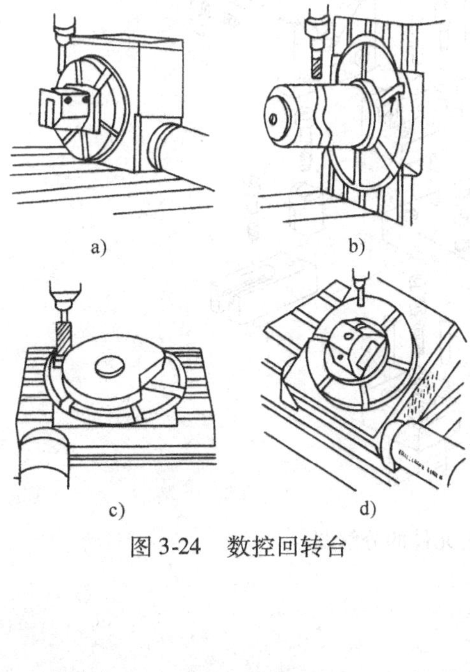

a)　b)　c)　d)

图 3-24　数控回转台

图 3-25　数控气动立卧工作台

的夹具也就要求其具有柔性，即能及时地适应加工品种和规模变化的需要。实现柔性化的重要方法是组合法，因此组合夹具也就成为夹具柔性化的最好途径。组合夹具适用于为数控机床、加工中心等配套的中小批零件的装夹，也可作为成批生产的现代组合夹具。现代组合夹具的结构主要分为孔系与槽系两种基本形式，两者各有特长。槽系为传统组合夹具的基本形式，生产与装配积累的经验多，沿槽可调性好，在近 30 余年中为世界各国广泛应用。图 3-26 为槽系组合夹具组装过程示意图。孔系为新兴的结构，与槽系相比有以下优点：

1）结构刚性比有纵横交错的槽好。

2）孔比槽易加工，制造工艺性好。

3）安装方便，组装中靠高精度的销孔定位，操作简单。

4）计算机辅助组装设计是提高组合夹具应用的重要方法，实践证明在这方面孔系较优于槽系。

孔系组合夹具是当前世界各国在现代组合夹具中应用较广的类型，我国也已推出多个品种。此类夹具的系统元件结构简单，以孔定位，螺钉联接，定位精度高，刚性较好，组装方便。由于便于计算机编程，因而特别适用于柔性自动化加工设备和系统的夹具配置。图 3-27 是我国生产的

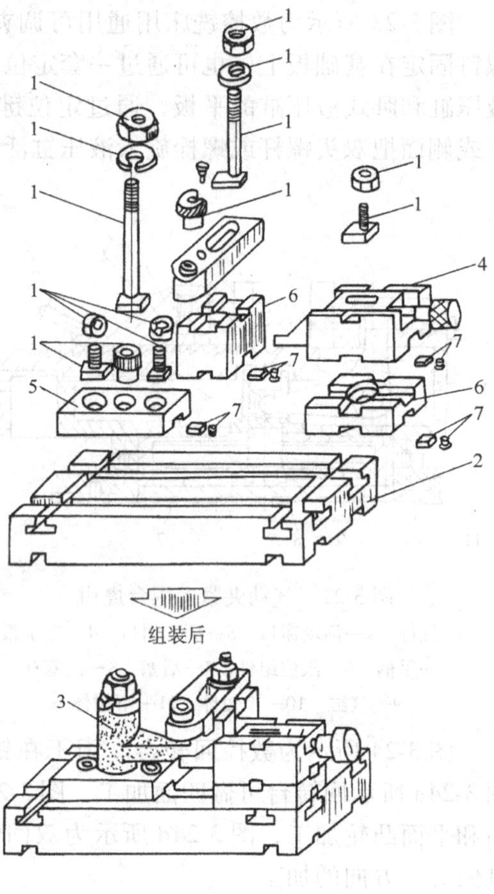

图 3-26　槽系组合夹具组装过程示意图

1—紧固件　2—基础板　3—工件　4—活动 V 形铁组合件　5—支撑板　6—垫铁　7—定位键、紧定螺钉

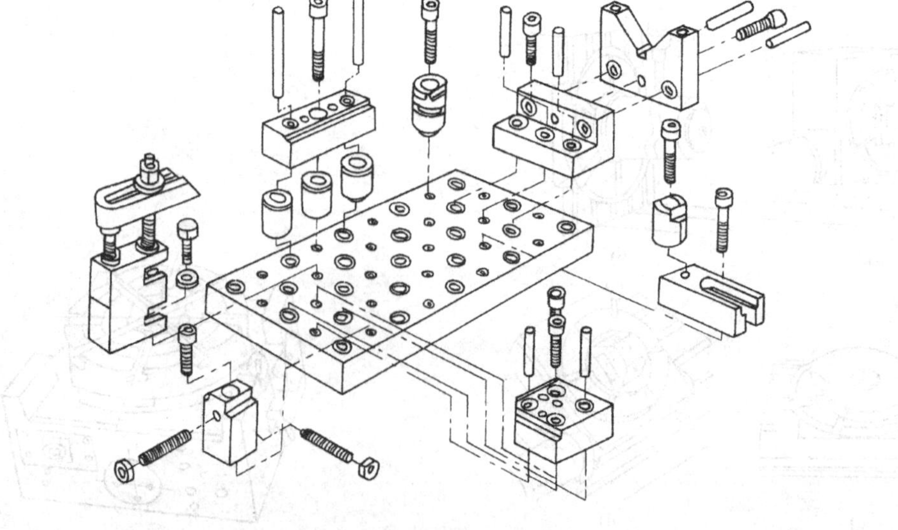

图 3-27　孔系组合夹具组装元件的分解图

这种夹具组装元件的分解图，图 3-28 是 KIPP 公司的孔系组合夹具的组装示意图，图 3-29 所示为这类夹具的应用实例。

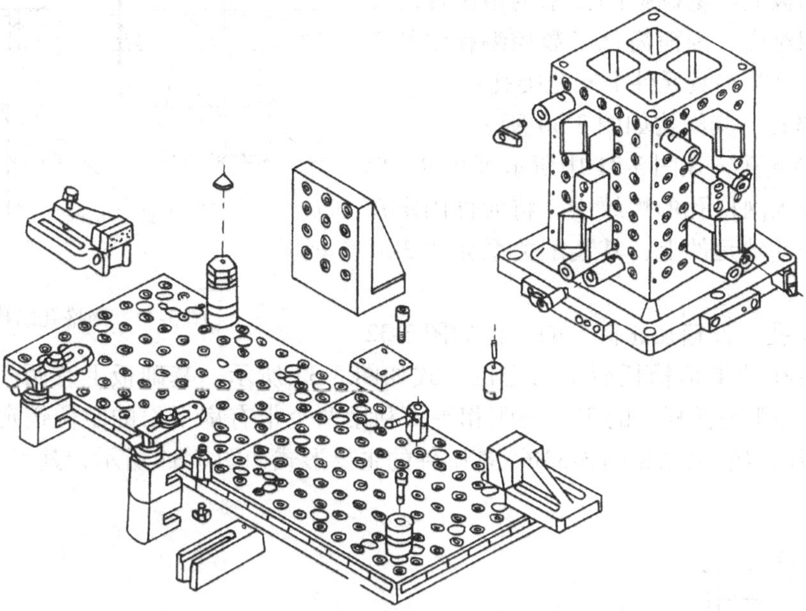

图 3-28　孔系组合夹具的组装示意图

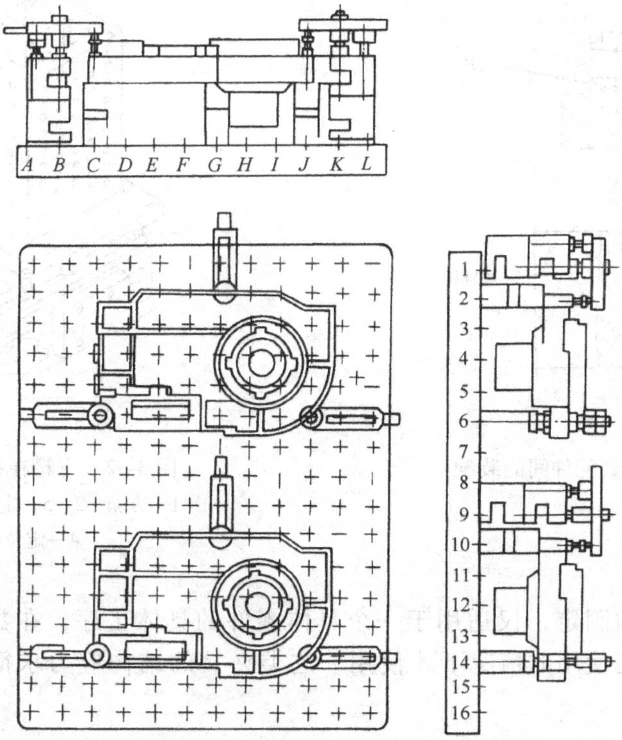

图 3-29　孔系组合夹具应用实例

由图 3-29 可见，由于夹具基础板的孔系形成网格式坐标，其他元件都可按孔系网格的坐标值组装在此基础板上。基础板的孔系网格坐标与托板网格坐标相对应。因而简化了数控编程中的工件坐标计算。这类夹具元件上有三类孔：

（1）网格孔　其结构如图 3-30 所示。

（2）阶梯光孔　在图 3-31 中所示沉孔 *B*，螺钉穿过此孔拧入网格孔的螺纹中，将元件固定在具有网格孔的基础元件上，其装配关系如图 3-31 所示。

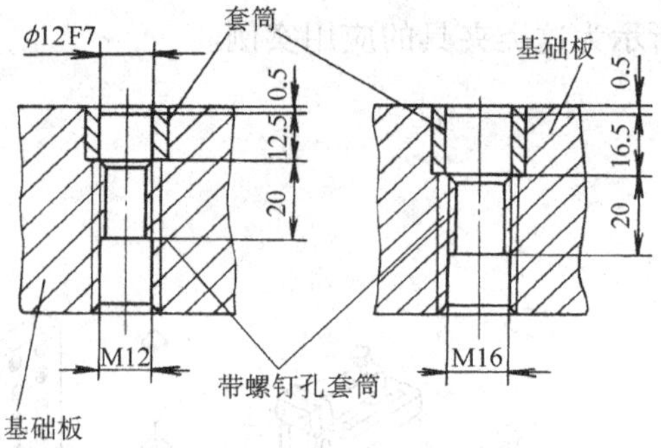

图 3-30　网格孔结构

（3）定位孔　方箱在托板上的定位如图 3-32 所示。基础板在带 T 形槽托板上的定位方式如图 3-33 所示。基础板上有两个定位孔 3（图 3-33a），其孔心距与托板上的 T 形槽距相等。利用两个带有扁平面的定位销定位。定位销、基础板和托板的组装关系见图 3-33b。基础件的主要形式如图 3-34 所示，其尺寸系列参照有关手册。

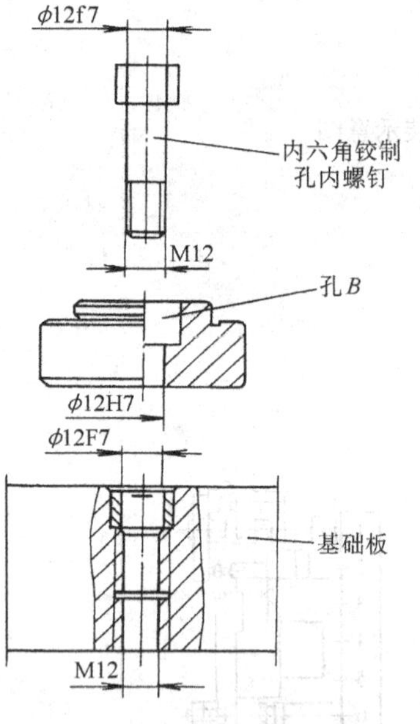

图 3-31　夹具元件间的装配

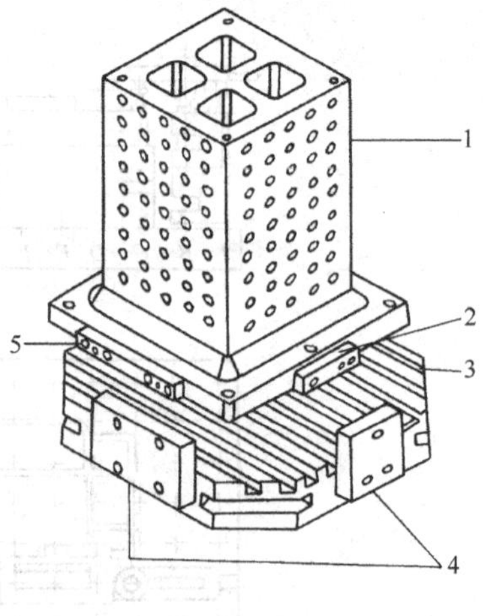

图 3-32　方箱在托板上的定位

1—方箱　2、5—定位块　3—托板

4—定位挡块

3. 专用夹具

专用夹具的结构固定，仅适用于一个具体零件的具体工序，在数控机床上，只是在所有可调整夹具不能使用的情况下才使用。这类夹具的结构应力求简化，使制造时间尽量缩短。

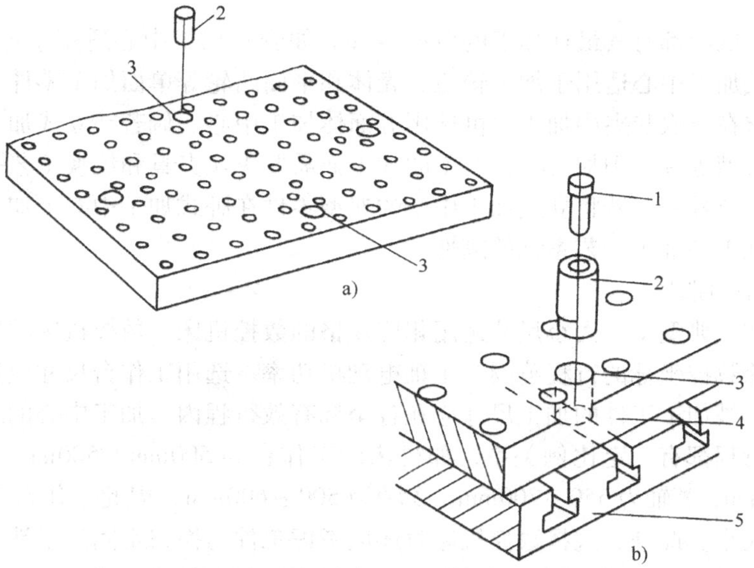

图 3-33　基础板在托板上的定位方式

a）基础板的定位孔　b）定位销、基础板和托板的组装

1—螺钉　2—定位销　3—孔　4—基础板　5—托板

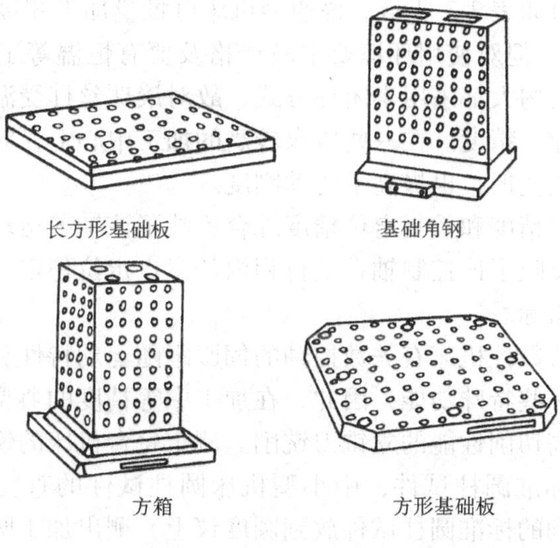

图 3-34　基础件的主要形式

第五节　数控机床的使用与维护

一、数控机床的使用

1. 确定被加工工件

数控机床的种类繁多，不同类型的数控机床其使用范围也有一定的局限性，只有在一定的工作条件下加工一定的工件才能达到最佳的效果。因此，确定选购对象之前，首先要明确

准备加工的对象。

每一种加工机床都有其最佳加工的典型零件。如卧式加工中心适用于加工箱体、泵体、壳体等，而立式加工中心适用于加工箱盖、壳体和平面凸轮等单面加工零件。如果对箱体的侧面与顶面要求在一次装夹中加工，可选用五面体加工中心。倘若在立式加工中心上加工卧式加工中心的典型零件，则加工零件的不同加工面需要更换夹具和倒换工艺基准，这样会降低加工精度和生产效率。若将立式加工中心的典型零件在卧式加工中心上加工，则需要增加弯板夹具，降低工件加工工艺系统的刚性。

2. 机床规格的选择

应根据被加工典型工件大小尺寸选用相应规格的数控机床。数控机床的主要规格包括工作台尺寸、各个数控坐标的行程范围和主轴电动机功率。选用工作台尺寸应保证工件在其上面能顺利装夹，被加工工件的加工尺寸应在各坐标有效行程内。加工中心的工作台面尺寸和三个直线坐标行程都有一定比例关系，如机床的工作台为500mm×500mm，其 X 轴行程一般为700～800mm，Y 轴为550～700mm，Z 轴为500～600mm，因此工作台的大小基本确定了加工空间的大小。此外，选择数控机床时还应考虑工件与换刀空间的干涉及工作台回转时与护罩等附件干涉等一系列问题，而且还要考虑机床工作台的承载能力。

3. 机床精度的选择

选择机床的精度等级应根据被加工工件关键部位加工精度的要求来确定，批量生产的零件实际加工出的精度数值一般为机床定位精度的1.5～2倍。加工中心按精度分为普通型和精密型，其主要精度项目如表3-3所示。普通型机床可批量加工8级精度的工件，精密型机床加工精度可达5～6级，但对使用环境要求较严格及要有恒温等工艺措施。此外，普通型数控机床进给伺服驱动机构大都采用半闭环方式，故对滚珠丝杠受温度变化引起的伸长无法检测，因此会影响工件加工精度。在一些要求较高的加工中心上，对丝杠伸长采取预拉伸措施，这不仅减少了丝杠热变形，也提高了传动刚度。

数控机床的直线定位精度和重复定位精度综合反映了该轴各运动元部件的综合精度。尤其是重复定位精度，它反映了该控制轴在全行程内任意点定位稳定性，这是衡量该控制轴能否稳定可靠工作的基本指标。

铣圆精度是综合评价数控机床有关数控轴的伺服跟随运动特性和数控系统插补功能的指标。由于数控机床具有一些特殊功能，因此，在加工中等精度的典型工件时，一些大孔径柱面和大圆弧面可以采用高切削性能的立铣刀铣削。测定每台机床的铣圆精度的方法是用一把精加工立铣刀铣削一个标准圆柱试件，中小型机床圆柱试件的直径一般在 $\phi200$～$\phi300$mm 左右。将铣削后加工得到的标准圆柱试件放到圆度仪上，测出加工圆柱的轮廓线，取其最大包络圆和最小包络圆，两者间的半径差即为其精度。

表3-3 加工中心精度

精度项目	普通型/mm	精密型/mm	精度项目	普通型/mm	精密型/mm
直线定位精度	±0.01	±0.005	铣圆精度	0.03～0.04	0.02
重复定位精度	±0.006	±0.002			

4. 自动换刀装置和刀库容量的选择

自动换刀装置(ATC)的工作质量直接影响到整个数控机床尤其是加工中心的质量。ATC

的工作质量主要表现为换刀时间和故障率。据统计，加工中心故障中有50%以上与ATC工作有关。ATC装置的投资常常占整台机床投资的30%~50%。为了相应降低整机的价格，用户应在满足使用条件的前提下，尽量选用结构简单和可靠性高的ATC。

加工中心的刀库容量不宜选得太大，因为容量大，刀库的结构复杂，成本高，故障率也会相应地增加，刀具的管理也相应地复杂化。加工中心的制造厂家对同一种规格机床，通常设有2~3种不同容量的刀库，例如卧式加工中心刀库容量有30、40、60、80把等，立式加工中心刀库容量有16、20、24、32把等。用户在选定时，可以根据被加工工件的工艺分析结果来确定所需刀具数。通常以满足一个零件在一次装夹中所需刀具数量来确定刀库容量。因为当更换一种新的工件时，操作者要根据新的工艺资料对刀库重新进行安排调整。刀库中无关的刀具越多，整理的工作量也就越大，也就越容易出现人为的差错。

一般在立式加工中心上选用20把左右刀具容量的刀库，在卧式加工中心上选用40把左右刀具容量的刀库较为适宜，基本上能满足工作要求。

对一些复杂工件，如果考虑一次完成全部加工所需刀具数量会超过现有刀库容量，可综合考虑工艺因素。如将粗、精加工分工序进行，插入热处理工序消除内应力及变形量等，这样就把一个复杂工件分为几个加工程序进行加工，使每个加工程序所需刀具数量不超过刀库容量。

但是，如果选用的加工中心机床准备用于柔性加工单元(FMC)或柔性制造系统(FMS)中，其刀库容量应选取大容量刀库，甚至配置可交换刀库。

5. 数控系统的选择

当今世界上数控系统的种类规格极其繁多，在我国使用比较广泛的有美国A—B公司、日本FANUC公司、德国SIEMENS公司等的产品，此外我国国产的数控系统的功能也日渐完善。为了使数控系统与机床相匹配，在选择数控系统时应根据数控机床类型选择相应的数控系统。

二、预防性维护方法

(一) 预防性维护的重要性

每台机床数控系统在运行一定时间之后，某些元器件或机械部件难免出现一些损坏或故障现象，问题在于对这种高精度、高效益且又昂贵的设备，如何延长元器件的寿命和零部件的磨损周期，预防各种故障，特别是将恶性事故消灭在萌芽状态，从而提高系统的平均无故障工作时间和使用寿命，一个重要方面是要做好预防性维护。

数控机床通常是一个企业的关键设备，有时在运行中出现了一些不正常现象，如级别较低的报警，虽然不影响一时运行，但如果怕停机影响生产，不及时进行维护和排除，而让其长时间“带病”工作，必然会造成“小病不治，大病吃苦”的后果。例如：有些地区电网质量差，电压波动大，常造成数控系统跳闸。有些使用者对此现象并不重视，让系统继续在恶劣的供电环境中运行，最后造成主要模块烧坏的严重后果。

总之，做好预防性维护工作是使用好数控机床的一个重要环节，数控维修人员、操作人员及管理人员应共同做好这项工作。

(二) 预防性维护工作的主要内容

数控系统的维护保养的具体内容，在随机的使用和维修手册中通常都作了规定，现就共同性的问题做以下要求：

1. 严格遵循操作规程

数控系统编程、操作和维修人员必须经过专门的技术培训，熟悉所用数控机床的机械、数控系统、强电设备、液压、气源等部分及使用环境、加工条件等，能按机床和系统使用说明书的要求正确、合理地使用，应尽量避免因操作不当引起的故障。通常，首次采用数控机床或由不熟练工人来操作，在使用的第一年内，有1/3以上的系统故障是由于操作不当引起的。

应按操作规程要求进行日常维护工作。有些地方需要天天清理，有些部件需要定时加油和定期更换。

2. 对纸带阅读机或磁盘阅读机的定期维护

纸带阅读机或磁盘阅读机是数控系统输入的重要装置。数控系统参数、用户宏程序和零件程序都要通过它输入到CNC内部。纸带阅读机读带部分有污物会使读入的纸带信息出现错误，所以操作者每天应对阅读头、纸带压板、纸带通道表面进行检查，用纱布蘸酒精擦净污物。对纸带阅读机的运动部分，如主动轮滚轴、导向滚轴、压紧滚轴等每周应定时清擦，对导向滚轴、张紧滚轴等每半年一次加注润滑油。对于磁盘阅读机中磁盘驱动器内的磁头应用专用清洗盘定期进行清洗。

3. 防止数控装置过热

定期清理数控装置的散热通风系统。应经常检查数控装置上各冷却风扇工作是否正常，应视车间环境状况，每半年或一个季度检查清扫一次，具体方法如下：

拧下螺钉，拆下空气过滤器；在轻轻振动过滤器的同时，用压缩空气由里向外吹掉空气过滤器内的灰尘；过滤器太脏时，可用中性清洁剂（清洁剂和水的配方为5∶95）冲洗（但不可揉擦），然后置于阴凉处晾干即可。

由于环境温度过高，造成数控装置内温度超过55～60℃时应及时加装空调装置。在我国南方常会发生这种情况，安装空调装置之后，数控系统的可靠性有比较明显的提高。

4. 经常监视数控系统的电网电压

通常，数控系统允许的电网电压范围在额定值的±（10%～15%）。如果超出此范围，轻则使数控系统不能稳定工作，重则会造成重要电子部件损坏。

因此，要经常注意电网电压的波动，对于电网质量比较恶劣的地区，应及时配置数控系统专用的交流稳压电源装置，这将使故障率有比较明显的降低。

5. 定期检查和更换直流电动机电刷

目前一些旧的数控机床上使用的大部分是直流电动机，这种电动机电刷的过度磨损会影响其性能甚至损坏，所以必须定期检查电刷。数控车床、数控铣床、加工中心等，应每年检查一次，频繁加速机床（如冲床等），应每两个月检查一次，检查步骤如下：

1）要在数控系统处于断电状态、且电动机已经完全冷却的情况下进行检查。

2）取下橡胶刷帽，用螺钉旋具拧下刷盖取出电刷。

3）测量电刷长度。如磨损到原长的一半左右时必须更换同型号的新电刷。

4）仔细检查电刷的弧形接触面是否有深沟或裂缝，以及电刷弹簧上有无打火痕迹。若有上述现象，则必须更换新电刷，并在一个月后再次检查。若还发生上述现象，则应考虑电动机的工作条件是否过分恶劣或电动机本身是否有问题。

5）用不含金属粉末及水分的压缩空气吹净粘在孔壁上的电刷粉末。如果难以吹净，可用螺钉旋具尖轻轻清理，直至孔壁全部干净为止。但要注意不要碰到换向器表面。

6）重新装上电刷，拧紧刷盖，如果更换了电刷，要使电动机空运行一段时间，以使电刷表面与换向器表面接触良好。

6. 防止尘埃进入数控装置内

除进行检修外，应尽量少开电气柜门。因为车间内空气中飘浮的灰尘和金属粉末落在印制电路板和电气接插件上容易造成元件间绝缘电阻下降，从而出现故障甚至使元件损坏，有些数控机床的主轴控制系统安置在强电柜中，强电门关得不严，是使电器元件损坏、主轴控制失灵的一个原因。有些使用者当夏天气温过高时干脆打开数控柜门，采用电风扇往数控柜内吹风，以降低机内温度，使机床勉强工作。这种办法最终会导致系统加速损坏，电火花加工数控设备和火焰切割数控设备，周围金属粉尘大，更应注意防止外部尘埃进入数控柜内部。

一些已受外部尘埃、油雾污染的电路板和接插件可采用专用电子清洁剂喷洗。在清洁接插件时可对插孔喷射足够的液雾后，将原插头或插脚插入，再拔出，即可将污物带出，可反复进行，直至内部清洁为止。接插部位安装好后，多余的喷液会自然滴出，将其擦干即可。经过一段时间之后自然干燥的喷液会在非接触表面形成绝缘层，使其绝缘良好。在清洗受污染的电路板时，可用清洁剂对电路板进行喷洗，喷完后，将电路板竖放、使尘污随多余的液体一起流出，待晾干之后即可使用。

7. 存储器用电池定期检查和更换

通常，数控系统中部分 CMOS 存储器中的存储内容在断电时靠电池供电保持。一般采用锂电池或可充电的镍镉电池。当电池电压下降至一定值就会造成参数丢失。因此，要定期检查电池电压，当该电压下降至限定值或出现电池电压报警时，应及时更换电池。更换电池时一般要在数控系统通电状态下进行，这样才不会造成存储参数丢失。一旦参数丢失，在调换新电池后，可重新将参数输入。

8. 数控系统长期不用时的维护

当数控机床长期闲置不用时，也应定期对数控系统进行维护保养。首先，应经常给数控系统通电，在机床锁住不动的情况下，让其空运行。在空气湿度较大的梅雨季节应该天天通电，利用电器元件本身发热驱走数控柜内的潮气，以保证电子部件的性能稳定可靠。实践证明，经常闲置不用的机床，过了梅雨季节，往往容易发生各种故障。

如果数控机床闲置半年以上不用，应将直流伺服电动机的电刷取出来，以免由于化学腐蚀作用，使换向器表面腐蚀，换向性能变坏，甚至损坏整台电动机。

表 3-4 中举例说明了一台数控机床的定期维护的检查顺序和内容，可根据数控机床各组成部件的性质和特点，对被维护对象采取每天检查、每周检查、每半年及一年检查和不定期检查等多种检查周期，延长数控机床的平均无故障运行时间。

表 3-4　定期维护表

序　号	检查周期	检 查 部 位	检 查 要 求
1	每天	导轨润滑油箱	检查油标、油量，及时添加润滑油，液压泵工作正常
2	每天	导轨面	清除切屑，导轨面润滑充分、无划伤
3	每天	压缩空气压力表	压力在正常范围

（续）

序 号	检查周期	检 查 部 位	检 查 要 求
4	每天	分水滤气器、空气干燥器	及时清理分水器中滤出的水分，保证空气干燥器工作正常
5	每天	气液转换器和增压器油面	发现油面不够时及时补油
6	每天	主轴润滑恒温油箱	工作正常，油量充足，温度调节范围正常
7	每天	液压系统	液压泵无异常噪声，压力表指示正常，管路及接头无泄漏，工作油面高度正常
8	每天	液压平衡系统	平衡压力指示正常，平衡阀工作正常
9	每天	CNC 输入、输出单元	纸带阅读机或磁盘阅读机清洁，转动部件工作正常
10	每天	各种电器柜散热通风装置	冷却风扇工作正常，风道过滤网无堵塞
11	每天	各种防护罩	导轨、机床等防护罩应无松动、漏水
12	每天	换刀机械手、刀库送刀的动作	动作准确无误
13	每周	清洗各电柜过滤网	过滤网无堵塞
14	每半年	滚珠丝杠	清洗丝杠上旧的润滑脂，涂上新油脂
15	每半年	液压油路	清洗各种阀及油箱，更换或过滤液压油
16	每半年	主轴润滑恒温油箱	清洗过滤器，更换润滑油
17	每年	检查或更换直流伺服电动机碳刷	检查换向器表面，吹净碳粉，去除毛刺，更换长度过短的电刷，并应跑合后交付使用
18	每年	润滑油泵、过滤器清洗	清理润滑油池底，更换滤油器
19	不定期	各轴导轨上的镶条、压紧滚轮	按机床说明书调整
20	不定期	排屑器	经常清理切屑，检查有无卡住等
21	不定期	清理废油池	及时取走废油池中的废油，以免外溢
22	不定期	调整主轴驱动带松紧	按机床说明书调整
23	不定期	刀库送刀及定位状况、机械手定位	若定位不准应及时调整

复习思考题

1. 数控机床上加工的零件特点是什么？与卧式机床加工有何区别？
2. 简述数控加工的内容和步骤。
3. 数控编程技术的发展趋势是什么？
4. 数控机床对刀具有何要求？常用刀具有哪些？各有何特点？
5. 数控刀具的选择原则是什么？
6. 数控机床用夹具的选择原则是什么？
7. 简述数控机床日常维护的意义。

第四章　数控机床编程

第一节　编程的基本概念

数控机床是一种根据加工程序，进行高效、自动化加工的设备。因此，加工程序不仅关系到能否加工出合格的零件，而且还影响到加工精度、加工效率，甚至还会影响到设备、操作人员的安全。理想的加工程序，不仅要保证加工出符合图样要求的合格零件，而且还应该使数控机床的功能得到合理的应用和充分的发挥，并保证设备能安全、高效地工作。因此，作为编程人员，不仅要熟悉数控系统的功能和编程指令，而且要熟悉数控加工工艺；掌握所使用的数控机床以及数控系统的特点和性能；懂得刀辅具和工件的装、夹方法；能熟练进行程序的编辑、输入等操作。

为了便于系统地掌握编程知识，现将数控编程中常用的一些概念说明如下。

一、程序与编程

为了使数控机床能根据零件加工的要求进行动作,必须将这些要求以机床数控系统能识别的指令形式告知数控系统。这种数控系统可以识别的指令称为程序,制作程序的过程称为编程。

数控机床常见的编程方法有手工编程和自动编程两种。

所谓手工编程，是指编制加工程序的全过程，即图样分析、工艺处理、坐标计算、编制程序单、输入程序直至程序的校验等全部工作都通过人工完成。

手工编程的优点是不需要专门的编程设备，只要有合格的编程人员即可完成。同时，它从客观上要求编程员去熟悉工艺、了解机床、掌握编程知识，因此有利于人员素质的提高。其缺点是效率较低，特别是对于轮廓复杂的工件，计算十分困难、费时。因此，手工编程较适合于零件加工批量大、轮廓较简单的场合。

所谓自动编程，是指程序编制大部分或全过程都是由计算机完成，即由计算机自动地进行坐标计算、编制程序清单、输入程序的过程。

自动编程的优点是效率高，程序正确性好。自动编程由计算机代替人完成了复杂的坐标计算和书写程序单的工作，它可以解决许多手工编制无法完成的复杂零件编程难题。其缺点是必须配备自动编程系统或编程软件，因此较适合于形状复杂零件的加工程序编制，如模具加工、多轴联动加工等场合。

实现自动编程的方法主要有语言式自动编程和图形交互式自动编程两种。前者是通过高级语言的形式，表示出全部加工内容，计算机采用批处理方式，一次性处理、输出加工程序。后者是采用人机对话的处理方式，利用 CAD/CAM 功能生成加工程序。

值得一提的是，目前越来越多的数控系统，其本身都具备了人机对话式编程、蓝图(轮廓)编程等功能，提高了编程效率和可靠性。

二、程序字与输入格式

在数控机床上，把程序中出现的英文字母及字符称为“地址”，如：X、Y、Z、A、B、

C、%、@、#、…；数字0~9(包括小数点、“+”、“-”号)称为“数字”。通常来说，每一个不同的地址都代表着一类指令代码，而同类指令则通过后缀的数字加以区别。“地址”和“数字”的组合称为“程序字”，程序字(亦称代码指令)是组成数控加工程序的最基本单位，使用时应注意以下几点：

1）程序字是组成数控加工程序的最基本单位，一般来说，单独的地址或数字都不允许在程序中使用。如X100、G01、M03、Z-58.685、…都是正确的程序字；而G、F、M、300、…是不正确的程序字。

2）程序字必须是字母(或字符)后缀数字，先后次序不可以颠倒。如：02M、100X、…是不正确的程序字。

3）对于不同的数控系统，或同一系统的不同地址，程序字都有规定的格式和要求，这一程序字的格式称为数控系统的输入格式。数控系统无法识别不符合输入格式要求的代码。输入格式的详细规定，可以查阅数控系统生产厂家提供的“编程说明书”。

作为参考，表4-1列出了最常用的FANUC 0M系统输入格式，这一格式对于大部分系统都是适用的。

表4-1　数控系统输入格式

地　址	允许输入	含　义
O	1~9999	程序号
N	1~9999	程序段号
G	00~99	准备机能代码
X、Y、Z、A、B、C、U、V、W	-99999.999~+99999.999	坐标值
I、J、K	-9999.999~+9999.999	插补参数
F	1~100000mm/min	进给速度
S	0~20000	主轴转速
T	0~9999	刀具功能
M	0~999	辅助功能
X、P、U	0~99999.999	暂停时间
P	1~9999999	循环次数、子程序号

使用时应注意：在数控系统说明书中给出的(表4-1)输入格式只是数控系统允许输入的范围，它不能代表机床的实际参数。对于不同的机床，在编程时必须根据机床的具体规格(如：工作台的移动范围、刀具数、最高主轴转速、快进速度等)来确定机床编程的允许输入范围。

三、程序的组成、程序段

数控机床的加工程序，以程序字作为最基本的单位，程序字的集合构成了程序段，程序段的集合构成了完整的加工程序。加工零件不同，数控加工程序也不同，但有的程序段(或程序字)是所有程序都必不可少的，有的却是可以根据需要选择使用的。下面是一个最简单的加工程序实例：

```
O0001;
N1  G00  G90  G80  G54;
N2  S800  M03;
```

N3　G00　X100　Y100;

N4　Z－100;

N5　G01 Z－120　F100;

N6　G00 Z0;

N7　M02;

从上面的程序中可以看出：程序以 O0001 开头，以 M02 结束。在数控机床上，将 O0001 称为程序号，M02 称为程序结束标记。程序中的每一行(以"；"作为分行标记)称为一个程序段。程序号、程序结束标记、加工程序段是任何加工程序都必须具备的三要素。

1. 程序号

程序号必须位于程序的开头，它一般由字母 O 后缀若干位数字组成。根据采用的标准和数控系统的不同，有时也可以由字符%(如:SIEMENS 数控系统)或字母 P 后缀若干位数字组成。程序号是零件加工程序的代号，它是加工程序的识别标记，不同程序号对应着不同的零件加工程序。程序号编写时应注意以下几点：

1）程序号必须写在程序的最前面，并占一单独的程序段。

2）在同一数控机床中，程序号不可以重复使用。

3）程序号 O9999、O－9999(特殊用途指令)、O0000 在数控系统中通常有特殊的含义，在普通加工程序中应尽量避免使用。

4）在某些系统(如:SIEMENS 系统)中，程序号除可以用字符%代替 O 外，有的还可以直接用多字符程序名(如 TEST1 等)代替程序号。

2. 程序结束标记

程序的结束标记用 M 代码(辅助机能代码)表示，它必须写在程序的最后，代表着一个加工程序的结束。可以作为程序结束标记的 M 代码有 M02 和 M30，它们代表零件加工主程序的结束。为了保证最后程序段的正常执行，通常要求 M02(M30)也必须单独占一程序段。此外，M99、M17(SIEMENS 常用)也可以用做程序结束标记，但它们代表的是子程序的结束。有关主程序、子程序的概念详见后述。

3. 程序段、程序段的基本格式

加工程序段处在程序号和程序结束标记之间，是加工程序最主要的组成部分。加工程序段的长度和程序段数量，一般仅受数控系统的功能与存储器容量的限制。

加工程序段作为程序最主要的组成部分，通常由 N 及后缀的数字(称顺序号或程序段号)开头；以程序段结束标记 CR(或 LF)结束；实际使用时，常用符号"；"表示 CR(或 LF)，作为结束标记。

对于一个完整的加工程序段，除程序段号、程序段结束标记"；"外，其主体部分应具备如下六个要素，即为了将刀具从 $P1$ 点移到 $P2$ 点，必须在程序段中明确以下六点(图 4-1)：

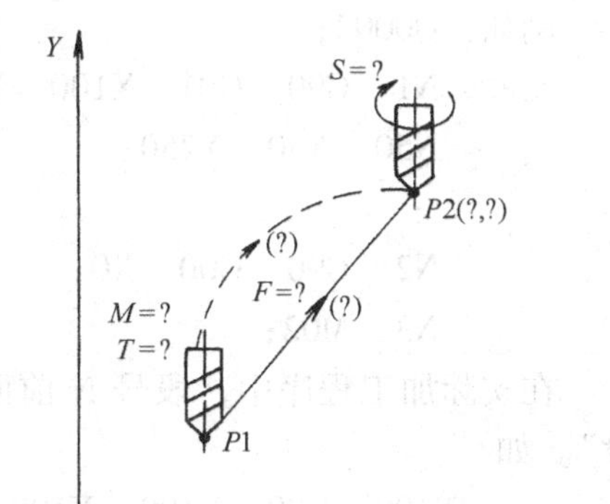

图 4-1　程序段的基本组成

a. 移动的目标在哪里？

b. 沿什么样的轨迹移动？

c. 移动速度是多少？

d. 刀具的切削速度是多少？

e. 选择哪一把刀移动？

f. 机床还需要哪些辅助动作？

以上六点称为程序段的六要素。如对于程序段

N10 G90 G01 X100 Y100 F100 S300 T01 M03；

其六要素的定义如下(有关指令代码的说明详见后述)：

a. 移动目标：X100、Y100(终点坐标值)；

b. 移动轨迹：G01(直线插补)；

c. 刀具移动速度：F100；

d. 主轴转速：S300(对应切削速度)；

e. 选择的刀具：T1(1 号刀)；

f. 机床辅助动作：M03(主轴正转)。

以上加工程序段是具备“六要素”的基本程序段，在实际加工程序中(如:圆弧插补、刀具补偿、固定循环等程序段)有时还需要更多的参数，这些参数，一般都应编写在坐标值 X、Y、Z 之后，F、S、T、M 之前。如

N5 G91 G02 X100 Y100 I50 J0 F100 S300 T1 M03；

程序段中代码指令的排列通常应按 N、G、X/Y/Z、插补参数、F、S、T、M 的顺序进行。G 代码在一个程序段中允许编入多个，但 F、S、T、M 以及 X、Y、Z 的坐标值等，实际使用时，一般都只能编入一个(即使系统允许编入多个)，以提高程序的可靠性。

在绝大部分系统中，程序段号的作用仅仅是作为“跳转”或“程序检索”的目标位置指示，因此，它的前后次序可以颠倒，也可以省略，在不同的程序内还可以重复使用。但是，在同一程序内，程序段号不可以重复使用；另外，当程序段号省略时，该程序段将不能作为“跳转”或“程序检索”的目标程序段。

程序段号也可以由数控系统自动生成，程序段号的递增量可以通过“机床参数”进行设置。在由操作者自定义时，可以任意选择程序段号，且在程序段间可以采用不同的增量值。

例如：O0002；

N1 G90 G01 X100 Y200 F100 S300 M03；

N50 X50 Y250；

⋮

N2 G90 G00 X0；

N3 M02；

在实际加工程序中，段号 N 前面可以加“/”符号，这样的程序段称为“可跳过程序段”。如

/N100 G00 X100 Y100；

可跳过程序段的特点是可以由操作者对程序段的执行情况进行控制。当操作机床，使系统的“跳过程序段”信号生效时，程序执行时将跳过这些程序段；当“跳过程序段”信号无效时，程序段照常执行(相当于无“/”符)。

为了方便检查、阅读，在许多数控系统中允许对程序段加注释，注释可以作为对操作者的提示显示在荧屏上，但实际机床的动作与是否加注释、注释的内容均无关。程序段的注释应加在“(”及“)”之间，并放在程序段的最后，不允许将注释插在地址和数字之间。如

N 5　X100　Z200 (SHAFT)；正确的注释

N 5　X100　Z(SHAFT)200；这样的注释通常不允许

在 SIEMENS 系统中，将六要素齐全的程序段称为“主程序段”，它可以采用特定的程序段号“：”代替“N”。如

：10　G90　G01　X100　Y100　F100　S300　T01　M03；

4. 模态代码、单段有效代码

根据加工程序段的基本要求，为了保证动作的正确执行，每一程序段都必须具备“六要素”。这样，在实际编程中，必将出现大量的重复指令，使程序显得十分复杂和冗长。为了避免出现以上情况，在数控系统中规定了这样一些代码指令：它们在某一程序段中指令之后，可以一直保持有效状态，直到撤销这些指令；这些代码指令，称为“模态代码”或“模态指令”。而仅在编入的程序段生效的代码指令，称为“单段有效代码”或“单段有效指令”。

“模态代码”和“单段有效代码”的具体规定，可以查阅数控系统生产厂家提供的编程说明书。一般来说，绝大多数常用的 G 代码、全部 S、F、T 代码均为“模态代码”，M 代码的情况决定于机床生产厂家的设计。

5. 代码分组、开机默认代码

利用模态代码可以大大简化加工程序，但是，由于它的“连续有效”性，使得其撤销必须由相应的指令进行，“代码分组”的主要作用就是为了撤销“模态代码”。

所谓“代码分组”，就是将系统不可能同时执行的代码指令归为一组，并予以编号区别。同一组的代码有相互取代的作用，由此来撤销“模态代码”。

此外，为了避免编程人员在程序编制中出现的指令代码遗漏，像计算机一样，数控系统中也对每一组的代码指令，都取其中的一个作为开机默认代码，此代码在开机或系统复位时可以自动生效。

对于分组代码的使用应注意以下两点：

1）同一组的代码在一个程序段中只能有一个生效，当编入两个以上时，一般以最后输入的代码为准；但不同组的代码可以在同一程序段中编入多个。

2）对于开机默认的模态代码，若机床在开机或复位状态下执行该程序，程序中允许不进行编写。

有关模态代码、单程序段有效代码、开机默认的模态代码、代码分组详见本章第四、五节“G 代码一览表”部分。

四、主程序、子程序

1. 主程序与子程序

机床的加工程序可以分为主程序和子程序两种。主程序是零件加工程序的主体部分，它是一个完整的零件加工程序。主程序和被加工零件及加工要求一一对应，不同的零件或不同的加工要求，都有唯一的主程序。

为了简化编程，有时可以将一个程序或多个程序中的重复的动作，编写为单独的程序，

并通过程序调用的形式来执行这些程序，这样的程序称为子程序。就程序结构和组成而言，子程序和主程序并无本质区别，但在使用上，子程序具有以下特点：

1）子程序可以被任何主程序或其他子程序所调用，并且可以多次循环执行。

2）被主程序调用的子程序，还可以调用其他子程序，这一功能称为子程序的嵌套。

3）子程序执行结束，能自动返回到调用的程序中。

4）子程序一般都不可以作为独立的加工程序使用，它只能通过调用来实现加工中的局部动作。

2. 子程序的调用

在大多数数控系统中，子程序的程序号和主程序号的格式相同，即：也用 O 后缀数字组成。但其结束标记必须使用 M99（或 M17），才能实现程序的自动返回功能。

对于采用 M99 作为结束标记的子程序，其调用可以通过辅助机能中的 M98 代码指令进行。但在调用指令中子程序的程序号由地址 P 规定，常用的子程序调用指令有以下三种格式：

格式一：M98　P□□□□；

作用：调用子程序 O□□□□一次。如 N15　M98　P0100；为调用子程序 O0100 一次，子程序号的前导 0 可以省略，即可以写成 N15　M98　P100 的形式。

格式二：M98　P□□□□　L××××；

作用：连续调用子程序 O□□□□多次，地址 L 后缀的××××代表调用次数。如 N15 M98 P0200 L2；为调用子程序 O0200 两次。同样，子程序号、循环次数的前导 0 均可以省略。

格式三：M98　P××××□□□□；

作用：调用子程序 O□□□□多次，地址 P 后缀的数字中，前四位××××代表调用次数，后四位□□□□代表子程序号。注意：利用这种格式时，调用次数的前导 0 可以省略，即 0002 可以省略成 2；但子程序号□□□□的前导 0 不可以省略，即 0200 不可以省略成 200。如 N15　M98　P20200；为调用子程序 O0200 两次，但 N15　M98　P2200 则表示调用子程序 O2200 一次。

以上子程序的调用格式的动作如下：

主程序：　　　　　　　　　　　　　　　　　　　　子程序：

O0001;

N10 …;
N15　M98　P0100;　　　　　　　　　　　　O0100;
N20 …;　　　　　　　　　　　　　　　　　…
…　　　　　　　　　　　　　　　　　　　M99;
…　　　　　　　　　　　　　　　　　　　O0200;
N60　M98　P0200　L2;　　　　　　　　　…
…　　　　　　　　　　　　　　　　　　　M99;
N100　M30;

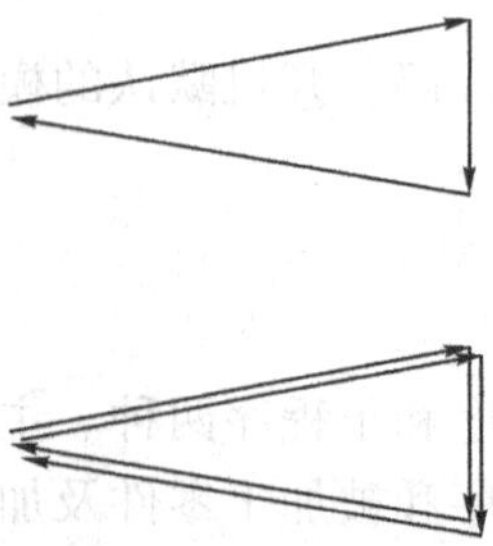

在上述主程序中当采用格式三编程时，N60 程序段可以用 M98 P20200 代替，其动作相同。

注意：由于子程序的调用目前尚未有完全统一的格式规定，以上子程序的调用只是大多数数控系统的常用格式，对于不同的系统，还有不同的调用格式和规定，使用时必须参照有关系统的编程说明。

作为常用系统，SIEMENS 数控的子程序号采用地址 L 后缀数字的格式表示，而子程序的结束标记则使用辅助机能代码 M17。在 SIEMENS 新系列数控系统中（如 802D/810D/840D），子程序的结束标记除可采用 M17 外，还可以使用 M02、RET 等指令。子程序的调用格式为：N×××× L□□□□ P×××；其中 L□□□□给定子程序号，P×××指定循环次数。

例如：N10 L785 P2；为连续调用子程序 L785 两次。动作如下：

%0001；

N10 …；
N15 L0100；
N20 …；
…
…
N60 L785 P2 ；
…
N100 M02；

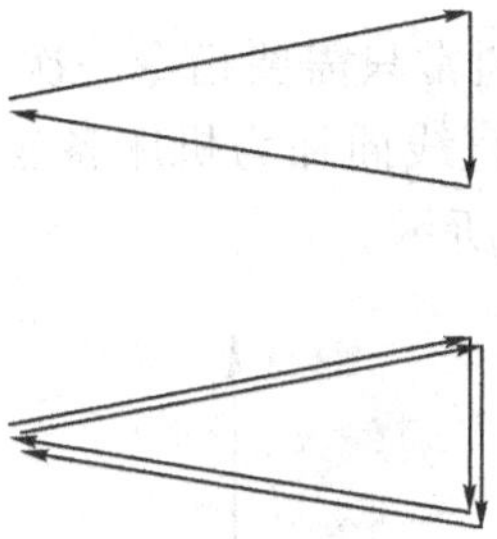

子程序：

L0100；
…
M17；

L785；
…
M17；

此外，在大多数系统中，还可以通过特定的 M、G 指令直接调用子程序，这种格式多用于执行机床特殊动作（如自动换刀、交换工作台等），使用时必须参照机床使用说明书进行。

第二节　数控系统的机能说明

在编程过程中，充分利用数控系统的功能，不仅可以使数控机床的功能得到充分发挥，而且可以使程序简洁、明了，熟悉数控系统的功能，是对编程人员的基本要求。但是，由于当前数控系统的种类较多，功能各异，因此，对于特殊功能的使用与编程，必须参照数控系统的编程说明书进行。本节主要介绍一般数控系统中大都具备的常用机能，也就是通常所说的基本功能。

一、插补机能

插补机能是控制刀具（坐标轴）移动轨迹的机能。控制刀具沿直线运动的称为直线插补；沿圆弧运动的称为圆弧插补；沿螺旋线运动的称为螺旋线插补等。在数控加工程序中，插补方式用 G 代码指令进行选择，如：G01 指定直线插补；G02/G03 指定圆弧插补等。

习惯上将 G 代码指令称为数控机床的“准备机能”，它是数控编程中内容最丰富、用途最广泛的编程指令。常用的有 G00 ~ G99，这 100 个 G 代码几乎都有不同的含义。特别是随着系统功能的进一步完善，在先进的系统中，已经开始采用三位 G 代码指令。常用 G 代码指令的详细说明，将在第三至第五节予以介绍。

二、进给机能

在数控机床上，把刀具以规定的速度的移动称为进给，控制刀具进给速度的机能称为进给机能，亦称 F 机能。进给速度机能用地址 F 及后缀的数字来指令，对于直线运动的坐标轴，常用的单位为 mm/min 或 inch/min；对于回转轴，单位为(°)/min。进给速度的指定方法有 F1 位数法、F2 位数法、直接指令法等。

在 F1 位数法、F2 位数法中，F 后缀的数字并不能代表编程的进给速度，它必须根据系统的参数设置，通过查表确定进给速度值。而且，系统可以选择的进给速度受指令数字位的限制(F1 位数法为 F0 ~ F9 共 10 种,F2 位数法为 F00 ~ F99 共 100 种)，它不能实现任意进给速度的无级调速，目前已经很少采用这两种指令方式。

在直接指令法中，F 后缀的数字直接代表了编程的进给速度值，即：F100 代表进给速度 100mm/min。直接指令法 F 后缀的数字位可以是 4 ~5 位，它可以实现任意进给速度的选择，且指令值和进给速度直接对应，目前绝大多数系统都使用该方法。

进给机能的编程应注意以下几点：

1）F 指令是模态的，对于一把刀具通常只需要指令一次。

2）在程序中指令的进给速度，对于直线插补为机床各坐标轴的合成速度；对于圆弧插补，为圆弧在切线方向的速度，如图 4-2 所示。

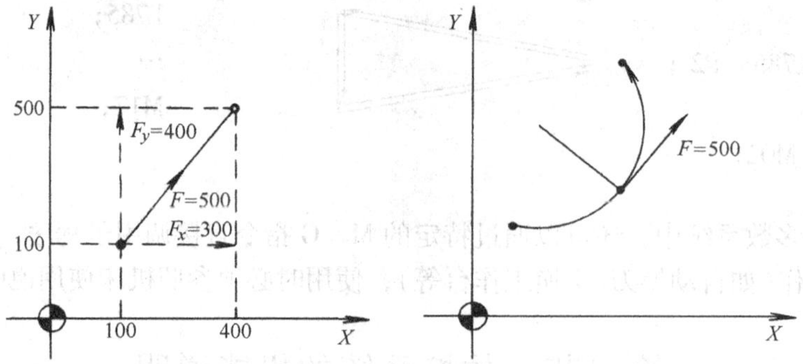

图 4-2　进给速度的指定

3）编程的 F 指令值还可以根据实际加工的需要，通过操作面板上的“进给倍率”开关进行修正，因此，实际刀具进给的速度可以和编程速度有所不同(螺纹加工除外,详见后述)。

4）机床在进给运动时，加减速过程是数控系统自动实现的，编程时无需对此进行考虑。

5）F 不允许使用负值；通常也不允许通过指令 F0 控制进给的停止，在数控系统中，进给暂停动作由专用的指令(G04)实现。但是通过进给倍率开关可以控制进给速度为 0。

6）进给速度的单位根据编程指令的不同，对于直线轴可以是 mm/min、inch/min；对于旋转轴规定为(°)/min；当主轴配有角位移测量装置时，还可以是 mm/r(主轴每转进给)，用来实现车削或螺纹的加工。

三、主轴机能

在数控机床上，把控制主轴转速的机能称为主轴机能，亦称 S 机能。主轴机能用地址 S 及后缀的数字来指令，单位为 r/min。

主轴转速的指定方法也有：S1 位数法、S2 位数法、直接指令法等。其作用和意义与 F 机能相同。目前绝大多数系统都使用直接指令方法，即：S100 代表主轴转速为 100r/min。

主轴机能的编程应注意以下几点：

1）S 指令是模态的，对于一把刀具通常只需要指令一次。

2）编程的 S 指令值可以通过操作面板上的“主轴倍率”开关进行修正，实际主轴转速可以和编程转速有所不同。

3）S 不允许使用负值，主轴的正、反转由辅助机能指令 M03/M04 进行控制。主轴起动、停止的控制方法有两种：①通过指令 S0 使主轴转速为“0”；②通过 M05 指令控制主轴的停止，M03/M04 起动。通过“主轴倍率”开关，一般只能在 50% ~150% 的范围对主轴转速进行调整。

4）在大部分数控铣、镗床，加工中心上，刀具的切削速度一般不可以进行直接指定，它需要通过指令主轴(刀具)的转速进行。其换算关系为

$$v = \frac{2\pi Dn}{1000}$$

式中 v——切削速度，单位为 m/min；

n——主轴转速，单位为 r/min；

D——刀具直径，单位为 mm。

在上述程序段中，S 代码指令的值即为主轴转速 n 的值。

5）在数控车床上，可以通过“线速度恒定”控制功能，利用 S 指令来直接指定刀具的切削速度，详见后述。

四、辅助机能

在数控机床上，把控制机床辅助动作的机能称为辅助机能，亦称 M 机能。辅助机能用地址 M 及后缀的数字来指令，常用的有 M00 ~ M99。其中，部分 M 代码为数控机床标准规定的通用代码，在所有数控机床上都具有相同的意义，见表 4-2。其余的 M 代码指令的意义，一般由机床生产厂家定义，编程时必须参照机床生产厂家提供的使用说明书。

表 4-2 常用的 M 代码表

序号	代码	功能	备注
1	M00	程序暂停	
2	M01	程序选择暂停	
3	M02	程序结束标记	对 SIEMENS 系统，也可以作子程序结束标记
4	M03	主轴正转	
5	M04	主轴反转	
6	M05	主轴停止	
7	M06	自动换刀	
8	M07	内冷却开	
9	M08	外冷却开	
10	M09	冷却关	
11	M17	子程序结束标记	M17 为 SIEMENS 系统用

（续）

序号	代码	功能	备注
12	M19	主轴定向准停	
13	M30	程序结束、系统复位	
14	M41	主轴变速挡 1	（低速）
15	M42	主轴变速挡 2	（次低速）
16	M43	主轴变速挡 3	（中速）
17	M44	主轴变速挡 4	（次高速）
18	M45	主轴变速挡 5	（高速）
19	M98	子程序调用	
20	M99	子程序结束标记	

辅助机能的编程应注意以下几点：

1）表 4-2 中，除 M00、M01、M98、M99 等少数几个 M 机能的控制与机床无关外，其余大多数 M 机能的动作都决定于机床生产厂家的 PLC 程序设计，因此，在不同的机床上，同一 M 代码可能有完全不同的含义。实际 M 代码编程时，必须参照机床使用说明书进行，了解机床中所采用的 M 机能及其含义。通常情况下，机床越复杂、功能越强，使用的 M 代码也就越多。

2）像 G 代码指令一样，M 代码也必须进行分组，亦有开机默认代码。如 M03、M04、M05；M00、M01；M07、M08 与 M09 均分别属于同一组的 M 代码。其余 M 代码的分组与开机默认值应参见机床厂家提供的使用说明书。

3）当同一程序段中，既有 M 代码又有其他指令时，可以先执行 M 代码指令，再执行其他指令；亦可以先执行其他指令，最后执行 M 指令（决定于机床参数与系统的设置）。因此，M 代码虽然也像 G 代码一样进行了分组，但在一个程序段中最好只编入一个 M 代码指令，以防止机床动作的冲突。

4）为了保证加工程序能按要求、以正确的次序执行完成，对于程序段结束标记 M02、M30、子程序调用指令 M98 等指令，应用单独的程序段进行编程。

五、刀具机能

在数控机床上，把指定或选择刀具的机能称为刀具机能，亦称 T 机能。刀具机能用地址 T 及后缀的数字来指令。

刀具机能的指定方法有：T2 位数法、T4 位数法等。采用 T2 位数法，通常只能用于指定刀具；采用 T4 位数法，可以同时指定刀具和选择刀补。绝大多数数控加工中心都使用 T2 位数法；而大多数数控车床则经常使用 T4 位数法。

刀具机能的编程应注意以下几点：

1）使用 T2 位数法，可以直接指令刀号，如：T10 指令 10 号刀具；但刀具补偿号（补偿存储器号，亦称刀补号）由其他代码（如：D 或 H 代码）进行选择。

2）使用 T4 位数法，可以直接指令刀号与刀补号，这时，T 代码的前两位用于指定刀号，后两位用于选择刀具补偿存储器号，如：T0102 指令，指定的是 1 号刀具；选择的是 2 号刀具补偿存储器。

第三节　基本编程指令

数控机床的加工和程序编制，一般都按照建立坐标系、选择尺寸单位制和编程方式、确定刀具与切削参数、确定刀具运动轨迹等步骤进行。以上每一步都必须根据数控系统的指令代码进行编程，在上节中我们已经对一些简单的指令进行了初步说明，本节将根据以上步骤，对有关指令进行进一步的说明。

一、机床坐标系的建立与选择指令

为了精确地描述机床的运动，在数控机床上，刀具的定位点、移动轨迹等都是以坐标值的形式给出的。因此，为了实现对刀具的运动控制，就必须在数控机床上建立坐标系，即确定坐标轴的方向和设定坐标原点的位置。

1. 坐标系的规定

国际标准规定：数控机床的坐标系，采用右手定则的笛卡儿坐标系，如图 4-3 所示。

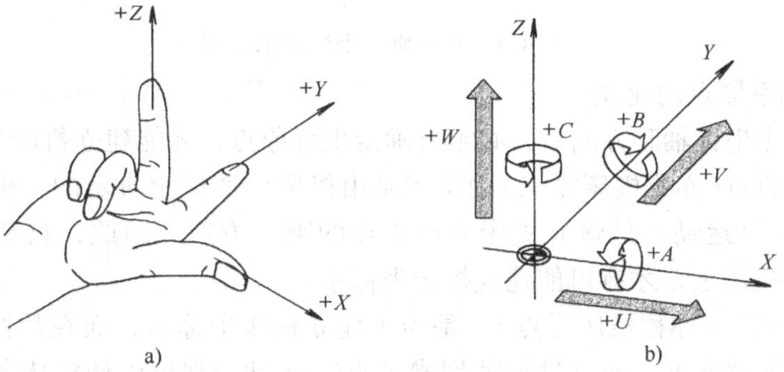

图 4-3　坐标系的规定

a）直线运动轴　b）回转轴

注意：图 4-3 中所示的方向为刀具相对于工件的运动方向，即：假设工件不动，刀具相对运动的情况。当以刀具为参照物、工件（或工作台）运动时，建立在工件（或工作台）上的坐标轴方向与图示方向相反。

2. 坐标轴及方向规定

数控机床的坐标轴和方向的规定如下：

（1）*Z* 轴　规定与机床主轴轴线平行的坐标轴为 *Z* 轴，刀具远离工件的方向为 *Z* 轴的正向。当机床有多根主轴（如龙门式铣床）或没有主轴（如刨床）时，则选择垂直于工件装夹表面的轴为 *Z* 轴。

（2）*X* 轴　*X* 轴是刀具在定位平面的主要运动轴，它垂直于 *Z* 轴，平行于工件装夹表面。

对于数控车床、磨床等工件旋转的机床，工件的径向运动为 *X* 轴，刀具远离工件的方向为 *X* 轴正向。

（3）*Y* 轴　在 *Z*、*X* 轴确定后，通过右手定则确定。

（4）回转轴　绕 *X* 轴回转的坐标轴为 +*A*；绕 *Y* 轴回转的坐标轴为 +*B*；绕 *Z* 轴回转的坐标轴为 +*C*；方向采用右手螺旋定则，见图 4-3b 所示。

（5）附加坐标轴　平行于 X 轴的坐标轴为 U；平行于 Y 轴的坐标轴为 V；平行于 Z 轴的坐标轴为 W；方向与 X、Y、Z 轴一致。

图 4-4 是常见机床的坐标系示意图。

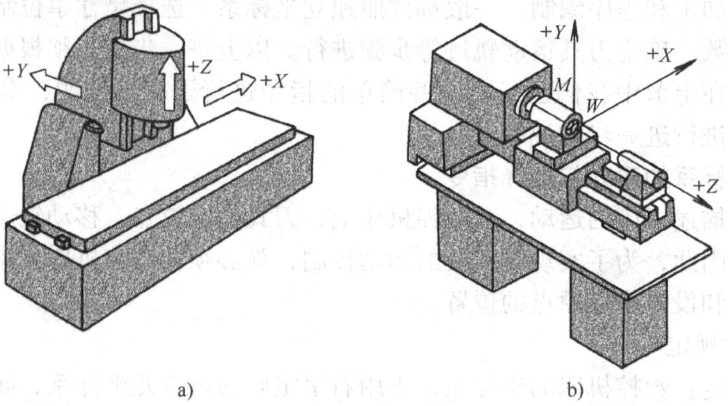

图 4-4　常见机床坐标系示意图

3. 机床坐标系原点的建立

在规定了机床坐标轴和方向后，必须再确定坐标原点，才能建立机床坐标系。在数控机床上，机床坐标原点(亦称机床零点)的位置是由机床生产厂家决定的，机床进行“回参考点”（亦称“回零”)运动，是建立机床坐标原点的唯一方法。因此，只有在具备“回参考点”功能的数控机床上，才有可能建立机床坐标系。

所谓“参考点”（亦称机床零点)，是为了建立机床坐标系，而在数控机床上专门设置的基准点。在任何情况下，通过进行“回参考点”运动，都可以使机床各坐标轴运动到参考点并定位，系统自动以参考点为基准自动建立机床坐标原点。

利用“回参考点”建立的机床坐标原点，具有如下特点：

1）只要不改变机床参数，参考点位置、机床坐标原点都是固定不变的，它使机床具有了一个固定不变定位点和固定不变的坐标系。因此，可以在此基础上建立软件限位、加工区域限制等保护措施；同时，它又为机床的辅助动作(如自动换刀等)提供了一个定位基准点，为辅助动作控制提供了方便。

2）在数控系统中，一般都有“参考点到达”信号，它可以作为自动加工的开始条件，对机床动作进行互锁和保护，提高了机床的可靠性。

3）机床坐标原点可以和参考点重合，也可以是相对于参考点固定距离的点；它可以在机床的运动范围之内，也可以在机床的运动范围之外，这一固定距离应事先通过机床参数予以设置。

4）机床坐标系一旦建立，只要机床不断电就保持不变，而且不能通过编程指令(如工件坐标系设置等)改变。

5）对于无“回参考点”功能的数控机床，不能建立机床坐标系，它只能设置工件坐标系(详见后述)。

4. 自动回参考点及相关指令(G28、G29、G27)

数控机床的“回参考点”运动，可以通过“手动回参考点”操作进行，也可以通过

G28 指令使机床自动返回参考点，两者的作用相同。其指令格式如下：

G28　X　x_1　Y　y_1　Z　z_1；

其中：x_1、y_1、z_1 指定的是自动“回参考点”过程中刀具需要经过的中间点坐标值。

执行本指令将进行两次定位，其动作是：刀具首先快速向中间点(x_1,y_1,z_1)运动并进行定位；定位完成后，再从中间点快速向参考点运动并进行定位，如图 4-5 所示。当参考点定位完成后，系统自动设定机床坐标系，并发出“参考点到达”信号。

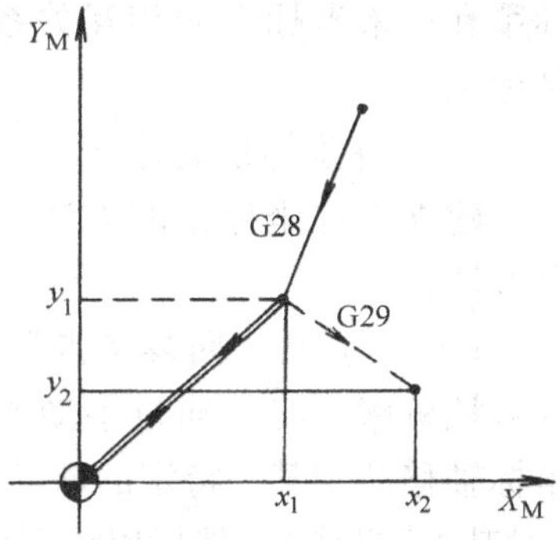

图 4-5　G28、G29 指令动作

指令中设置中间点的目的是规定回参考点运动最后阶段的运动轨迹，防止机床在回参考点过程中可能产生的碰撞。

机床执行 G28 指令将自动撤销刀具补偿。

与 G28 指令相对应的指令是 G29 指令，其指令格式如下：

G29　X　x_2　Y　y_2　Z　z_2；

其中：x_2、y_2、z_2 指定的是刀具终点坐标值。

执行本指令同样要进行两次定位，其动作是：刀具首先快速从参考点向 G28 指令指定的中间点(x_1,y_1,z_1)运动并进行定位，定位完成后，再从中间点快速向终点(x_2,y_2,z_2)运动并进行定位，如图 4-5 所示。它只能在执行了 G28 指令后方可使用。

指令 G27 的作用是对定位点进行参考点检测，其指令格式如下：

G27　X　x　Y　y　Z　z；

其中：x、y、z 指定的是刀具终点坐标值。

执行本指令的动作是：刀具首先快速向终点(x,y,z)运动并进行定位，定位完成后，对该点进行参考点检测。若定位点是参考点，则发出“参考点到达”信号；否则系统报警。

G27、G28、G29 均为单段有效指令。

5. 机床坐标系的选择(G53)

通过“回参考点”建立的机床坐标系，可以用 G 代码指令 G53 进行选择，它是单段有效指令，指令格式如下：

G53　X　x　Y　y　Z　z；

执行指令可以将刀具移动到机床坐标系的(x,y,z)点上。

本指令只能在机床进行了“回参考点”动作后才能使用。

二、工件坐标系的建立与选择指令

1. 工件坐标系

机床坐标系的建立保证了刀具在机床上的正确运动。但是，由于加工程序的编制通常是针对某一工件，根据零件图样进行的，为了便于尺寸计算、检查，加工程序的坐标原点一般都希望与零件图样的尺寸基准相一致，因此不能直接使用机床坐标系。这种针对某一工件，根据零件图样建立的坐标系称为工件坐标系(亦称图样坐标系)。

考虑到机床同时装夹多个零件进行加工的需要，在数控机床上，一般都允许建立多个工件坐标系。不同的工件坐标系，可以同时在机床上存在，如图 4-6 所示，加工时通过不同的指令进行工件坐标系的选择。

工件坐标系坐标轴的方向和机床坐标系坐标轴的方向相同，但坐标原点不同。

为了保证加工程序能正确执行，就必须明确工件坐标系和机床坐标系的相互关系，这一过程称为建立工件坐标系。

2. 工件坐标系的建立

建立工件坐标系的方法，可以根据机床功能选择以下方法：

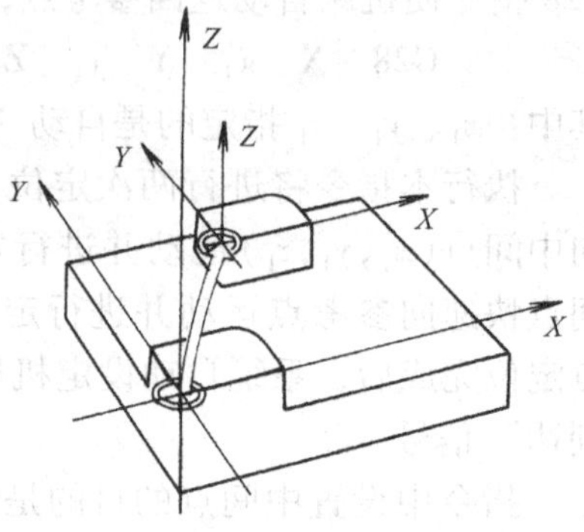

图 4-6　工件坐标系

1）对于无“回参考点”功能（不具备机床坐标系）的数控机床，必须通过手动操作将机床的各坐标轴，使坐标轴移动到某一特定的基准位置进行定位（习惯上称为“对基准”操作），然后以该点为基准，通过 G92（或 G50）指令进行工件坐标原点的设定，直接建立工件坐标系。

2）对于有“回参考点”功能，且已通过“回参考点”建立了机床坐标系的数控机床，可以采用两种方法进行工件坐标原点的设定：①采用和上述相同的方法，通过手动操作和 G92（或 G50）指令设定原点；②通过面板操作或利用特殊的坐标原点偏置值输入指令（在 FANUC 系统中为 G10），设定工件坐标系原点在机床坐标系中的位置，此方法用于 G54 ~ G59 工件坐标系的原点设定。

这两种设定方法的特点是：利用 G92（G50）设定的工件坐标系原点是随时可变的，即：它设定的是“浮动”零点，在程序中可以多次使用、不断改变，使用比较灵活。但其缺点是：每次设定都需要进行手动对基准点操作，操作步骤较多，并影响到基准点的精度。此外，由 G92（G50）设定的零点，在机床关机后不能记忆，通常适用于单件加工时使用。而 G54 ~ G59 工件坐标系原点是固定不变的，它在机床坐标系建立后即生效，在程序中可以直接选用，不需要进行手动对基准点操作，原点精度高；且在机床关机后亦能记忆，适用于批量加工时使用。

3. 工件坐标系原点设定指令（G92、G50）

根据不同的代码体系，设定机床坐标系原点可以通过 G92 或 G50 指令进行，其中 G92 可以适用于大部分机床；G50 为数控车床代码体系用。指令格式如下：

G92　X　x_0　Y　y_0　Z　z_0；或：G50　X　x_0　Z　z_0；

注意：

1）在指令中编程的 x_0、y_0、z_0 值是指定刀具现在位置（基准点）在所设定的工件坐标系中的新坐标值。G92 指令所设定的工件坐标系原点，要通过刀具现在位置（基准点）、新坐标值这两个参数倒过来推出。执行本指令，机床并不产生运动。

例如：假设执行 G92 指令前，刀具所处的位置为（400,500），现将这一点作为工件坐标系的设定基准，执行指令 G92　X200　Y250；，其结果是：机床不产生运动，但工件坐标系的原点被设定到点 O_1，原来的原点 O_0 被撤销。刀具定位点的坐标值自动变成为（200,250），如图 4-7 所示。

2）G92（G50）指令为单段有效指令。但设定的工件坐标系原点可以保持，即 G92（G50）指令后的坐标值为工件坐标系的位置值。

4. G54 ~ G59 工件坐标系原点设定

G54 ~ G59 工件坐标系原点的设定，一般通过面板操作进行。通过输入不同的“零点偏置”数据，可以在机床上建立 G54 ~ G59 六个不同的工件坐标系。

所谓“零点偏置”值就是工件坐标系原点在机床坐标系中的位置值，修改“零点偏置”值即可改变工件坐标系原点位置。图 4-8 所示为对 G55、G56 工件坐标系分别输入“零点偏置”（x_1,y_1）和（x_2,y_2）时建立的工件坐标系情况。

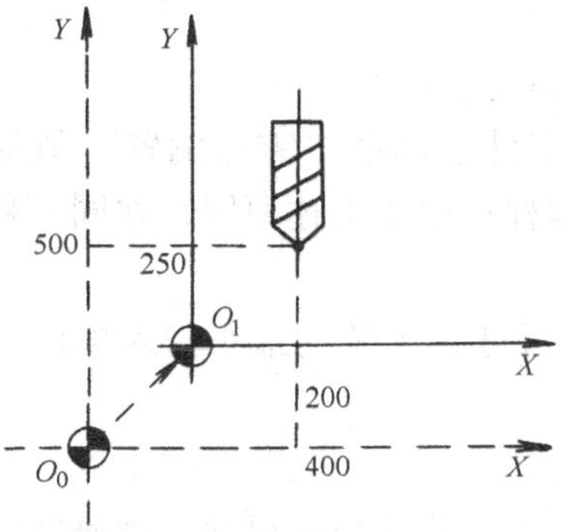

图 4-7　G92 坐标系原点设置

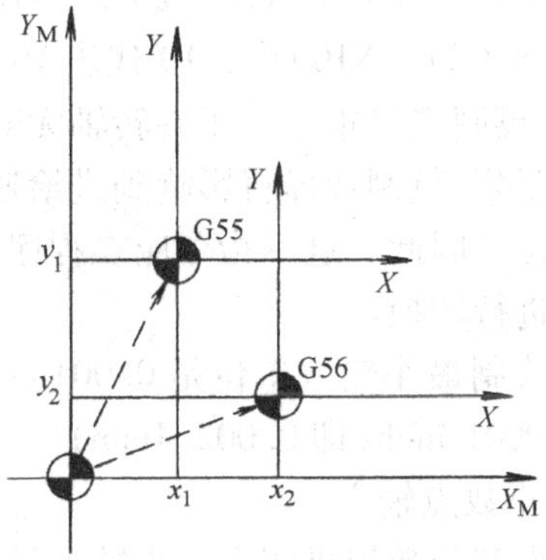

图 4-8　G54 ~ G59 坐标系原点设置

利用特殊的坐标原点偏置值输入指令（在 FANUC 系统中为 G10），通过执行程序，也可以设定工件坐标系原点。

“零点偏置”值一经输入，只要不对其进行修改、删除操作，工件坐标系即可永久存在，即使进行机床关机，其偏置值也能保留。

5. 工件坐标系的选择（G54 ~ G59）

通过输入、修改“零点偏置”建立的工件坐标系，可以用 G 代码指令 G54 ~ G59 进行选择，它们是同属一组的模态指令，指令格式如下：

G54　X　*x*　Y　*y*　Z　*z*；

执行指令可以将刀具移动到工件坐标系 G54 的（x,y,z）点上。当选择其他工件坐标系时只需将格式中的 G54 换成 G55 ~ G59 即可。本指令只能在机床进行了“回参考点”动作，机床坐标系已经建立，并输入了“零点偏置”后才能使用。G54 ~ G59 在程序中可以根据需要随时进行转换。

例如：假设 G55、G56 的“零点偏置”值为 G55：（100,200）；G56：（200,80）；

执行程序段：

N1　G00　G90；
N2　G55　X50　Y100；
N3　G56　X50　Y50；
N4　G55　X－60　Y－100；
N5　G53　X0 Y0；

刀具的移动轨迹为图 4-9 所示（注：程序中的 G00 为快速移动指令，G90 为绝对尺寸，详见后述）。

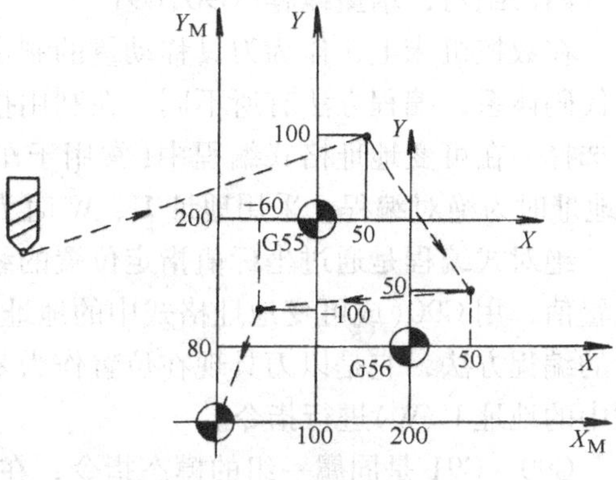

图 4-9　工件坐标系的转换

三、尺寸的公、英制选择与小数点输入

1. 公/英制选择(G70、G71、G20、G21)

在数控机床上，为了方便程序编制，通常都具备公/英制选择与转换功能，它由G代码指令实现。根据不同的代码体系，可以使用G70/G71或G20/G21指令进行公/英制选择。其中G70(或G20)选择的是英制尺寸，G71(或G21)选择的是公制尺寸。

例如：指令G70 X10(或G20 X10)中，10代表10inch(英寸)，即254mm；而指令G71 X10(或G21 X10)中，10代表10mm。

公/英制选择指令对于旋转轴无效，旋转轴的单位总是度(°)。

由于公/英制选择将影响到进给速度、刀具补偿、工件坐标系“零点偏置”值等相关尺寸的单位，因此，这一指令应在程序的起始段中进行编程；由于上述原因，在同一程序中也不可以进行转换。

在公制最小输入单位是0.001mm时，若选择英制尺寸，系统的最小输入单位可以自动变为0.0001 inch(即0.00254mm)。

2. 小数点输入

在大部分数控机床上，小数点具有特殊的作用，它可以改变坐标尺寸、进给速度和时间的单位。

在通常的小数点输入方式下，不带小数点的值是以数控机床的最小设定单位作为输入单位的，而带小数点的值则以基本单位制单位(公制:mm,英制:inch,回转轴:°)作为输入单位。如：对于最小输入单位为0.001mm(0.0001 inch、0.001°)的机床，X10代表0.01mm(或0.001inch,0.01°)；X10. 则代表了10mm(或10inch,10°)。

在使用计算机小数点输入方式时，不带小数点的值是以基本单位制单位(公制:mm,英制:inch,回转轴:°)作为输入单位，即：X10、X10. 都代表10mm(或10inch,10°)，而0.01mm必须用X0.01指定。

数控机床的小数点输入方式可以通过机床参数进行设定和选择。不带小数点和带小数点的值在程序中可以混用。

为了保证程序的正确性，不论采用何种输入方式，在实际程序编制与输入时，最好对全部输入值都加上小数点进行表示，因为X10. 与X0.01总是可以分别代表10mm与0.01mm的。为了文字编辑方便，在本书列举的全部程序中均采用计算机小数点输入方式进行编写。

四、绝对、增量编程(G90,G91)

在数控机床上，作为刀具移动量的制定方法有绝对式编程和增量式编程两种，根据不同的代码体系，编程方法有所不同。在利用指令编程时，它们通过G代码指令G90和G91进行选择。在可变地址格式编程中(常用于车床)，通过改变X、Z地址进行编程，当采用X、Z地址时为绝对编程；采用地址U、W时为增量编程。

绝对式编程是通过坐标值指定位置的编程方法，它是以坐标原点作为基准，给出的绝对位置值，用G90(或可变地址格式中的地址X、Z)进行指令。增量式编程是直接指定刀具移动量的编程方法，它是以刀具现在位置作为基准，给出的相对位置值，用G91(或可变地址格式中的地址U、W)进行指令。

G90、G91是同属一组的模态指令，在程序中可以根据需要随时进行转换。

如图4-10所示，刀具从*P*1到*P*2、*P*2到*P*3点的快速定位(G00)运动，在不同的代码体

系中，分别可以用以下指令进行编程：

采用 G90/G91 编程时：

绝对式：N1G00　G90　X500　Z400；

　　　　N2　　　　　X280　Z520；

增量式：N1　G00　G91　X340　Z250；

　　　　N2　　　　　X－220　Z120；

采用可变地址格式时：

绝对式：N1G00　X500　Z400；

　　　　N2　　X280　Z520；

增量式：N1　G00　U340　W250；

　　　　N2　　　U－220W120；

程序中的 G00 为快速定位指令。

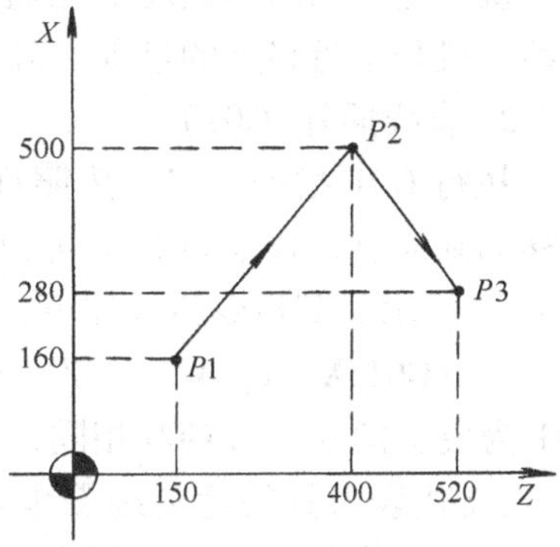

图 4-10　绝对/增量编程

五、基本移动指令的编程

1. 快速定位(G00)

数控机床的快速定位动作用 G00 指令指定，执行 G00 指令，刀具按照机床的快进速度移动到终点，实现快速定位，如图 4-11 所示。其指令格式如下：

G00 X　x　Y　y　Z　z；

G00 为模态指令。在绝对值编程方式，x、y、z 代表刀具的运动终点坐标为(x,y,z)；在增量方式，则代表了 X、Y、Z 轴分别运动 x、y、z 距离，程序中 G00 亦可以用 G0 表示。

执行 G00 指令刀具的移动轨迹可以是以下两种，它决定于系统或机床参数的设置，如图 4-12 所示。

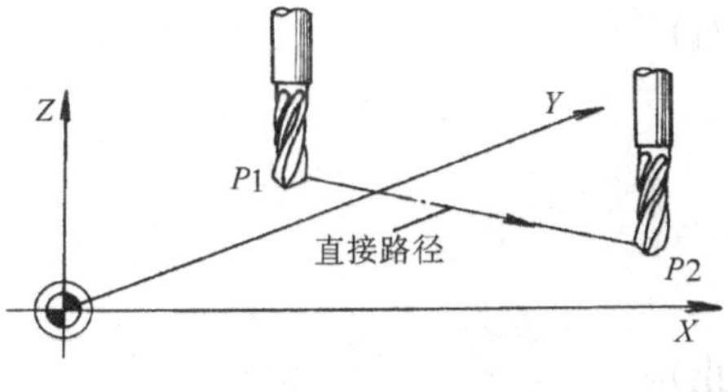

图 4-11　G00 快速定位

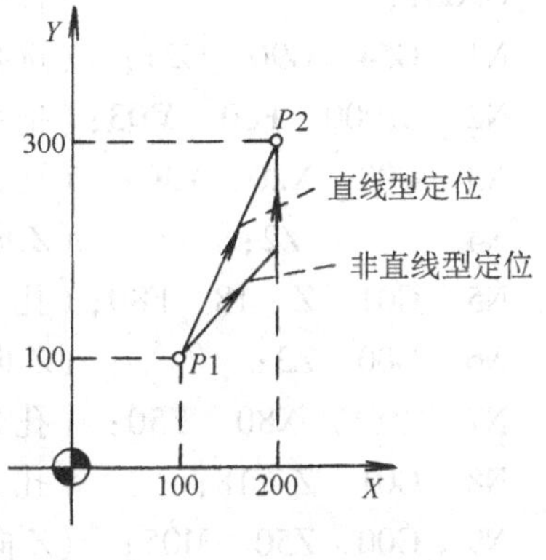

图 4-12　G00 移动轨迹

(1) 直线型定位　移动轨迹是连接起点和终点的直线。其中，移动距离最短的坐标轴按快进速度运动，其余的坐标轴按移动距离的大小相应减小，保证各坐标轴同时到达终点。

(2) 非直线型定位　移动轨迹是一条各坐标轴都以快速运动而形成的折线。

例如：

当刀具起点为(100,100)时，执行：

G00　G90　X200　Y300；

其移动轨迹如图 4-12 所示。

快速定位的运动速度不能通过 F 代码进行编程，它仅决定于机床参数的设置。运动的开始阶段和接近终点的过程，各坐标轴都能自动进行加减速。

2. 直线插补(G01)

执行 G01 指令，刀具按照规定的进给速度沿直线移动到终点，移动过程中可以进行切削加工，如图 4-13 所示。其指令格式如下：

G01 X *x* Y *y* Z *z* F *f*;

G01 为模态指令。与 G00 相同，在绝对值编程方式，x、y、z 代表刀具的运动终点坐标为(x,y,z)；在增量方式，则代表 X、Y、Z 轴分别运动 x、y、z 距离，程序中 G01 亦可以用 G1 表示。

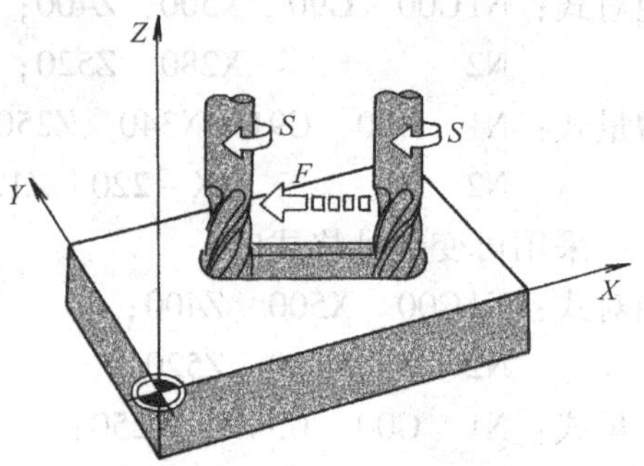

图 4-13　G01 直线插补

执行 G01 指令刀具的移动轨迹是连接起点和终点的直线。运动速度通过 F 代码进行编程。在程序中指令的进给速度，对于直线插补为机床各坐标的合成速度；对于圆弧插补，为圆弧在切线方向的速度。F 指令决定的进给速度亦是模态的，它在指令新的 F 值以前，一直保持有效。

G01 指令运动的开始阶段和接近终点的过程，各坐标轴都能自动进行加减速。

例 4-1　试编制在立式数控铣镗床上，实现图 4-14 所示零件孔 1、孔 2(通孔)加工的程序。工件坐标系为 G54，安装位置如图；零件在 Z 方向的厚度为 15mm；加工时选择主轴转速为 1000r/min；进给速度为 80mm/min。

加工程序如下：

```
O0001;                  (程序号)
N1  G54  G90  G21;      (选择工件坐标系、绝对式编程、公制尺寸)
N2  S1000  F80  M03;    (指令主轴转速、转向、进给速度)
N3  G00  X20  Y30;      (孔 1 定位)
N4        Z2;           (Z 向接近工件表面)
N5  G01  Z-18  F80;     (孔 1 加工)
N6  G00  Z2;            (Z 向退刀)
N7        X80  Y50;     (孔 2 定位)
N8  G01  Z-18;          (孔 2 加工)
N9  G00  Z50  M05;      (Z 向退出、主轴停止)
N10  M02;               (程序结束)
```

加工时，程序中的刀具 Z 向尺寸都是相对于刀尖给出，程序段 N5、N8 中的 Z-18 是为了保证通孔加工而增加的行程。当开机默认代码为 G90、G21、(绝对式编程、公制尺寸)时，程序段 N1 可以简化为：

N1　G54;

例 4-2　试编制在卧式数控铣镗床上，实现图 4-15 所示零件从 $P1$ 到 $P2$ 的槽加工程序。工件坐标系为 G55，安装位置如图；加工时主轴转速为 500r/min；进给速度为 100mm/min。

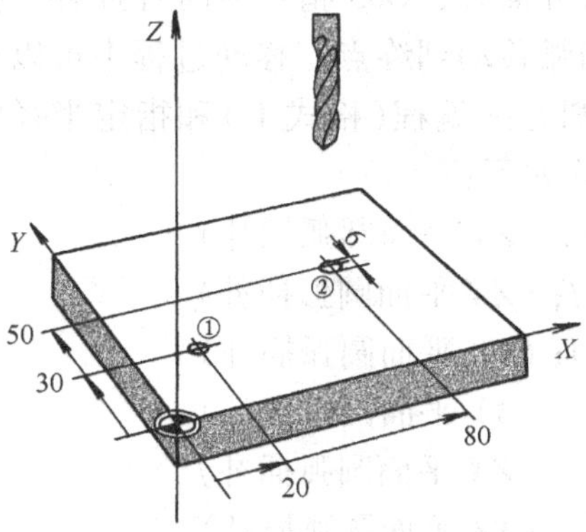

图 4-14　孔加工例

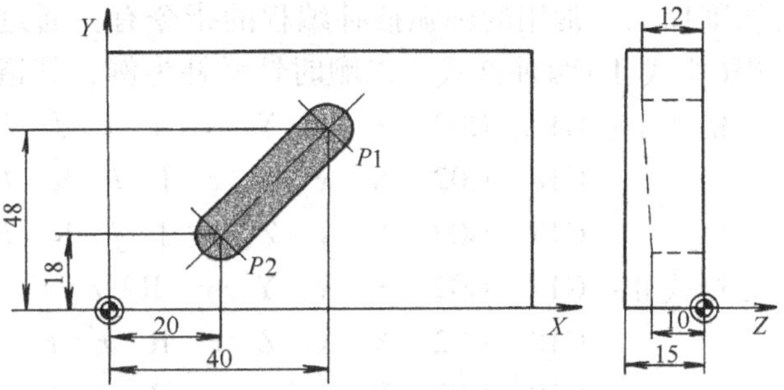

图 4-15　槽加工程序例

加工程序如下：

O0002;　　（程序号）
N1　G55　G90　G21;　　（选择工件坐标系、绝对式编程、公制尺寸）
N2　S500　F100　M03;　　（指令主轴转速、转向、进给速度）
N3　G00　X40　Y48;　　（刀具在 *P*1 上方定位）
N4　Z2;　　（*Z* 向接近工件表面）
N5　G01　Z－12;　　（在 *P*1 点进行 *Z* 向进刀）
N6　X20　Y18　Z－10;　　（三轴联动加工 *P*1 到 *P*2 的空间直线）
N7　G00　Z100　M05;　　（*Z* 向在 *P*2 点退刀，主轴停止）
N8　M02;　　（程序结束）

例 4-3　试编制在数控车床上，实现图 4-16 所示零件从 *P*1 到 *P*2 的车削加工程序。要求：利用 G50 指令设置工件坐标系原点；加工时主轴转速为 500r/min；进给速度为 100mm/min。

加工程序如下：

O0003;　　（程序号）
N1　G50　X30　Z28;　　（设置工件坐标系）
N2　S500 F100 M03;　　（指令主轴转速、转向、进给速度）
N3　G00　X12　Z2;　　（刀具接近工件表面）
N4　G01　X15　Z－1;　　（加工 1×45°倒角）
N5　Z－20;　　（加工 ϕ30 外圆）
N6　X20　Z－40;　　（加工外锥面）
N7　G00　X30;　　（*X* 向退刀）
N8　Z28　M05;　　（*Z* 向回到起点、主轴停止）
N9　M02;　　（程序结束）

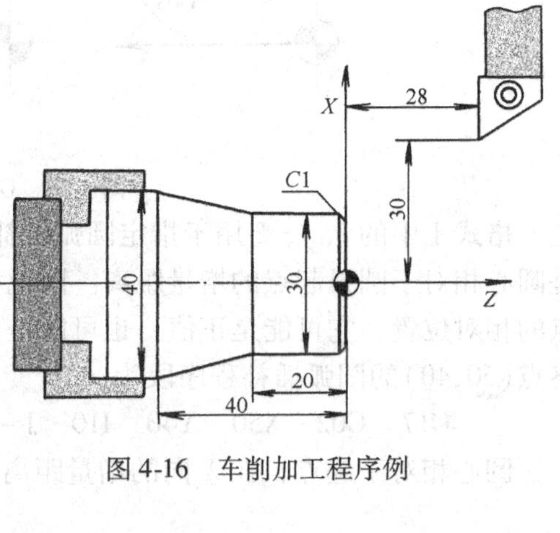

图 4-16　车削加工程序例

3. 圆弧插补（G02、G03）与加工平面选择（G17、G18、G19）

圆弧插补加工用 G02、G03 指令编程，G02 指定顺时针插补，G03 指定逆时针插补。执行 G02、G03 指令，可以使刀具按照规定的进给速度沿圆弧移动到终点，移动过程中可以进行切削加工。常用的圆弧插补编程的指令有：通过指定圆心的编程（格式Ⅰ）和指定半径的编程（格式Ⅱ）两种格式。以顺时针插补为例，其指令格式如下：

格式Ⅰ：G17 G02 X *x* Y *y* I *i* J *j* F *f*;（*XY* 平面圆弧插补）

G18 G02 X *x* Z *z* I *i* K *k* F *f*;（*ZX* 平面圆弧插补）

G19 G02 Y *y* Z *z* J *j* K *k* F *f*;（*YZ* 平面圆弧插补）

格式Ⅱ：G17 G02 X *x* Y *y* R *r* F *f*;（*XY* 平面圆弧插补）

G18 G02 X *x* Z *z* R *r* F *f*;（*ZX* 平面圆弧插补）

G19 G02 Y *y* Z *z* R *r* F *f*;（*YZ* 平面圆弧插补）

G02、G03 为模态指令。同样，在绝对值编程方式，x、y、z 指定刀具的圆弧插补的终点坐标为(x,y,z)；在增量方式，则代表 X、Y、Z 轴分别运动 x、y、z 距离，程序中 G02、G03 可以用 G2、G3 表示。

格式中的 G17、G18、G19 指令用于选择圆弧插补平面。当圆弧所在的平面为 *XY* 平面时，指令 G17（这一平面通常为三轴数控机床的默认平面）；圆弧所在的平面为 *ZX* 平面时，指令 G18（这一平面通常为数控车床的默认平面）；圆弧所在的平面为 *YZ* 平面时，指令 G19。有关平面的定义，如图 4-17 所示。

以上平面选择指令，对于刀具补偿同样有效。

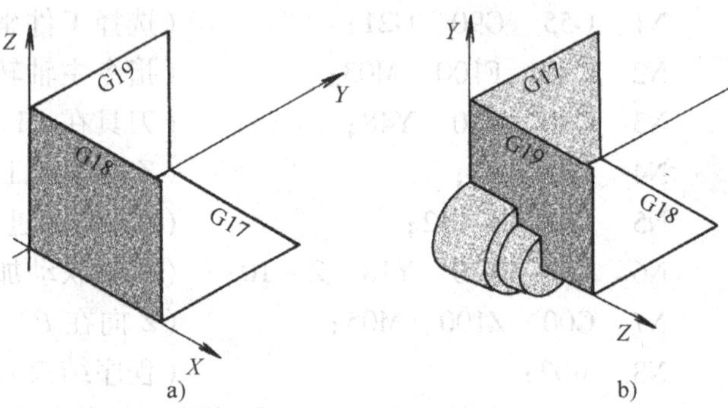

图 4-17 圆弧插补平面的定义

在不同的插补平面内，G02、G03 的方向定义如图 4-18 所示。

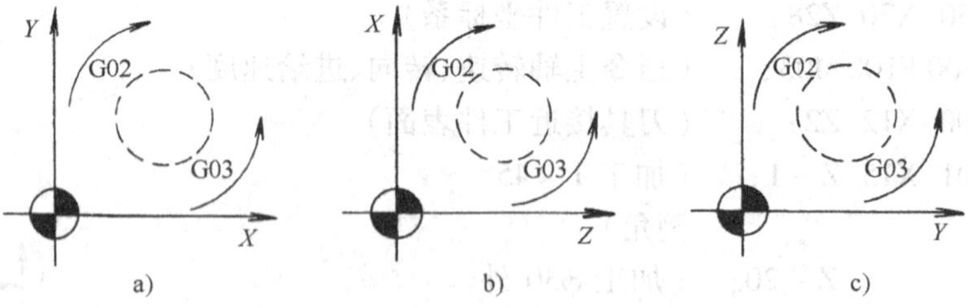

图 4-18 G02、G03 的方向定义

格式Ⅰ中的 i、j、k 用于指定圆弧插补圆心。不论是绝对编程还是增量编程，它都必须是圆心相对于圆弧起点的增量距离。因此它不受 G90、G91 指令的影响，而且根据圆心和起点的相对位置，它可能是正值，也可能是负值。对于图 4-19 所示的轨迹，从起点(30,40)到终点(50,40)的圆弧插补程序段为：

G17 G02 X50 Y40 I10 J－7 F100;

圆心相对于起点，在 X 向的增量距离 I 为 $+10$，Y 向的增量距离 J 为 -7。

在圆弧插补指令中，圆弧的起点为执行指令前刀具所处的位置。因此，为了正确加工圆弧，在执行圆弧插补程序段前，必须将刀具事先移动到圆弧起点上。

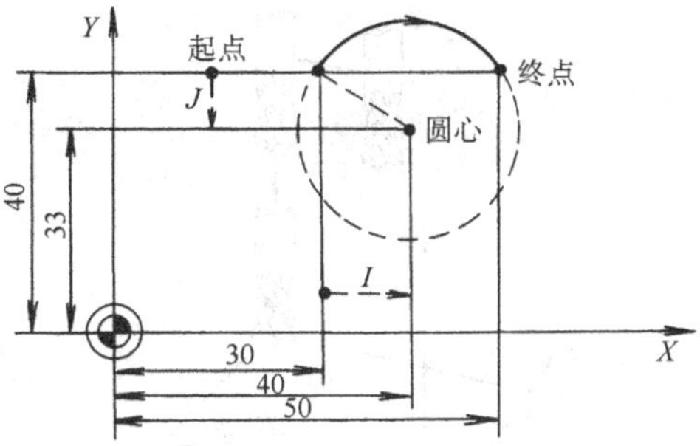

图 4-19　圆弧插补 I、J 的定义

格式Ⅰ为圆弧插补编程的基本格式，它可以用于任何圆弧的编程。特别在圆弧起点和终点坐标值相同时，它可以加工整圆（全圆）。例如执行如下指令：

G91　G02　X0　Y0　I10　J0　F100；

将加工出一个起点和终点重合，半径为 10 的整圆。

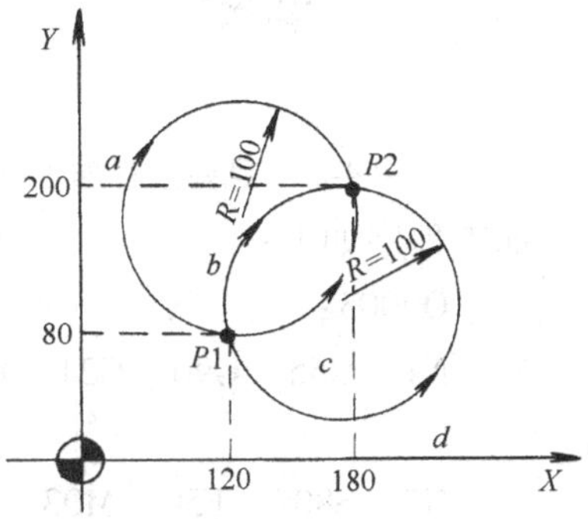

图 4-20　圆弧插补的半径定义

格式Ⅱ中的 r 用于指定圆弧半径。为了区分不同的圆弧，规定：对于小于等于 180°的圆弧，r 为正，大于 180°的圆弧，r 为负，它与 G90、G91 指令无关。

根据上述定义，对于图 4-20 所示从 $P1$ 到 $P2$ 的圆弧 a、b、c、d 分别对应于以下指令：

圆弧 a：G02　X180　Y200　R－100　F100；
圆弧 b：G02　X180　Y200　R100　F100；
圆弧 c：G03　X180　Y200　R100　F100；
圆弧 d：G03　X180　Y200　R－100　F100；

例 4-4　试编制在数控铣床上，实现图 4-21 所示零件从的铣削加工程序（不考虑刀具半径）。工件坐标系为 G55，安装位置、原点如图；加工时主轴转速为 800r/min；进给速度为 50mm/min。

加工程序如下：

```
O0004;                        (程序号)
N1  G55  G90  G21  G94;       (选择工件坐标系、绝对式编程、公制尺寸、每分钟进给)
N2  S800 F50  M03;            (指令主轴转速、转向、进给速度)
N3  G00  X95  Y110;           (刀具在起点上方定位)
N4       Z－15;               (Z 向进到加工深度)
N5  G01  Y25;                 (Y 向切削加工)
N6  G02  X75  Y5  R20;        (加工 R20 圆弧)
N7  G01  X－10;               (X 向切削加工)
N8  G00  Z100  M05;           (Z 向退刀，主轴停止)
N9  M02;                      (程序结束)
```

例 4-5　试编制在数控铣床上，实现图 4-22 所示零件的全圆铣削加工程序（不考虑刀具半径）。工件坐标系为 G55，安装位置、原点如图；加工时主轴转速为 800r/min；进给速度为 50mm/min。

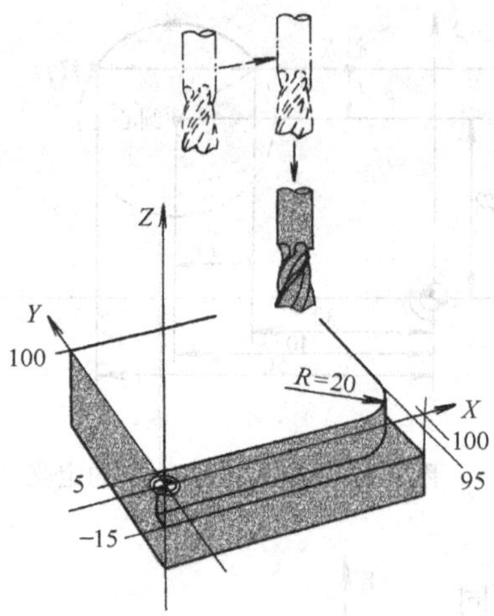

图 4-21　圆弧插补加工例

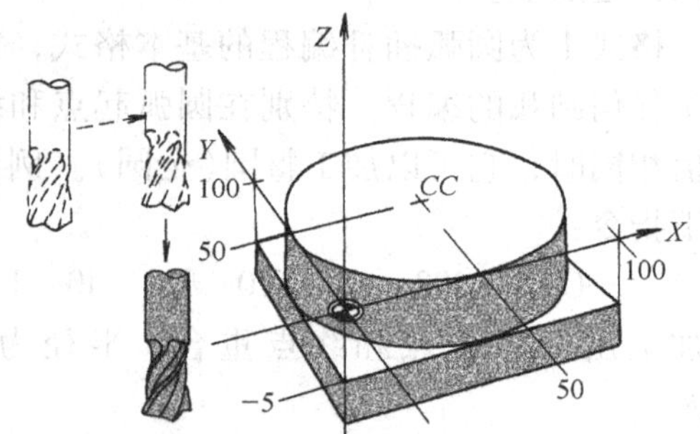

图 4-22　全圆插补加工例

加工程序如下：

O0005；　　　　　　　　　　（程序号）

N1　G55　G90　G21　G94；　（选择工件坐标系、绝对式编程、公制尺寸、每分钟进给）

N2　S800　F50　M03；　　　（指令主轴转速、转向、进给速度）

N3　G00　X－20　Y0；　　　（刀具在起点上方定位）

N4　Z－5；　　　　　　　　（*Z* 向进到加工深度）

N5　G01　X50；　　　　　　（*X* 向切向进刀）

N6　G03　X50　Y0　I0　J50；（加工 *R*50 圆）

N7　G01　X60；　　　　　　（*X* 轴切向退刀）

N8　G00　Z100　M05；　　　（*Z* 向退刀，主轴停止）

N9　M02；　　　　　　　　（程序结束）

在上述程序中，全圆加工采用了切向进刀方式。在实际加工中，为了提高加工精度，宜采用沿圆弧方向进刀、退刀的方式。

4. 螺旋线插补（G02、G03）

在数控镗铣床上，利用 G02、G03 指令通过数控系统的三轴联动功能，在两个坐标轴进行圆弧插补（G02、G03）的同时，增加与圆弧所在平面垂直轴的直线移动，即可以使刀具实现螺旋线插补。螺旋线插补指令与圆弧插补指令基本相同，其指令格式如下：

格式Ⅰ：G17 G02 X *x* Y *y* I *i* J *j* Z *z* F *f*;

G18 G02 X *x* Z *z* I *i* K *k* Y *y* F *f*;

G19 G02 Y *y* Z *z* J *j* K *k* X *x* F *f*;

格式Ⅱ：G17 G02 X *x* Y *y* R *r* Z *z* F *f*;

G18 G02 X *x* Z *z* R *r* Y *y* F *f*;

G19 G02 Y *y* Z *z* R *r* X *x* F *f*;

格式中的 G17、G18、G19 指令用于指定圆弧插补平面。当圆弧所在的平面为 *XY* 平面

(G17)时，z 指令了垂直轴的螺旋线终点位置。同样，在绝对值编程方式，z 指定刀具在垂直轴上的螺旋线终点坐标为 z；在增量方式，则代表 Z 轴移动距离为 z。

螺旋线插补常用于铣削大直径螺纹，如图 4-23 所示。

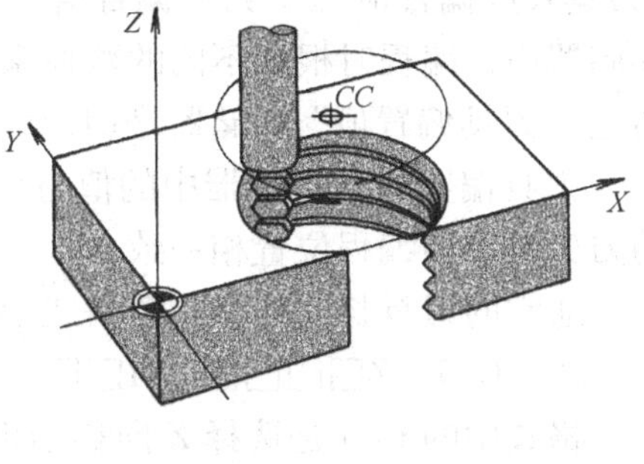

图 4-23　螺旋线插补

此外，螺旋线插补也可以用于螺旋线的铣削加工。在螺旋线插补编程时应注意：在一个程序段里，圆弧插补指令的编程范围不能为 360°；当垂直轴移动距离大于一个螺距时，应进行分段编程。

5. 程序暂停(G04)

执行 G04 指令，可以使程序进入暂停状态，机床进给运动暂停，其余工作状态(如:主轴等)保持不变。暂停时间可以通过编程进行控制。其指令格式如下：

G04　X　x;

格式的 x 在指令 G04 中，指定的是暂停时间，时间单位可以是 s 或 ms，它与带小数点输入与不带小数点输入的格式相对应。如：在计算机方式小数点输入时 G04 X5 代表暂停 5s；在普通小数点输入方式时，代表暂停 5ms。在部分系统中，暂停时间也可以由地址 P 或 F 等指定。

暂停指令为单段有效指令。它常被用于以下场合：

1）沉孔加工时，通过暂停进给可以对底面进行光整加工，提高表面精度。

2）在需要主轴完全停止后退刀的场合，利用暂停指令可以确保主轴完全停止再退刀。

3）车削中心孔、倒角加工时，通过暂停指令，使表面光整。

六、刀具补偿机能(G40、G41、G42、G43、G44、G49)

为了方便编程以及增加程序的通用性，数控机床编程时，一般都不考虑实际使用的刀具长度和半径，即程序中的轨迹(程编轨迹)都是针对刀尖位置与刀具中心点运动进行编制的。实际加工时，必须通过刀具补偿指令，使数控机床根据实际使用的刀具尺寸，自动调整各坐标轴的移动量，确保实际加工轮廓和编程轨迹完全一致。这一功能，称为刀具补偿功能。

一般来说，在数控车床上，需要对刀尖的 X、Z 向的位置与刀尖半径进行补偿；在数控镗、铣床上通常只需要对刀具长度和刀具半径进行补偿。数控车床的刀尖位置补偿，在输入了“刀具偏置值”、选择“刀具偏置值”存储器号后，即能自动生效(详见后述)；数控镗、铣床的长度补偿则需要利用指令 G43、G44、G49 进行。对于刀具(刀尖)的半径补偿，则不论数控车床还是数控镗铣床，都必须利用编程指令 G40、G41、G42 才能实现。

“刀具偏置值”输入“刀具偏置值”存储器的方法有两种：一是通过机床的操作面板通过手动数据输入的方法进行；二是利用数控系统的特殊编程指令(在 FANUC 系统中为 G10)进行。“刀具偏置值”存储器的内容在系统断电后仍然可以保持不变。

1. 刀具长度补偿(G43、G44、G49)

在数控镗、铣床上，刀具长度补偿是用来补偿实际刀具长度的功能，当实际刀具长度和编程长度不一致时，通过本功能可以自动补偿长度差额，确保 Z 向的刀尖位置和编程位置相一致。

实际刀具长度和编程时设置的刀具长度(为了方便,通常将这一长度定为"0")之差称为"刀具长度偏置值"。"刀具偏置值"可以通过操作面板事先输入数控系统的"刀具偏置值"存储器中,编程时根据不同的数控系统,可以在执行刀具长度补偿指令(G43、G44)前,通过指定"刀具偏置值"存储器号(H 代码)予以选择。执行刀具长度补偿指令,系统可以自动将"刀具偏置值"存储器中的值与程序中要求的 Z 轴移动距离进行加/减处理,以保证 Z 向的刀尖位置和编程位置相一致。

通常的刀具长度补偿指令格式如下:

G43　Z□□□□　H□□;或　G44　Z□□□□H□□;

格式中的 G43 是选择 Z 向移动距离与"刀具偏置值"相加,即:机床实际 Z 轴移动距离等于编程移动距离加上"刀具偏置值";G44 是选择 Z 向移动距离与"刀具偏置值"相减,即:机床实际 Z 轴移动距离等于编程移动距离减去"刀具偏置值"。"刀具偏置值"存储器中的值可以是正值,也可以是负值,在实际使用时必须根据机床的 Z 轴运动方向与编程时选用的刀具长度,选择正确的刀具长度补偿指令。

一般来说,当机床 Z 轴方向按标准规定设置,即:刀具远离工件为 Z 正向;并且在编程时选用的刀具长度值为"0"时,通常使用正的"刀具偏置值"和采用 G43 指令编程。

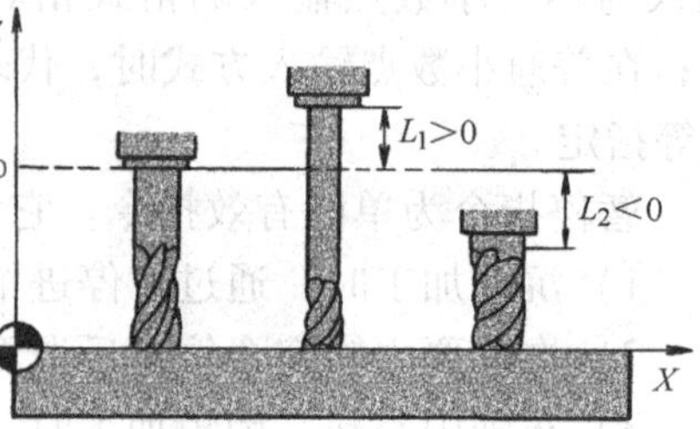

图 4-24　刀具长度补偿

例如对于图 4-24 所示的情况,假设编程时以刀具 1 作为基准刀具(刀具长度偏置值为"0");输入刀具 2 的"刀具偏置值"为 H2 = 20mm;刀具 3 的"刀具偏置值"为 H3 = -30mm。其指令与对应的 Z 轴实际移动距离 Z 的关系如下:

G91　G43　Z-200　H2;Z = -200 + (20) = -180mm

G91　G43　Z-200　H3;Z = -200 + (-30) = -230mm

G91　G44　Z-200　H2;Z = -200 - (20) = -220mm

G91　G44　Z-200　H3;Z = -200 - (-30) = -170mm

G43、G44 为模态指令,可以在程序中保持连续有效。G43、G44 的撤销可以使用 G49 指令或选择 H00("刀具偏置值"H00 规定为 0)进行。

有关数控车床的刀具位置偏置,详见后述。

例 4-6　假设刀具长度补偿号为 H1,使用刀具长度补偿功能,对例 4-1 的孔加工程序进行编程。

加工程序如下:

```
O0006;                     (程序号)
N1  G54  G90  G21;         (选择工件坐标系、绝对式编程、公制尺寸)
N2  S1000  F80  M03;       (指令主轴转速、向、进给速度)
N3  G00  X20  Y30;         (孔 1 定位)
N4  G43  Z2  H1;           (Z 向接近工件表面,并进行 Z 向刀具长度补偿)
N5  G01  Z-18  F80;        (孔 1 加工)
```

N6　G00　Z2；　　　　　（Z 向退刀）
N7　　　　X80　Y50；　（孔 2 定位）
N8　G01　Z－18；　　　（孔 2 加工）
N9　G00　Z50　M05；　（Z 向退出、主轴停止）
N10 G53　G49　Z0；　　（取消刀具长度补偿,Z 轴回到机床坐标系零点）
N11 M02；　　　　　　　（程序结束）

上例中，Z 轴的机床坐标系零点必须在 Z 轴的最高点上。

2. 刀具半径补偿(G40、G41、G42)

刀具半径补偿功能用于铣刀半径或车刀刀尖半径的自动补偿。如前所述，在数控机床编程时，加工轮廓都是按刀具中心轨迹进行编程的，但实际加工时，由于刀具半径的存在，机床必须根据不同的进给方向，使刀具中心沿编程的轮廓偏置一个半径，才能使实际加工轮廓和编程的轨迹相一致。这种根据刀具半径和编程轮廓，数控系统自动计算刀具中心点移动轨迹的功能，称为刀具半径补偿功能。

和刀具长度补偿一样，刀具半径值可以通过操作面板事先输入数控系统的“刀具偏置值”存储器中，编程时通过指定半径补偿号进行选择。指定半径补偿号的方法有两种：①通过指定补偿号(D 代码)选择“刀具偏置值”存储器，这一方式适用于全部数控镗、铣床与加工中心；②通过换刀 T 代码指令的附加位予以选择，在刀具半径补偿时，无需再选择“刀具偏置值”存储器，这一方式适用于数控车床。通过执行刀具半径补偿指令，系统可以自动对“刀具偏置值”存储器中的半径值和编程轮廓进行运算、处理，并生成刀具中心点移动轨迹，使实际加工轮廓和编程的轨迹相一致。

刀具半径补偿指令格式如下：

在快速移动时进行刀具半径补偿的格式：

G00　G41　X□□□□　Y □□□□(D□□)；(数控车床上,不需要 D 代码,下同)

或 G00　G42　X□□□□　Y □□□□(D□□)；

在切削进给时进行刀具半径补偿的格式：

G01　G41　X□□□□　Y□□□□(D□□)；

或 G01　G42　X □□□□　Y□□□□(D□□)；

格式中的 G41 与 G42 用于选择刀具半径偏置方向。沿刀具移动方向，当刀具在工件左侧时，指令 G41；刀具在工件右侧时，指令 G42，如图 4-25 所示。

G41、G42 为模态指令，可以在程序中保持连续有效。G41、G42 的撤销可以使用 G40

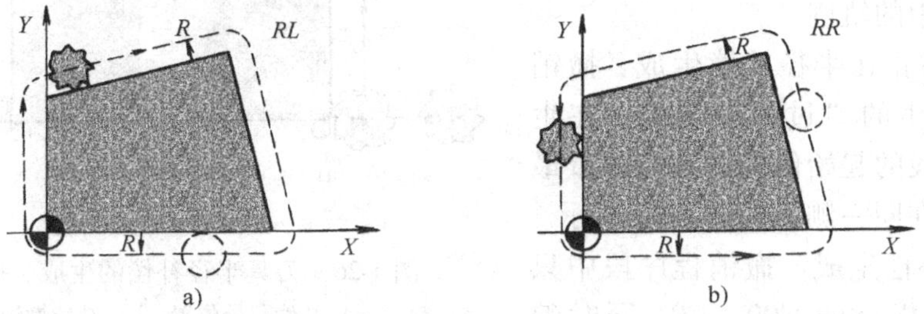

图 4-25　刀具半径补偿
a) G41　b) G42

指令进行。

例4-7 假设刀具半径补偿号为D1，使用刀具半径补偿功能，对例4-4的轮廓加工程序进行编程。

加工程序如下：

O0007；	（程序号）
N1 G55 G90 G21 ；	（选择工件坐标系、绝对式编、公制尺寸）
N2 S800 F50 M03；	（指令主轴转速、转向、进给速度）
N3 G00 G17 G41 X95 Y110 D01；	（刀具在起点上方定位，进行刀具半径补偿）
N4 Z－15；	（Z 向进到加工深度）
N5 G01 Y25；	（Y 向切削加工）
N6 G02 X75 Y5 R20；	（加工 $R20$ 圆弧）
N7 G01 X－10；	（X 向切削加工）
N8 G00 Z100 M05；	（Z 向退刀，主轴停止）
N9 G40；	（取消刀具半径补偿）
N10 M02；	（程序结束）

3. 刀具半径补偿使用注意点

刀具半径补偿功能可以大大简化编程的坐标点计算工作量，使程序简单、明了，但如果使用不当，也很容易引起刀具的干涉、过切、碰撞。为了防止发生以上问题，一般来说，使用刀具半径补偿时，应注意以下几点：

1）在进行刀具半径补偿前，应正确选择刀具半径补偿平面。刀具半径补偿平面选择可以利用G17、G18、G19指令进行，其定义可参见G02、G03指令说明。

2）在刀具半径补偿有效期间，一般不允许存在两段以上的非补偿平面内移动的程序段。因为，在转角处的刀具半径补偿矢量（刀具中心位置坐标），必须通过事先读入下一程序段的移动轨迹才能生成。非补偿平面内移动的程序段包括：

——只有M、S、T、F代码的程序段，如：N20 S1000 M03；

——程序暂停程序段，如：N25 G04 X5；

——当补偿平面为G17时，程序段：N30 G00 Z-100；等。

3）在G00方式下进行刀具半径补偿时，若系统设置了非直线型定位，应注意刀具移动过程中的轨迹。

4）为了防止在半径补偿生成、撤销过程中可能产生的“过切”现象，在生成、撤销程序段的起始位置、终点位置最好与补偿方向在同一侧，如图4-26所示。

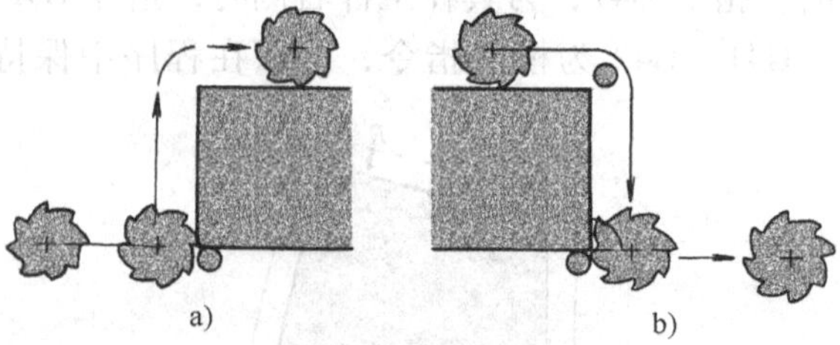

图4-26 刀具半径补偿的生成、撤销位置

a）补偿起始位置 b）补偿撤销位置

5）半径补偿生成、撤销程序段中只能与基本移动指令的G00、G01同时编程，当编入其他移动指令时，系统将产生报警。

6）在刀具半径补偿生效期间，执行部分指令（如G92、G50、G28、G29），刀具半径补偿将被暂时取消，具体应参见数控系统操作说明书。

第四节　数控车床的程序编制

一、数控车床的代码体系与编程特点

（一）数控车床的代码体系

数控车床常用于轴类零件的加工，它是数控机床中产量最大，使用最广的品种之一。在数控车床上，由于通常只需要对轴类零件的轴向（Z 向）与径向（X 向）进行控制，因此，数控系统通常为两轴控制系统，其指令格式与数控铣床有所区别。数控车床的编程指令通常有表 4-3 所示的三种基本代码体系。在部分系统中，这三种代码体系可以通过“机床参数”的设置进行选择，有的系统则只能使用其中的某一种体系。表 4-3 中的代码体系 A 为数控车床标准指令，使用最为广泛。

表 4-3 中，带 * 的 G 代码为通常情况下的系统开机默认 G 代码，更改开机默认 G 代码，可以通过数控系统的“机床参数”设置进行。在 G 代码组 00 中，除 G10、G11 外其余的 G 代码均为单段有效 G 代码；此外的其余各组 G 代码均为模态 G 代码。在同一程序段中，可以指令任意个数的不同组 G 代码；当指令了两个以上同一组 G 代码时，通常的情况下，只有最后输入的 G 代码生效。

表 4-3　数控车床常用 G 代码

G 代码体系			组别	功能
A	B	C		
* G00	* G00	* G00	01	快速定位
G01	G01	G01		直线插补
G02	G02	G02		顺时针圆弧插补
G03	G03	G03		逆时针圆弧插补
G04	G04	G04	00	程序暂停
G10	G10	G10		通过程序输入数据
G11	G11	G11		取消用程序输入数据
G20	G20	G70	06	英制尺寸输入
* G21	* G21	* G71		公制尺寸输入
G27	G27	G27	00	返回参考点的校验
G28	G28	G28		自动返回参考点
G29	G29	G29		从参考点返回
G31	G31	G31		跳步功能
G32	G32	G32	01	螺纹切削加工
* G40	* G40	* G40	07	取消刀具半径补偿
G41	G41	G41		刀具半径补偿左侧
G42	G42	G42		刀具半径补偿右侧
G50	G92	G92	00	设定坐标系或限制主轴最高转速

（续）

G 代码体系			组别	功能
A	B	C		
* G54	* G54	* G54	14	选择工件坐标系 1
G55	G55	G55		选择工件坐标系 2
G56	G56	G56		选择工件坐标系 3
G57	G57	G57		选择工件坐标系 4
G58	G58	G58		选择工件坐标系 5
G59	G59	G59		选择工件坐标系 6
G65	G65	G65	00	调用宏程序
G66	G66	G66	12	模态调用宏程序
* G67	* G67	* G67		取消模态调用宏程序
G96	G96	G96	02	线速度恒定控制生效
* G97	* G97	* G97		线速度恒定控制撤销
G98	G94	G94	05	每分进给
* G99	* G95	* G95		每转进给
—	* G90	* G90	03	绝对指令
—	G91	G91		增量指令
G70	G70	G70	00	精车固定循环
G71	G71	G71		粗车外圆固定循环
G72	G72	G72		精车端面固定循环
G73	G73	G73		固定形状粗车固定循环
G74	G74	G74		中心孔加工固定循环
G75	G75	G75		精车固定循环
G76	G76	G76		复合型螺纹切削循环
G90	G77	G77	01	内、外圆车削循环
G92	G78	G78		螺纹切削循环
G94	G79	G79		端面车削循环

（二）数控车床的编程特点

数控车床的编程主要具有以下特点：

1）数控车床的工件坐标系原点指定通过 G50 指令进行，而在数控镗铣床、加工中心则通过指令 G92 进行（详见本章第三节）。

2）在采用代码体系 A 时（常用），绝对/增量尺寸的选择采用变地址格式，而不使用 G90/G91 指令；其中地址 X、Z 代表绝对值，地址 U、W 代表增量值。在这种格式下，一个程序段中允许绝对、增量混用。例如：指令 G00 X100 W45；代表 X 轴为绝对值 100，Z 轴为增量值 45。

3）在数控车床上，X 轴通常可以直接采用直径编程方式，以减少编程中的计算工作量，使程序更直观。直径编程对绝对/增量尺寸同时有效。

4）为了适应车加工的需要，对于常见的车削加工动作循环，可以通过采用数控系统本身具备的固定循环功能，以简化编程。

5）为了提高车削表面的加工精度，在数控车床上一般都可以采用“线速度恒定控制”功能(G96)。当线速度恒定控制生效时，S代码指令的是主轴线速度，这时的主轴转速能根据工件的半径的变化自动改变，以保证表面切削的线速度的恒定不变。

6）为了简化程序编制中的计算工作量，使程序中的切削参数尽可能直观，在数控车床上，进给速度通常使用主轴每转进给(G95或G99)指令进行编程。

7）数控车床的刀具位置偏置、刀尖半径补偿指令的形式，刀具补偿值的输入方式不同于数控镗铣床、加工中心。它是利用T代码在选择刀具的同时，直接选择刀具补偿号；另外，刀具位置偏置号一经指定，刀具偏置即自动生效，无需其他指令。

二、数控车床的特殊编程指令

(一) 数控车床特殊编程指令

1. 增量编程与绝对编程

在数控车床上，代码体系A是最常用的编程格式。当采用这一格式时，绝对尺寸与增量尺寸的指定不能使用G90/G91指令进行，而是要通过改变地址的方式进行选择，即：地址*X*、*Z*所给定的坐标值为绝对值，地址*U*、*W*所给定的坐标值为增量值。在这种情况下，绝对/增量编程不仅在程序中可以混用；而且，在同一程序段中，对于不同的坐标轴也可以用不同的形式给定。

例如：程序段G01　U10　W10；代表*X*、*Z*轴增量移动10mm；

程序段G01　X10　Z10；代表*X*、*Z*轴移动到(10,10)的点上；

程序段G01　U10　Z10；代表*X*轴增量移动10mm；*Z*轴移动到坐标为10的点上。

2. 直径编程与半径编程

在数控车床上，为了使程序尺寸尽可能与图样尺寸标志习惯一致，对于*X*轴(径向)尺寸可以使用直径或半径两种编程方式。两种编程方式通过“机床参数”设置予以选择，在“机床参数”确定后，程序中不能再进行改变。

当选择直径编程时，程序中的全部*X*轴坐标值均应以直径的形式编程，它对绝对、增量编程同时有效。这时，机床*X*轴的实际移动量为编程值的一半，但*Z*轴尺寸不受直径、半径编程方式的影响。

例如：在直径编程方式下，执行指令G01　U100　W100，其*X*轴的实际增量移动距离为50mm，*Z*轴的实际增量移动距离为100mm不变。

例4-8　例4-3的零件加工，当采用直径编程时，其加工程序如下：

```
O0008;                  (程序号)
N1  G50  X60  Z28;      (设置工件坐标系)
N2  S500  F100  M03;    (指令主轴转速、转向、进给速度)
N3  G00  X24  Z2;       (刀具接近工件表面)
N4  G01  X30  Z-1;      (加工1×45°倒角)
N5            Z-20;     (加工φ30外圆)
N6            X40  Z-40;(加工外锥面)
```

N7　G00　X60；　　　　（*X* 向退刀）
N8　Z28　M05；（*Z* 向回到起点、主轴停止）
N9　M02；　　　　　（程序结束）

3. 螺纹切削指令(G32)

螺纹车削是数控车床常见的加工之一，在数控车床上通过指令 G32 可以实现等导程的直螺纹、锥螺纹、端面螺纹的加工。实现螺纹加工的前提是主轴必须安装有角位移检测的编码器。当加工螺纹时，数控系统通过读取主轴的转速和位移，根据所要求的螺距，将其转变为对应的 Z 轴的进给速度，控制坐标轴的运动，实现螺纹的加工。

G32 指令的编程格式如下：

G32 X □□□□Z □□□□F□□；

格式中 X、Z 为终点坐标，F 为 *Z* 轴方向的螺纹导程。

使用 G32 指令应注意以下几点：

1）螺纹加工时，数控系统一般都是将主轴编码器的零点作为螺纹加工起点，为了保证螺纹的加工长度，在编程时应将螺纹的加工行程适当加长，并将起点选择在适当离开工件的位置上(见例 4-9)。

2）一般来说，螺纹切削需要多次加工才能完成，每次的切入量应按照一定的比例逐次递减，并使最终切深与螺纹牙深相一致。因此，通常需要多次执行螺纹加工指令才能完成加工。在这种情况下，除 *X* 向尺寸外，螺纹的 *Z* 向加工起点、加工轨迹都不能改变，主轴转速必须保持一致。

3）螺纹切削时，进给速度决定于主轴转速与螺纹导程，在 G01(G02、G03)中编程的模态 *F* 值在螺纹加工时暂时无效。同时，在螺纹加工时，数控系统的“进给停止”信号也不能使机床的运动立即停止。

4）为了保证螺纹导程的正确，螺纹加工时，控制面板上的“主轴倍率”、“进给速度倍率”调节都无效，它们都将被固定在 100% 上。同样，“线速度恒定控制”控制功能对螺纹加工也无效。

例 4-9　对于图 4-27 所示的螺纹加工，当工件坐标系选择如图位置时，其螺纹加工程序如下(采用直径编程)：

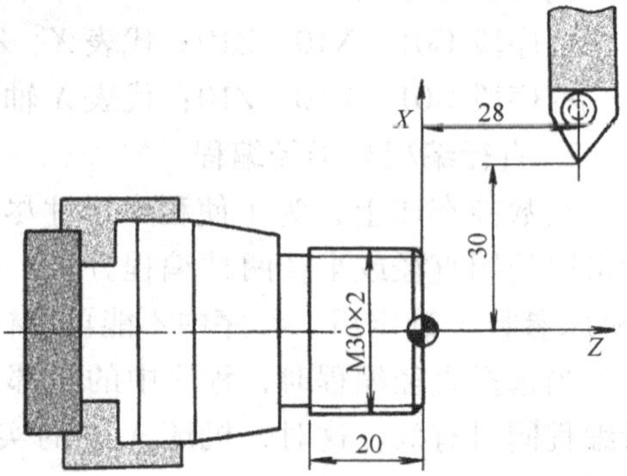

图 4-27　螺纹车削程序

在下面程序中，由于 M30 ×2 螺纹的牙深为 1.299mm(半径)，程序中分五次切入，切入量分别为：0.45mm、0.3mm、0.3mm、0.2mm、0.05mm(半径)。

O0009；　　　　　　（程序号）
N1　G50　X60　Z28；（设置工件坐标系）
N2　S100　M03；　　（指令主轴转速、转向）
N3　G00　X29.1　Z2；（刀具运动到螺纹加工起始点，第一次切入 0.45mm）
N4　G32　Z－23　F2；（第一次加工）
N5　G00　X32；　　　（*X* 向退刀）

```
N6          Z2;            (Z 向退到螺纹加工起始点)
N7          X28.5;         (第二次切入 0.3mm)
N8  G32  Z-23  F2;         (第二次加工)
N9  G00  X32;              (X 向退刀)
N10         Z2;            (Z 向退到螺纹加工起始点)
N11         X27.9;         (第三次切入 0.3mm)
N12  G32  Z-23  F2;        (第三次加工)
N13  G00  X32;             (X 向退刀)
N14    Z2;                 (Z 向退到螺纹加工起始点)
N15  X27.5;                (第四次切入 0.2mm)
N16  G32  Z-23  F2;        (第四次加工)
N17  G00  X32;             (X 向退刀)
N18         Z2;            (Z 向退到螺纹加工起始点)
N19    X27.4;              (第五次切入 0.05mm)
N20  G32  Z-23  F2;        (第五次加工)
N21  G00  X32;             (X 向退刀)
N22    X60  Z28;           (刀具回到起点)
N23  M02;                  (程序结束)
```

4. 线速度恒定控制(G96、G97、G50)

在数控车床，使用线速度恒定控制功能可以在端面加工时，根据工件的实际加工半径，自动动态调整主轴转速，使主轴转速与实际加工半径的乘积(线速度)保持恒定，从而提高表面加工质量。

线速度恒定控制指令的格式如下：

G96　S□□□□；

线速度恒定控制指令 G96 为模态指令，它一经指令即能保持连续有效，当不需要进行线速度恒定控制时，应通过 G97 指令予以撤销。线速度恒定控制生效时，S 指令所指定的线速度单位为 m/min。

撤销线速度恒定控制指令的格式如下：

G97　S□□□□；

线速度恒定控制撤销，S 指令重新回到主轴转速指定方式，单位为 r/min。在线速度恒定控制生效时，为防止实际加工半径很小时，主轴转速值超过实际机床允许的最高主轴转速，必须通过 G50 指令限制主轴最高转速，以保证加工的正常进行。

主轴最高转速限制指令的格式如下：

G50　S□□□□；

主轴最高转速限制生效，S 值指令主轴最高允许转速(r/min)。

注意：G50 指令在数控车床上为多用途指令，它可以既用于设置工件坐标系原点(见前所述)，又可以用于主轴最高转速限制。两种用途的选择，决定在于 G50 代码后所跟随的地址。

5. 主轴每转进给(G99 或 G95)

在数控车床上，通过主轴每转的进给量来指定刀具切削时的移动速度，可以使程序更加直观，简洁。在代码体系 A 中，主轴每转进给利用指令 G99 进行选择；在代码体系 B、C 中，主轴每转进给利用指令 G95 进行选择。主轴每转进给指令为模态指令，要恢复通常的每分钟进给方式，在代码体系 A 中，使用 G98 指令；在代码体系 B、C 中，使用 G94 指令。

例 4-10　对于如下程序，在各程序段的进给速度对应如下：

```
O0010;
N1  G00  X100  Z50;
N2  S200  M03;
N3  G99  G01  Z60  F0.2;
N4            X120;
N5  G98  Z100  F50;
N6  M02;
```

程序段 N3、N4 选择主轴每转进给，实际进给速度 $F=0.2\times200=40\text{mm/min}$；程序段 N5 选择每分进给，实际进给速度为 $F=50\text{mm/min}$。

（二）数控车床的刀具位置偏置与半径补偿

所谓刀具位置偏置，是对编程时用的刀具（基准刀具）与实际使用的刀具的位置偏差进行自动补偿的功能。刀具的位置偏置值被存储在“刀具偏置值”存储器中，该存储器的内容通常如表 4-4 所示，“刀具偏置值”存储器对应的值如图 4-28 所示。

表 4-4　“刀具偏置值”存储器

偏　置　号	X 轴偏置值(L_1)	Z 轴偏置值(L_2)	刀尖半径	刀尖补偿方向
00	0	0	0	0
01	2.000	1.585	3	3
02	3.52	6.03	5	2
⋮	⋮	⋮	⋮	⋮

表中的“偏置号”即为“刀具偏置值”存储器号；X、Z 轴偏置值的定义及刀尖方向的定义如图 4-28 所示；刀尖半径、刀尖方向用于刀具半径补偿。在数控车床上，刀具的位置偏置通过换刀指令中的刀具偏置号选择即能自动生效，无需其他指令。换刀指令的格式如下：

T□□××；

在 4 位 T 代码中，前 2 位□□用于选择刀具（刀号），后 2 位××用于选择“刀具偏置值”存储器号，如：T0102 代表选择 1 号刀具，使用 2 号“刀具偏置值”进行位置偏置。“刀具偏置值”存储器号对刀具半径补偿同样有效。

通过选择 0 号偏置值，可以在程序中需要取消刀具偏置，即指令：

T□□00；意味着取消刀补。

但是，即使在数控车床上，刀具半径补偿的生效，仍然需要通过指令 G41/G42 进行，它与数控镗、铣床、加工中心的区别仅在于：数控车床使用刀具半径补偿时，无需通过 D 代码来选择“刀具偏置值”存储器号，因为，实际使用的刀具半径补偿值在换刀指令中已予以选定。

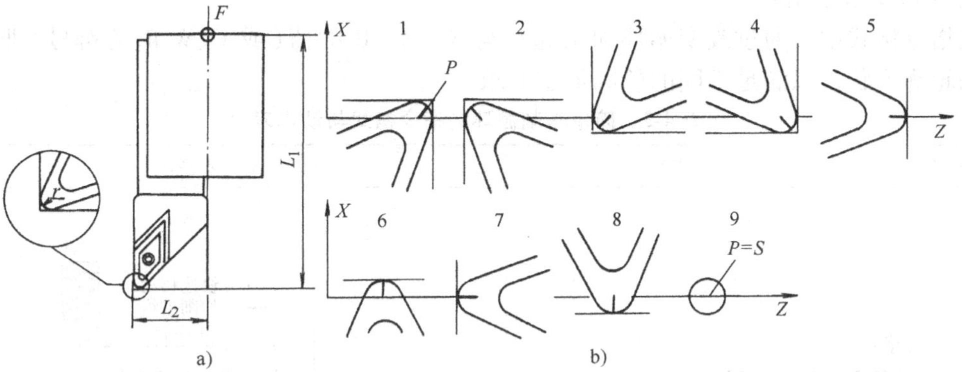

图 4-28　车刀刀具位置偏置值及刀尖方向的定义

a）位置偏置值定义　b）刀尖方向定义

P—刀尖　*r*—刀尖半径　*S*—切削刃圆心

三、车削加工循环

所谓固定循环，实质上是数控系统生产厂家针对数控机床的常见加工动作过程，按规定的动作次序，以子程序形式设计的指令集合。这些子程序可以通过一个 G 代码指令进行直接调用，因此，通过固定循环指令，可以大大减少编程的工作量，简化程序，使程序更加简单、明了。

用来调用固定循环的 G 代码指令称为固定循环指令。固定循环的基本动作由固定循环指令进行选择，每一不同的固定循环指令（G 代码指令）都对应不同的加工动作循环。在数控车床上，常用的固定循环指令有 G70～G89、G90、G92、G94 等。

同一固定循环指令，可以通过给定不同的参数，如进给速度、加工深度、起点终点坐标等，以达到改变加工尺寸的目的。

固定循环指令 G90、G92、G94 为模态指令，通过改变固定循环参数，可以多次重复执行固定循环。因此，在切削余量大的粗加工中，利用固定循环指令的模态功能，可以通过一个程序段实现通常需要多个程序段才能完成的加工。

（一）简单固定循环（G90、G92、G94）

1. 简单车削循环的指令格式与动作

在数控机床上，有些加工虽然动作简单，但由于动作典型、使用次数频繁，这样的动作也常常被做成固定循环的指令形式。在数控车床上，常见的有表 4-5 所示的三种。

其中，G90 车削循环用于圆柱体类零件的内、外圆的车削加工。G92 指令用于直螺纹与锥螺纹切削加工。G94 指令用于进行平或锥端面的切削加工。

表 4-5 的指令格式中，格式 1 用于加工直圆柱，格式 2 用于加工圆锥。循环加工的起点位置，需要在执行固定循环前进行定位。

当使用增量编程指令时，只要将表 4-5 格式中的地址 X、Z 换成地址 U、W 即可。有关 X、Z 及 U、W 的定义见表 4-5 中的图示。当采用直径编程时，表 4-5 中图示栏中的全部 *U* 应为 *U*/2。

F 在 G90、G94 循环中为切削加工时的进给速度，但在 G92 螺纹加工循环中 F 指定的是螺纹的导程，这时的切削进给速度决定于螺纹导程与主轴的转速。利用 G92 加工螺纹的注意事项与 G32 指令相同。

在指令格式中，通过改变循环加工起点与 X、Z、R 的值(或 U、W 值的符号)即可改变加工的轮廓形状，以满足不同的轮廓加工要求。

表 4-5　简单车削循环的指令格式与动作表

<table>
<tr><th>循环名称</th><th>指令格式及参数</th><th>动作示意图</th></tr>
<tr><td rowspan="2">内外圆车削循环</td><td>格式一：
G90 X□□Z□□F□□；
X/U：X 轴加工终点；
Z/W：Z 轴加工终点；
F：进给速度</td><td>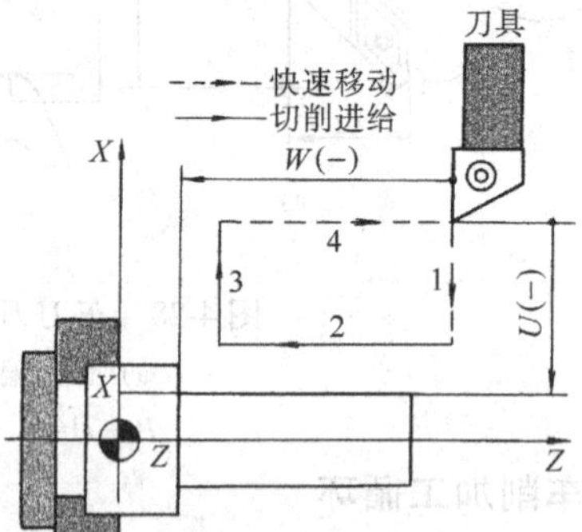
</td></tr>
<tr><td>格式二：
G90X□□Z□□R□□F□□；
X/U：X 轴加工终点位置；
Z/W：Z 轴加工终点位置；
R：锥度参数；
F：进给速度</td><td>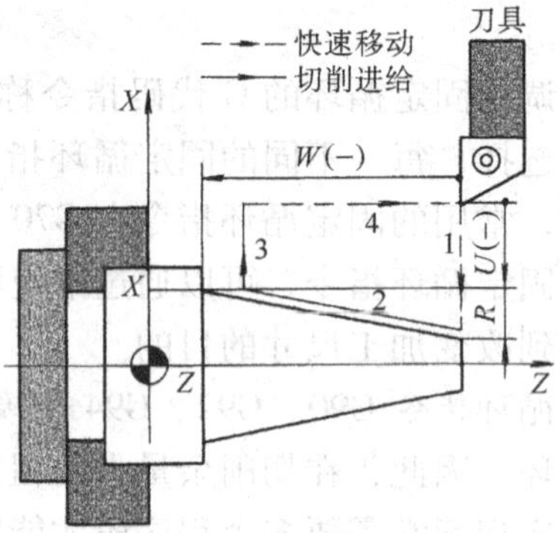
</td></tr>
<tr><td>螺纹切削循环</td><td>格式一：
G92 X□□Z□□F□□；
X/U：X 轴加工终点位置；
Z/W：Z 轴加工终点位置；
F：螺纹螺距(L)</td><td>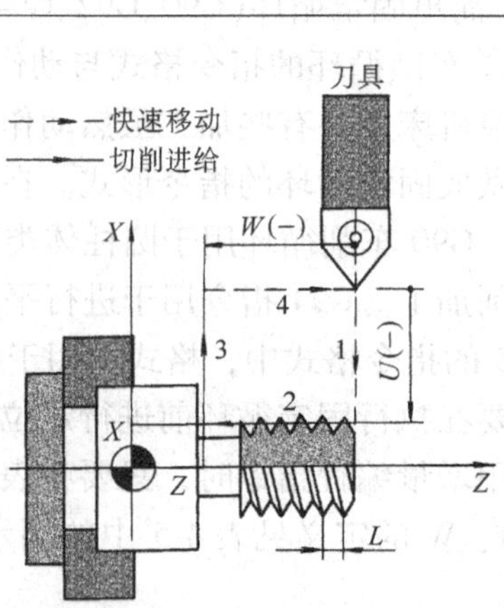
</td></tr>
</table>

（续）

循环名称	指令格式及参数	动作示意图
螺纹切削循环	格式二： G92X□□Z□□R□□F□□； X/U：*X* 轴加工终点位置； Z/W：*Z* 轴加工终点位置； R：锥度参数； F：螺纹螺距(*L*)	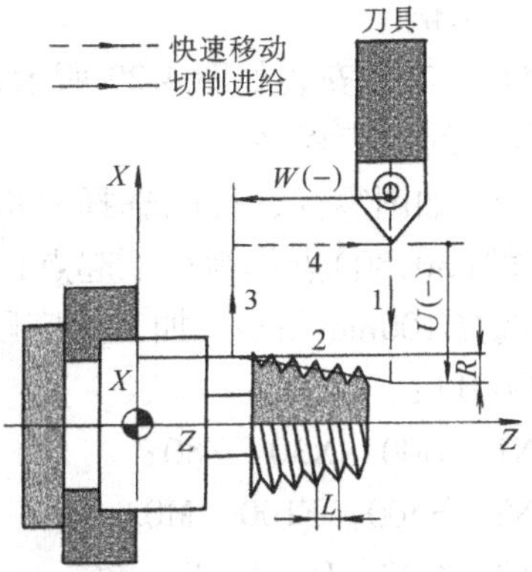
端面车削循环	格式一： G94 X□□Z□□F□□； X/U：*X* 轴加工终点位置； Z/W：*Z* 轴加工终点位置； F：进给速度	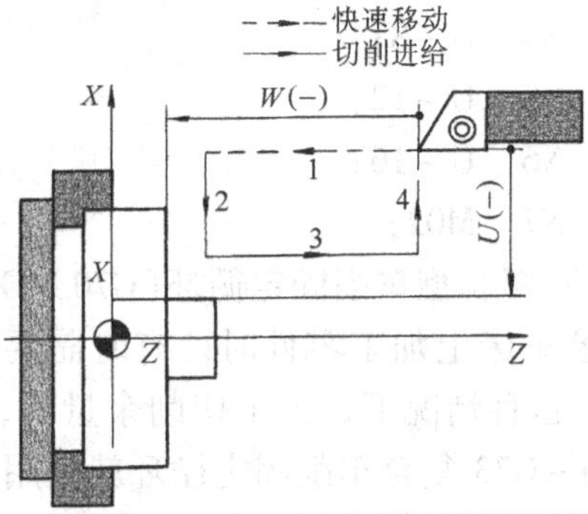
	格式二： G94 X□□Z□□R□□F□□； X/U：*X* 轴加工终点位置； Z/W：*Z* 轴加工终点位置； R：锥度参数； F：进给速度	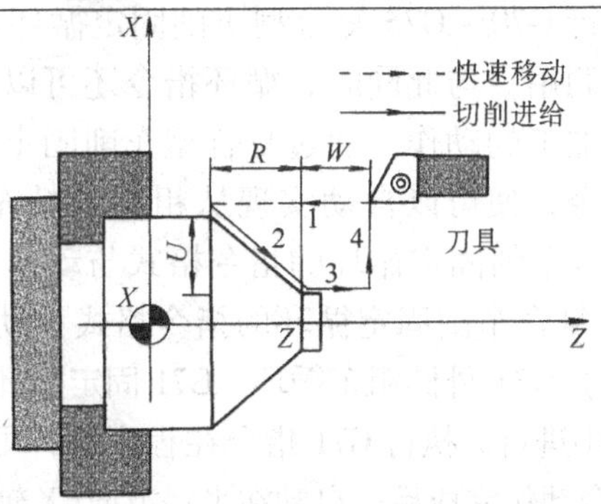

2. G90、G92、G94 使用注意点

固定循环指令以及指令中的坐标值 X、Z、R、U、W 等和 G90、G92、G94 指令一样，都是模态值，如果程序中没有指定新的 X、Z、R 值，前面指令中的坐标值数据将保持有效。因此

1）在含有固定循环指令的程序段中，如果只有固定循环 G 代码（如 N20 G90;），或者没有给定移动距离（如 U0、W0 等），执行指令将在原来的位置上，重复前一固定循环的动作。

2）在固定循环指令中含有 M、S 指令时，固定循环和 M、S 功能可以同时进行。由于 T 指令将影响刀具补偿，因此，执行 T 指令时，通常应取消固定循环。

3）由于指令 G00、G01 等与 G90、G92、G94 属同一组的 G 代码，执行 G00、G01 等指令也将自动取消固定循环。

3. 使用示例

例 4-11 工件安装如图 4-29 所示，试用车削固定循环指令编制，在 $\phi56$ 棒料上粗加工 $\phi24\times60$ 外圆的加工程序。

为了加工如图零件，可以选择 G90 外圆车削循环，选择 X 轴离开外圆 2mm、Z 轴离开端面 6mm 的(30,80)点作为加工起点；取每次切深为 4mm ，主轴转速 S 选择 500 r/min，进给速度 F 选择 100mm/min。加工程序段如下：

```
O0011;
N1  G00  X30  Z80;
N2  S500  F100  M03;
N3  G90  U-4  W-66;
N4  U-8;
N5  U-12;
N6  U-16;
N7  M02;
```

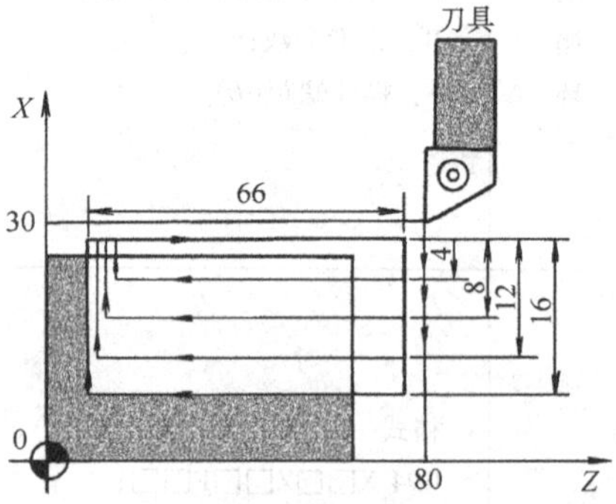

图 4-29 固定循环指令的使用例

（二）复合型车削固定循环（G70～G76）

数控车床上加工零件时，有时需要将毛坯直接加工成形，这种情况下，由于切削余量大，机床需要采用分步进给的方式将毛坯逐步加工成形。G70～G73 复合车削固定循环就是用于实现以上动作的固定循环。

执行 G70～G73 复合型车削固定循环与调用子程序类似，它可以对已编程的轮廓轨迹进行重复调用。与此同时，循环指令还可以自动生成分步切入的刀具轨迹，从而自动实现分步切入的加工的动作。通过复合型车削固定循环指令，编程人员只需要给出精加工轮廓，通过循环指令，便可以自动实现从粗车到精车的全部动作，从而使程序编制更为方便。G70～G73 复合车削固定循环的指令格式与动作见表 4-6 所示。

1. 复合车削固定循环的指令格式与动作

（1）G71 外圆粗车循环　G71 固定循环的动作如表 4-6 所示，刀具的切削加工在平行于 Z 轴的移动中进行。执行 G71 指令在程序中，可以在给定的编程轨迹 $A\rightarrow A'\rightarrow B$ 之间进行分步加工。G71 指令动作完成后，自动在半径方向(X 轴)留出 ΔU(在直径编程时单边为 $\Delta U/2$)，轴向(Z 轴)留出 ΔW 的精加工余量。分步进给每次的切削深度可以通过固定循环参数 Δd 进行定义。

G71 通常要通过如下两个连续程序段，对循环动作与循环参数进行定义：

G71 U $\underline{\ \Delta d\ }$ R $\underline{\ e\ }$；

G71 P $\underline{\ Ns\ }$ Q $\underline{\ Nf\ }$ U $\underline{\ \Delta U\ }$ W $\underline{\ \Delta W\ }$ F $\underline{\ f\ }$ S $\underline{\ s\ }$ T $\underline{\ t\ }$；

格式中，第一段给定固定循环的每步切削深度 Δd 与退刀量 e。Δd、e 可以根据编程的轮廓轨迹自动决定方向，指令中不需要给定符号，切入、退出的方向由 AA' 的方向决定。Δd、e 的指定是模态的，它们可以连续保持，直到被下次指令改变。此外，在大部分系统中，通过“机床参数”也可以指定 Δd、e 的值。

第二段指定固定循环的轮廓轨迹与精加工余量，以及 G71 指令程序段中 F、S、T 值。

Ns——调用编程轮廓程序段群的首程序段号；

Nf——调用编程轮廓程序段群的结束程序段号；

Δ*U*——*X* 轴方向精加工余量；

Δ*W*——*Z* 轴方向精加工余量；

f、*s*、*t*——执行 G71 循环的进给速度、主轴转速、刀具及刀补号。

（2）G72 端面粗车循环　端面粗车循环 G72 与 G71 的指令格式、动作过程均相类似，其区别是 G72 的切削加工是在与 *X* 轴平行的方向的移动中进行，它是从外径往轴心方向切削端面的粗车循环。给定的编程轨迹为：$A \to A' \to B$，各参数的意义与 G71 相近（参见表4-6）。

表 4-6　复合车削循环的指令格式与动作表

循环名称	指令格式及参数	动作示意图
外圆粗车循环	格式： G71 U Δ*d* R *e*； G71 P *Ns* Q *Nf* U Δ*U* W Δ*W* F *f* S *s*； Δ*d*：切深，无符号； *e*：退刀量； *Ns*：轮廓程序段的起始程序段号； *Nf*：轮廓程序段的结束程序段号； Δ*U*：*X* 轴方向精加工余量； Δ*W*：*Z* 轴方向精加工余量； *f*/*s*：进给速度/主轴转速	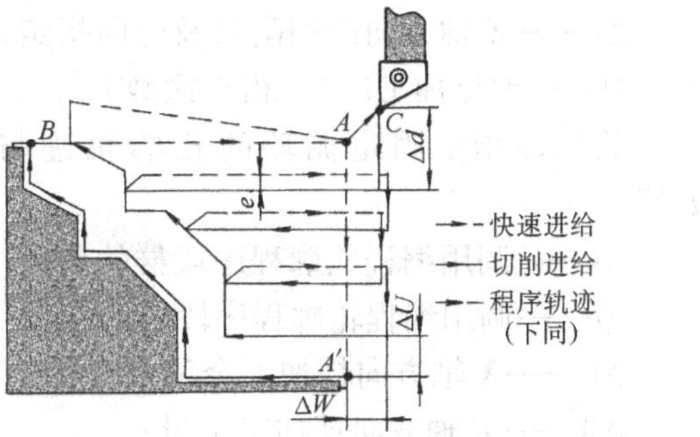
端面粗车循环	格式： G72 U Δ*d* R *e*； G72 P *Ns* Q *Nf* U Δ*U* W Δ*W* F *f* S *s*； Δ*d*：切深，无符号； *e*：退刀量； *Ns*：轮廓程序段的起始程序段号； *Nf*：轮廓程序段的结束程序段号； Δ*U*：*X* 轴方向精加工余量； Δ*W*：*Z* 轴方向精加工余量； *f*/*s*：进给速度/主轴转速	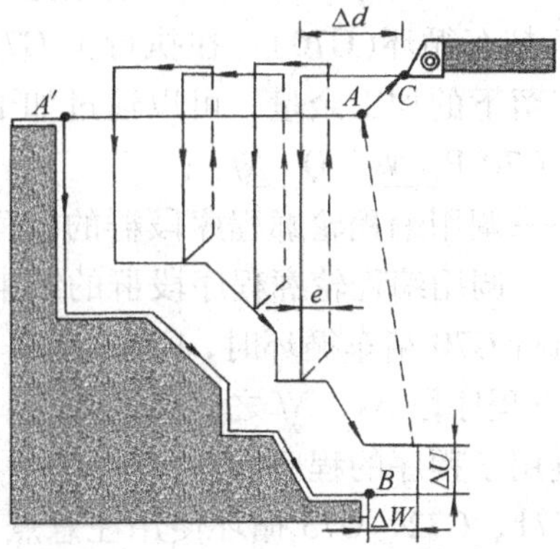
封闭粗车循环	格式： G73 U Δ*i* W Δ*k* R *D*； G73 P *Ns* Q *Nf* U Δ*U* W Δ*W* F *f* S *s*； Δ*i*：*X* 轴切削量； Δ*k*：*Z* 轴切削量； *D*：分级进给次数； *Ns*：轮廓程序段的起始程序段号； *Nf*：轮廓程序段的结束程序段号； Δ*U*：*X* 轴方向精加工余量； Δ*W*：*Z* 轴方向精加工余量； *f*/*s*：进给速度/主轴转速	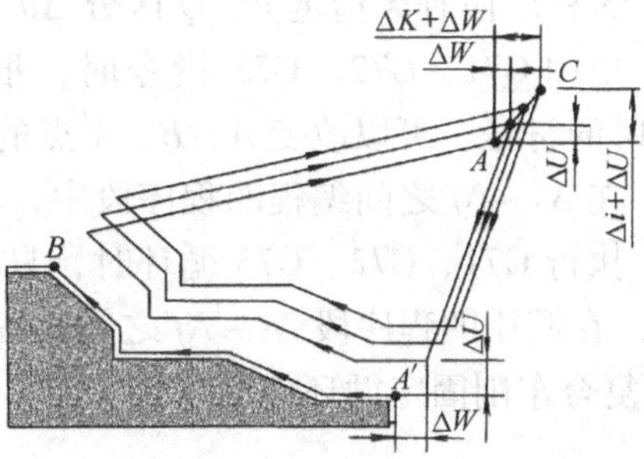

（3）G73 重复切削循环　利用 G73 循环，可以对某一已编程的轮廓轨迹进行多次重复切削，每次切削完成后，刀具可以自动向指定的方向移动指定的增量，使刀具加工轨迹产生平行移动。因此，它可以用于锻造、铸造等基本成型的毛坯的粗加工切削，以提高加工效率，简化加工程序。

G73 的编程亦要通过如下两个连续程序段，对循环动作与循环参数进行定义：

G73 U $\underline{\Delta i}$ W $\underline{\Delta k}$ R $\underline{D}$；

G73 P $\underline{Ns}$ Q $\underline{Nf}$ U $\underline{\Delta U}$ W $\underline{\Delta W}$ F $\underline{f}$ S $\underline{s}$ T $\underline{t}$；

第一段给定固定循环的 X、Z 轴的退刀距离 Δi、Δk 及方向、重复进行的粗车次数 D。Δi、Δk、D 的指定是模态的，它们可以连续保持，直到被下次指令改变。此外，在大部分系统中，通过“机床参数”也可以指定 Δi、Δk、D 的值。Δi、Δk、D 的定义如下：

Δi——X 轴方向的切削量及方向指定；

Δk——Z 轴方向的切削量及方向指定；

D——重复加工次数(粗车次数)。

第二段指定固定循环的轮廓轨迹与精加工余量，以及 G73 指令程序段中 F、S、T 值。

Ns——调用编程轮廓程序段群的首程序段号；

Nf——调用编程轮廓程序段群的结束程序段号，

ΔU——X 轴方向精加工余量；

ΔW——Z 轴方向精加工余量；

f、s、t——执行 G71 循环的进给速度、主轴转速、刀具及刀补号。

（4）精车循环(G70)　在执行了 G71、G72、G73 粗车加工循环后，为了完成精车，去除粗加工留下的加工余量，可以通过如下的 G70 指令实现：

G70 P $\underline{Ns}$ Q $\underline{Nf}$；

Ns——调用编程轮廓程序段群的首程序段号；

Nf——调用编程轮廓程序段群的结束程序号。

在执行 G70 精车循环时，G71、G72、G73 程序段中指令的 F、S、T 无效，这时，f、s、t 值决定于程序段 $Ns \sim Nf$ 之间编程的 F、S、T。同样，在 $Ns \sim Nf$ 之间编程的程序段中，不能含有调用子程序的程序段。

2. G71、G72、G73 循环使用注意点

1）在 G71、G72、G73 指令中，Δd、ΔU 都用地址 U 进行指定的，系统是根据 G71、G72、G73 程序段有无指定 P、Q 区分 Δd、ΔU 的。

2）使用 G71、G72、G73 指令时，根据各机床的特点和不同的加工要求，通过改变 ΔU、ΔW 的符号，可以改变 A、B、A' 点的相对位置，从而将图示的轨迹进行改变。

3）在 $Ns \sim Nf$ 之间编程的程序段中，不能含有调用子程序的程序段。

4）执行 G71、G72、G73 循环时，只有在 G71、G72、G73 指令的程序段中 F、S、T 是有效的，在调用的程序段 $Ns \sim Nf$ 之间编程的 F、S、T 功能都将全部忽略。

3. 复合车削固定循环使用示例

例 4-12 试利用复合固定循环编制完成图 4-30 所示零件加工的程序，工件毛坯为 ϕ140 的棒料。

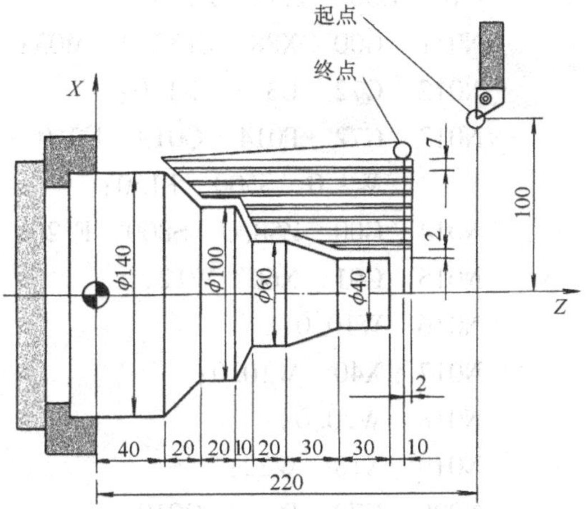

图 4-30 固定循环使用例

根据加工要求，可以采用如下的工艺参数对零件加工：

1）粗加工时：主轴转速为 500 r/min，进给速度为 150mm/min；切深 3.5mm；精加工余量留 2mm（半径与轴向同）；

2）精加工时：主轴转速为 800 r/min，进给速度为 120mm/min；

3）采用 G 代码体系 A，半径编程、公制输入方式，采用 G71 固定循环；

4）使用 1 号刀具，1 号刀补。

加工程序如下：

O0012;
N1 G00 G98 G21;　（设置快速定位、每分进给、公制尺寸）
N2 T0101;　（指定 1 号刀具、刀补号）
N10 G50 X100.0 Z220.0;　（设置工件坐标系）
N11 G00 X80.0 Z180.0 M03;　（刀具快速移动到加工起始点，起动主轴正转）
N12 G71 U3.5 R1.0;　（指定切削深度 Δd，退刀量 e）
N13 G71 P14 Q20 U2.0 W2.0 S500 F150;　（指定 G71 固定循环的轮廓轨迹与精加工余量）
N14 G00 X20.0 S800 F120;　（给定轮廓轨迹 1，指定精加工切削参数）
N15 G01 W-40.0;　（轮廓轨迹 2）
N16 X30.0 W-30.0;　（轮廓轨迹 3）
N17 W-20.0;　（轮廓轨迹 4）
N18 X50.0 W-10.0;　（轮廓轨迹 5）
N19 W-20.0;　（轮廓轨迹 6）
N20 X70 W-20.0;　（轮廓轨迹 7）
N21 G70 P14 Q20;　（指定 G70 固定循环，对程序段 N14 ~ N20 精加工）
N22 G00 X100 Z220 M05;　（刀具返回到加工起始点，停止主轴）
N23 M02;　（程序结束）

例 4-13 复合型固定循环（G70、G72）的实例，加工图 4-31 所示的零件，工艺要求同上例。

O0013;
N1 G00 G98 G21;
N2 T0101;

N10　G50　X110　Z190；

N011　G00　X88　Z132.0　M03；

N012　G72　U3.5　R1.0；

N013　G72　P014　Q019　U2.0

W2.0　S500　F150；

N014　G00　Z58.0　S800　F120；

N015　G01　X60　W12；

N016　W10.0；

N017　X40　W10.0；

N018　W20.0；

N019　X18　W22；

N020　G70　P014　Q019；

N021　G00　X110　Z190　M05；

N022　M02；

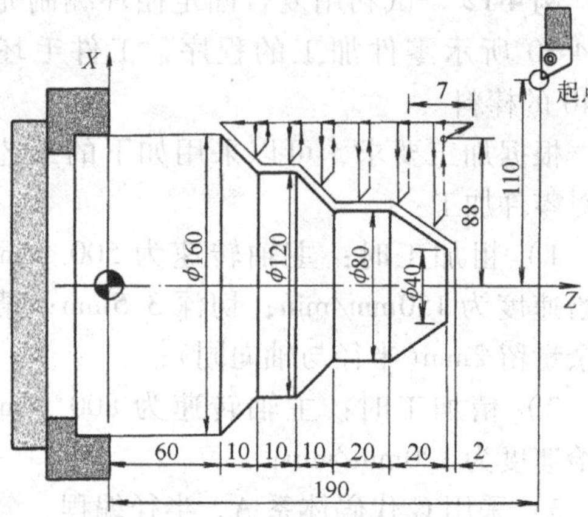

图 4-31　复合型固定循环（G70、G72）的实例

例 4-14　复合型固定循环（G70、G73）的实例，加工图 4-32 所示的零件，工艺要求同上例 4-12。

O0014；

N1　G00　G98　G21；

N2　T0101；

N010　G50　X220　Z220；

N011　G00　X110　Z160　M03；

N012　G73　U14　W14　R3；

N013　G73　P014　Q019　U2.0

W2.0　S500　F150；

N014　G00　X40.0　W-40.0

S800　F120；

N015　G01　W-20.0；

N016　X60.0　W-10.0；

N017　W-20.0　S0400；

N018　G02　X80.0　W-20.0　R20.0；

N019　G01　X90.0　W-10.0；

N020　G70　P014　Q019

N021　G00　X220　Z220　M05；

N022　M02；

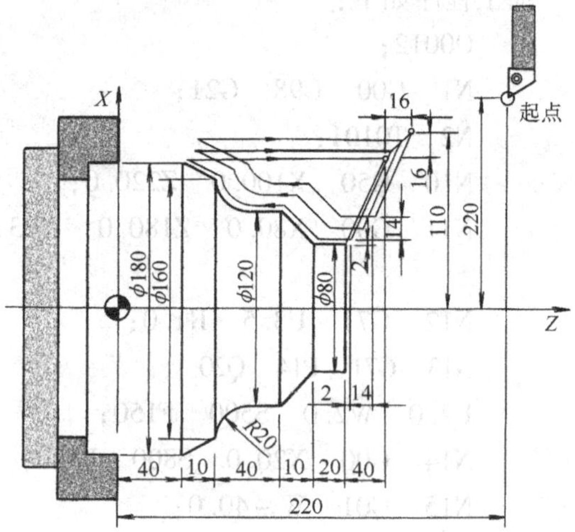

图 4-32　复合型固定循环（G70、G73）的实例

（三）其他车削循环

1. 端面深孔加工循环（G74）

按照下面程序指令，进行如图4-33所示的动作。在此循环中，可以处理外形切削的断屑，另外，如果省略X(U)、P，只是Z轴动作，则可以作为深孔加工循环。

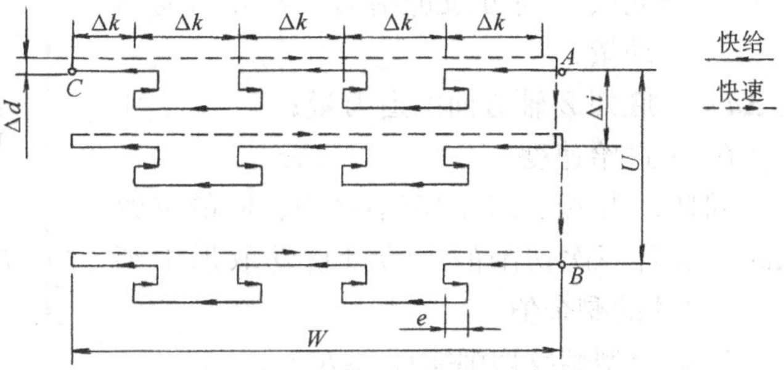

图4-33　端面深孔加工循环动作图

G74的指令与G71～G73一样，需要同时编入两条G74指令，其格式如下：

G74　R　$\underline{e}$；

G74　X　$\underline{X}$　Z　$\underline{Z}$　P　$\underline{\Delta i}$　Q　$\underline{\Delta k}$　R　$\underline{\Delta d}$　F　f；

格式中各参数的意义如下：

e——Z轴每次进给完成后的回退量；

X——B点的X坐标值(使用U时为A到B的X轴增量距离)；

Z——C点的Z坐标值(使用W时为A到C的Z轴增量距离)；

Δi——完成Z向分级进给后，X方向的移动量；

Δk——Z方向的每次进给量；

Δd——底部X轴方向的退刀量；

f——进给速度。

注意：在格式中e和Δd都用G74指令下的地址R指定，区别的根据是G74指令中是否同时指定地址X(或U)，如果X(或U)被指定，则地址R代表Δd。循环动作在执行第二条含X(或U)的G74指令时进行。

当Δi、Δk的值不是U、W的整数倍时，最后一次切削的进给量自动取加工到U、W尺寸的剩余值。

2. 外圆、内圆切槽循环(G75)

根据下面程序指令，进行如图4-34所示动作。相当于在G74中，把X和Z调换，在此循环中，可以进行端面切削的断屑处理，并且可以对外径进行沟槽加工和切断加工(省略Z、W、Q)。

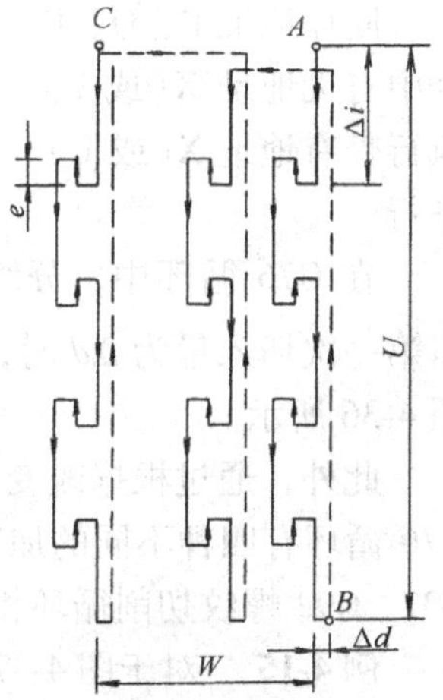

图4-34　切槽循环动作图

G75的指令与G71～G74一样，需要同时编入两条G75指令，其格式如下：

G75　R　$\underline{e}$；

G75　X　$\underline{X}$　Z　$\underline{Z}$　P　$\underline{\Delta i}$　Q　$\underline{\Delta k}$　R　$\underline{\Delta d}$ F f；

格式中各参数的意义如下：

e——X轴每次进给完成后的回退量；

X——B点的X坐标值(使用U时为A到B的X轴增量距离)；

Z——C点的Z坐标值(使用W时为A到C的Z轴增量距离)；

Δi——X方向的每次进给量；

Δk——完成 X 向分级进给后，Z 方向的移动量；

Δd——底部 Z 轴方向的退刀量；

f——进给速度。

同样，当 Δi、Δk 的值不是 U、W 的整数倍时，最后一次切削的进给量自动取加工到 U、W 尺寸的剩余值。

3. 复合型螺纹切削循环(G76)

按照下面的程序，可以进行如图 4-35 所示的螺纹切削循环。

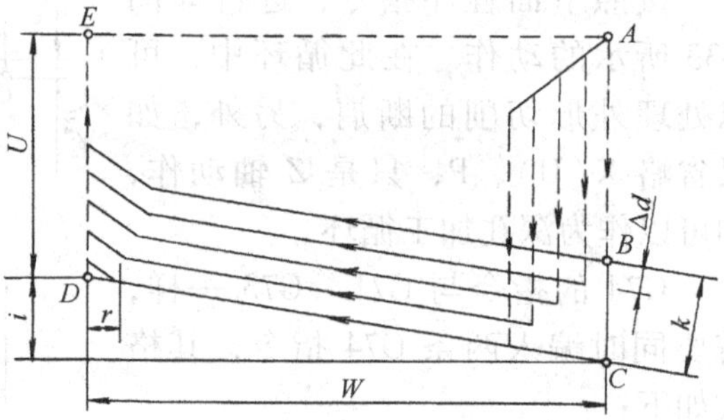

图 4-35　复合型螺纹切削循环动作图

G76　P　$\underline{m}$　$\underline{r}$　$\underline{a}$　Q　$\underline{\Delta d_{min}}$　R　$\underline{d}$;

G76　X　$\underline{X}$　Z　$\underline{Z}$　R　$\underline{i}$　P　$\underline{k}$　Q　$\underline{\Delta d}$　F　$\underline{L}$;

m——最后精加工的重复次数 1～99；

r——螺纹倒角量。如果把 L 作为导程，在 $0.1 \sim 9.9L$ 的范围内，以 $0.1L$ 为一挡，可以用 01～99 两位数值指定；

a——刀尖的角度(螺纹牙的角度)。可以选择 80°、60°、55°、30°、29°、0°等 6 种角度；

m、r、a 同一地址 P 下一起指定，例：当 $m=2$，$r=1.2L$，$a=60°$ 时，P 指令为 P 021260；

Δd_{min}——最小切入量，当一次切入量($\Delta d \times \sqrt{N} - \Delta d \times \sqrt{N-1}$)小于 Δd_{min}时，则用 Δd_{min} 作为一次切入量；

d——精加工余量；

i——螺纹部分的半径差，当 $i=0$ 为直螺纹；

k——螺纹牙深(X 轴方向的距离，用半径值指令)；

Δd——第一次切入量；

f——螺纹导程，同 G32 的螺纹切削。

同样地址 P、Q、R 指定的数据的意义，要根据有指令中有无地址 X(或 U)、Z(或 W)来区别。循环动作在执行带有地址 X(或 U)、Z(或 W)的 G76 指令程序段时进行。

在 G76 循环中，分级切削的进给量是自动改变的，当第一次切入量为 Δd 时，第 n 次的切削量为 $\Delta d\sqrt{n}$，如图 4-36 所示。

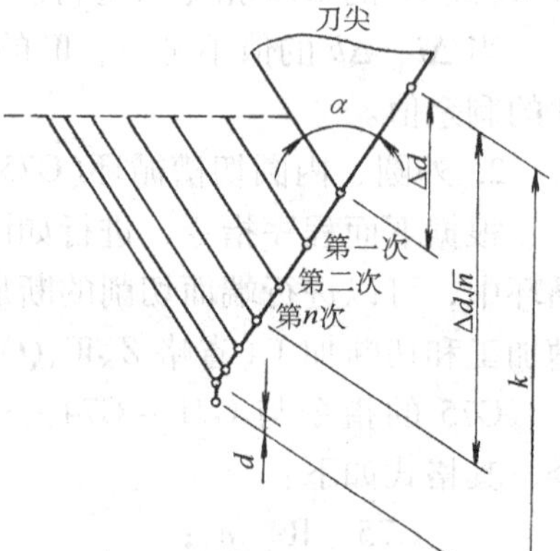

图 4-36　螺纹切入量变化图

此外，通过根据改变循环的起点、终点的相对位置，G76 循环有四种不同的加工轮廓，因此也可以进行内螺纹的加工。螺纹切削的注意事项，与 G32、G92 螺纹切削循环相同。

例 4-15　对于图 4-37 所示的螺纹切削加工，在半径编程方式下，利用 G76 指令编程的程序如下：

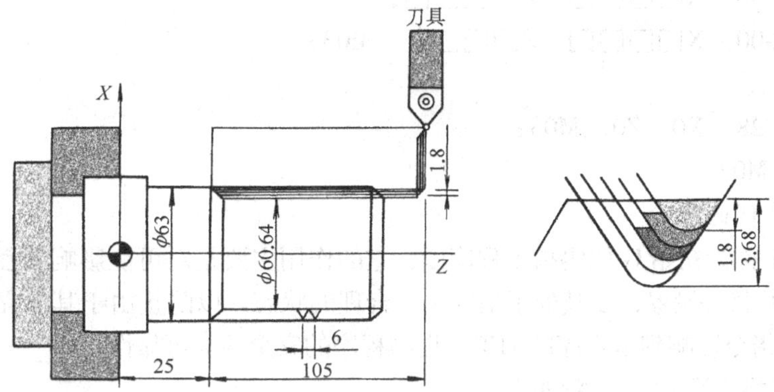

图 4-37　螺纹切削加工示意图

O0015;

N1　G00　G98　G21;	(设置快速定位、每分进给、公制尺寸)
N2　T0101;	(指定 1 号刀具、刀补号)
N3　S500　M03;	(指定 1 号刀具的切削参数,起动主轴正转)
N4　G50　X60　Z130;	(设置工件坐标系)
N5　G76　P011060　Q0.1　R0.2;	(取 $m=1, r=1.0L, a=60°$)
N6　G76　X30.32　Z25　P3.68　Q1.8　F6.0;	(给定循环参数)
N7　G00　X60　Z130　M05;	(关主轴)
N8　M02;	(程序结束)

四、数控车床程序的基本格式

为了保证数控加工程序的完整、正确和统一，在数控编程时，一般都应针对某一机床的设置编制一标准程序格式，然后根据标准格式进行编程。这样不仅可以使程序简洁、明了，便于检查、调整，而且还可以提高编程的效率与可靠性。

例 4-12 ~ 例 4-15 中，我们事实已经根据不同的情况，采用了比较规范的程序格式进行了编程，这些格式(或针对机床稍加改变)可以适用于绝大多数数控车床。针对数控车床的 G 代码体系 A，数控车床的程序基本格式可以归纳如下：

O□□□□;
N1　G00　G40　G18　G98　G21;
N2　T□□××;
N3　S□□□□　F□□□□　(M□□);
(N4　G50　X□□□□ Z□□□□;)
N5　G00(G54)X□□□□ Z□□□□ M03;
…
N51　G28　X0　Z0　M05;
N52　T□□××;
N53　S□□□□　F□□□□　(M□□);

N54　G50　X□□□□　Z□□□□;
N55　G00　X□□□□　Z□□□□　M03;
…
N99　G28　X0　Z0　M05;
N100　M02;

1. 初始化 G 代码指令

格式中的 N1 称为初始 G 代码指令程序段，它的作用主要是对可能影响到程序加工的模态 G 代码指令进行初始状态设置，使其处于最安全、合理的状态。以防止由于其他程序执行过程中保留的模态 G 代码指令影响到本程序的加工，提高程序的安全性与可靠性。

初始 G 代码指令程序段一般如下：

N1　G00　G40　G18　G98　G21;

程序段中各 G 代码的作用如下：

G00——回到快速定位状态，提高加工前的刀具运动速度，防止前面程序中保留的 *F* 速度对定位效率的影响。

G40——取消刀具半径补偿，以防止在前面程序中保留的刀具半径自动补偿功能对程序执行产生的影响。

G18——选择 *ZX* 平面为基本的刀具半径补偿平面与圆弧插补平面。

G98——选择每分钟进给。

G21——选择公制尺寸编程(通常情况)。

2. 换刀及切削参数的指定

换刀及切削参数的指定程序段的作用是选择刀具与指定该刀具的切削参数。在格式中对应的程序段为：

N2　T□□××;
N3　S□□□□ F□□□□(M□□);

程序段中各指令的意义如下：

T□□××——用于选择用于程序加工的第一把刀具，并选择该刀具的刀补数据。

S□□□□——指定用于本程序加工的第一把刀具的主轴转速，由于没有 M03/M04 指令，执行本指令仅设置主轴的转速值，实际刀具并不会转动。

F□□□□——指定用于本程序加工的第一把刀具的切削进给速度，但它在下面的 G01、G02、G03 等需要进给速度的程序段中才能生效。

(M□□)——根据需要可以增加一条辅助功能指令，常用的有 M41、M42、M43(主轴“自动交换传动级”指令)等。

3. 设定工件坐标系、刀具运动到加工起始点

设定工件坐标系、刀具运动到加工起始点程序段的作用是使刀具在 *ZX* 平面进入工件坐标系；在 *X*、*Z* 轴生成刀具补偿，并靠近加工表面；同时使主轴旋转，作好加工准备。这一点的位置，一般定在加工零件的进刀起始点上。根据不同的情况，其程序段有如下两种选择。

对于利用 G50 建立工件坐标系的情况为：

N4　G50　X□□□□　Z□□□□;
N5　G00　X□□□□　Z□□□□ M03;

程序段 N4 的作用是建立工件坐标系；N5 的作用是使刀具在 *ZX* 平面进入工件坐标系；生成刀具位置补偿，并靠近加工表面；同时使主轴旋转，作好加工准备。

对于使用工件坐标系 G54 ~ G59 的情况，程序段 N4 可以省略，但 N5 更改为：

N5　G54　X□□□□ Z□□□□ M03；

程序段中的 G54 根据使用的工件坐标系，可以是 G54 ~ G59 中的任意一个。

4. 正常的刀具加工程序段

在完成以上加工前准备程序段的编制后，刀具以及切削参数均已完成制定，刀具位置补偿已经生效，主轴已正常旋转，这些状态将作为本刀具的模态信息保留，因此可以进入正常的加工。在正常加工程序段中，可以根据加工的不同要求，加入本章介绍的全部或部分 G 代码指令，并且除使用复合车削循环外，在通常情况下，无需再考虑 S、F 等代码的编程。

5. 刀具的退出与换刀

一把刀具完成加工后需要进行换刀，通常情况下，换刀应将 *X*、*Z* 轴回到参考点。常用的程序段如下：

N51　G28　X0　Z0　M05；

N52　T□□ × ×；

在完成刀具自动交换后，即可以进入下一刀具的加工，作为程序段的编制，相当于重复 2 ~5，直到全部加工结束。

6. 车削加工编程实例

例 4-16　图 4-38a 为一车削加工的零件图。图 4-38a 中 ϕ85mm 外圆不需要加工，要求编制其精加工程序。

（1）依据图样要求，确定工艺方案如下

1）加工路线为：倒角—切削螺纹的实际外圆—切削锥度部分—车削 ϕ62mm 的外圆—倒角—车 ϕ80mm 的外圆—切削圆弧部分—车 ϕ80mm 外圆。

2）车 3 ×ϕ45mm 的槽。

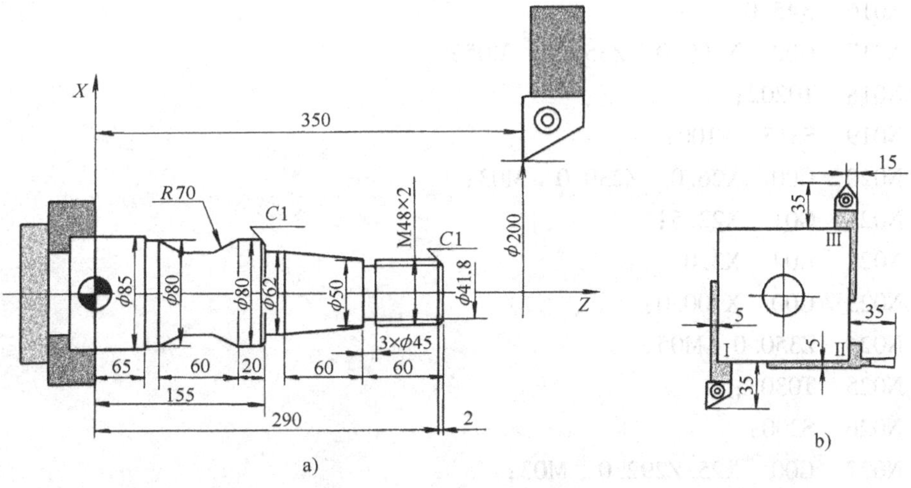

图 4-38　车削加工编程实例

3）车 M48 ×2 的螺纹。

（2）选择加工刀具如下　1 号刀用于加工外圆；2 号刀用于加工槽；3 号刀用于车削螺纹；刀具布置如图 4-38b 所示，加工起始点选为(100,350)点；刀具补偿值通过控制面板手工键入。

（3）选择切削用量如下　精车外圆：主轴转速 S630、进给速度 F150；槽加工：主轴转速 S315、进给速度 F100；车削螺纹：主轴转速 S200。螺纹牙深 1.299mm，分 5 次切入，第一次切深 0.45mm，第二次切深 0.3mm，第三次切深 0.3mm，第四次切深 0.2mm，第五次切深 0.05mm。

程序如下：

```
O0016;
N001  G00  G40  G18  G98  G21;
N002  T0101;
N003  S630  F150;
N004  G50  X100.0  Z350.0;
N005  G00  X21.0  Z292.0;
N006  G01  X24.0  Z289.0;（注:实际加工时,考虑到螺纹的使用,一般取 X23.8
                          左右为宜,此时 Z 坐标亦应相应改动为 Z288.8）
N007  Z230.0;
N008  X25.0;
N009  X31.0  Z170.0;
N010  Z155.0;
N011  X39.0;
N012  X40.0  Z154.0;
N013  Z135.0;
N014  G02  X40.0  Z75.0  I63.25  K-30.0;
N015  G01  Z65.0;
N016  X45.0;
N017  G00  X100.0  Z350.0  M05;
N018  T0202;
N019  S315  F100;
N020  G00  X26.0  Z230.0  M03;
N021  G01  X22.5;
N022  G04  X3.0;
N023  G00  X100.0;
N024  Z350.0  M05;
N025  T0303;
N026  S200;
N027  G00  X25.Z292.0  M03;
N028  G92  X23.55  Z232.0  F2;
N029  X23.25;
```

N030　X22.95；

N031　X22.75；

N032　X22.7；

N033　G00　X100.0　Z350.0　M05；

N034　M02；

第五节　镗铣类数控机床的程序编制

一、镗铣类数控机床的代码体系与编程特点

（一）镗铣类数控机床的代码体系

镗铣类数控机床主要用于箱体、法兰、模具类零件的加工。在镗铣类数控机床上，通常需要对零件的 *X*、*Y*、*Z* 三个坐标轴方向进行控制，使用的数控系统至少为三轴控制系统，其指令格式与数控车床也有较大的区别。镗铣类数控机床常用的 G 代码如表 4-7 所示，通常情况下这一代码体系对所有镗、铣类数控机床都适用，不同的系统一般只有功能的增减与使用 G 代码的多少的区别。

表 4-7　镗铣类数控机床常用的 G 代码

G 代码	组　别	功　能	G 代码	组　别	功　能
G00	01	快速定位	G43	08	正方向刀具长度补偿
* G01		直线插补	G44		负方向刀具长度补偿
G02		顺时针圆弧插补	* G49		刀具长度补偿撤销
G03		逆时针圆弧插补	* G50	11	比例缩放撤销
G04	00	程序暂停	G51		比例缩放生效
G10		通过程序输入数据	G52	00	局部坐标系设置
G11		取消通过程序输入数据	G53		机床坐标系选择
* G15	17	撤销极坐标编程	* G54	14	工件坐标系 1
G16		撤销极坐标编程生效	G55		工件坐标系 2
* G17	02	*XY* 平面选择	G56		工件坐标系 3
G18		*ZX* 平面选择	G57		工件坐标系 4
G19		*YZ* 平面选择	G58	14	工件坐标系 5
G20	06	英制数据输入	G59		工件坐标系 6
G21		公制数据输入	G65	12	宏程序命令
G27	00	返回参考点检查	G66		模态调用宏程序命令
G28		返回参考点	G67		模态调用宏程序命令取消
G29		从参考点返回	G68	16	图形旋转生效
G30		返回第二参考点	* G69		图形旋转撤销
G31		测量功能	G73	09	钻深孔循环
G33	01	螺纹切削	G74		左旋攻螺纹循环
* G40	07	刀具半径补偿注销	G76		精镗循环
G41		左侧刀具半径补偿	* G80		固定循环注销
G42		右侧刀具半径补偿	G81		钻孔循环(点钻循环)

（续）

G代码	组别	功能	G代码	组别	功能
G82	09	钻孔循环（镗阶梯孔循环）	*G90	03	绝对值编程
G83		深孔钻循环	G91		增量值编程
G84		攻螺纹循环	G92	00	坐标系设定
G85		镗孔循环	G94	05	每分进给
G86		钻孔循环	*G95		每转进给
G87		反镗孔循环	G96	13	线速度恒定控制生效
G88		镗孔循环	*G97		线速度恒定控制撤销
G89		镗孔循环	G98	10	在固定循环中返回初始平面
			G99		返回到 *R* 点（在固定循环中）

与数控车床一样，表4-7中，带*的G代码为通常情况下的系统开机默认G代码，更改开机默认G代码，可以通过数控系统的“机床参数”设置进行。

在G代码组00中，除G10、G11外，其余的G代码均为单段有效G代码；其余各组G代码均为模态G代码。

在同一程序段中，可以指令多个不同组G代码；当指令了两个以上同一组G代码时，通常的情况下，只有最后输入的G代码生效。

（二）镗铣类数控机床的编程特点

1）镗铣类数控机床的工件坐标系原点指定通过G92指令进行，而在数控车床上则通过指令G50进行（详见本章第三、四节）。

2）镗、铣类数控机床的绝对/增量尺寸的选择，采用G90/G91指令指定，不可以使用变地址编程格式。地址 *U*、*V*、*W* 在镗铣类数控机床上是平行于 *X*、*Y*、*Z* 轴的附加坐标轴地址，与基本坐标轴一样，它们也可以通过G90/G91指令指定选择绝对/增量尺寸；参与插补等。

3）为了适应镗铣类数控机床的加工需要，对于常见的镗铣切削加工动作，可以通过采用数控系统本身具备的固定循环功能，以简化编程。

4）数控镗铣床（加工中心）的刀具位置偏置、刀具半径补偿指令形式，刀具补偿值的输入不同于数控车床。

5）为了适应模具等行业的加工要求，在镗铣类数控机床上，一般都具备镜像加工（对称加工）、比例缩放等特殊编程指令，以提高编程效率，简化程序。

6）为了适应圆周分布孔加工（如：法兰类零件）与圆周镗、铣加工的需要，镗铣类数控机床，一般都具备极坐标编程功能。

二、数控镗铣床（加工中心）的特殊编程

（一）数控镗铣床（加工中心）的特殊编程指令

1. 增量编程与绝对编程（G90、G91）

镗铣类数控机床绝对/增量尺寸的选择采用G90/G91指令。与使用变地址编程格式不同，采用G90/G91指令选择绝对/增量尺寸时，在同一程序段中的所有坐标轴只能统一采用绝对或增量指令，指令G00　G90　X100　G91　Z45；是不允许的格式。但在不同程序段中，G90/G91可以混合编程。即以下程序段是允许的：

N10　G00　G90　X100　Z45；　（*X*、*Z* 移动到（100,45）的点）

N20　G91　X100　Z45；　　　　(X、Z 增量移动 100、45 距离)

在具有附加轴的机床上，以下程序段代表的意义是：

G00　G91　U10　W10；　　　　(代表 U、W 轴增量移动 10mm)

G00　G90　U10　W10；　　　　(代表 U、W 轴移动到(10,10)的点上)

2. 极坐标编程(G15、G16)

在圆周分布孔加工(如法兰类零件)与圆周镗铣加工时，图样尺寸通常都是以半径(直径)与角度的形式给出。对于此类零件，如果采用极坐标编程，直接利用极坐标半径与角度指定坐标位置，既可以大大减少编程时的计算工作量，又可以提高程序的可靠性。

极坐标编程通常使用指令 G15、G16 进行，其指令的意义如下：

G15：撤销极坐标编程；

G16：极坐标编程生效。

极坐标编程时，编程指令的格式、代表的意义与所选择的加工平面有关，加工平面的选择仍然利用 G17、G18、G19 等平面选择指令进行。加工平面选定后，所选择平面的第一坐标轴地址用来指定极坐标半径；第二坐标轴地址用来指定极坐标角度，极坐标的 0°方向为第一坐标轴的正方向。在部分系统中极坐标半径、极坐标角度亦可以采用特殊的地址。

极坐标原点指定方式，在不同的数控系统中有所不同，有的将工件坐标系原点直接作为极坐标原点；有的系统可以利用局部坐标系指令(G52)建立极坐标原点，如例 4-17 所示。

在极坐标编程时，通过 G90、G91 指令也可以改变尺寸的编程方式，选择 G90 时，半径、角度都以绝对尺寸的形式给定；选择 G91 时，半径、角度都以增量尺寸的形式给定。

例 4-17　对于图 4-39 所示的第 1 组圆周孔的中心点定位运动，利用极坐标编程时，其程序如下：

O0017；

N1　G52　X30　Y70；　　(在(30、70)点建立局部坐标系)

N2　G90　G17　G16；　　(绝对编程,XY 平面极坐标编程生效)

N3　G00　X25　Y18；　　(极坐标半径 25,角度 18°)

N4　Y54；　　　　　　　(极坐标半径 25,角度 54°)

N5　Y90；

N6　Y126；

N7　Y162；

N8　Y198；

N9　Y234；

N10　Y270；

N11　Y306；

N12　Y342；

N13　G15；　　　　　　　(撤销极坐标编程)

N14　G52　X0　Y0；　　(撤销局部坐标系)

N15　M02；

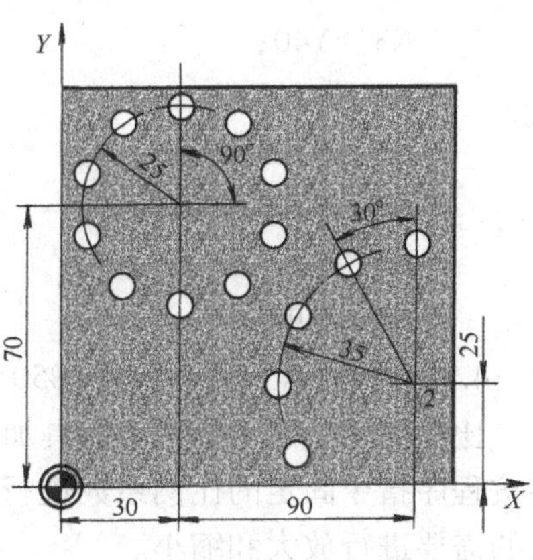

图 4-39　极坐标编程

用同样方法，也可以实现第二组圆周孔的极坐标编程。

3. 镜像(Mirror)加工指令

镜像加工亦称对称加工，它是数控镗铣床常见的加工之一。镜像加工功能要通过系统的“镜像”控制信号进行，当该信号生效时，需要“镜像加工”的坐标轴将自动改变坐标值的正、负符号，实现坐标轴对称图形的加工，如图4-40所示。

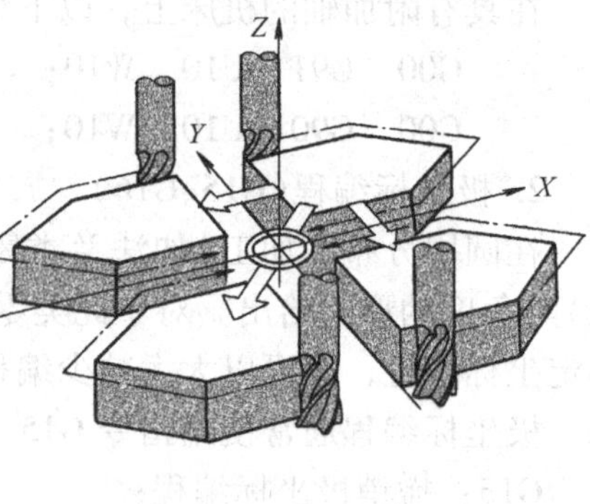

图4-40　镜像加工

为了进行镜像加工，在系统上通常有三种选择方式：①通过数控系统的辅助机能(M机能，如YASKAWA公司生产的CNC为M94、M95等)与“镜像加工”坐标轴选择信号，使相应轴的“镜像加工”生效；②通过数控系统操作面板上的“镜像加工”选择菜单，选择“镜像加工”坐标轴，“镜像加工”控制生效；③部分系统中，可以通过特殊的编程指令(如G50.1　G51.1)实现。

使用“镜像加工”功能时应注意：因数控镗铣床的 Z 轴一般安装有刀具，因此，Z 轴一般都不能进行镜像(对称)加工。

例4-18　假如某数控机床的镜像加工生效指令为M95，撤销镜像加工指令为M94；刀具起始点为(0,0)，当选择 X 轴镜像加工时，对于图4-41所示的关于 Y 轴对称的图形加工，其程序如下：

```
O0022;
N1 G92  X0  Y0;            (设定坐标原点)
N2  M98  P0100;            (调用子程序O0100,加工图形A)
N3  M95;                   (X轴镜像加工生效)
N4  M98  P0100;            (调用子程序O0100,加工图形B)
N5  M94;                   (撤销镜像加工)
N6  M02;                   (主程序结束)
```

子程序如下：

```
O0100;
N2  G90  G01  X40  Y0  F100;
N3  Y40;
N4  X100;
N5  X125  Y20;
N6  X100  Y0;
N7  X0;
N8  M99;
```

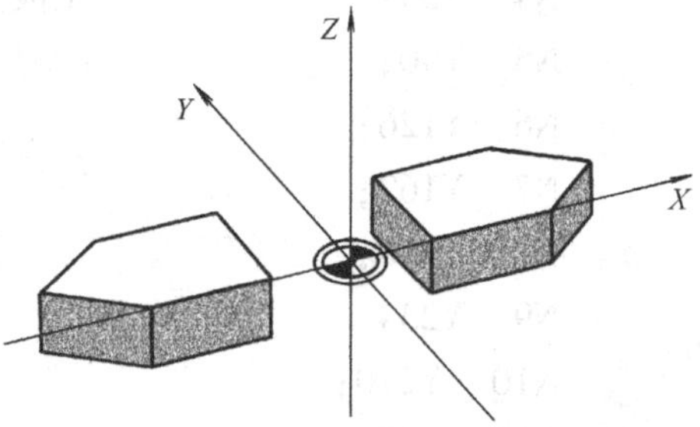

图4-41　镜像加工

4. 比例缩放(Scale)指令(G50、G51)

比例缩放功能主要用于模具加工，当比例缩放功能生效时，对应轴的坐标值与移动距离将按程序指令固定的比例系数进行放大(或缩小)。这样，就可以将编程的轮廓根据实际加工的需要进行放大和缩小。

通常用于比例缩放功能的编程指令为G50、G51。G51为比例缩放功能生效，G50为比例缩放功能撤销。编程的格式在不同的系统中，有所不同，通常有如下两种：

G51　I $\underline{\quad i \quad}$　J $\underline{\quad j \quad}$　K $\underline{\quad k \quad}$　P $\underline{\quad p \quad}$；

或　G51　X $\underline{\quad x \quad}$　Y $\underline{\quad y \quad}$　Z $\underline{\quad z \quad}$　P $\underline{\quad p \quad}$；

格式中：i、j、$k(x、y、z)$的作用有两方面：①选择需要进行比例缩放的坐标轴。$i(x)$：X轴比例缩放生效；$j(y)$：Y轴比例缩放生效；$k(z)$：Z轴比例缩放生效；②指令比例中心(x,y,z)在现行生效坐标系中的X、Y、Z坐标值。p为进行缩放的比例系数，通常允许输入范围为：P0.000001～99.999999。

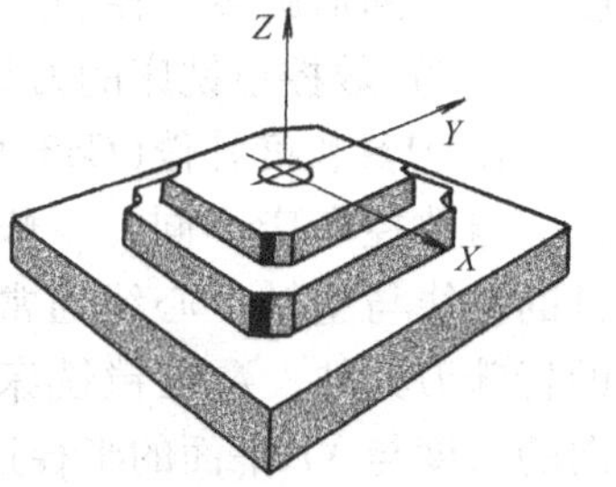

图 4-42　比例缩放

比例缩放功能只能对选择了i、j、$k(x、y、z)$的对应坐标轴生效，未选择比例中心的坐标轴，比例系数固定为1。

例如：G51　I0　J0　K0　P1.5；

执行以上指令，定义X、Y轴的比例生效，比例中心为(0,0,0)点；比例系数为1.5，如图4-42所示。

在部分功能完备的数控系统中，各坐标轴允许取不同的比例系数；而且比例系数也允许取负值。这时的指令格式为：

G51　X $\underline{\quad x \quad}$　Y $\underline{\quad y \quad}$　Z $\underline{\quad z \quad}$　I $\underline{\quad i \quad}$　J $\underline{\quad j \quad}$　K $\underline{\quad k \quad}$；

格式中：x、y、z指令比例中心；i、j、k定义各坐标轴不同的比例系数。

对于这样的系统，通过对某一轴指令比例系数“－1”，可以利用比例缩放，实现镜像加工的功能。因此，例4-18所示的轮廓加工，也可以利用以下程序进行加工。

例4-19　比例缩放加工例：

```
O0000;
N1  G92  X0  Y0;                 (设定坐标原点)
N2  M98  P0100;                  (调用子程序 O0100,加工图形 A)
N3  G51  X0  Y0  I-1  J1;        (比例缩放生效,X 轴比例系数“-1”)
N4  M98  P0100;                  (调用子程序 O0100,加工图形 B)
N5  G50;                         (撤销比例缩放加工)
N6  M02;                         (主程序结束)
```

子程序O0100的编程与例4-18完全相同。

在部分数控系统中(如:DYNAPATH)，比例缩放功能还可以通过数控系统操作面板上的“比例缩放”选择菜单，选择“比例缩放”坐标轴与缩放系数，使“比例缩放”控制生效。

5. 图形旋转指令(G68、G69)

对于某些围绕中心旋转得到的特殊的轮廓加工，如果根据旋转后的实际加工轨迹进行编程，就可能使坐标计算的工作量大大增加。而通过图形旋转功能，可以大大简化编程的工作量。

用于图形旋转的指令一般为G68、G69。G68为图形旋转功能生效，G69为图形旋转功能撤销。编程的格式在不同的系统中，可能有所不同，通常使用的格式如下：

G68　X $\underline{\quad x \quad}$　Y $\underline{\quad y \quad}$　R $\underline{\quad r \quad}$；

格式中：x、y的作用有两方面：①选择需要进行图形旋转的坐标轴。x：X轴图形旋转生效；y：Y轴图形旋转生效；②指令图形旋转中心(x,y)在现行生效坐标系中的X、Y坐标值。r 为图形旋转的角度，通常允许输入范围为 0 ~ 360。

图形旋转一般在 XY 平面进行。在部分数控系统中，图形旋转功能也可以通过数控系统操作面板上的“图形旋转”选择菜单，选择“图形旋转”坐标轴与旋转的角度，使“图形旋转”控制生效，如图 4-43 所示。

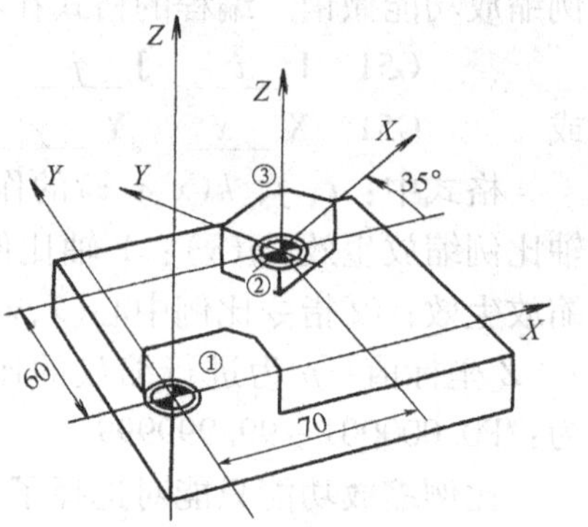

图 4-43　图形旋转

（二）数控镗铣床的刀具长度与半径补偿

1. 刀具长度补偿(G43、G44、G49)

与数控车床不同，一般来说，在数控镗铣床上，刀具的轴线与主轴中心线通常都是重合的。因此，除少量的特殊刀具外，数控镗铣床的刀具补偿通常只需要对 Z 向的长度与 XY 平面的半径这两个参数进行，它不涉及刀具的 XY 方向位置偏置问题。

与数控车床一样，编程时用的刀具(基准刀具)与实际使用的刀具的长度偏差，被存储在刀具补偿值存储器中，数控镗铣床使用的刀补存储器的内容通常如表 4-8 所示。

表 4-8　刀补存储器

偏　置　号	刀具偏置值	偏　置　号	刀具偏置值
00	0	02	133.52
01	20.000	⋮	⋮

通常情况下，表 4-8 中的刀具偏置值，既可以作为刀具长度补偿值，也可以作为刀具半径补偿值，它根据使用的编程指令进行区别。当使用 G43、G44(长度补偿)指令时，用地址 H 指定存储器号(偏置号)，刀具偏置值作为长度使用；使用 G41、G42(半径补偿)指令时，用地址 D 指定存储器号(偏置号)，刀具偏置值作为半径使用。补偿号 00 原则上不允许设置值，它是撤销刀具补偿专用偏置值。

有关刀具长度补偿的指令格式与使用注意点，详见本章第三节。

2. 刀具半径补偿(G40、G41、G42)

在数控镗铣床上使用的数控系统上，刀具半径偏置值使用的刀补值存储器与刀具长度补偿值存储器完全相同，也就是说，假如某一刀具的半径与另一把刀具的长度正好相等时，同一刀具偏置值既可以作为它的刀具半径进行补偿，又可以将它作为另一把刀具的长度进行长度补偿。

与数控车床的情况不同，数控镗铣床的刀具半径补偿的编程，除应编入 G41、G42 指令外，必须指定半径补偿偏置值号 D。

有关数控镗铣床刀具半径补偿的指令格式与使用注意点，详见本章第三节。

三、数控镗铣床的固定循环

数控镗铣床固定循环通常针对孔加工动作设计的循环子程序。循环子程序的调用也是通过 G 代码指令进行，常用的循环调用指令有 G73、G74、G76、G80 ~ G89 等。固定循环的本质和作用与数控车床一样，其根本目的是为了简化程序、减少编程工作量。

（一）孔加工固定循环概述

1. 固定循环的动作

孔加工固定循环的动作，一般可以分为以下六个动作步骤，如图 4-44 所示：

1）X、Y 平面快速定位。

2）Z 向快速进给到 R 点。

3）Z 轴切削进给，进行孔加工。

4）孔底部的动作。

5）Z 轴退刀。

6）Z 轴快速回到起始位置。

执行孔加工循环，其中心点的定位一般都在 XY 平面上进行，Z 轴方向进行孔加工。固定循环动作的选择由 G 代码指定，对于不同的固定循环，以上动作有所不同，常用的 G73、G74、G76、G80 ~ G89 孔加工固定循环的动作如表 4-9 所示，G80 用于撤销循环。

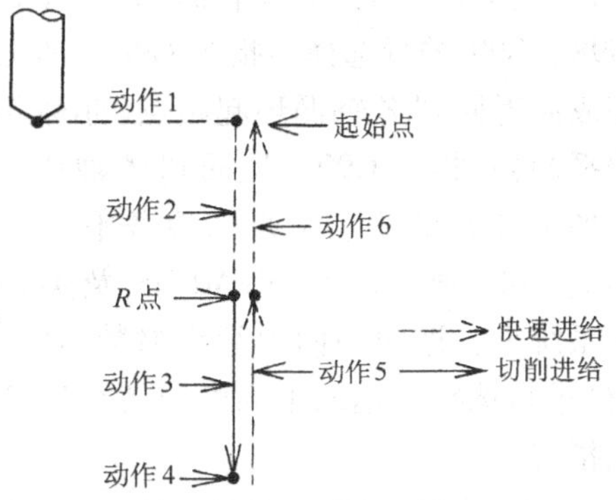

图 4-44　孔加工固定循环的动作

表 4-9　孔加工固定循环动作一览表

G 代码	加工动作（$-Z$ 向）	孔底部动作	退刀动作（$+Z$ 向）	用　途
G73	间歇进给	—	快速进给	高速深孔加工循环
G74	切削进给	暂停、主轴正转	切削进给	反转攻螺纹循环
G76	切削进给	主轴准停	快速进给	精　镗
G80	—	—	—	撤 销 循 环
G81	切削进给	—	快速进给	钻　孔
G82	切削进给	暂　停	快速进给	钻、镗阶梯孔
G83	间歇进给	—	快速进给	深孔加工循环
G84	切削进给	暂停、主轴反转	切削进给	正转攻螺纹循环
G85	切削进给	—	切削进给	镗　孔　1
G86	切削进给	主 轴 停	快速进给	镗　孔　2
G87	切削进给	主轴正转	快速进给	反　镗　孔
G88	切削进给	暂停、主轴停	手　动	镗　孔　3
G89	切削进给	暂　停	切削进给	镗　孔　4

2. 固定循环的编程

作为孔加工固定循环的基本要求，必须在固定循环指令中（或执行循环前）定义以下参数：

（1）尺寸的基本编程方式　即：G90 绝对值方式，G91 增量值方式。在不同的方式下，对应的循环参数编程的格式也要与之对应，如图 4-45 所示。

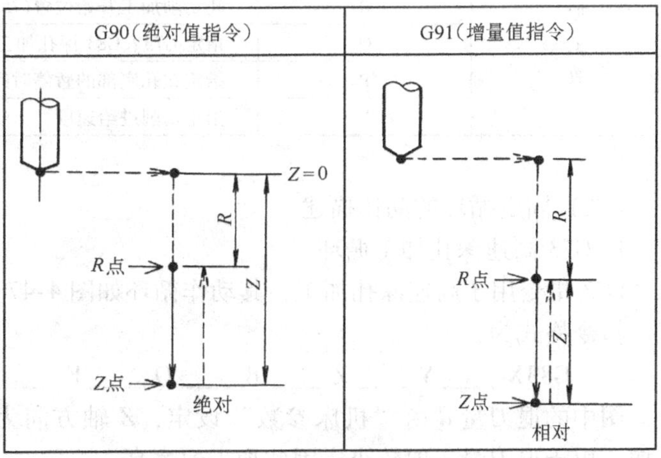

图 4-45　固定循环的绝对值指令和增量值指令

（2）固定循环执行完成后 Z 轴返回点（亦称返回平面）的 Z 坐标值　Z 轴返回点的位置指定在不同的数控系统上有不同的指定方式，在 FANUC 及类似的系统中，它由专门的返回平面选择指令 G98、G99 进行选择。指令 G98，加工完成后返回到 Z 轴循环起始点（亦称起始平面）；指令 G99，返回到 Z 轴孔切削加工开始的 R 点（亦称参考平面），如图 4-46 所示。在 SIEMENS 及类似的系统上，返回平面由编程参数（R 参数）进行选择，返回平面的位置可以任意指定。

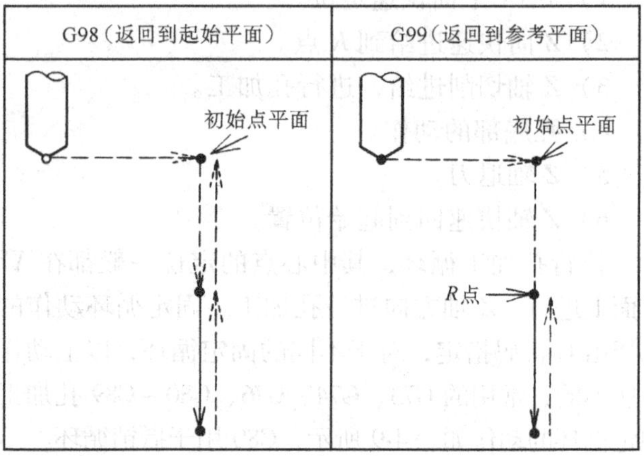

图 4-46　返回初始平面和参考平面

（3）G73、G74、G76、G81 ~ G89 固定循环所需要的全部数据（孔位置、孔加工数据等）　固定循环指令、孔加工数据均为模态有效，它们在某一程序段中一经指定，一直到取消固定循环（G80 指令）前都保持有效。因此，在连续进行孔加工时，除第一个固定循环程序段，必须指令全部的孔加工数据外，随后的固定循环中，只需定义需要变更的数据。但如果在固定循环执行中，如果进行了系统的关机或复位操作，则孔加工数据、孔位置数据均被消除。

固定循环指令的基本格式如下：

G____ X ____ Y ____ Z ____ R ____ P ____ Q ____ F ____;

以上格式中，根据不同的循环要求，有的固定循环指令需要全部参数，有的固定循环只需要部分参数，具体应根据循环动作的要求，予以定义。固定循环常用的参数含义见表 4-10 所示。

表 4-10　固定循环常用的参数含义

指定内容	地　址	说　明
孔加工方式	G	
孔位置数据	X，Y	指定孔中心在 XY 平面上的位置，定位方式与 G00 相同
孔加工数据	Z	孔底部位置（最终孔深），可以用增量或绝对指令编程
	R	孔切削加工开始位置（R 点），可以用增量或绝对指令编程
	Q	指定 G73、G83 深孔加工每次切入量或者 G76、G87 中偏移
	P	指定在孔底部的暂停时间
	F	指定切削进给速度

（二）固定循环的动作描述

1. G73 高速深孔加工循环

G73 指令用于高速深孔加工，其动作循环如图 4-47 所示。

指令格式为：

G83X ____ Y ____ Z ____ R ____ Q ____ F ____;

图中的退刀量 d 由“机床参数”设定，Z 轴方向为分级、间歇进给，使深孔加工容易排屑，由于退刀量一般较小，因此加工效率高。

2. G74 反攻螺纹循环

G74 指令用于反转攻螺纹(反螺纹)加工，其动作循环如图 4-48 所示。指令格式为：

G74X ____ Y ____ Z ____ R ____ P ____ F ____；

执行循环前应使指令主轴反转，Z 向进给加工反螺纹，加工到达孔底后，主轴自动进行正转，Z 轴同时退出。操作机床时应注意：在 G74 反转攻螺纹循环动作中，“进给速度倍率”开关无效，此外，即使是“进给保持”信号有效，在返回动作结束前，Z 轴也不会停止运动，这样可以有效防止因误操作引起的丝锥不能退出工件的现象，与此类似的固定循环还有 G84 正转攻螺纹循环。

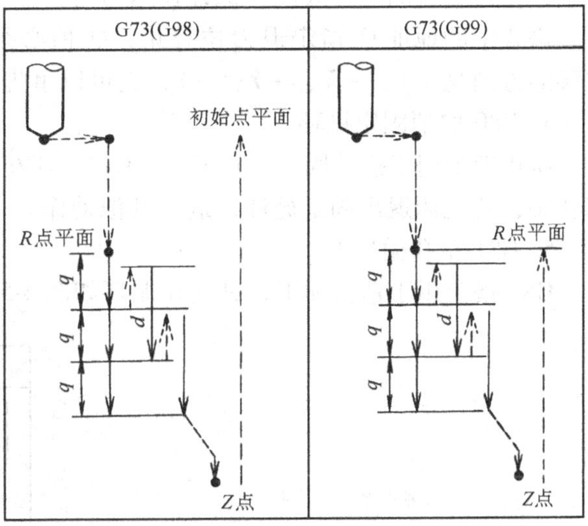

图 4-47　G73 高速深孔加工固定循环动作图

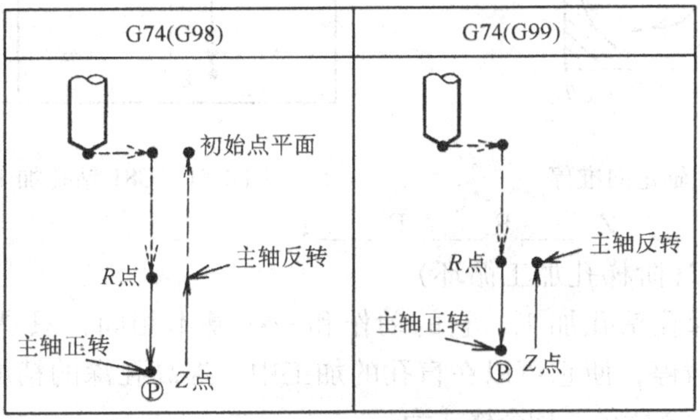

图 4-48　G74 反转攻螺纹固定循环动作图

3. G76 精镗循环

G76 指令用于精密镗孔加工，它可以通过主轴定向准停动作，进行让刀，从而消除退刀痕。其动作循环如图 4-49 所示。

指令格式为：

G76X ____ Y ____ Z ____ R ____ P ____ F ____；

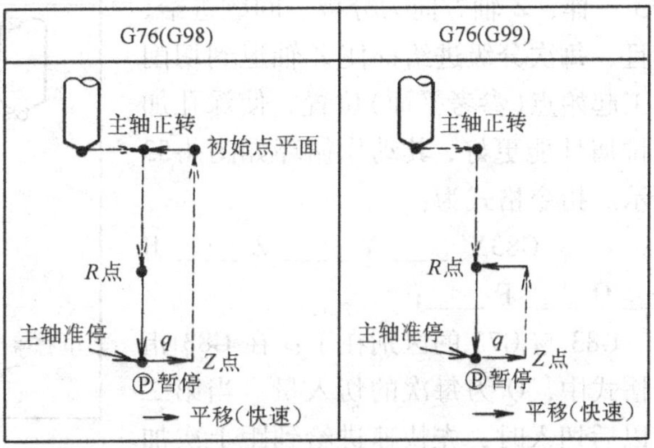

图 4-49　G76 精密镗孔加工固定循环动作图

所谓主轴定向准停，是通过主轴的定位控制机能使主轴在规定的角度上准确停止并保持这一位置，从而使镗刀的刀尖对准某一方向。停止后，机床通过刀尖相反的方向的少量后移，如图 4-50

所示，使刀尖脱离工件表面，保证在退刀时不擦伤加工面表面，以进行高精度镗削加工。

格式中的地址 Q 指定退刀位移量，Q 值必须是正值。即使用负值，符号也不起作用。位移的方向是 $+X$、$-X$、$+Y$、$-Y$，它可以事先用“机床参数”进行设定。

4. G80 取消固定循环

G80 指令用于撤销固定循环 G73、G74、G76 以及 G81 ~ G89。它可以撤销固定循环的模态状态，使机床退出固定循环，进行其他动作。

5. G81 钻孔循环 1

G81 指令用于钻孔加工，其动作循环如图 4-51 所示。指令格式为：

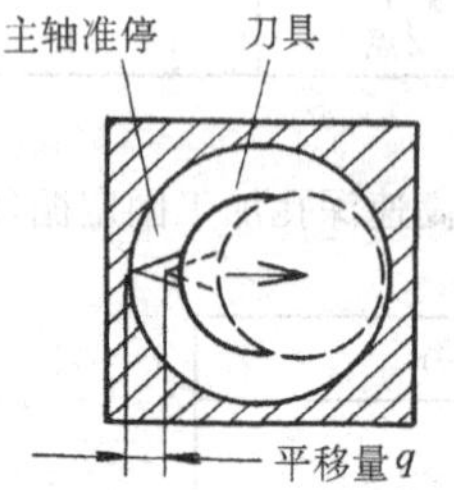

图 4-50　主轴定向准停

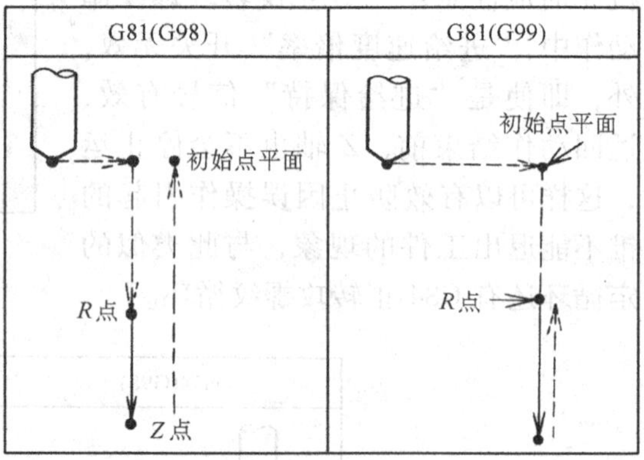

图 4-51　G81 钻孔加工固定循环动作图

G81X ____ Y ____ Z ____ R ____ F ____;

6. G82 钻孔循环 2（阶梯孔加工循环）

G82 指令用于阶梯孔钻孔加工，它的动作和 G81 基本相同，只是在孔底增加了进给暂停后动作，由于孔底暂停，使它可以在盲孔的加工中，提高孔深的精度。

其动作循环如图 4-52 所示。指令格式为：

G82X ____ Y ____ Z ____ R ____ P ____ F ____;

7. G83 深孔加工循环

G83 指令也用于高速深孔加工，和 G73 一样，Z 轴方向为分级、间歇进给，而且，每次分级进给都使 Z 轴退到切削加工起始点（参考平面）位置，使深孔加工排屑性能更好，其动作循环如图 4-53 所示。指令格式为：

G83X ____ Y ____ Z ____ R ____ Q ____ F ____;

G83 与 G73 的区别在于：在 G83 指令格式中，Q 为每次的切入量。当第二次以后切入时，先快速进给到距上次加工到达的底部位置 d 处，然后再次变为

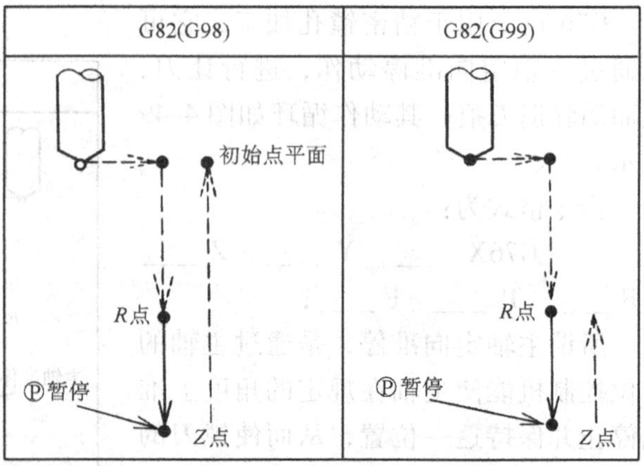

图 4-52　G82 阶梯孔钻孔加工固定循环动作图

切削进给。

8. G84 攻螺纹循环

G84 指令用于正转攻螺纹(正螺纹)加工，其动作循环如图 4-54 所示。指令格式为：

G84X ____ Y ____ Z ____ R ____ P ____ F ____;

它和 G74 的区别仅在于前者用于反转攻螺纹(反螺纹)加工，而 G84 用于正转攻螺纹(正螺纹)加工，因此在孔底，主轴自动进行反转，Z 轴同时退出。

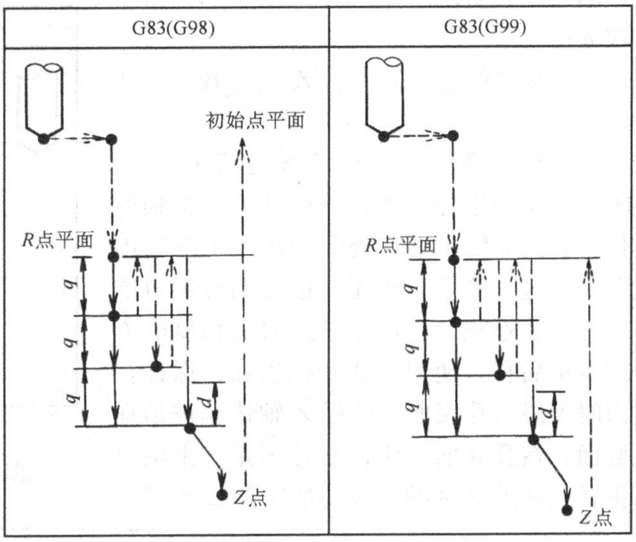

图 4-53　G83 高速深孔加工固定循环动作图

9. G85 镗削循环 1

G85 指令用于镗孔加工，其动作循环如图 4-55 所示。指令格式为：

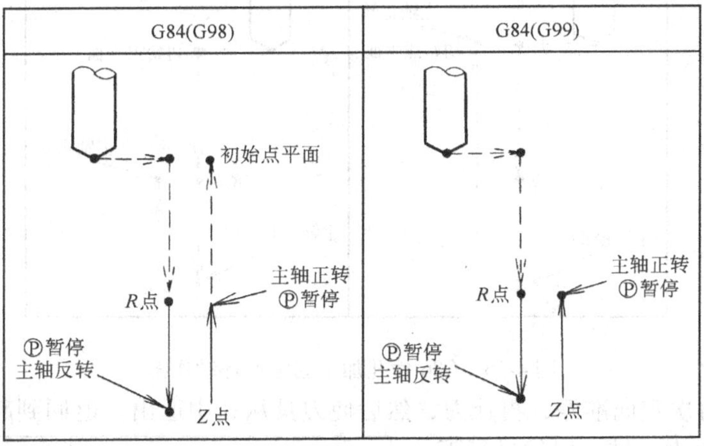

图 4-54　G84 正转攻螺纹加工固定循环动作图

G85X ____ Y ____ Z ____ R ____ F ____;

它与 G81 的区别是 G85 循环的退刀动作是以进给速度退出的，因此可以用于铰孔、扩孔等加工。

10. G86 镗削循环 2

G86 指令用于镗孔加工，其动作循环如图 4-56 所示。指令格式为：

G86X ____ Y ____ Z ____ R ____ F ____;

它与 G81 的区别是 G86 循环在底部时，主轴自动停止，退刀动作是在主轴停转的情况下进行的，因此可以用于镗孔加工。

11. G87 反镗循环

G87 指令用于精密镗孔加工，它可以通过主轴定向准停动作，进行让刀进入孔内，实现反镗动作。其动作循环如图 4-57 所示。指令格式为：

G87X ____ Y ____ Z ____ R ____ P ____ F ____；

执行 G87 循环，在 X、Y 轴完成定位后，主轴通过定向准停动作，进行让刀，主轴的定位控制机能使主轴在规定的角度上准确停止并保持这一位置，从而使镗刀的刀尖对准某一方向。停止后，机床通过刀尖相反的方向的少量后移，使刀尖让开孔表面，保证在进刀时不碰刀孔表面，然后 Z 轴快速进给在孔底面。在孔底面刀尖恢复让刀量，主轴自动正转，并沿 Z 轴的正方向加工到 Z 点。在此位置，使主轴再次定向准停，再让刀，然后使刀具从孔中退出。返回到起始点后，刀尖再恢复让刀，主轴再次正转，以便进行下步动作。关于让刀量及其方向的定义，与 G76 时完全相同。

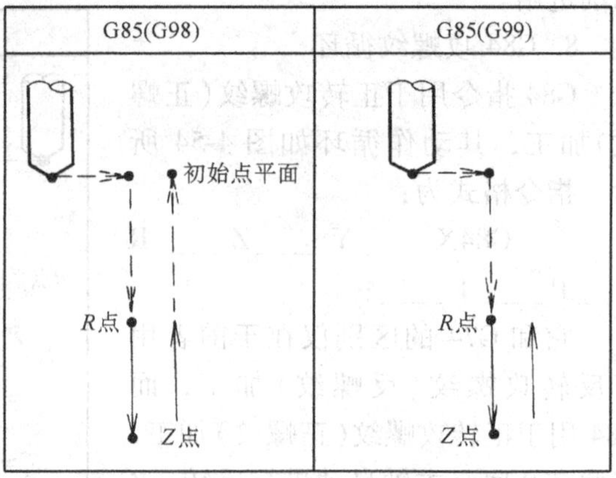

图 4-55　G85 镗孔加工固定循环动作图

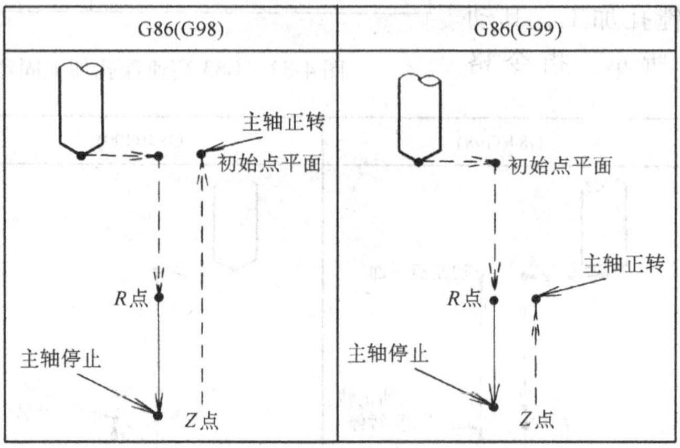

图 4-56　G86 镗孔加工固定循环动作图

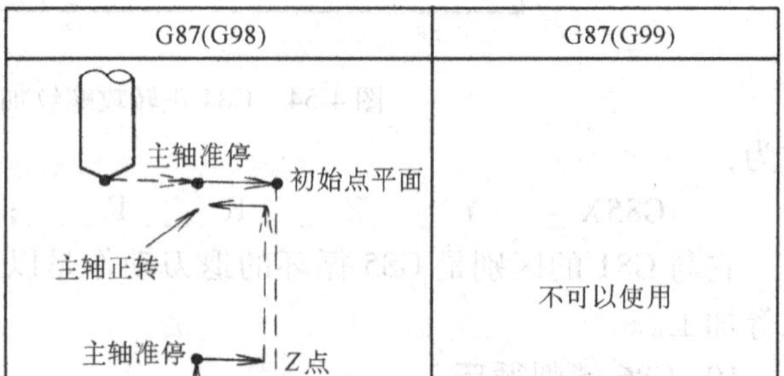

图 4-57　G87 镗孔加工固定循环动作图

12. G88 镗孔循环

G88 指令用于镗孔加工，其动作循环如图 4-58 所示。指令格式为：

G88X ____ Y ____ Z ____ R ____ R ____ F ____；

它与 G88 的特点是：循环加工到孔底暂停后，主轴停止后，进给也自动进入变为停止状态。刀具的退出必须在手动状态下移出刀具。刀具从孔中安全退

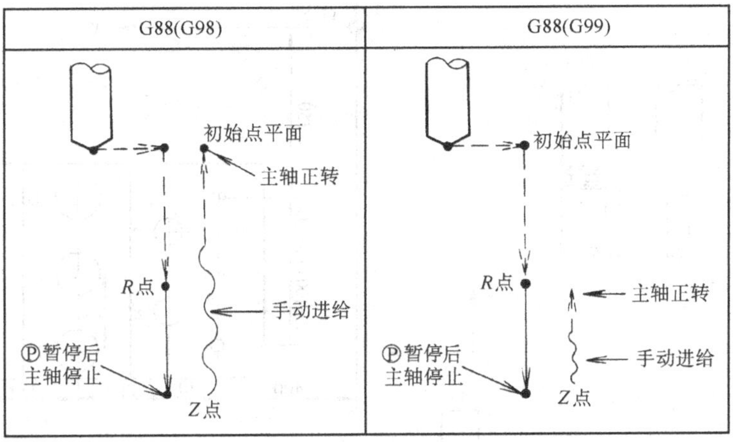

图 4-58　G88 镗孔加工固定循环动作图

出后，再开始自动加工，Z 轴快速返回 R 点或起始平面，主轴恢复正转，G88 执行完毕。

13. G89 镗孔循环

G89 指令用于镗孔加工，其动作循环如图 4-59 所示。指令格式为：

G89X ____ Y ____ Z ____ R ____ F ____;

它与 G85 的区别是：G89 循环在孔底增加了暂停，退刀动作也是以进给速度退出。

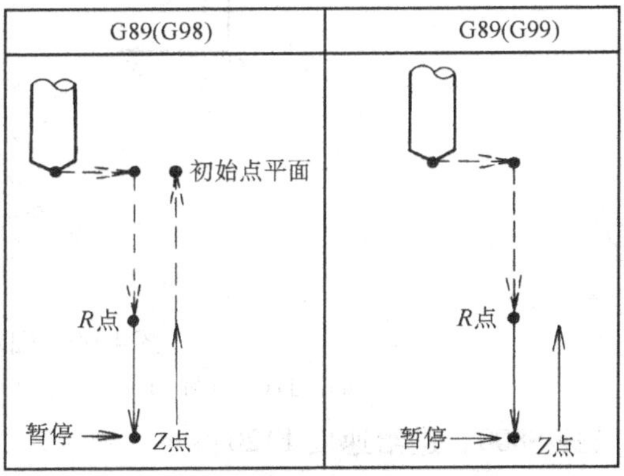

图 4-59　G89 镗孔加工固定循环动作图

（三）固定循环编程的注意事项

1）为了提高加工效率，在指令固定循环前，应事先使主轴旋转。

2）由于固定循环是模态指令，因此，在固定有效期间，如果 X、Y、Z、R 中的任意一个被改变，就要进行一次孔加工。

3）固定循环程序段中，如在不需要指令的固定循环下指令了孔加工数据 Q、P，它只作为模态数据进行存储，而无实际动作产生。

4）使用具有主轴自动启动的固定循环（G74、G84、G86）时，如果孔的 XY 平面定位距离较短，或从起始点平面到 R 平面的距离较短，且需要连续加工时，为了防止在进入孔加工动作时，主轴不能达到指定的转速，应使用 G04 暂停指令进行延时。

5）在固定循环方式中，刀具半径补偿机能无效。

（四）固定循环的编程实例

例 4-20　试用固定循环指令编制图 4-60 所示零件的孔加工程序。其中，孔#1 ~ #6 孔径为 ϕ10，采用钻孔加工；孔#7 ~ #10 孔径为 ϕ20，采用钻孔加工；孔#11 ~ # 13 孔径为 ϕ95，采用镗孔加工。工件坐标系为 G55。

根据以上要求，对刀具及加工工艺设计如下：

1）用 ϕ10 钻头，加工孔# 1 ~ # 6；刀具号 T01，刀补号 H01（刀具长度 $L=200$mm），主

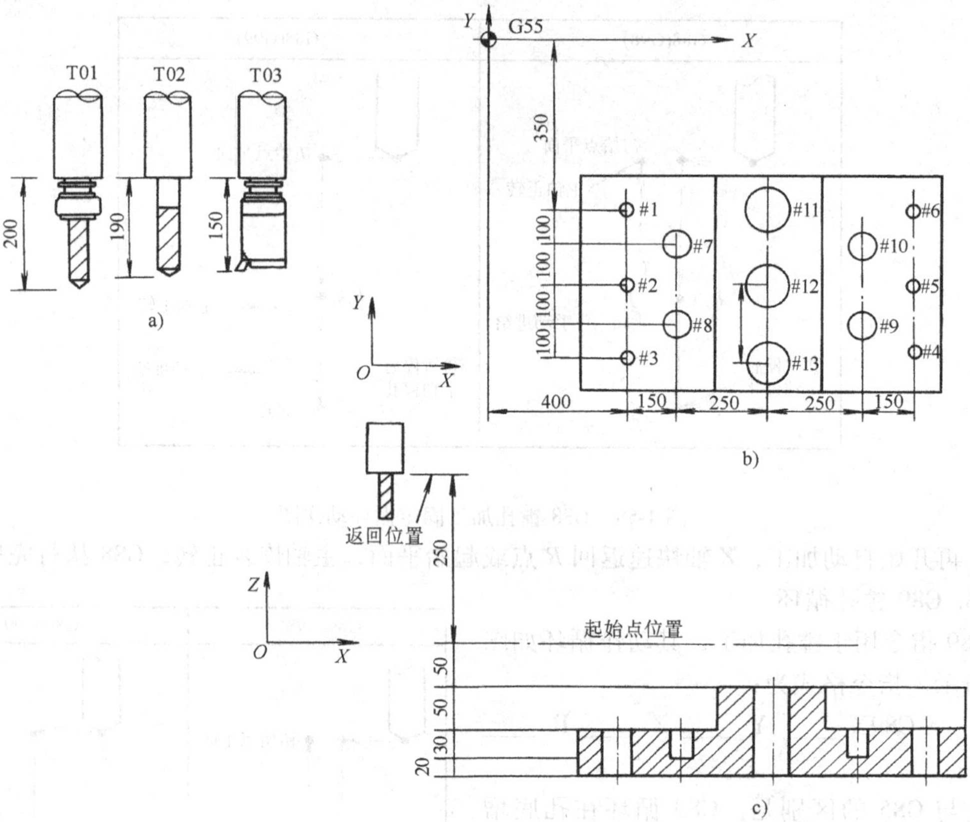

图 4-60 固定循环的编程实例

a）刀具示意图 b）工件在 XY 平面的位置 c）工件在 Z 向的位置

轴转速 S800，进给速度 F120；

2）利用 $\phi20$ 钻头，加工孔# 7 ~ # 10：刀具号 T02，刀补号 H02（刀具长度 $L=190\text{mm}$），主轴转速 S500，进给速度 F80；

3）利用 $\phi95$ 镗刀，加工孔# 11 ~ # 13：刀具号 T03，刀补号 H03（刀具长度 $L=150\text{mm}$），主轴转速 S300，进给速度 F30；

程序如下：

```
O0020;
N1  G90  G40  G00  G80  G17  G49  G98  G21  G54  G94  D0  H0;
                                 （初始化 G 代码）
N2  T01  M06 ;                   （换 1 号刀）
N3  S800  F120 ;                 （给定 1 号刀切削参数）
N10  G55  X400  Y-350;           （进入工件坐标系 X、Y 平面定位#1 孔）
N11  G43  Z0  H01  M03;          （刀具长度补偿，Z 靠近加工零件（运动到
                                 工件坐标系 Z0 点），启动主轴正转）
N12  G99  G81  Z-153  R-97;      （利用循环加工#1 孔，完成后返回 R 点平面）
N13  Y-550.0;                    （加工#2 孔）
```

N14 G98 Y－750.0；	(加工#3 孔,完成后返回起始点平面)
N15 G99 X1200.0；	(加工#4 孔,完成后返回 *R* 点平面)
N16 Y－550.0；	(加工#5 孔,完成后返回 *R* 点平面)
N17 G98 Y－350.0；	(加工#6 孔,完成后返回起始点平面)
N18 G28 Z0 H0 M19；	(取消刀具长度补偿,*Z* 轴回参考点,主轴定位)
N19 T02 M06；	(换 2 号刀)
N20 S500 F80；	(给定 2 号刀切削参数)
N21 G55 X550 Y－450；	(进入工件坐标系,*X*、*Y* 平面定位#7 孔)
N22 G43 Z0 H02 M03；	(刀具长度补偿,*Z* 靠近加工零件(运动到工件坐标系 *Z*0 点),启动主轴正转)
N23 G99 G82 Z－130 R－97 R3.0；	(加工#7 孔,完成后返回 *R* 点平面)
N24 G98 Y－650.0；	(加工#8 孔,完成后返回起始点平面)
N25 G99 X1050.0；	(加工#9 孔,完成后返回 *R* 点平面)
N26 G98 Y－450.0；	(加工#10 孔,完成后返回起始点平面)
N27 G28 Z0 H0 M19；	(取消刀具长度补偿,*Z* 轴回参考点,主轴定位)
N28 T03 M06；	(换 3 号刀)
N29 S300 F30；	(给定 3 号刀切削参数)
N30 G55 X800 Y－350；	(进入工件坐标系,*X*、*Y* 平面定位#11 孔)
N31 G43 Z0 H02 M03；	(刀具长度补偿,*Z* 靠近加工零件(运动到工件坐标系 *Z*0 点),启动主轴正转)
N32 G85 G99 Z－153 R47；	(加工#11 孔,完成后返回 *R* 点平面)
N33 G91 Y－200；	(加工#12 孔,完成后返回 *R* 点平面)
N34 Y－200；	(加工#13 孔,完成后返回 *R* 点平面)
N35 G28 Z0 H0 M19；	(取消刀具长度补偿,*Z* 轴回参考点,主轴定位)
N36 M02；	(程序结束)

四、数控镗铣床(加工中心)程序的标准格式

为了保证数控加工程序的完整、正确和统一，在数控编程时，一般都应针对某一机床设置一标准程序格式，然后根据标准格式进行编程。这样不仅可以使程序简洁、明了，便于检查、调整，而且还可以提高编程的效率与可靠性。

在例 4-20 中，事实已经采用了标准程序格式进行了编程，这一标准格式(或针对机床稍加改变)可以适用于绝大多数数控镗铣床与加工中心。现将其标准格式分析如下：

1. 初始化 G 代码指令

初始 G 代码指令程序段的作用主要是对可以影响程序加工的模态 G 代码指令进行初始状态设置，使其处于最安全、合理的状态。以防止由于其他程序执行过程中保留的模态 G 代码指令影响到本程序的加工，提高程序的安全性与可靠性。

初始G代码指令程序段一般如下：

N1　G90　G40　G00　G80　G17　G49　G98　G21　G54　G94　D0　H0；

程序段中各G代码的作用如下：

G90——使机床回到绝对编程方式，以防止由于加工起始位置的不同，而对程序执行产生影响。

G40——取消刀具半径补偿，以防止在前面程序中保留的刀具半径自动补偿功能对程序执行产生影响。

G00——回到快速定位状态，提高加工前的刀具运动速度，防止前面程序中保留的F速度对定位效率的影响。

G80——取消固定循环功能，以防止在前面程序中保留的固定循环功能对程序执行产生影响。

G17——选择*XY*平面为基本的刀具半径补偿平面与圆弧插补平面。

G49——取消刀具长度补偿，以防止在前面程序中保留的刀具长度自动补偿功能对程序执行产生影响。

G98——选择初始平面作为基本的固定循环返回平面。

G21——选择公制尺寸编程(通常情况)。

G54——选择工件坐标系1，在通常情况下，应设置G54工件坐标系与机床坐标系重合。

G94——选择每分钟进给。

D0、H0——选择刀具半径补偿号0与刀具长度补偿号0(其值均为0)，再次防止刀具半径、长度补偿对本加工程序产生影响。

2. 换刀及切削参数的指定

换刀及切削参数的指定程序段的作用是选择刀具与指定该刀具的切削参数。在例4-20中对应的程序段为

N2　T□□　M06；

N3　S□□□□　F□□□□(M□□)；

程序段中各指令的意义如下：

T□□——用于选择用于本程序加工的第一把刀具。

M06——自动换刀指令，使机床换上第一把刀。

S□□□□——指定用于本程序加工的第一把刀具的主轴转速，由于没有M03/M04指令，执行本指令仅设置主轴的转速值，实际刀具并不会转动。

F□□□□——指定用于本程序加工的第一把刀具的切削进给速度，但它在下面的G01、G02、G03等需要进给速度的程序段中才能生效。

(M□□)——根据需要可以增加一条辅助功能指令，常用的有M41、M42、M43等主轴“自动交换传动级”指令等。

3. 刀具运动到加工起始点

刀具运动到加工起始点程序段的作用是使刀具在*XY*平面进入工件坐标系；在*Z*轴生成刀具长度补偿，并靠近加工表面；同时使主轴旋转，做好加工准备。这一点的位置，一般定在加工零件时的进刀点上，在*Z*方向则是固定循环中G98的返回平面位置。其程序段如下：

N10　G55　X□□□□　Y□□□□；

N11　G43　Z□□□□　H□□　M03；

程序段 N10 的作用是使刀具在 *XY* 平面进入工件坐标系；N11 的作用是在 *Z* 轴生成刀具长度补偿，并靠近加工表面；同时使主轴旋转，做好加工准备。

4. 正常的刀具加工程序段

在完成以上加工前准备程序段的编制后，刀具以及切削参数均已完成制定，刀具长度补偿已经生效，主轴已正常旋转，这些状态将作为本刀具的模态信息保留，因此可以进入正常的加工。在正常加工程序段中，可以根据加工的不同要求，加入本章介绍的全部或部分 G 代码指令，并且在通常情况下，无需再考虑 S、F 等代码的编程。

5. 刀具的退出与换刀

在加工中心上，一把刀具完成加工后需要进行换刀，通常情况下，换刀时只需将 *Z* 轴回到参考点即可。但在换刀时必须撤销刀具长度补偿，并进行主轴定向准停。这些动作常用的程序段如下：

N18　G28　Z0　H0　M19 ；

N19　T□□　M06 ；

在完成刀具自动交换后，即可以进入下一刀具的加工，作为程序段的编制，相当于重复步骤 2 ~ 5，直到全部加工结束。

第六节　用户宏程序、参数编程、蓝图编程简介

一、用户宏程序

用户宏程序是 FANUC 数控系统及类似产品中的特殊编程功能。所谓用户宏程序其实质与子程序相似，它也是把一组实现某种功能的指令，以子程序的形式事先存储在系统存储器中，通过宏程序调用指令执行这一功能。在主程序中，只要编入相应的调用指令就能实现这些功能。

这一组以子程序的形式存储的指令称为用户宏程序本体，简称宏程序；调用宏程序的指令称为“用户宏程序命令”，或宏程序调用指令。

对于编程人员来说，实际使用时，通常不必记忆宏程序本体，而只要能使用用户宏程序调用指令即可，如图 4-61 所示。

用户宏程序最大特点是：在用户宏程序本体中可以使用变量进行编程，并且可以用宏指令对这些变量进行赋值、运算等处理。

（一）用户宏程序及其调用

用户宏程序本体与一般加工程序的主要区别在于：用户宏程序除可以使用一般的 CNC 编程指令外，还可以使用“变量”进行编程。通过宏程序指令，在宏程序中还可以对“变量”进行运算、赋值等处理；同时，通过对“变量”值的判别，也可以实现程序的“跳转”等功能。

和子程序一样，用户宏程序本体通常也是以程序号 O□□□□作为开始，以辅助功能 M99 指令作为结束标记，如图 4-62 所示。

用户宏程序的选择与执行通过用户宏程序调用指令进行。在部分系统中，根据功能用户宏程序可以分为“用户宏程序 A”和“用户宏程序 B”两种。用户宏程序 A 的调用指令格

式与子程序的调用格式相同，格式如下：

M98　P□□□□；

用户宏程序 B 的调用指令格式与用户宏程序 A 的调用格式不同，格式如下：

G65　P□□□□；

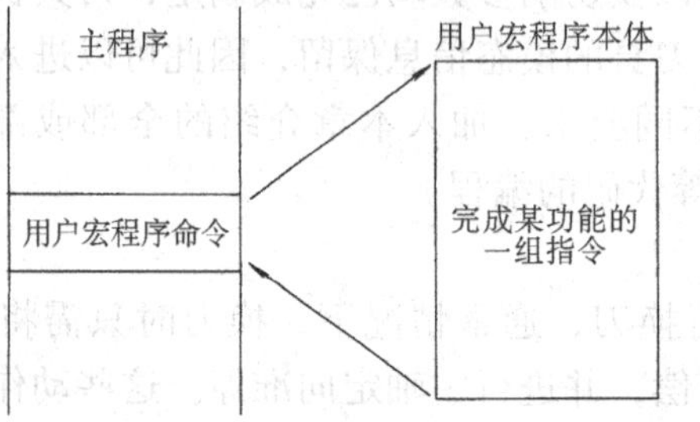

图 4-61　用户宏程序调用

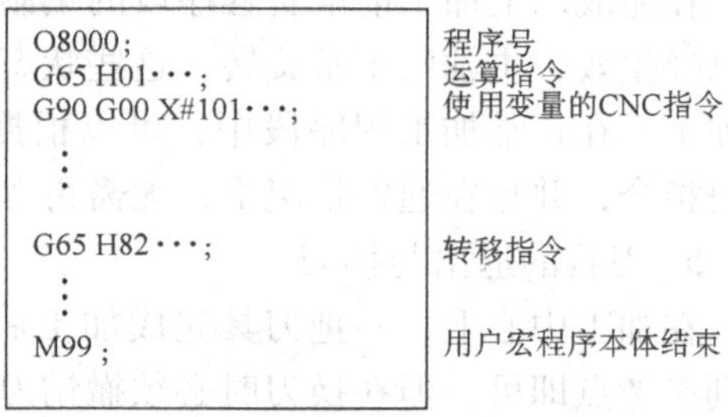

图 4-62　用户宏程序本体

格式中地址 P 指令的值即是被调用的宏程序本体的程序号，即宏程序号。

此外，在“用户宏程序 B”中，还可以通过 G66 指令进行用户宏程序的模态调用，用 G77 撤销模态调用。

（二）变量的使用

在用户宏程序中，大部分地址下的数值可以使用“变量”进行指定。“变量”的具体数值，可以通过三种方式进行赋值：①调用宏程序时，在主程序中对“变量”进行直接赋值。②通过数控系统的操作面板，对“变量”进行事先设置。③在用户宏程序本体中，通过赋值指令对“变量”进行赋值。在同一用户宏程序中，可以使用多个“变量”，不同的“变量”通过“变量号”进行区别。

1. 变量的表示

变量用字符“#”以及后续的变量号进行表示，其格式如下：

#□□□□

如#205、#209、#1005 等均代表变量

2. 变量的引用

“变量”可以直接代替地址后的数值，在程序中进行引用。如 X #200、Y #201、G #203 等都是引用了“变量”的指令字。与通常的编程不同，在这些指令字中，地址下的值是可以通过“变量”改变的可变值，它决定执行时刻的“变量”值。

如：对于 F #203，　　当变量 #203 = 15 时，它与 F15 指令字相同；

　　Z − #210，　　当变量 #210 = 250 时，与 Z − 250 指令字相同；

　　G #230，　　当变量 #230 = 3 时，与 G3 指令字相同。

变量下的数值(变量号)也可以利用“变量”代替。在“用户宏程序 B”功能中，可以用#(#200)的形式进行表示。但在大多数系统中(“用户宏程序 A”)，它不可以直接用#(#200)的形式进行指令，而应该写为 #9200 的形式。在这种编程格式下，“#”后面的“9”用来代表变量号“#”而不是代表变量“#9200”。

例：当#200 = 205、#205 = 500 时：

X#9200 相当于 X500 指令；X − #9200 相当于 X − 500 指令。

使用变量时应注意：

1）地址 O 和 N 不能用变量表示，即：不能用 O#200、N#220 等指令进行编程。

2）变量的值不能超过对应地址所规定的最大指令值范围，如对于 M 指令只能是两位数的场合，若 #230 = 120，则 M#230 不能使用。

3）变量值可以显示在数控系统的显示器上，也可以用系统的输入/输出面板给“变量”设定值，其操作方法应参见数控系统的使用说明书。

3. 变量的种类

在大部分数控系统中，变量通常可以分为“局部变量”、“公共变量”和“系统变量”三种，它们可以通过变量号予以区别，不同的变量具有不同的用途和性质。

（1）局部变量　所谓局部变量，是指在各用户宏程序中可以独立使用的变量。它们在系统断电时进行初始化，其值自动清除，变成“空变量”。在 FANUC 系统中，局部变量的变量号一般为#1 ~ #33。它们可以在调用宏程序时，通过地址 A ~ Z 等进行赋值，也可以通过赋值命令进行赋值。局部变量的用途和意义，在数控系统中不作规定，用户可以自由使用。

（2）公共变量　所谓公共变量，是指在主程序以及各用户宏程序中公用的变量，即：某一用户宏程序中使用的变量# i 和其他宏程序中所使用的变量 # i 是相同的。因此，对于公共变量而言，一个宏程序的运算结果可以用于其他宏程序中。在 FANUC 系统中，公共变量的变量号一般为#100 ~ #149、#500 ~ #531（或更多）。公共变量的用途和意义，在数控系统中也不做规定，用户可以自由使用。

根据存储方式的不同，公共变量可以分“断电清除型”与“断电保持型”两种不同的类型。“断电清除型”变量在切断电源时将被清除，电源接通时使其值全部置为“0”；“断电保持型”变量，即使电源切断也不能被清除，其值保持不变。“断电清除型”与“断电保持型”的区分是通过变量号进行的，在不同的系统中，其区域有所不同，具体应参见数控系统的使用说明书。通常，#100 ~ #149 为“断电清除型”公共变量；#500 ~ #531 为“断电保持型”公共变量。

（3）系统变量　所谓系统变量是指变量的用途和性质在系统中固定不变的变量，其意义不能改变。系统变量的代号与数量与系统有关，变量号在#1000 以上。其中最常用、一般数控系统都具备的系统变量通常有以下几种：

1）刀具补偿值变量。通过这些变量，可以在用户宏程序中“读取”或“改变”刀具补偿值。常用的系统变量有#2001 ~ #2200 等。通过“读取”这些变量，就可以在程序中直接得到任一刀具的补偿量；通过对系统变量#2001 ~ #2022 的赋值，就可以改变刀具的补偿值。

2）接口输入信号变量。通过这些变量，可以在用户宏程序中“读取”系统的输入信号的状态，从而可以在程序中直接获得机床的检测信号，协调机床与程序间的动作。来自系统的接口输入信号一般由系统变量 #1000 ~ #1015（共 16 点输入信号）进行选择，通过“读取”系统变量 #1000 ~ #1015，便可知道对应接口输入信号的状态。当相应的输入接点接通时，对应的变量值为“1”，否则变量值为“0”。

通过系统变量 #1032 一次性读入全部输入信号，其值用二进制的形式表述，即

$$\#1032 = \sum_{0}^{15} \#(1000 + i) \times 2^{i}$$

系统变量 #1000 ~ #1015、#1032 为宏程序的接点输入信号，它只能通过“读取”指令

获得信号状态，而不能对变量 #1000 ~ #1032 进行赋值，即：在程序中不能改变这些变量的状态。#1000 ~ #1015 与接口对应的信号如下。其中的 UI0 ~ UI15 为输入信号。这 16 位宏程序信号的值，由系统自动根据信号状态，赋给宏变量#1000 ~ #1015、#1032。这些变量与其他判断、转跳宏指令一起使用，可在程序中进行各种处理，以实现不同的目的。

UI15	UI14	UI13	UI12	UI11	UI10	UI9	UI8
#1015	#1014	#1013	#1012	#1011	#1010	#1009	#1008
UI7	UI6	UI5	UI4	UI3	UI2	UI1	UI0
#1007	#1006	#1005	#1004	#1003	#1002	#1001	#1000

3）接口输出信号变量。通过这些变量，可以在用户宏程序中“改变”系统的输出信号的状态，从而通过程序直接改变机床执行元件的状态，协调机床与程序间的动作。系统的宏程序接口输出信号一般由系统变量 #1100 ~ #1115（共 16 点输出信号）进行选择，通过对系统变量 #1100 ~ #1115 赋值，便改变相应接口输出信号的状态。当对应的变量值为“1”时，相应的输出接点接通，对应的变量值为“0”时，相应的输出接点断开。

通过系统变量 #1132 一次性输出全部输出信号，其值用二进制的形式表述，即

$$\#1132 = \sum_{0}^{15} \#(1100 + i) \times 2^i$$

系统变量 #1100 ~ #1115、#1132 为宏程序的接点输出信号，它既可以通过“读取”指令获得信号状态，也可以通过对变量 #1100 ~ #1132 进行赋值，因此，在程序中可以改变这些变量的状态。#1100 ~ #1115 与接口对应的信号如下。其中的 UO0 ~ UO15 为输出信号。这 16 位宏程序信号的值，由程序赋给宏变量#1100 ~ #1115，#1132。通过这些变量可以直接改变机床执行元件的状态，以实现不同的目的。

UO15	UO14	UO13	UO12	UO11	UO10	UO9	UO8
#1115	#1114	#1113	#1112	#1111	#1110	#1109	#1108
UO7	UO6	UO5	UO4	UO3	UO2	UO1	UO0
#1107	#1106	#1105	#1104	#1103	#1102	#1101	#1100

4）位置信息变量。通过这些变量，可以在用户宏程序中“读取”系统的各坐标轴的全部位置数据。常用的位置变量有 #5001 ~ #5082 等，当毫米输入时，其单位为 0.001 毫米（mm）；英寸输入时，其单位为 0.0001 英寸（inch）。系统变量与实际位置信息的关系如表 4-11所示。表中列出的是三轴控制系统的系统变量情况，当控制轴数增加时，可以依次增加变量的“个位”数值，如：#5004 对应的是第四轴程序段终点位置（绝对位置值），#5005 对应的是第五轴程序段终点位置（绝对位置值）等。对于无 Y 轴的数控车床，则应将有关 Z 轴的变量的“个位”数值依次减“1”，如：#5002 对应的是 Z 轴程序段终点位置（绝对位置值），#5022 对应的是 Z 轴现在位置（机床坐标系、绝对位置值）等。

由于系统变量#5001 ~ #5083 是机床实际位置值信息，它只能通过“读取”指令获得信号状态，而不能对变量 #5001 ~ #5083 进行赋值。即在程序中不能改变这些变量的状态。

表 4-11 系统变量与位置信息

系统变量	位置信息	移动中读取	刀具半径、长度补偿
#5001	X 轴前一程序段终点（工件坐标系、绝对位置）	可	不考虑刀尖位置（程序指令位置）
#5002	Y 轴前一程序段终点（工件坐标系、绝对位置）		
#5003	Z 轴前一程序段终点（工件坐标系、绝对位置）		
#5021	X 轴现在位置（机床坐标系、绝对位置）	不可	考虑刀尖位置（绝对坐标值）
#5022	Y 轴现在位置（机床坐标系、绝对位置）		
#5023	Z 轴现在位置（机床坐标系、绝对位置）		
#5041	X 轴现在位置（工件坐标系、绝对位置）	不可	考虑刀尖位置（绝对坐标值）
#5042	X 轴现在位置（工件坐标系、绝对位置）		
#5043	Z 轴现在位置（工件坐标系、绝对位置）		
#5080	刀具半径补偿值	可	
#5081	X 轴刀具位置偏置值		
#5082	Y 轴刀具位置偏置值		
#5083	Z 轴刀具位置偏置值		

此外，根据系统的不同，系统变量还有其他多种，具体应参见系统说明书。

（三）宏程序的运算和转移命令

在“用户宏程序 A”中，宏程序的运算和转移命令，一般通过指令 G65 的不同表达形式实现，G65 指令的一般形式为

G65H <u>m</u> P <u># i</u> Q <u># j</u> R <u># k</u> ;

格式中各参数的意义如下：

m——可以是 01 ~ 99，表示运算命令或转移命令的功能；

i——存放运算结果的变量；

j——需要运算的变量 1；也可以是常数，常数可以直接表示，不带“#”；

k——需要运算的变量 2，也可以是常数，常数可以直接表示，不带“#”；

指令所代表的意义为：# *i* = # *j* ○ # *k*；

○代表运算符号，它由 H<u>m</u> 指定。

如：P #200 Q #201 R #202；　　表示 #200 = #201 ○ #202 ；

P #200 Q #201 R15；　　表示 #200 = #201 ○ 15 ；

P #200 Q-100 R #202；　　表示 #200 = －100 ○ #202 等

在“用户宏程序 A”中，变量值是不含小数点的数值，它以系统的最小输入单位为单位。如：当#100 = 10 时，*X* # 100 代表 0.01mm。另外，用 G65 指定的 H 代码，对刀具长度补偿的偏置号的选择，没有任何影响。常用的宏程序运算、转移命令的功能如表4-12 所示。

在“用户宏程序 B”中，由于 G65 指令用于宏程序的调用，因此，运算、转移指令可以直接利用表 4-12 中的“运算表达式”进行编程（少数指令的格式略有不同），而不能再通过 G65 H□□指令进行定义。

表 4-12 运算命令或转移命令

G 代码	H 代码	功能	运算表达式
G65	H01	赋值	$\#i = \#j$
G65	H02	加法运算	$\#i = \#j + \#k$
G65	H03	减法运算	$\#i = \#j - \#k$
G65	H04	乘法运算	$\#i = \#j \times \#k$
G65	H05	除法运算	$\#i = \#j \div \#k$
G65	H11	逻辑加(或)	$\#i = \#j$ OR $\#k$
G65	H12	逻辑乘(与)	$\#i = \#j$ AND $\#k$
G65	H13	异或	$\#i = \#j$ XOR $\#k$
G65	H21	平方根	$\#i = \sqrt{\#j}$
G65	H22	绝对值	$\#i = \|\#j\|$
G65	H23	取余数	$\#i = \#j$-trunc $(\#j \div \#k) \times \#k$（注）
G65	H24	十进制变为二进制	$\#i$ = BIN $(\#j)$
G65	H25	二进制变成十进制	$\#i$ = BCD $(\#j)$
G65	H26	复合乘除运算	$\#i = (\#i \times \#j) \div \#k$
G65	H27	复合平方根	$\#i = \sqrt{\#j^2 + \#k^2}$
G65	H31	正弦	$\#i = \#j \times \sin(\#k)$
G65	H32	余弦	$\#i = \#j \times \cos(\#k)$
G65	H33	正切	$\#i = \#j \times \tan(\#k)$
G65	H34	反正切	$\#i = \arctan(\#j / \#k)$
G65	H80	无条件转移	GOTO N
G65	H81	条件转移 1	IF $\#j = \#k$, GOTO N
G65	H82	条件转移 2	IF $\#j \neq \#k$, GOTO N
G65	H83	条件转移 3	IF $\#j > \#k$, GOTO N
G65	H84	条件转移 4	IF $\#j < \#k$, GOTO N
G65	H85	条件转移 5	IF $\#j \geqslant \#k$, GOTO N
G65	H86	条件转移 6	IF $\#j \leqslant \#k$, GOTO N
G65	H99	产生 P/S 报警	产生 500 + N 号 P/S 报警

注：trunc 代表小数部分舍去。

在使用宏程序运算命令时，当变量以角度形式指定时，其单位是 0.001°。在各运算中，当必要的 Q、R 没有指定时，系统自动将其值作为“0”参加运算。而且运算、转移命令的 H、P、Q、R 都必须写在 G65 之后，可以在 G65 以前的地址只有 O、N。

在“用户宏程序 A”中，由于变量值只取整数，当运算结果出现小数点后的数值将被舍掉。另外，还应注意宏程序的运算顺序与普通运算的区别。

例：若# 200 = 35，# 201 = 10，# 202 = 5 依次执行如下指令，其运算结果如下：

210 = # 200 ÷ # 201；　　结果为 3；小数点后的数值被舍掉。

211 = # 210 × # 202；　　结果为 15；

220 = # 200 × # 202；　　结果为 175；

#221 = #220 ÷ #201；　　结果为 17；

变量可以在 $-2^{32}\sim+2^{32}-1$ 的范围内取值，但是由于系统一般只能显示 -9999999 ~ +9999999，当超过上述范围时，在部分系统中显示将变成 * * * * * * *，但它不影响程序的正确执行。

在“用户宏程序 A”中，宏程序的转移命令可以分以下几种情况：

1. 无条件转移

G65 H80 Pn；n：目标程序段号

例：G65 H80 P120；无条件跳转到 N120 程序段。

2. 条件转移 1

G65 H81 Pn Q#J R#K；n：目标程序段号

例：G65 H81 P1000 Q #201 R #202；

当#201 = #202 时，转到 N1000 程序段，当#201 ≠ #202 时，程序继续执行。

3. 条件转移 2

G65 H82 Pn Q#J R#K；n：目标程序段号

例：G65 H82 P1000 Q#201 R#202；

#201 ≠ #202 时，转到 N1000 程序段，当#201 = #202 时，程序继续执行。

4. 条件转移 3

G65 H83 Pn Q#J R#K；n：目标程序段号

例：G65 H83 P1000 Q#201 R#202；

当#201 > #202 时，转到 N1000 程序段，当#201 ≤ #202 时，程序继续执行。

5. 条件转移 4

G65 H84 Pn Q#J R#K；n：目标程序段号

例：G65 H84 P1000 Q#201 R#202；

当#201 < #202 时，转到 N1000 程序段。当#201 ≥ #202 时，程序继续执行。

6. 条件转移 5

G65 H85 Pn Q#J R#K；n：目标程序段号

例：G65 H85 P1000 Q#201 R#202；

当#201 ≥ #202 时，转到 N1000 程序段。当#201 < #202 时，程序继续执行。

7. 条件转移 6

G65 H86 Pn Q#J R#K；n：目标程序段号

例：G65 H86 P1000 Q#201 R#202；

当#201 ≤ #202 时，转到 N1000 程序段。当#201 > #202 时，程序继续执行。

在以上程序转移指令中，目标程序段号可以为正值，也可以为负值。当目标程序段号为正值时，检索首先是按照程序的执行方向进行，若这一程序段号在下面的程序段中不存在，再进行逆方向检索；当目标程序段号为负值时，检索首先是按照程序执行的反方向进行，然后是正方向。在以上程序转移指令中，目标程序段号也可以用变量指定顺序号。如

G65　H81　P#200　Q#201　R#202；

当条件满足时，程序转到#200 指定的目标程序段。

而在“用户宏程序 B”中，则可以直接使用“IF(…)GOTO(…)”以及“WHILE(…)

DO(…)”的转移方式，进行程序的跳转。

（四）用户宏程序实例

例 4-21 试用用户宏程序编制如图 4-63 所示，在圆心为 (X,Y)、半径为 R 的圆周上，加工 N 个等分孔（起始角为 A）的程序。

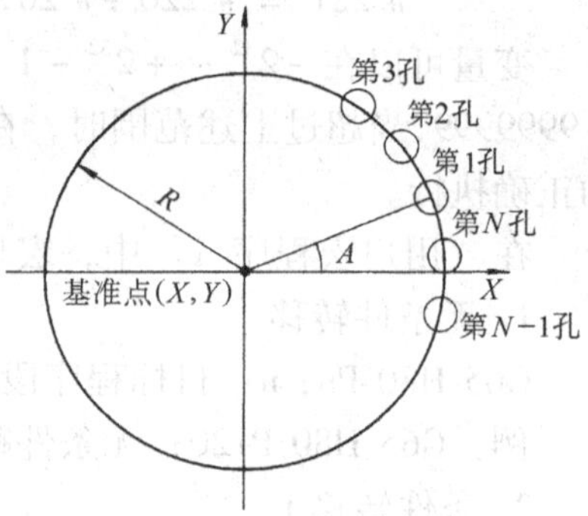

图 4-63 用户宏程序实例

宏程序变量设置如下：

#500——基准点 X 的坐标值；

#501——基准点 Y 的坐标值；

#502——半径 R；

#503——起始角 A；

#504——孔数 N；当 $N>0$ 时，逆时针加工；$N<0$ 时，顺时针转；

用于宏程序中的运算的变量设置如下：

#100——孔加工的计数 i；

#101——孔加工的计数的终值 I_{max}；

#102——第 i 个孔的角度 θ_i；

#103——第 i 个孔的 X 坐标值 X_i；

#104——第 i 个孔的 Y 坐标值 Y_i；

在“用户宏程序 A”中，用户宏程序本体如下：

```
O9010;
N100  G65  H01  P#100  Q#0;                       (i = 0)
G65  H22  P#101  Q#504;                           (imax = |N|)
N200  G65  H04  P#102  Q#100  R360000;
G65  H05  P#102  Q#102  R#504;                    (θi = A + 360° × I/N )
G65  H02  P#102  Q#503  R#102;
G65  H32  P#103  Q#502  R#102;                    (Xi = Xi + Rcos (θi) )
G65  H02  P#103  Q#500  R#103;
G65  H31  P#104  Q#502  R#102;                    (Yi = Yi + Rsin (θi) )
G65  H02  P#104  Q#501  R#104;
G90  G00  X#103  Y#104;                           (第 i 个孔定位)
G81  Z-100  R-50 ;                                (用固定循环进行孔加工(R、Z 的
                                                  值应根据实际要求设定))
G65  H02  P#100  Q#100  R1;                       (i = i +1)
G65  H84  P-200  Q#100  R#101;                    (当 i < Imax时,转到 N200 )
M99;
```

调用上面用户宏程序本体的程序实例如下：

```
O0010;
G65  H01  P#500  Q100000;                         (X0 = 100mm)
G65  H01  P#501  Q-200000;                        (Y0 = -200mm)
```

```
    G65  H01  P#502  Q100000;                    (R=100mm)
    G65  H01  P#503  Q20000;                     (A=20°)
    G65  H01  P#504  Q12;                        (N=12,逆时针加工)
    M98  P9010;                                  (调用用户宏程序)
    M30;
```

而在“用户宏程序 B”中，用户宏程序本体如下：

```
    O9010;
    N100  #100=0;                                (i = 0)
    #101  ABS(#504);                             (i_max = |N|)
    N200  #102=#503+#100*360000/#504;            (θ_i = A+360°×I/N)
    #103=#500+#502*COS(#102);                    (X_i = X_i + Rcos(θ_i))
    #104=#501+#502*SIN(#102);                    (Y_i = Y_i + Rsin(θ_i))
    G90  G00  X#103  Y#104;                      (第 i 个孔定位)
    G81  Z-100  R-50;                            (用固定循环进行孔加工)
    #100=#100+1;                                 (i = i +1)
    IF(#100LT#101)GOTO-200;                      (当 i <I_max时,转到 N200)
    M99;
```

相应的调用用户宏程序本体的程序为：

```
    O0010;
    #500=100000;                                 (X_0 =100mm)
    #501=-200000;                                (Y_0 = -200mm)
    #502=100000;                                 (R=100mm)
    #503=20000;                                  (A=20°)
    #504=12;                                     (N=12,逆时针加工)
    G65 P9010;                                   (调用用户宏程序)
    M30;
```

二、参数编程

1. 参数

与 FANUC 系统的“用户宏程序”编程功能相类似，在 SIEMENS 数控系统中，可以通过参数编程功能，在程序中对参数进行运算、赋值等处理。在参数编程中，“参数”相当于用户宏程序中的“变量”。

在 SIEMENS 数控系统中，参数由地址 R 与若干位数字(通常为 3 位)组成，如：R100、R1、R300 等。除程序段号 N、以及程序号地址外，参数可以用来代替其他任何地址后面的数值。但是，使用参数编程时，地址与参数间必须通过“=”连接，这一点与宏程序编程不同。如：

N5　G00　Z=R15；当 R15=20 时，它与指令 G00　Z15 相同。

参数可以在主程序、子程序中进行定义(赋值)，也可以与其他代码指令编在同一程序段中。如：

…

N30　R1 = 10　R2 = 20　R3 = －5　S500　M03；

N35　G01　X = R1　F100；

…

等。

2. 参数的运算

参数与宏程序变量一样，也可以参与运算，它可以直接使用“运算表达式”进行，见表4-13所示。

表4-13　参数的运算表

运　算	指令格式（表达式）示例	运　算	指令格式（表达式）示例
参数定义	R1 = 10	减法运算	R1 = R2 - R3
参数赋值	R1 = R2	乘法运算	R1 = R2 * R3
参数取反	R1 = - R2	除法运算	R1 = R2/R3
加法运算	R1 = R2 + R3		

同样，常数也可以参与运算，而且在地址下亦可以直接使用表达式进行编程。如

N35　R1 = 9.7　R2 = R1 - 11.8 ；

N40　G00　X = 20.3 + R1；

N45　Y = 32.9 - R2；

N50　Z = 19.7 - R1；

运算结果是：X30、Y35、Z10。

在参数编程中，必须注意其运算顺序不同与通常的四则运算，因为，参数运算的中间结果总是被存储在运算式的第一个参数中，这一参数的内容将被多次改写。

如：当参数的初始赋值如表4-14所示时，执行运算指令：R1 = R2 + R3 - R4 R5 / R6；其系统内部的运算步骤与各参数在每一步运算如表4-14所示。

表4-14　参数的运算步骤

运 算 步 骤	执行的运算	R1	R2	R3	R4	R5	R6
初始状态	—	—	5	15	4	10	2
第一步运算	R1 = R2	5	5	15	4	10	2
第二步运算	R1 = R2 + R3	20	5	15	4	10	2
第三步运算	R1 = R1 - R4	16	5	15	4	10	2
第四步运算	R1 = R1R5	160	5	15	4	10	2
第五步运算	R1 = R1 / R6	80	5	15	4	10	2
最终运算结果	—	80	5	15	4	10	2

3. 参数的间接寻址

在参数编程方式下可以使用间接寻址的方式进行编程。这时应使用地址P进行指令，而P下数值指定的是R参数号，该R参数中的内容是最终参与运算的R参数号。例如：当R3 = 5、R5 = 10时，执行指令：

R1 = 20 + P3；

其结果为：R1 =30，即：相当于指令 R1 =20 + R5。

4. 参数编程实例

例 4-22 对于如图 4-64 所示的长、宽可变的矩形铣削加工的加工程序段，在使用参数编程的程序如下：

设置参数：R0——矩形 *X* 方向的中心距；

R1——矩形 *Y* 方向的中心距；

R2——*Z* 轴方向深度；

R3——转角处的圆半径；

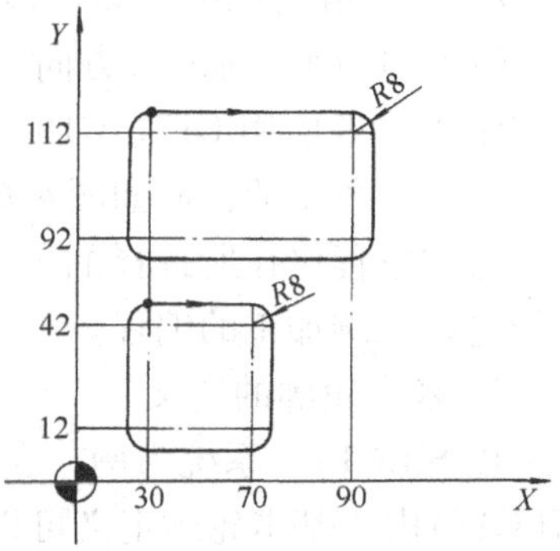

图 4-64 参数编程实例

主程序：

```
…
N25  G90  X30  Y120  Z0;
N26  L46  R0 =60  R1 =20  R2 =5  R3 =8;
N27  G90  X30  Y50  Z0;
N28  L46  R0 =40  R1 =30;
…
```

子程序：

```
L46;
N5   G01  G91  Z = -R2;
N10  X = R0;
N15  G02  X = R3  Y = -R3  I0  J = -R3;
N20  G01  Y = -R1;
N25  G02  X = -R3  Y = -R3  I = -R3  J0;
N30  G01  X = -R0;
N35  G02  X = -R3  Y = R3  I0  J = R3;
N40  G01  Y = R1;
N45  G02  X = R3  Y = R3  I = R3  J0;
N50  G01  Z = R2;
N55  M17;
```

在上述子程序中，采用的是 SIEMENS 编程格式，即子程序号采用 L□□□□、结束标记采用 M17，子程序调用利用指令 L□□□□进行。在以上程序段中未考虑刀具半径。

三、蓝图编程

1. 蓝图编程的概念

所谓蓝图编程是根据工件的图形，直接利用轮廓图形进行对话式编程的一种方法。在蓝图编程时，由于指令较难记忆，因此，通常都应通过在显示器上显示图形，然后再根据图形提示，逐一输入轮廓参数，使 CNC 自动生成程序段。蓝图编程时，直线的交点可通过坐标值或角度输入，并根据需要可进行多点连接。由于这种编程方式可以提高程序的可靠性与编程效率，简化编程指令，目前很多数控系统都已经开始采用蓝图编程方式。

在蓝图编程方式下，多条直线（或圆弧）的连接编程，可以通过一个程序段完成，直线与直线的连接既可以是尖角，也可以通过圆弧、直线倒角等方式进行平滑过渡。直线、圆弧的倒角尺寸，也是以直接指定尺寸的方法进行定义，由 CNC 自动完成过渡点的计算。终点位置的坐标可用绝对或相对位置值来编程。

在蓝图编程中，角度(A)输入分辨率通常为10^{-5}度。角度(最大 359.99999 度)的基准(0 度)方向为水平轴(X)方向，逆时针为正向。蓝图编程的平面用 G17、G18 或 G19 选择，在各平面上，角度的方向如图 4-65 所示。

蓝图编程仅在所选择的平面中有效，一般不能进行三维加工的编程。

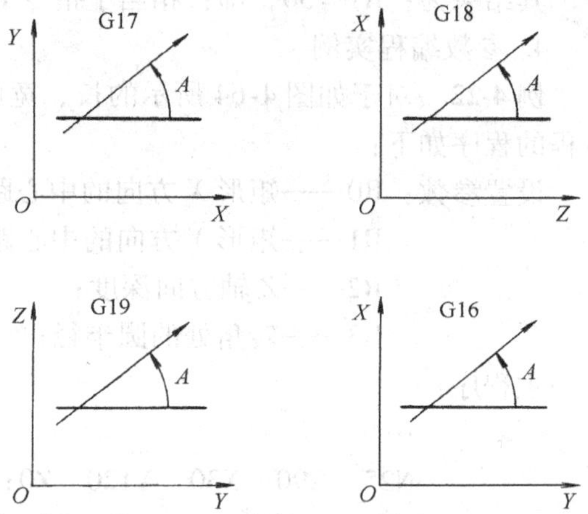

图 4-65　蓝图编程的角度方向

2. 基本轮廓的定义

以 SIEMENS 系统为例，在铣床上的 XY 平面(G17)内，基本轮廓定义可以有表 4-15 所示的 8 种情况。这些基本轮廓可以通过用多种方法，经过组合生成实际的轮廓轨迹。

在表 4-15 中，角度采用地址 A、半径采用地址 U 进行编程。但实际使用时，其地址可通过“机床参数”设置进行自由选择，角度与半径不能选择相同的地址。它和地址 X、Y、Z 一样，在角度(或半径)值不变时，在下面的程序段中可以不重复指定。

表 4-15　基本轮廓的定义

功　能	编　程	示　例
(1) 两点的连接	N…A…$X2$…(或 $Y2$)； 第二终点坐标由 CNC 计算自动生成	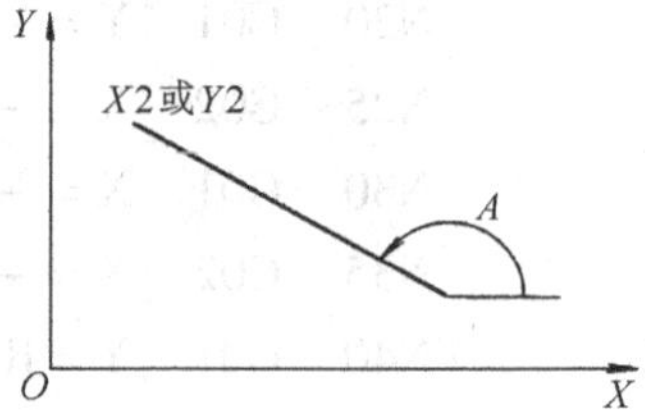
(2) 圆弧连接	N…G02(G03)I…J…U…$X2$…； 圆弧连接限于 1/4 圆内；第二个终点坐标由 CNC 计算自动生成；在轮廓参数 I、J 中，即使其值为零，也需要进行编程	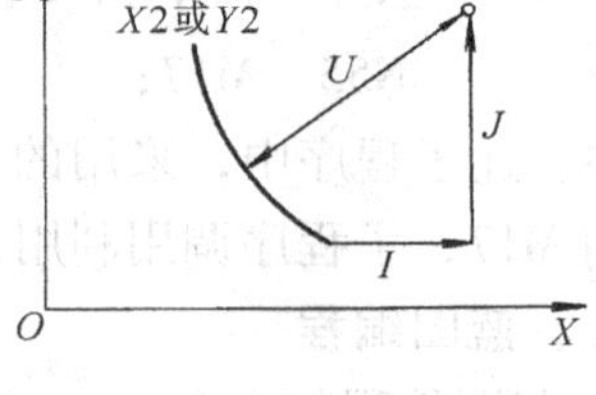
(3) 三点的连接	N…$A1$…$A2$…$X3$…$Y3$…； CNC 计算出转换点的坐标，并自动生成两条直线； 角度 $A2$ 是相对于第二条直线的角度	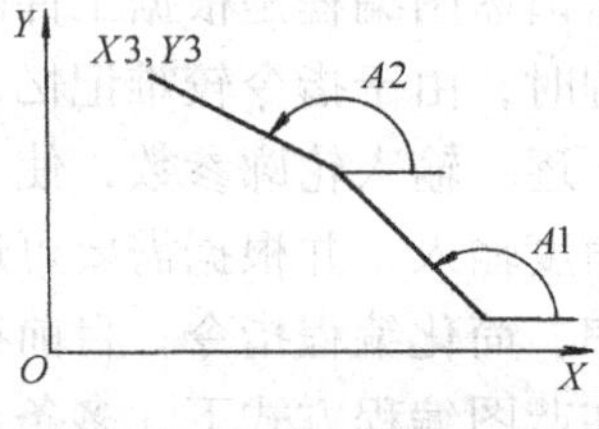

（续）

功　能	编　程	示　例
（4）直线倒角	N···X2···Y2···U-···; N···X3···Y3···; U-···表示插入一个直线倒角 U···表示插入一个圆弧倒角 （注意：“-”在这里不是数值的符号，而是一个定义符）	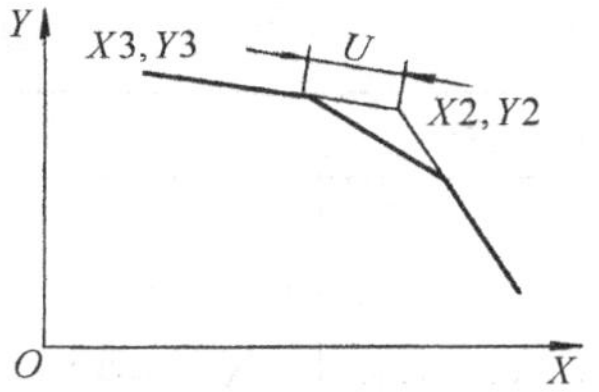
（5）圆弧倒角	N···X2···Y2···U···; N···X3···Y3···; 注意：插入的圆弧不能大于两条直线的任一条	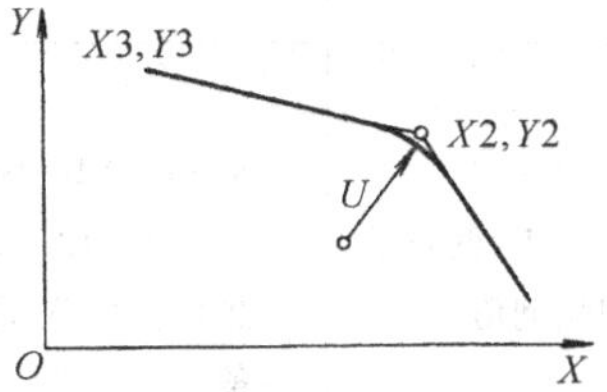
（6）直线—圆弧的连接（相切）	N···G02（G03）A···U···X3···Y3···; 圆弧不能超过180°，要遵守A（角度）在前，U（半径）在后的顺序	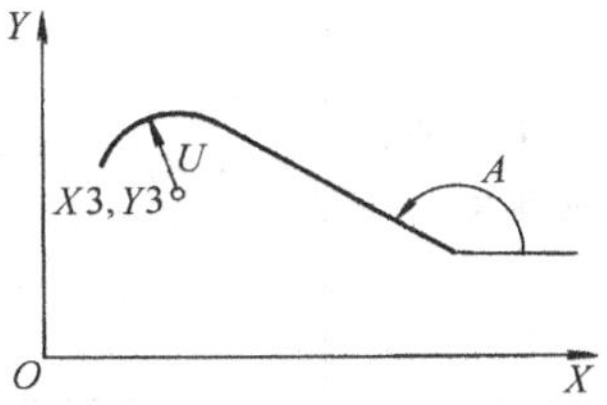
（7）圆弧—直线的连接（相切）	N···G02（G03）U···A···X3···Y3···; 圆弧不能超过180°，必须遵守U、A顺序；不能在X3，Y3点上再插入圆弧	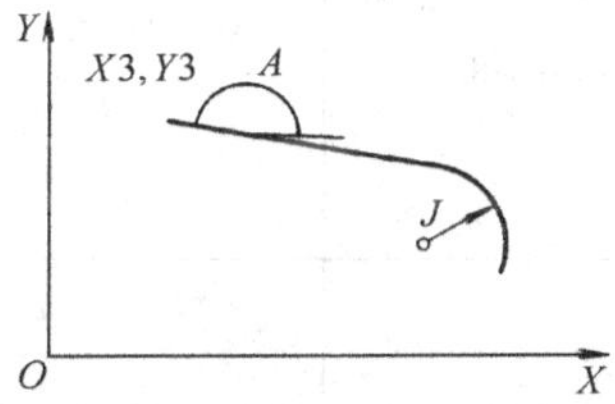
（8）圆弧—圆弧的连接（相切）	N···G02（G03）I1···J1···I2···J2···X3···Y3···; 第一个圆弧的准备功能G02（或G03）要进行编程，第二个圆弧的插补方向总是与第一个圆弧相反，且不用编程。第二个圆弧的插补参数是相对应于这个圆弧的终点坐标而言，且所有的插补参数都需要编程，即使其值为零	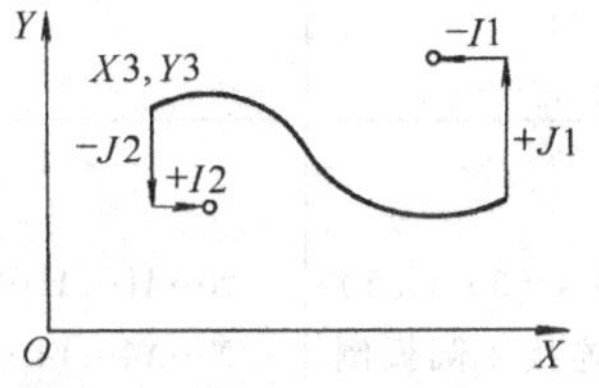

3. 轮廓的组合

轮廓的组合编程格式如表4-16所示。在表中，如果在后续的轮廓定义中有进一步的圆弧倒角或直线倒角，则在不需要插入倒角的转折点上必须编入U0。

表4-16　轮廓的组合

功　能	编　程	示　例
(1)+(4)两点连接+直线倒角	N…A…X2…(或Y2…)U…; N…X3…Y3…	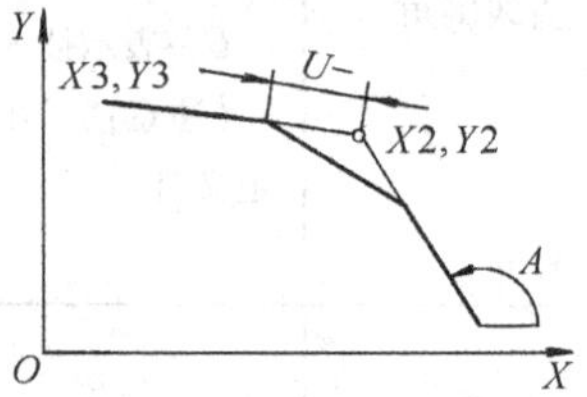
(1)+(5)两点连接+圆弧倒角	N…A…X2…(或Y2…)U…; N…X3…Y3…; 注意：插入的圆弧不能大于两条直线的任一条	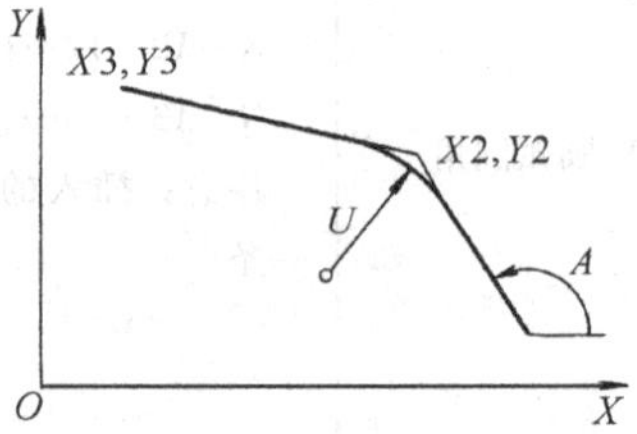
(3)+(4)三点连接+直线倒角	N…A1…A2…X3…Y3…U-…	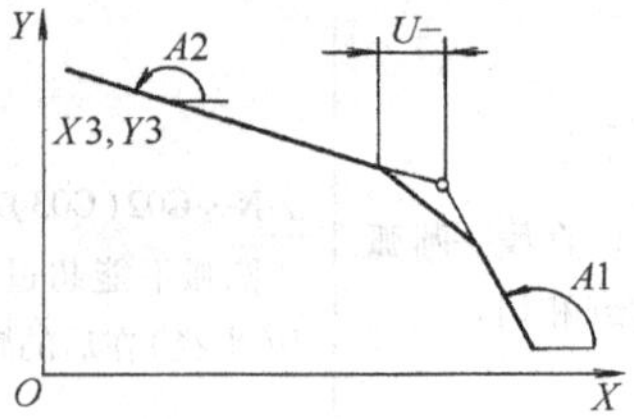
(3)+(5)三点连接+圆弧倒角	N…A1…A2…X3…Y3…U…	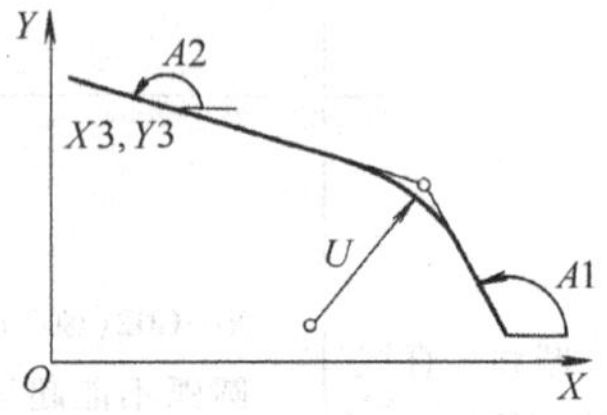
(3)+(4)+(4)三点连接+直线倒角+直线倒角	N…A1…A2…X3…Y3…U1-…U2-…; N…X4…Y4…; 第二个倒角加在终点位置(X3,Y3)	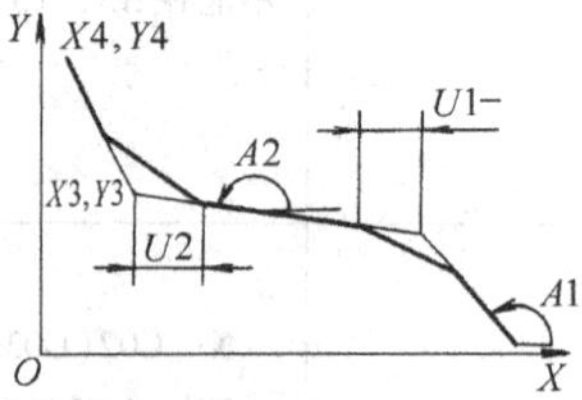
(3)+(5)+(5)三点连接+圆弧倒角+圆弧倒角	N…A1…A2…X3…Y3…U1…U2…; N…X4…Y4…; 第二个圆弧倒角加在终点位置(X3,Y3)	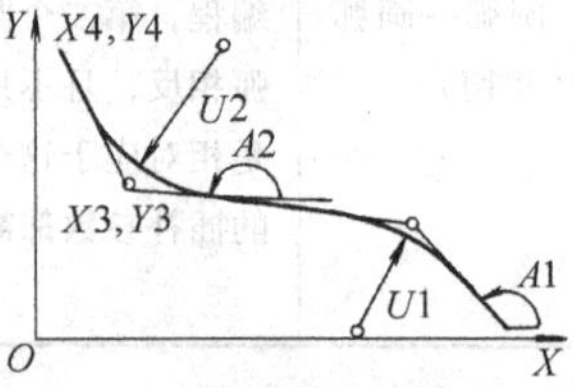

（续）

功　能	编　程	示　例
（3）+（4）+（5） 三点连接 + 直线倒角 + 圆弧倒角	N…A1…A2…X3…Y3…U-…U…; N…X4…Y4…; 圆弧倒角加在终点位置（X3，Y3）。下一个程序段总被自动考虑进去	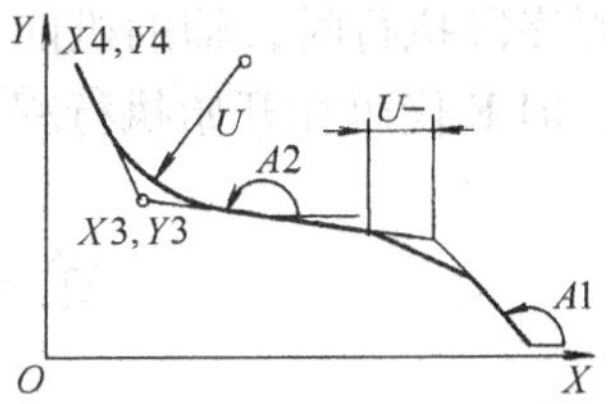
（3）+（5）+（4） 三点连接 + 圆弧倒角 + 直线倒角	N…A1…A2…X3…Y3…U…U-…; N…X4…Y4…; 倒角 U-加在终点位置（X3，Y3）	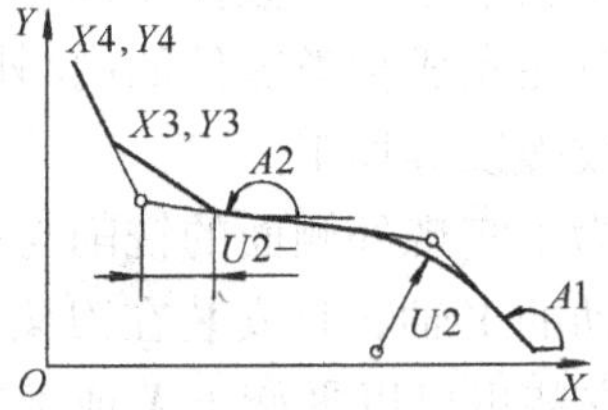

4. 蓝图编程实例

对于图 4-66 所示的轮廓轨迹，当起始位置为 A 时，若使用蓝图编程，其程序段如下：

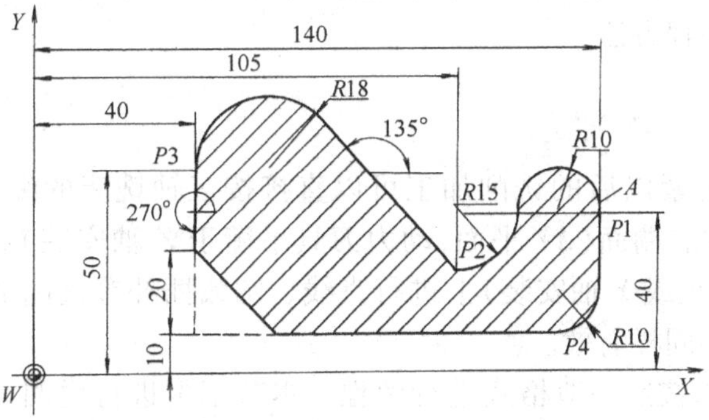

图 4-66　蓝图编程实例

…

N5　G90　G03　I－10　J0　I0　J15　X105　Y25;　（P1→P2，圆弧→圆弧）

N10　G03　A135　U18　X40　Y50;　（P2→P3，直线→圆弧）

N15　G01　A270　A0　X140　Y10　U－20　U10;　（P3→P4，三点连接，直线倒角＋圆弧倒角）

N20　Y40;

…

与 G 代码编程一样，在轮廓编程时，也允许在编程指令间插入其他辅助机能代码指令，如以下程序段是允许的格式：

…

N10　G01　A90　Y33　U－8　F100;　（两点连接＋直线倒角）

N15　M…H…;　（辅助机能）

N20 A180 A90 Y58 X262 U8; (三点连接 + 圆弧倒角)

…

程序段执行时，辅助机能 M、H 在 N10 程序段的直线倒角结束后，从 N20 程序段开始生效，但 F 代码在开始执行程序段 N10 时就生效。

第七节 车削中心的程序编制

车削中心是在数控车床基础上发展起来的一种新颖 CNC 机床，一般采用斜床身布局，它可以在完成轴类零件的内/外侧面、端面车削加工的同时，在端面或外侧面进行铣削、钻孔、攻螺纹等加工。

为了实现外侧面的铣削与孔加工，车削中心在 CNC 车床 *X/Z* 轴的基础上增加了刀架上下移动的 *Y* 轴，且安装在刀架上的刀具可以旋转(称为动力刀架)，动力刀具既可以平衡于 *Z* 轴安装也可以平衡于 *X* 或 *Y* 轴安装，甚至可以倾斜。车削中心的主轴不但能够旋转，而且还具有参与坐标轴插补的精密位置控制功能(称为 *C* 轴控制)，加工时主轴还可以根据需要自动夹紧或松开。

车削中心在数控车床的基础上增加铣削加工与孔加工编程功能，同时由于车削中心的 CNC 功能一般较强，因此，可以使用自动倒角与蓝图编程功能，本节将以 FANUC 系统为例，介绍车削中心的编程方法。

一、铣削加工

1. 一般铣削

车削中心在主轴夹紧以后的铣削加工可以直接按三轴铣床的编程格式、用 G01/G02/G03 等指令在轴类零件的端面(*XY* 平面,动力刀具平衡于 *Z* 轴安装)或外侧面(*YZ* 或 *XZ* 平面,动力刀具平衡于 *X* 轴或 *Y* 轴安装)上进行直线、圆弧插补等铣削加工，铣床的刀具半径补偿等功能对车削中心同样有效。

G01/G02/G03 可以按照一般格式进行编程，本节不再进行说明。在此基础上，车削中心还可利用 *C* 轴的回转特点进行如下“圆柱面插补”与“极坐标插补”编程。

2. 圆柱面插补

圆柱面插补是用于轴类零件外侧圆柱面铣削加工的功能。圆柱面插补可通过指令 G07.1 (或 G107)指定的回转轴，该轴将根据程序中所指定的直径、沿周长方向展开后成为一个等效的直线轴，以构成虚拟加工平面。如可将车削中心的 *C* 轴等效为直线轴 *X*′，在圆柱面 *ZC* 上进行直线或圆弧插补加工。

生效/撤销圆柱面插补功能的指令格式如下：

G07.1 C□□□□；或：G107 C□□□□；(生效圆柱面插补)；

G07.1 C0；或 G107 C0；(撤销圆柱面插补)

C□□为回转轴名称与圆柱半径(或直径)，增量编程时的 *C* 轴地址为 H。

圆柱面插补编程需要注意以下几点：

1) 圆柱面插补生效后，等效直线轴的位置应以展开后的周长编程，由于圆柱面铣削时刀具一般不再需要工件径向的运动，因此，可取圆柱半径 $R = 57.296$，使周长 $2\pi R$ 为 360 ($\pi = 3.14159$)，这样 *C* 轴的转角与等效直线轴的周长便可 1:1 转换。

2）圆柱面的圆弧插补只能用 R 编程（不可以使用 I、J、K 格式）。

3）圆柱面插补有效期间不可使用快速定位（G00）、工件坐标系设定（G50、G92）、固定循环（G81 ~ G89）等指令。

4）生效圆柱面插补应在取消刀具半径补偿时进行，但在圆柱面插补有效期间，可以使用刀具半径补偿指令。

例 4-23 对于图 4-67 所示的圆柱面加工，如动力刀具平衡于 X 轴安装，可将回转轴 C 等效为直线轴 X'，圆柱面插补的加工程序如下。

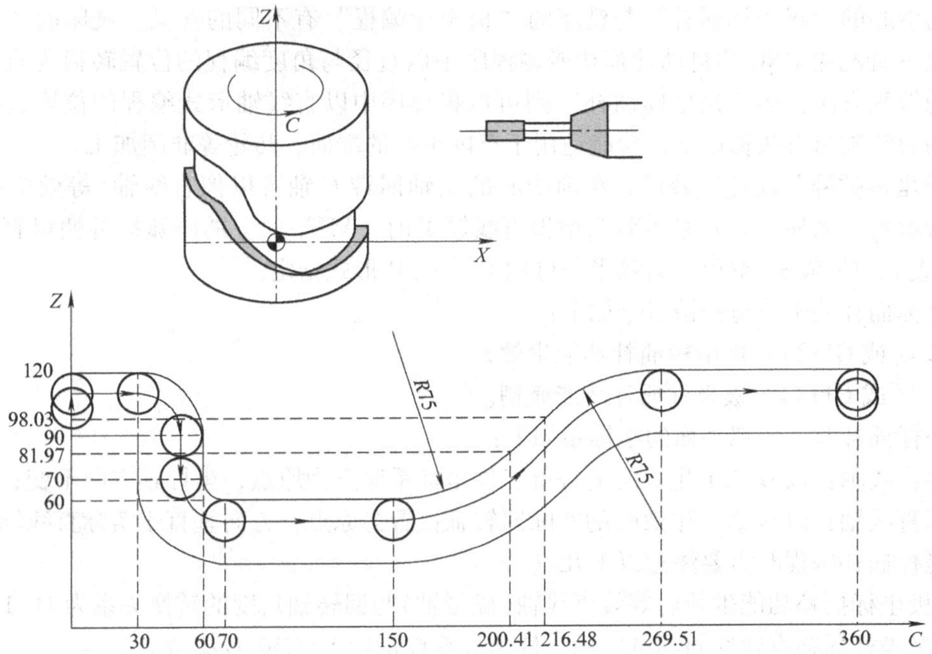

图 4-67 圆柱面插补加工例

O0071；

N1 G00 Z100.0 C 0；	（Z、C 轴在进刀点定位）
N2 U-100.0；	（X 向进刀，增量编程）
N3 G01 W0 H0 F250；	（将 G00 转为 G01 方式，以便进入圆柱插补加工，Z/C 的增量尺寸 W/H 均为 0，实际无运动）
N4 G07.1 H 57.296；	（生效圆柱插补，取圆柱半径 R = 57.296，增量编程，展开后的周长与转角比为 1∶1）
N5 G01 G42 Z120.0；	（Z 向进刀，绝对编程，刀具半径补偿生效）
N6 C30.0；	（以下为 Z、C 插补加工程序）
N7 G03 Z90.0 C60.0 R30.0	
N8 G01 Z70.0	
N9 G02 Z60.0 C70.0 R10.0	
N10 G01 C150.0	
N11 G02 Z81.97 C200.41 R75.0	

N12 G01 Z98.03 C216.48
N13 G03 Z120.0 C269.51 R75.0
N14 G01 C360.0
N15 G40 Z100.0　　　　　　　（取消半径补偿，退出加工位置）
N16 G07.1 C0　　　　　　　　（取消圆柱插补）
N17 M30;

3. 极坐标插补

车削中心的“极坐标插补”与铣床的“极坐标编程”有不同的含义。铣床的“极坐标编程”是一种利用 CNC 的自动计算功能将程序中以直径与角度编程的位置转换为直角坐标系位置的编程方法；而“极坐标插补”则可以将程序中以直线轴形式编程的位置转换为实际机床的回转轴与直线轴运动，功能适用于车削中心的端面、凸轮等非圆加工。

“极坐标插补”功能生效后，车削中心的主轴回转 C 轴可以像直线轴（等效虚拟轴），一样进行编程。例如，当 C 轴等效为虚拟直线轴 Y' 时，XY' 平面上的圆弧插补便可直接用 X（直线位置）、C（角度）编程，圆弧半径可用 I、J 或 R 形式指定。

极坐标插补的生效与撤销指令如下：

G12.1（或 G112）：极坐标插补功能生效；

G13.1（或 G113）：极坐标插补功能撤销。

极坐标插补时，虚拟平面的坐标系如下：

实际直线轴：以 G12.1 生效时的现行工件坐标系原点为原点，坐标轴方向不变；

虚拟直线轴：以 G12.1 生效时的实际回转轴位置为原点，方向垂直于实际直线轴。

极坐标插补编程时需要注意以下几点：

1）极坐标插补功能生效后等效直线轴（虚拟轴）与回转轴角度的转换关系为 1∶1。

2）极坐标插补有效期间不可使用工件坐标系设定指令（G50、G92 等）。

3）生效极坐标插补应在取消刀具半径补偿时进行，但在极坐标插补有效期间，可以使用刀具半径补偿指令。

例 4-24　对于图 4-68 所示的轴类零件端面非圆加工，当将回转轴 C 等效为虚拟直线轴 Y' 时，其极坐标插补加工程序如下：

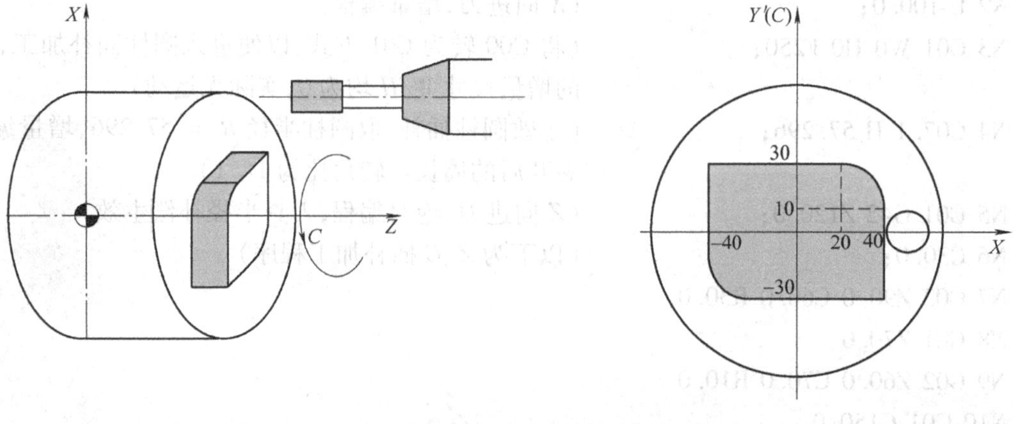

图 4-68　极坐标插补加工例

```
O0072；
…
N10 T0101；                  （刀具偏置生效）
…
N100 G00 X120.0 C0 ；        （X、C 起始位置定位）
N101 G01 Z---F---；          （Z 向进入加工位置）
N200 G12.1；                 （生效极坐标插补，以下 Y 可以直接以 C 轴角度编程）
N201 G42 G01 X40.0；         （生效半径补偿）
N202 C10.0；
N203 G03 X20.0 C30.0 R20.0；
N204 G01 X-40.0；
N205 C-10.0；
N206 G03 X-20.0 C-30.0 I 20.0 J0；
N207 G01 X40.0；
N208 C0；
N209 G40 X120；
N210 G13.1；                 （撤销极坐标插补）
…
```

二、孔加工

车削中心的孔加工可以像加工中心一样使用固定循环指令编程，孔加工可以在端面与侧面上进行。端面孔加工以 X、C 轴为定位轴（定位平面），Z 轴为进给轴；侧面孔加工以 Z、C 轴为定位轴（定位平面），X 轴为进给轴。

车削中心的孔加工固定循环可分为钻孔、攻螺纹与镗孔 3 类，钻孔循环可进行普通钻孔与深孔加工；攻螺纹循环可进行普通攻螺纹与刚性攻螺纹。

1. 基本说明

车削中心的端面孔加工固定循环指令为 G83/G84/G85，孔中心的定位在 XC 平面上进行，Z 轴为孔加工切削进给方向，循环动作分以下六步（见图 4-69）：

1）X、C 平面快速定位；
2）Z 向快速进给到 R 点；
3）Z 轴切削进给，进行孔加工；
4）孔底部的动作；
5）Z 轴退刀；
6）Z 轴快速回到起始位置。

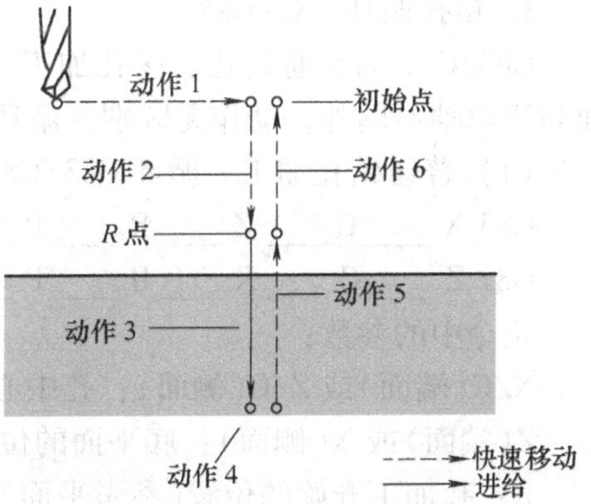

图 4-69　孔加工固定循环的动作

车削中心的侧面孔加工固定循环指令为 G87/G88/G89，循环动作与 G83/G84/G85 一一对应，动作步骤与图 4-69 相同，但定位平面为 ZC 平面、切削进给方向为 X 轴。

表 4-17 为车削中心固定循环动作一览表，固定循环可以通过 G80 指令撤销。

表 4-17　孔加工固定循环动作一览表

类　别	G 代码	加工动作(−Z向)	孔底部动作	退刀动作(+Z向)	用　途
端面加工	G83	间歇进给	暂停	快速进给	深孔加工循环
	G84	切削进给	暂停、主轴反转	切削进给	攻螺纹循环
	G85	切削进给	—	切削进给	镗孔
侧面加工	G87	间歇进给	暂停	快速进给	深孔加工循环
	G88	切削进给	暂停、主轴反转	切削进给	攻螺纹循环
	G89	切削进给	—	切削进给	镗孔

2. 编程要点

车削中心孔加工固定循环的使用方法与加工中心类似，简要说明如下：

1）尺寸的编程方式：固定循环可使用绝对或增量编程，代码体系 B 与 C 用 G90/G91 选择绝对/增量编程；代码体系 A 用地址 X/Z/C 与地址 U/W/H 选择绝对/增量编程。但侧面孔加工的参考平面 R 必须为半径编程，X 向的进给可采用直径或半径编程。

2）返回平面：固定循环执行完成后的 Z 轴或 X 轴的返回平面在代码体系 B 与 C 上可通过指令 G98/G99 选择，G98 返回到循环开始点(初始平面)；G99 返回到切削加工开始点(参考平面 R)；但在代码体系 A 上则由 CNC 参数设定，程序中不能改变。

3）模态特性：固定循环指令与孔加工数据模态有效，进行连续孔加工时，只需要在第一条循环指令上定义全部孔加工数据，后续指令只需给定变更数据。

4）C 轴的夹紧与松开：孔加工时车削中心的 C 轴必须夹紧。在孔加工开始、进给轴快速向参考平面 R 运动时，CNC 可以自动输出夹紧指令(参数设定的 M 代码)；当刀具退至 R 点时则输出松开指令。

5）重复加工：通过循环参数 K 可以指定重复加工次数，重复循环可在增量编程时实现等距孔的加工；但在绝对编程方式下使用无实际意义。

车削中心的固定循环除定位平面不同外，其余与加工中心的编程一致。

3. 钻孔循环 G83/G87

G83/G87 为普通钻孔、深孔加工、高速深孔加工通用循环指令，G83 与 G87 除定位平面与进给轴不同外，动作无区别，循环在不同场合使用时的编程方法如下。

（1）普通钻孔加工　循环 G83/G87 用于普通钻孔加工时的指令格式如下：

G83 X ____ C ____ Z ____ R ____ P ____ F ____ K ____ M ____；（端面加工）

G87 Z ____ C ____ X ____ R ____ P ____ F ____ K ____ M ____；（侧面加工）

指令中的参数：

X/C(端面)或 Z/C(侧面)：孔中心坐标；

Z(端面)或 X(侧面)：底平面的位置(孔深尺寸)；

R：孔加工开始的位置(参考平面)；

P：孔底部暂停时间；

F：切削进给速度；

K：重复执行循环的次数(用于增量编程方式)；

M：用于 C 轴夹紧的 M 代码。

循环动作如图 4-70 所示，用于 C 轴松开的 M 代码、C 轴松开等待时间由 CNC 自动生成（参数设定），无需在编程中考虑。

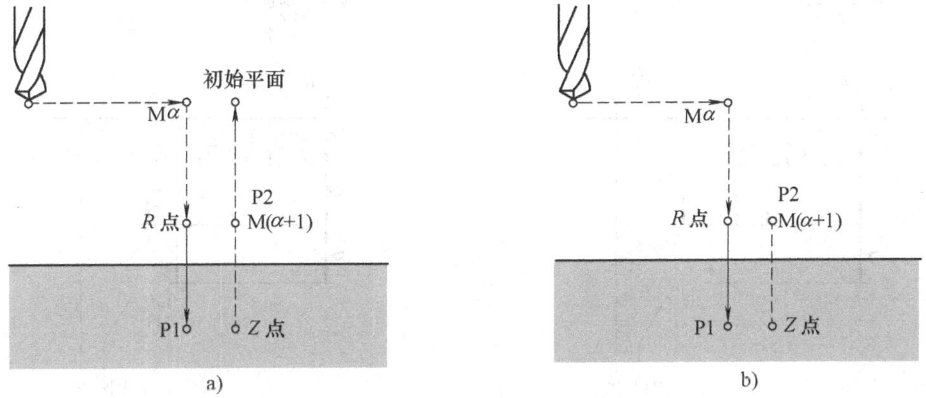

图 4-70　G83/G87 普通钻孔加工的动作图

a）返回到初始平面　b）返回到参考平面

（2）深孔加工　通过 CNC 参数的设定 G83/G87 循环可用于深孔加工与高速深孔加工，深孔加工需要多次进给才能完成加工。

循环 G83/G87 用于深孔加工的指令格式如下，循环动作如图 4-71 所示。

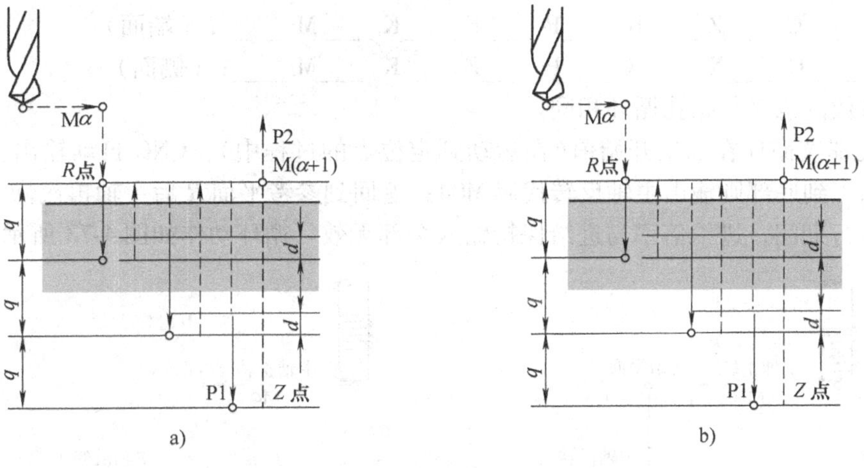

图 4-71　G83/G87 普通深孔加工动作

a）返回到初始平面　b）返回到参考平面

G83 X ____C ____Z ____R ____Q ____P ____F ____K ____M ____；（端面）

G87 Z ____C ____X ____R ____Q ____P ____F ____K ____M ____；（侧面）

指令中的 Q 为每次进给的深度，其余各参数的作用与普通钻孔加工相同。

高速深孔加工与深孔加工的区别是深孔加工每次进给完成后需返回到初始平面 R，而高速深孔加工进给完成后只返回一个由 CNC 参数规定的回退量 d，其指令格式、动作过程与深孔加工完全相同。高速深孔加工的循环动作如图 4-72 所示。

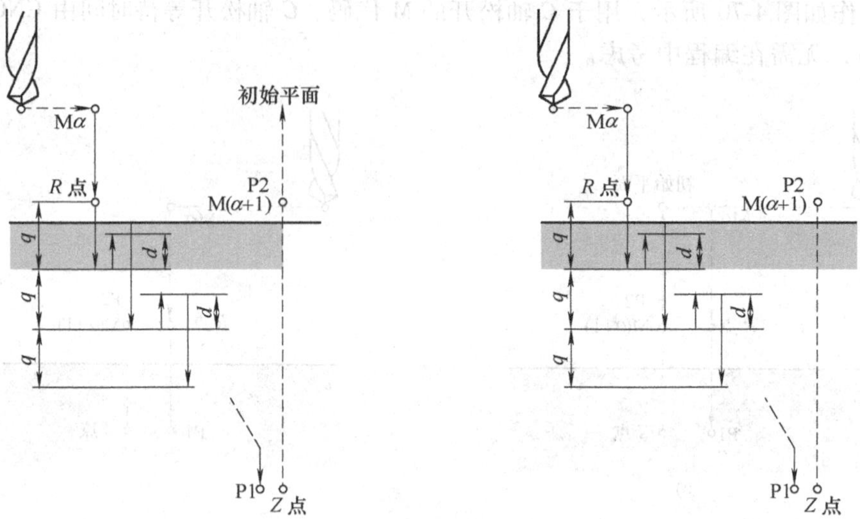

图 4-72　G83/G87 高速深孔加工动作
a）返回到初始平面　b）返回到参考平面

4. 攻螺纹循环 G84/G88

G84/G87 为普通攻螺纹、刚性攻螺纹通用循环指令，G84 与 G88 除定位平面与进给轴不同外，动作无区别。循环在不同场合的使用编程方法如下。

（1）普通攻螺纹　循环 G84/G88 用于普通攻螺纹加工时的指令格式如下：

G84 X ____C ____Z ____R ____P ____F ____K ____M ____ ；（端面）

G88 Z ____C ____X ____R ____P ____F ____K ____M ____；（侧面）

循环参数的意义与钻孔循环相同。

普通攻螺纹循环在加工开始前（在运动到定位点的过程中），CNC 自动输出主轴正转代码 M03；加工到底部则输出主轴反转代码 M04；返回到参考平面 R 后主轴再次恢复正转。攻螺纹循环执行期间，进给倍率与进给保持输入全部无效。循环动作如图 4-73 所示。

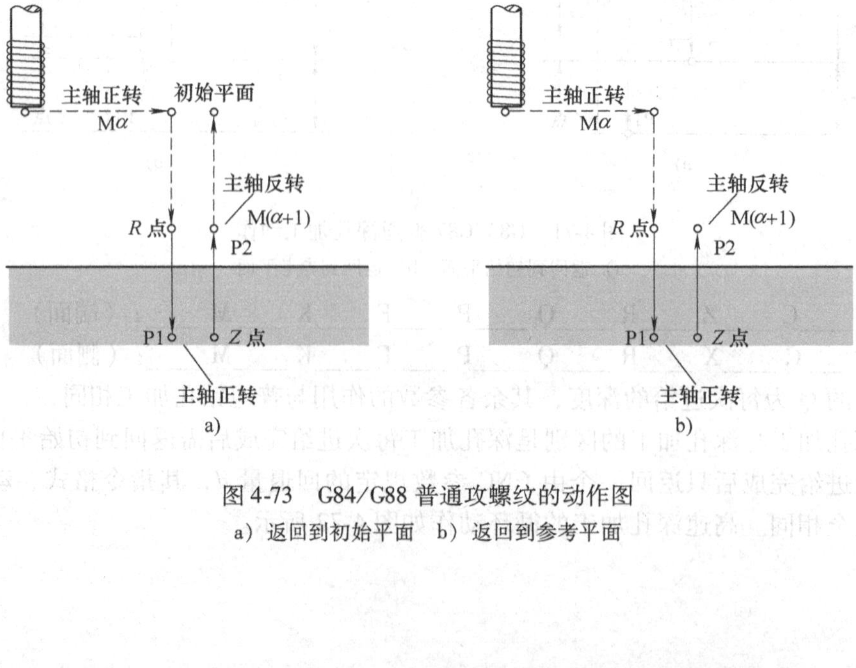

图 4-73　G84/G88 普通攻螺纹的动作图
a）返回到初始平面　b）返回到参考平面

（2）刚性攻螺纹　刚性攻螺纹与普通攻螺纹的区别在于：普通攻螺纹是通过 CNC 输出的 M03/M04 代码由主轴驱动器控制主轴的正反转，正反转存在的动作延时将导致进给轴与主轴的短时不同步，故需要柔性攻螺纹夹头进行补偿；而在刚性攻螺纹时主轴可以像进给轴一样由 CNC 自动控制转向，因此，即使在加减速过程中仍然能保证主轴与进给轴间的严格同步。

刚性攻螺纹的指令格式与普通攻螺纹方式相同，但执行刚性攻螺纹循环以前必须通过 M29S□□□□指令预先使 CNC 进入刚性攻螺纹位置控制方式。

5. 镗孔循环 G85/G89

G85/G89 指令可用于镗孔、铰孔加工，G85 与 G89 除定位平面与进给轴不同外，动作无区别。G85/G89 动作图如图 4-74 所示。

镗孔循环与普通钻孔的区别在于：镗孔加工循环的返回为切削进给(G01)，而普通钻孔的返回为快速，其余动作完全相同。

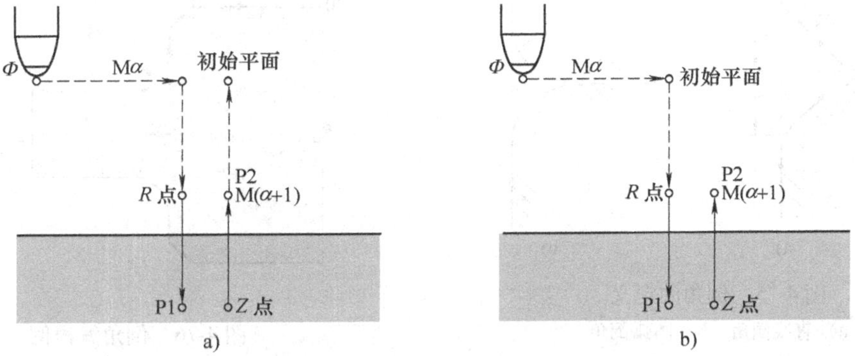

图 4-74　G85/G89 动作图

a）返回到初始平面　b）返回到参考平面

循环 G85/G89 的指令格式为：

G85 X ____ C ____ Z ____ R ____ P ____ F ____ K ____ M ____；（端面）

G89 Z ____ C ____ X ____ R ____ P ____ F ____ K ____ M ____；（侧面）

循环参数的意义与钻孔循环相同。

三、自动倒角

自动倒角是简化编程的功能，如 CNC 功能允许，自动倒角也可以用于数控车床。车削中心(或车床)的自动倒角受到以下限制：

1）倒角只能在垂直相交的直线插补(G01)连接线上进行，直线与圆弧的连接或夹角不为 90°的直线连接均不能自动倒角；

2）螺纹加工程序段不能倒角；

3）倒角尺寸不可以用蓝图编程方式输入。

1. 直线倒角

直线倒角的相邻程序段必须是单独的 *X* 轴移动段与单独的 *Z* 轴移动段，指令格式如下：

1）G01 Z(W) __*z*__ I(C) __*i*__ ；(*Z*→*X* 过渡)

2）G01 X(U) __*x*__ K(C) __*k*__ ；(*X*→*Z* 过渡)

指令中的 I、K 为倒角范围(见图 4-75a)，当下一程序段为 *X* 或 *Z* 的正向运动时，I(C)、

K 为正；否则为负。对于无 *C* 轴的数控车床，通过 CNC 参数设定地址 I、K 可由 C 代替。

2. 圆弧倒角

圆弧倒角同样只能用于 *XZ* 平面上的垂直相交直线插补过渡，指令格式如下：

G01 Z(W) <u>*z*</u> R <u>*r*</u> ；（*Z*→*X* 过渡）

G01 X(U) <u>*x*</u> R <u>*r*</u> ；（*X*→*Z* 过渡）

指令中的 R 为圆角半径（图 4-75b），如果下一程序段为 *X* 或 *Z* 的正向运动，R 为正值；否则为负。

3. 编程实例

例 4-25　对于图 4-76 所示的加工，在半径编程时的倒角程序如下：

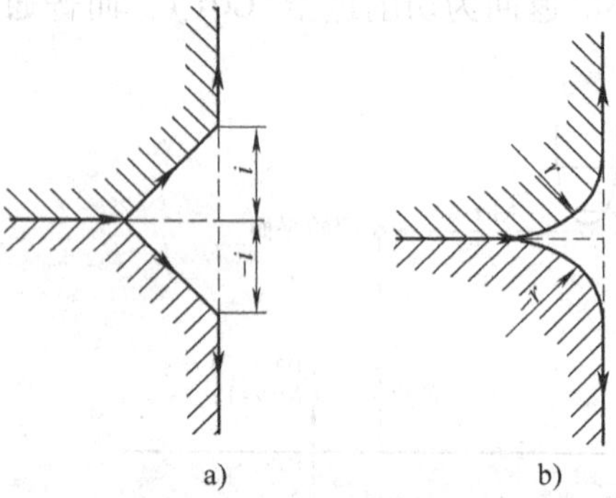

图 4-75　倒角的定义

a）直线倒角　b）圆弧倒角

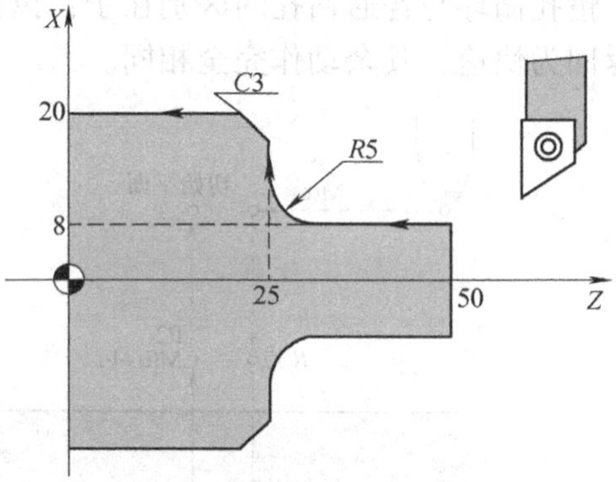

图 4-76　倒角编程例

O0073；

N1 G00 G98 G21；	（快速定位、每分进给、公制尺寸）
N2 T0101；	（指定刀号与刀补号）
N3 S1200 F100 M03；	（指定切削参数，主轴正转）
N4 G00 X8.0 Z52.0；	（刀具接近工件）
N5 G01 Z 25.0 R5.0；	（车 *Φ*16 外圆，倒 *R*5 圆角）
N6 X20.0 C-3.0；	（车端面，倒 *C*3 直角）
N7 Z0；	
N8 M30；	

四、蓝图编程

1. 基本说明

蓝图编程同样是简化编程的功能，如 CNC 功能允许，功能也可以用于数控车床。蓝图编程亦称“直接图样尺寸编程”，这是一种根据工件的轮廓，利用角度与点定义图形的编程方法，蓝图编程通常应根据图形提示输入轮廓参数，由 CNC 自动生成程序段。

蓝图编程时的直线夹角可以不为 90°，但不能用于直线与圆弧、圆弧与圆弧的连接；+*Z*方向为角度 *A* 的基准方向(0°)，逆时针为 *A* 正向。

蓝图编程受以下条件的限制：

1）除 G04 外的 00 组的 G 代码、01 组的 G02/G03 指令不能采用蓝图编程。

2）车削循环 G90/G92/G94、螺纹加工不可用蓝图编程。

3）蓝图编程本身可以倒角功能，因此不可以与前述的自动倒角功能同时使用。

4）蓝图编程需要根据下一程序段计算终点，因此不能单段运行。

5）蓝图编程的两直线夹角不可为 -1° ~1°或 179° ~181°。

2. 轮廓定义

在车削中心的基本平面 *ZX* 上，轮廓定义有表4-18 所示的 8 种定义方式，轮廓可组合。

表 4-18　基本轮廓的定义

序　号	指令格式	轮廓形状
1	X *x2* , A *a* ; 或: Z *z2* , A *a* ;	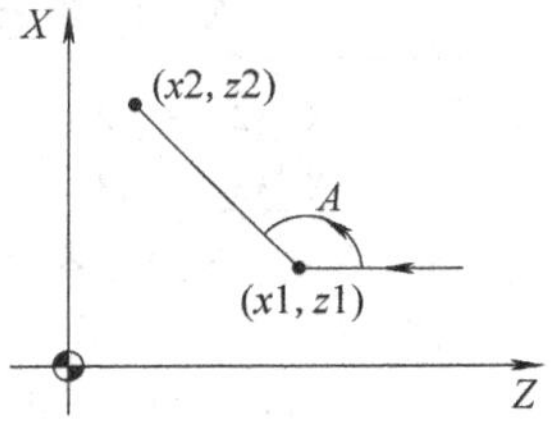
2	, A *a1* ; X *x3* Z *z3* , A *a2* ;	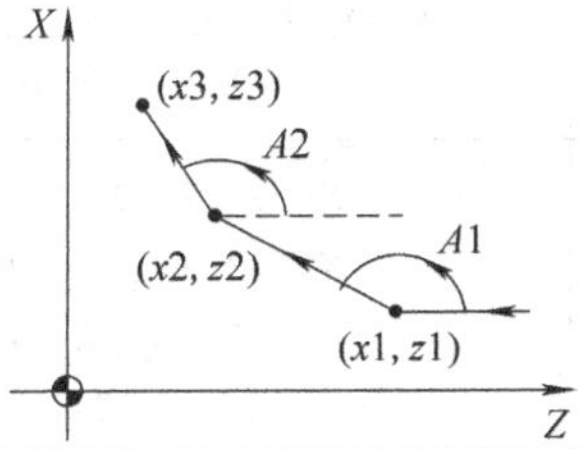
3	X *x2* Z *z2* , R *r1* ; X *x3* Z *z3* ; 或: , A *a1* , R *r1* ; X *x3* Z *z3* , A *a2* ;	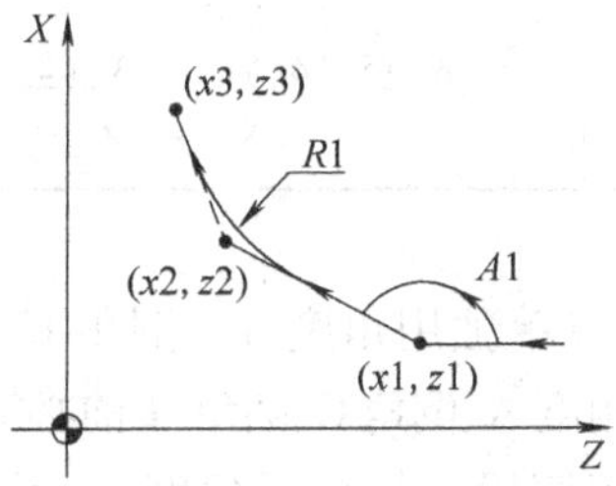
4	X *x2* Z *z2* , C *c1* ; X *x3* Z *z3* ; 或: , A *a1* , C *c1* ; X *x3* Z *z3* , A *a2* ;	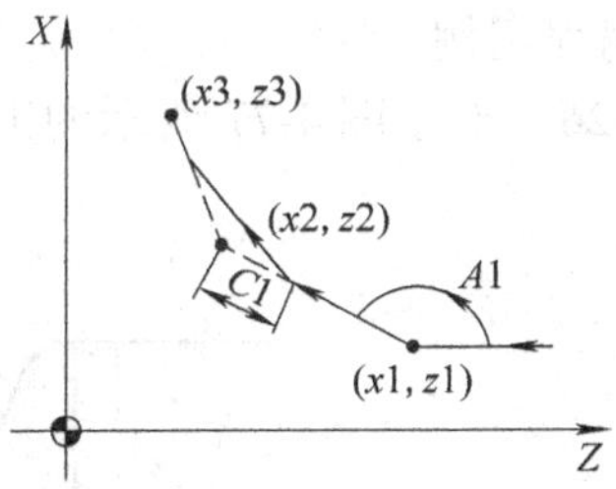
5	X *x2* Z *z2* , R *r1* ; X *x3* Z *z3* , R *r2* ; X *x4* Z *z4* ; 或: , A *a1* , R *r1* ; X *x3* Z *z3* , A *a2* , R *r2* ; X *x4* Z *z4* ;	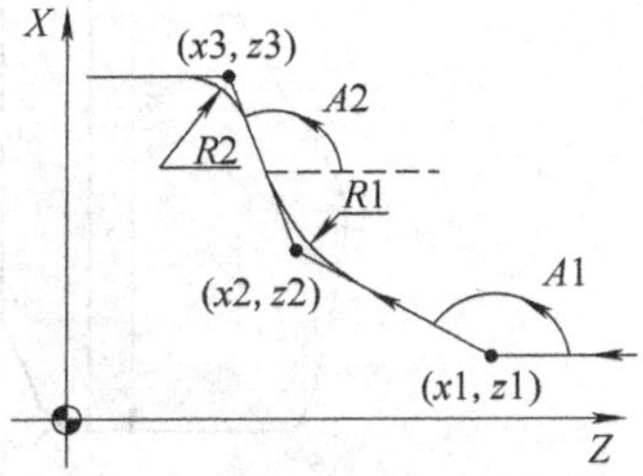

（续）

序　号	指令格式	轮廓形状
6	X _x2_ Z _z2_ ，C _c1_ ； X _x3_ Z _z3_ ，C _c2_ ； X _x4_ Z _z4_ ； 或： X _x2_ Z _z2_ ，C _c1_ ； X _x3_ Z _z3_ ，A _a2_ ，C _c2_ ； X _x4_ Z _z4_ ；	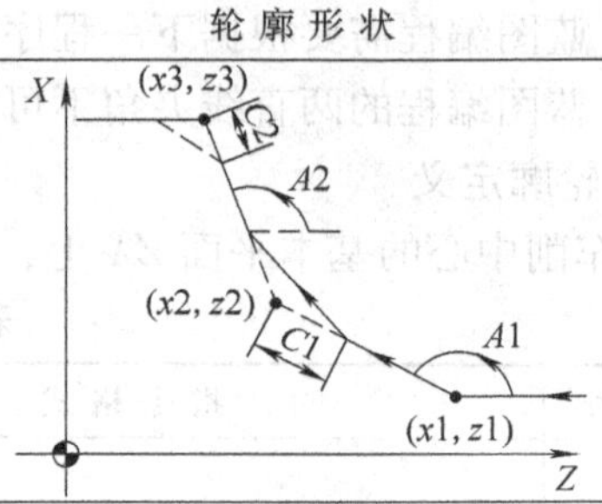
7	X _x2_ Z _z2_ ，R _r1_ ； X _x3_ Z _z3_ ，C _c2_ ； X _x4_ Z _z4_ ； 或： ，A _a1_ ，R _r1_ ； X _x3_ Z _z3_ ，A _a2_ ，C _c2_ ； X _x4_ Z _z4_ ；	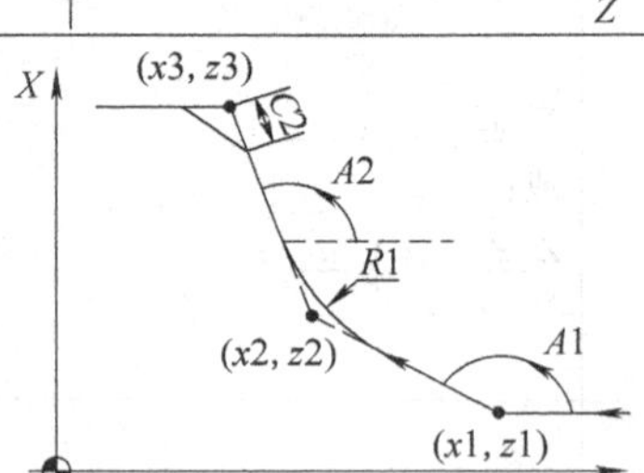
8	X _x2_ Z _z2_ ，C _c1_ ； X _x3_ Z _z3_ ，R _r2_ ； X _x4_ Z _z4_ ； 或： ，A _a1_ ，C _c1_ ； X _x3_ Z _z3_ ，A _a2_ ，R _r2_ ； X _x4_ Z _z4_ ；	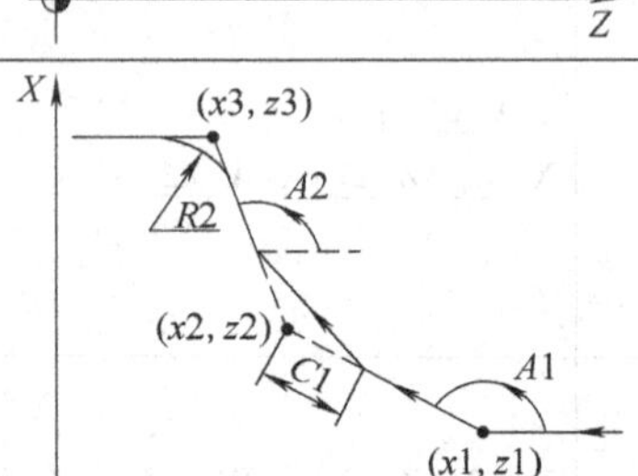

也可以单独用角度 A、倒角 C、圆角 R 定义直线，但必须满足如下两个条件：

1）角度 A、倒角 C、圆角 R 前必须加“，”，如：“，A _a_ ；”、“，C _c_ ；”或“，R _r_ ；”。

2）程序段只指令了角度，后续的程序段必须为直线。

3. 编程实例

例 4-26　对于图 4-77 所示的工件，在直径编程时的蓝图程序如下：

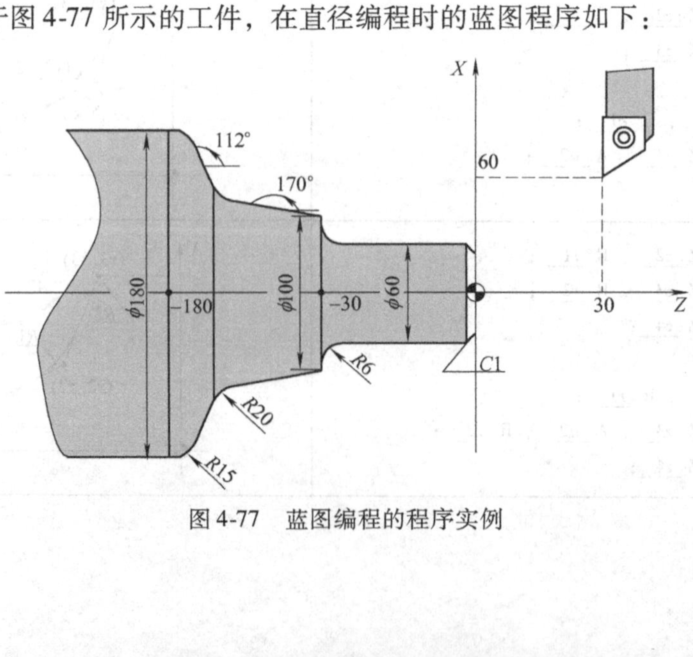

图 4-77　蓝图编程的程序实例

```
O0074;
N1 G00 G21;
N2 T0101;
N3 S1200 F80 M03;
N4 G50 X120.0 Z30.0;                     (设定工件坐标系)
N5 G00 X0.0 Z5.0;                        (刀具接近工件)
N6 G01 Z0;                               (移动到切削开始位置)
N7 G01X60.0 A90.0 C1.0;                  (车端面,倒1×45°角)
N8 Z-30.0 A180.0 R6.0;                   (车Φ60外圆,倒R6圆角)
N9 X100.0 A90.0;                         (车Φ100端面)
N10 A170.0 R20.0;                        (定义中间连线角度、倒角)
N11 X180.0 Z-180.0, A112.0, R15.0;       (定义目标点坐标、角度,倒角)
N12 Z-230.0, A180.0;                     (定义目标点坐标、角度)
N13 G00 X300.0;
N14 Z30.0;
N15 M30;
```

复习思考题

1. 什么叫编程？数控机床常见的编程方法有哪几种？
2. 什么叫程序？它由哪几个要素构成？
3. 什么叫程序段？完整的加工程序段由哪些要素构成？
4. 什么叫模态代码？什么叫开机默认代码？它们的作用是什么？
5. 什么叫子程序？子程序调用有哪些指令格式？
6. 简述数控系统的插补机能、进给机能、主轴机能、辅助机能、刀具机能及其作用。
7. 数控机床的坐标系有哪些基本规定？如何建立机床坐标系？
8. 工件坐标系的作用是什么？如何建立工件坐标系？
9. 在数控机床上，小数点具有什么特殊作用？应如何使用小数点？
10. 什么叫刀具长度补偿功能？它有何作用？
11. 什么叫刀具半径补偿功能？它有何作用？使用时应注意什么？
12. 数控车床的编程特点是什么？
13. 数控车床有哪些特殊编程指令？
14. 数控车床的刀具补偿有何特点？
15. 什么叫固定循环？数控车床有哪些常用的固定循环？使用车削加工固定循环指令应注意哪些问题？
16. 数控车床程序的基本格式是怎样的？各程序段的作用是什么？
17. 镗铣类数控机床的编程特点是什么？
18. 数控镗铣床有哪些特殊的编程指令？
19. 数控镗铣床的刀具补偿有何特点？
20. 常用的孔加工固定循环有哪些？循环的基本动作是什么？返回平面如何指定？使用孔加工固定循环应注意哪些问题？
21. 数控镗铣床程序的基本格式是怎样的？各程序段的作用是什么？
22. 什么叫用户宏程序？它的最大特点是什么？

23. 宏程序变量可分哪几类？使用变量应注意哪些问题？
24. 什么叫参数编程？什么叫蓝图编程？它们各有什么特点？

编程练习题

1. 假设刀具起点为(0,0,50)，试用增量方式编制例 4-1 的孔加工程序。
2. 假设刀具起点为(0,0,50)，试用增量方式编制例 4-2 的槽加工程序。
3. 利用直径编程、增量方式编制例 4-3 车削加工程序。
4. 利用 I、J 指定圆弧插补，编制例 4-4 的铣削加工程序。
5. 利用 G92 固定循环，编制例 4-9 螺纹加工程序。
6. 采用直径编程方式，使用固定循环编制例 4-12 车削加工程序。
7. 采用直径编程、增量方式编制例 4-16 车削加工程序。
8. 利用 G81 固定循环，完成例 4-17 的孔加工程序的编制。
9. 利用增量方式、使用固定循环编制例 4-20 的孔加工程序。
10. 利用用户宏程序，在直角坐标系方式下编制例 4-17 所示零件的全部孔加工程序。

第五章 数控机床的驱动系统与检测技术

数控机床伺服系统按系统的结构可分为开环、半闭环和全闭环三种。

开环系统无测量反馈装置，它只是一种实现 CNC 位置指令脉冲功率放大并将其转换为刀具或工作台运动的“脉冲放大系统”。

半闭环系统带有间接位置检测装置，如可以通过对电动机转速与转角的测量，间接反映刀具的运动速度与位移，驱动系统不但能够进行 CNC 位置指令脉冲的功率放大、转换，而且能够实现电动机转速与转角的闭环调节与控制。

全闭环系统带有直接位置检测装置，可以测量刀具的运动速度与位移，系统能够实现运动部件转速与位置的闭环调节与控制。三种系统的结构与特点已经在第一章第三节中进行介绍，在此不再赘述。

第一节 开环步进驱动系统

开环步进驱动系统的目的是实现 CNC 位置指令脉冲的功率放大并将其转换为刀具或工作台运动，系统由驱动器与电动机两部分组成。开环系统的执行元件一般为步进电动机，早期的电液脉冲马达已经淘汰；而步进驱动器的本质只是一种脉冲放大器。

步进电动机控制系统的结构简单、控制容易、维修方便，但其缺点是在负载大、速度高的情况下易“失步”。近年来随着恒流斩波、PWM、微步驱动等技术的发展，步进电动机的高频输出转矩得到提高、低频振荡有了明显的改善，在低价位、速度与精度要求不高的经济型数控机床有一定的应用。

一、步进电动机的工作原理

步进电动机是一种可以使转子以规定的角度(称为步距角)断续转动或保持定位的特殊电动机，绕组以脉冲的形式驱动，因此，它可以将脉冲信号转换成角位移，并通过改变脉冲频率与数量调节电动机的转速与频率；停机时还可以利用通电绕组产生自锁转矩。步进电动机按照结构可分为反应式、混合式和永磁式三类，以反应式与混合式步进电动机为常用；反应式步进电动机亦称磁阻式。

1. 三相单三拍运行原理

三相反应式步进电动机的工作原理如图 5-1 所示。图中电动机的定子为装有控制绕组的 6 个极，两个相对的极组成一相，构成 A、B、C 三相；电动机转子是四个均匀分布的齿。

当 A 相绕组通电时，因磁通总是沿着磁阻最小的路径闭合，转子齿 1/3 和定子的 A/A′极对齐(见图 5-1a)；当 A 相断电、B 相通电时，转子齿 2/4 和定子 B/B′极对齐，转子逆时针转过 30°(图 5-1b)；而当 B 相断电、C 相通电时，转子齿 1/3 将和定子的 C/C′极对齐，转子再次逆时针转过 30°(图 5-1c)；如此循环。因此，如果转子按 A→B→C→A 的顺序循环通电，电动机便逆时针旋转；而按 A→C→B→A 的顺序循环通电，电动机则顺时针旋转。

以上电动机定子绕组改变一次通电方式称为“一拍”，每拍所对应的转子转过角度称为

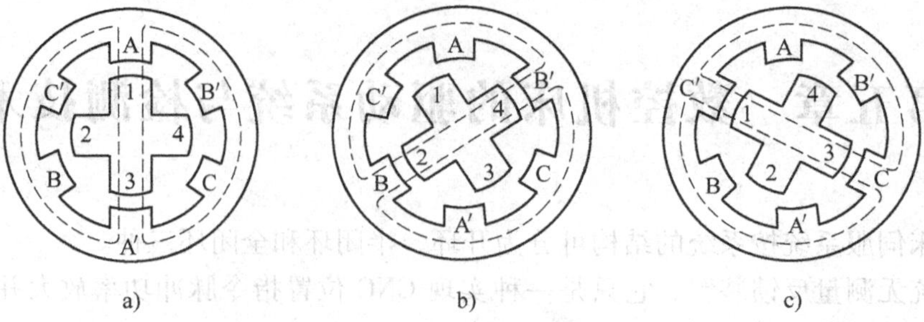

图 5-1 三相单三拍运行原理图

a) A 相通电 b) B 相通电 c) C 相通电

“步距角”。上述电动机为三相、每次只有一相绕组通电、三次切换完成一个循环，故称为“三相单三拍”工作；其步距角为 30°。

由步进电动机的运行原理可见，步进电动机旋转的前提是定子与转子必须保证“错位”，因此转子的齿数不能任意取值。对于 1 对极的 m 相电动机，其“错位量”应为转子齿距的 $1/m$，如转子齿数为 z_r，则其步距角(错位角)为

$$\alpha = \frac{360°}{mz_r} \tag{5-1}$$

若步进电动机的通电切换频率(脉冲频率)为 f，则步进电动机的转速(单位为 r/min)为

$$n_s = \frac{360°}{mz_r}f = \frac{60f}{mz_r} \tag{5-2}$$

而转子的齿数则应满足

$$z_r = z_p\left(k \pm \frac{1}{m}\right) \tag{5-3}$$

式(5-1)~式(5-3)中 z_r——转子齿数；

z_p——定子齿数；

m——相数；

k——正整数。

步进电动机既可以为三相，也可以为二相或者四、五、六相或更多；电动机的相数和齿数越多，步距角就越小，但在同样脉冲频率下的转速亦越低。

2. 三相六拍运行原理

“单三拍”工作在两相绕组切换时不能形成有效的转矩，容易造成失步；且仅依靠单相绕组吸引转子，也容易使转子在平衡位置附近产生振荡；因此，实际电动机一般采用“三相六拍”工作方式。

三相六拍工作的通电顺序为 A→AB→B→BC→C→CA→A 或 A→AC→C→CB→B→BA→A，即先接通 A 相绕组、然后同时接通 A、B 相；再单独接通 B 相、同时接通 B、C 相，依此循环。这种工作方式三相电动机需经过六次切换才能完成一个循环，故称为“三相六拍”。

步进电动机的“三相六拍”运行原理如图 5-2 所示。电动机在 A 相绕组通电时，转子齿 1/3 和定子极 A/A′对齐(图 5-2a)；当 A、B 相同时通电时，转子齿 2/4 将在定子极 B/B′的吸引下逆时针转过 15°，到达转子齿 1/3 和定子 A/A′与转子齿 2/4 和定子极 B/B′间的作用力平衡位置(图 5-2b)；当只有 B 相绕组通电时，转子继续逆时针转过 15°，使转子齿 2/4

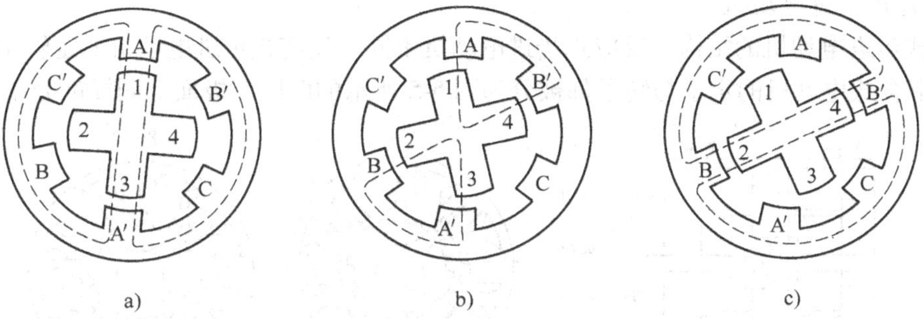

图 5-2　三相六拍运行原理图

a) A 相通电　b) B 相通电　c) C 相通电

与定子极 B/B′对齐(图 5-2c)。

由此可见，采用三相六拍工作后，步进电动机由 A 相绕组通电到 B 相绕组通电，需要经过 A、B 相同时通电这一中间状态(二拍)，所以对于同样结构的步进电动机其步距角与转速只有三相单三拍工作的一半。

3. 小步距角电动机运行原理

步进电动机的步距角实际上决定了驱动系统的最小位置移动量(位置控制精度)，而以上简单结构的步进电动机的步距角一般较大，在数控机床等对精度有要求的设备上需要采用“小步距角”的步进电动机。

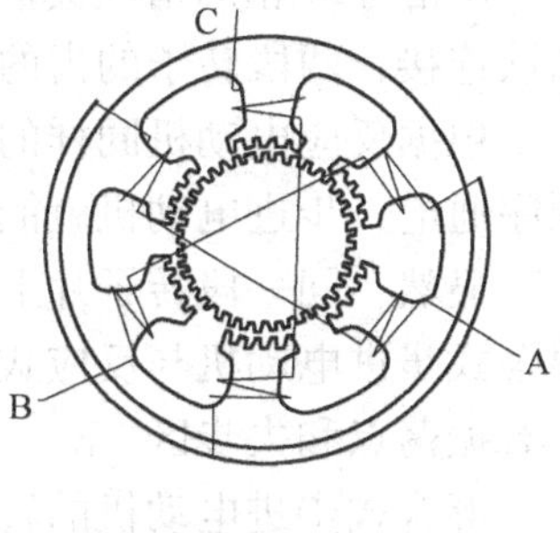

图 5-3　小步距角的步进电动机结构

三相小步距角步进电动机的结构如图 5-3 所示。其定子极被分成若干齿，转子上则均匀分布多个齿，定子与转子的齿宽和齿距都相同，其工作原理可以用图 5-4 所示的展开图进行说明。

图 5-4 所示的电动机转子均匀分布有 40 个齿，齿间距为 9°。定子每极布置有 5 个齿，齿间距同样应为 9°，由于电动机的每极占 60°角，故极间有 19.5°的空隙。

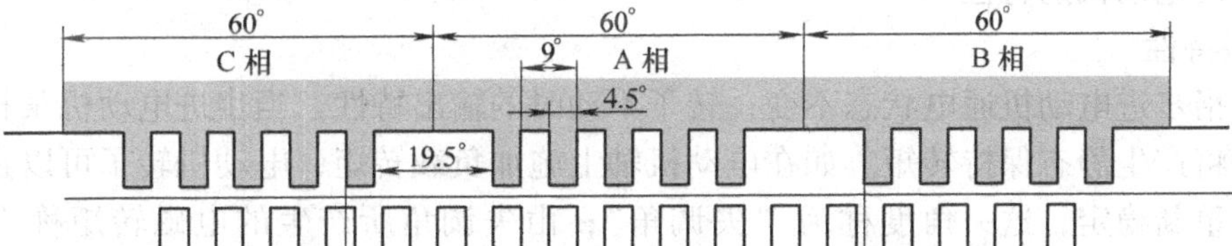

图 5-4　小步距角的步进电动机展开图

当 A 相通电时，转子齿和定子 A 极上的齿对齐，而 B、C 极下的齿将和转子齿错位三分之一齿距(3°)。这时，如果由 A 相切换到 B 相通电，电动机只要旋转 3°(展开图中为转子向左 3°)便可对齐齿；如果由 A 相切换到 C 相通电，电动机同样只要旋转 3°(展开图中为转子向右 3°)便可对齐齿；因此，使得电动机的步距角也由 30°变成了 3°，实现了“小齿距”的目的。小齿矩电动机同样可以采用三相六拍的工作方式，这时的步距角也将减小为原来的一半，其原理与前述相同。

4. 混合式步进电动机

混合式步进电动机的结构与反应式步进电动机不同，反应式步进电动机的定转子均为一体结构，而混合式电动机的定子与转子都被分为图 5-5 所示的两段，极面上同样都分布有小齿。

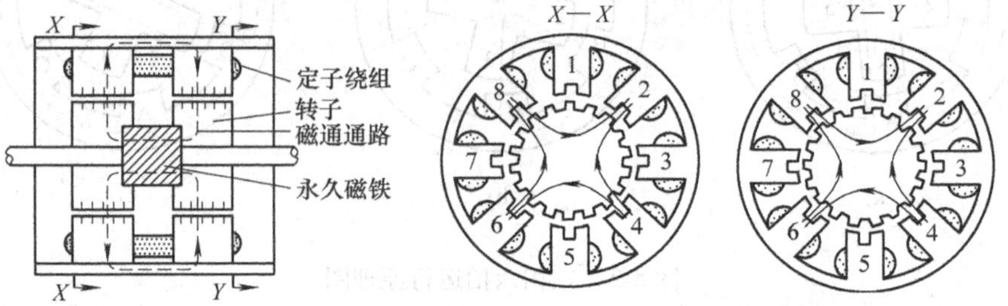

图 5-5 混合式步进电动机结构

定子的两段齿槽不错位，上面布置有绕组。图 5-5 为两相 4 对极电动机，其中的 1、3、5、7 为 A 相绕组磁极，2、4、6、8 为 B 相绕组磁极上。每相的相邻磁极绕组绕向相反，以产生图 5-5 中 *X*、*Y* 向视图中所示的闭合磁路。

B 相与 A 相的情况类似。转子的两段齿槽相互错开半个齿距(图 5-5)，中间用环形永久磁铁连接，两段转子的齿的磁极相反。

根据反应电动机同样的原理，电动机只要按照 $A \to \overline{B} \to \overline{A} \to B \to A$ 或 $A \to B \to \overline{A} \to \overline{B} \to A$ 的顺序通电，步进电动机就能逆时针或顺时针连续旋转。

显然，同一段转子片上的所有齿都具有相同极性，而两块不同段的转子片的极性相反。混合式步进电动机与反应式步进电动机的最大区别在于但当磁化的永久磁性材料退磁后，则会有振荡点和失步区。

混合式步进电动机的转子本身具有磁性，因此在同样的定子电流下产生的转矩要大于反应式电动机，且其步距角通常也较小，因此，经济型数控机床一般需要用混合式步进电动机驱动。但混合转子的结构较复杂、转子惯量大，其快速性要低于反应式步进电动机。

永磁式步进电动机的运行原理类似与混合式步进电动机。

二、步进电动机的特性

1. 静态特性

静态是指步进电动机通电状态不变，转子不动时的输出特性。当步进电动机某相通以直流静止时，将产生静态保持转矩。如在电动机轴上施加负载转矩，电动机转子可以在转过一个小角度后重新稳定，这一角度称为“失调角”；由失调角所产生的电磁转矩称为静态转矩；静态转矩与失调角间的关系曲线称为矩角特性。

如果将转子的一个齿距用 2π 的电角度表示，则当负载转矩为 0 时，电动机定转子齿对准，失调角为 0，静态转矩亦为 0；当错位 1/4 齿距时，失调角为 $\pm\pi/2$，定子齿对转子齿的拉力为最大，静态转矩达到最大值；而当错位达到 1/2 齿距时，失调角为 $\pm\pi$，相邻两个定子齿将对转子齿产生同样的拉力，但两者的方向相反，故产生的静态转矩又为 0。因此，步进电动机的矩角特性曲线近似于正弦曲线(见图 5-6)。

在失调角为 $-\pi/2 \sim \pi/2$ 的区域，随着失调角的增加电动机输出的静态转矩同时增加，一旦负载转矩减小，可以在电磁转矩的作用下，回到平衡点 0，这一区域称为静稳定区。

失调角为 $-\pi/2 \sim \pi/2$ 时，静态转矩达到最大值，这一转矩称为最大静态转矩，也是电动机保持静态平衡所允许施加的最大负载转矩值。

静态转矩与绕组电流的关系称为静转矩特性，当电流较小时，转矩与电流的平方成正比；随着电流的增加，磁路渐趋饱和，转矩上升变缓；当电流较大时，曲线趋向水平。图5-7所示为三相步进电动机在单相通电状态下的静转矩特性。

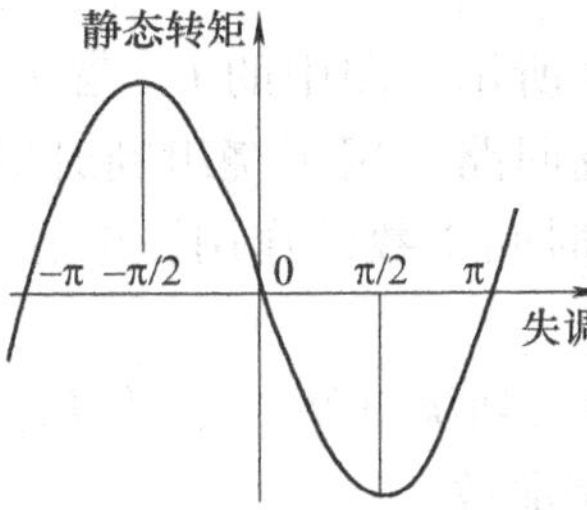

图 5-6 步进电动机的矩角特性

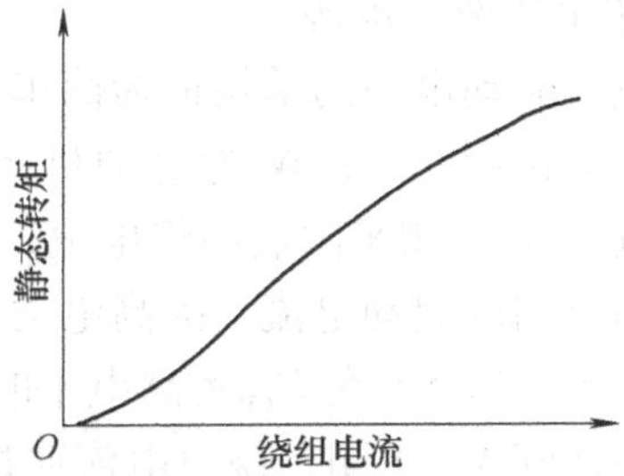

图 5-7 步进电动机的静转矩特性

2. 动态特性

步进电动机的动态特性将影响到系统的快速性与工作可靠性。动态特性与电动机性能、负载、驱动电源、通电方式等因素有关。

步进电动机的绕组以脉冲形式通断，电动机最大动态转矩和脉冲频率的关系称为矩-频特性，其曲线大致如图5-8所示。

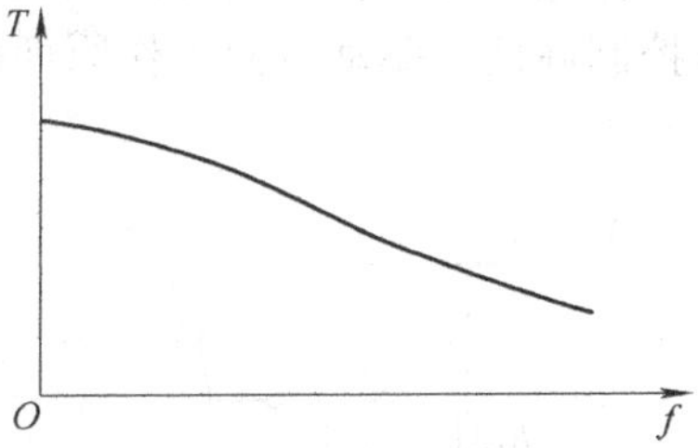

图 5-8 步进电动机的矩-频特性

由于步进电动机的绕组存在电感，其电流受电气时间常数的影响将指数上升。如果脉冲频率较低，绕组电流可达到稳态值；但当脉冲频率很高时电流将不能达到稳态值，动态转矩将迅速下降；因此，脉冲频率越高动态转矩也就越小。步进电动机运行时的负载转矩必须小于该频率所对应的最大动态转矩，电动机才能正常运行。

此外，步进电动机在连续工作与起制动情况下的动态转矩是不同的。步进电动机的起动频率是指电动机在一定负载下能不失步起动的最高频率；连续工作频率又称运行频率，是指步进电动机起动后连续施加脉冲时能不失步运行的最高频率。

起动频率与连续工作频率与绕组的时间常数、负载转矩、负载惯量、步矩角等诸多因素相关，而且在连续工作频率要远大于启动频率。

三、步进驱动器

步进电动机需要按顺序对各相绕组进行轮流通断，因此，来自 CNC 的位置指令脉冲需要转换为控制步进电动机不同相绕组电流的大功率信号，实现这一变换的装置称为步进驱动器。

步进驱动器的输入来自 CNC，输出连接电动机绕组，驱动器具有以下功能：

1）电压隔离：为了防止驱动器的高压、大电流损坏 CNC，驱动器与 CNC 间的接口一般使用光电耦合器件进行“电隔离”。

2）脉冲分配：其作用是将来自 CNC 的单相连续位置指令脉冲转换为控制不同绕组的循环脉冲信号，故又称环形分配器。脉冲分配器需要使用专门的集成电路或通过软件生成。

3）功率放大：其作用是将环形分配器输出的脉冲进行功率放大，转换为直接驱动绕组的高压/大电流信号，驱动步进电动机运行。功率放大又称驱动电源。

功率放大电路是步进驱动器的关键。理想的驱动电源应在通电时立即使绕组电流达到额定值，而在断电时电流又能马上消失；为此，产生了形式多样的驱动电源。其中最为常用的有以下几种。

1. 单电压驱动电源

单电压驱动电源的结构最为简单，其电路原理如图 5-9 所示。图中的 U_{CP}是步进电动机的绕组通断控制信号；W 为电动机绕组；VD 与 R_D 为续流回路，用于绕组断开时的放电；R_S 为限流电阻，用来限制绕组电流，并起到减小绕组电气时间常数的作用；电容 C 是用来提高导通瞬间的启动电流，提高电动机响应速度。

功率晶体管 VT 在 U_{CP}为高电平时导通，电源电压 U 加入到绕组 W 上；当 U_{CP}为低电平时功率晶体管 VT 关闭，绕组电流通过 VD 与 R_D 的续流回路泄放。

2. 双电压驱动电源

双电压驱动电源亦称高低压驱动。线路有两组电源向电动机绕组供电，高压部分用来提高启动瞬间的绕组电流；低压部分用来维持绕组额定电流。

在功率晶体管 VT 导通的瞬间，高压供电回路工作，绕组电流迅速上升；当到达绕组额定工作电流时，自动断开高压、切换到低压供电，维持绕组额定电流。图 5-10 为常用的定时控制高低压驱动电源工作原理图。

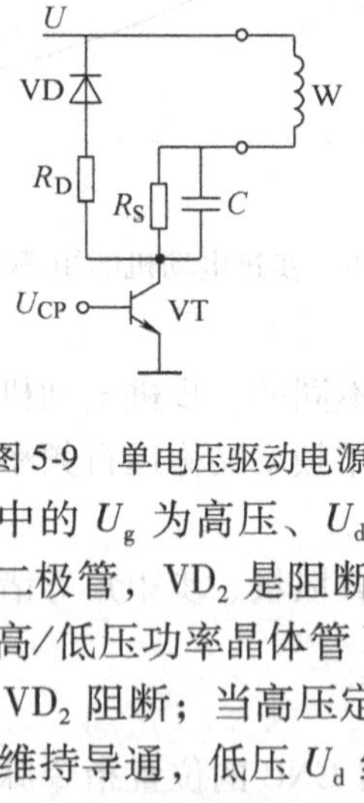

图 5-9 单电压驱动电源

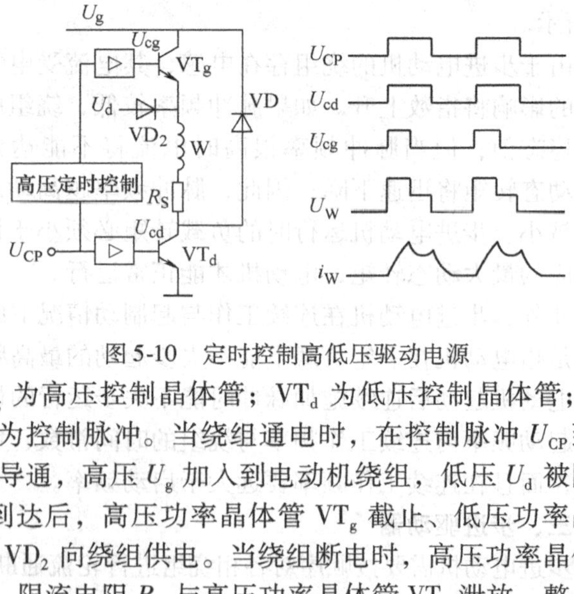

图 5-10 定时控制高低压驱动电源

图中的 U_g 为高压、U_d 为低压；VT_g 为高压控制晶体管；VT_d 为低压控制晶体管；VD 为续流二极管，VD_2 是阻断二极管；U_{CP}为控制脉冲。当绕组通电时，在控制脉冲 U_{CP}到来瞬间，高/低压功率晶体管 VT_g/VT_d 同时导通，高压 U_g 加入到电动机绕组，低压 U_d 被阻断二极管 VD_2 阻断；当高压定时控制时间到达后，高压功率晶体管 VT_g 截止、低压功率晶体管 VT_d 维持导通，低压 U_d 经阻断二极管 VD_2 向绕组供电。当绕组断电时，高压功率晶体管 VT_g 导通，绕组电流通过续流二极管 VD、限流电阻 R_S 与高压功率晶体管 VT_g 泄放。整个工作过程的控制信号及绕组的电压、电流波形如图 5-10 所示。

以上线路的优点是可以在电动机绕组通电的瞬间，通过高压供电加快了绕组电流的上升速度，较好地解决了系统快速性问题；但其缺点是高压加入的时间固定不变，在低频运行时，高压的加入会使得步进电动机产生冲击、振荡与噪声。

3. PWM 调压驱动电源

PWM 调压驱动电源的显著特点是驱动线路中的向绕组供电的电源电压可以根据要求自动调节，因此，它既可以实现前述的高低压驱动功能，还可以根据步进电动机的运行频率自动改变供电电压，解决系统快速性与低频工作时的冲击、振荡与噪声问题。

PWM 调压驱动电源的原理如图 5-11 所示。线路只是在前述的单电压驱动电源基础上增加了 PWM 自动调压线路，从而使得加入到电动机绕组的电压 U_c 可以随时通过 PWM 控制信号进行调节。

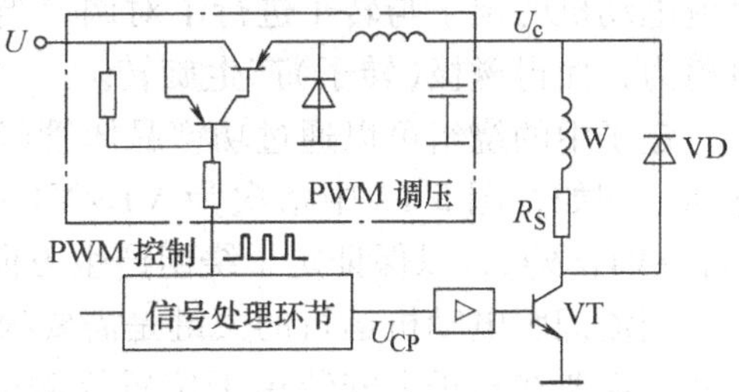

图 5-11　PWM 调压驱动电源

PWM 控制信号的脉冲频率大大高于步进电动机控制信号 U_{CP}的脉冲频率，PWM 调压线路中的电感、电容等辅助器件只是用于 U_c 的滤波，以保证 U_c 的平稳，它对步进电动机驱动不会产生多大的影响。

PWM 调压的关键是 PWM 控制信号的生成，它一方面需要产生高低压驱动的效果；另一方面还需要根据电动机运行频率自动改变高低压的幅值，通过硬件电路实现一般比较复杂，因此，在部分 CNC 上也有直接利用 CNC 软件处理的情况，此时图中的 PWM 控制信号可以直接从 CNC 上输出。

第二节　交流伺服驱动系统

一、交流伺服的分类与运行原理

交流伺服驱动系统（简称交流伺服）是随晶体管脉宽调制（Pulse Width Modulated——PWM）技术与矢量控制理论发展起来的一种新型控制系统，与直流伺服驱动系统相比，它具有转速高、功率大、运行可靠、几乎不需要维修等一系列优点，因此，目前在数控机床上已经全面替代直流伺服驱动系统。

从 CNC 系统的角度看，交流伺服驱动系统也是以实现 CNC 位置指令脉冲的功率放大并将其转换为刀具或工作台运动为根本目的，它同样由驱动器与电动机两部分组成，只不过两者在执行元件、系统结构、控制形式上与步进驱动系统有所不同而已。

1. 运行原理

交流伺服驱动一般以交流永磁同步电动机作为驱动电动机，其基本构成与普通的感应电动机（三相异步电动机）并无太大的区别，但伺服电动机的转子上布置有高性能的永磁材料，具有固定不变的转子磁极；其定子上则同样布置有三相绕组。

交流伺服电动机的运行原理与直流电动机类似，图 5-12 为两者的比较。

图 5-12a 为直流电动机运行原理图，在直流电动机中，定子为磁极（一般由励磁绕组产生，为了便于说明，图中以磁极代替），转子上布置有绕组；电动机依靠转子线圈通电后所产生的电磁力转动。直流电动机通过接触式换向器的换向，保证了任意一匝线圈转到同一磁极下的电流方向总是相同，以产生方向不变的电磁力，保证转子的固定方向连续旋转。

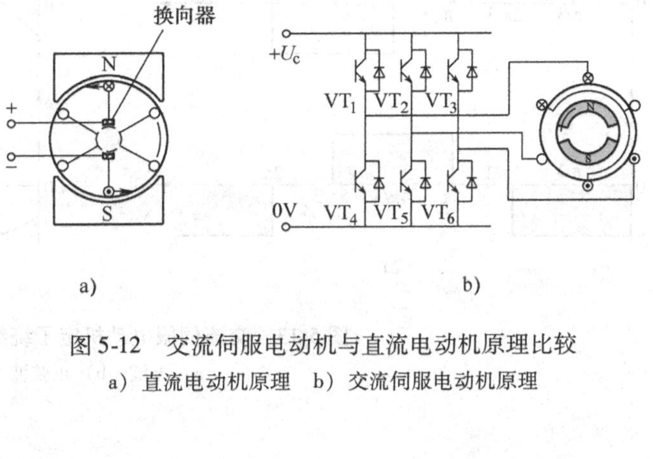

图 5-12　交流伺服电动机与直流电动机原理比较
a）直流电动机原理　b）交流伺服电动机原理

图 5-12b 为交流伺服电动机的运行原理图，由图可见，交流伺服电动机的结构相当于将直流电动机的定子与转子进行了对调，当定子绕组通电后，通过绕组通电后所产生的反作用电磁力，使得磁极(转子)产生旋转。

定子中的绕组可以通过功率晶体管(MOSFET、IGBT、BJT 等)的控制按照规定的顺序轮流导通，例如，图 5-12 中依次为 $VT_1/VT_6 \rightarrow VT_6/VT_2 \rightarrow VT_2/VT_4 \rightarrow VT_4/VT_3 \rightarrow VT_3/VT_5 \rightarrow VT_5/VT_1 \rightarrow VT_1/VT_6$，以保证定子绕组产生方向不变的电磁力，带动转子向固定方向旋转。

交流伺服电动机运行的关键是需要根据转子磁极的不同位置，控制对应功率管的通断，为此，需要在转子上安装用于位置检测的编码器或霍尔元件，以保证功率管通断的有序进行。通过改变功率管的通断次序，如将图 5-12b 中的通断次序改为 $VT_4/VT_2 \rightarrow VT_2/VT_6 \rightarrow VT_6/VT_1 \rightarrow VT_1/VT_5 \rightarrow VT_5/VT_3 \rightarrow VT_3/VT_4 \rightarrow VT_4/VT_2$ 即可以改变电动机的转向；改变切换频率则可改变电动机转速。

交流伺服电动机以功率管的电子换向取代了直流电动机的换向器，它既保持了直流电动机的优点，又避免了换向器带来的制造、维修等问题，兼有直流电动机与交流电动机两者的优点，因此，不但响应快、控制精度高、调速范围大、转矩控制方便，而且使用寿命长、维修方便、运行可靠性高、控制简单，它在 20 世纪 80 年代被实用化后，迅速得到推广与普及，并在数控机床、机器人等控制领域全面代替了直流伺服。

2. 伺服电动机的分类

交流伺服电动机定子绕组的电流可以采用图 5-13 所示的方波与正弦波两种形式供电。当定子电流为方波时，通过上述电子换向的控制，电动机的性能特点与直流电动机完全相同，但由于电动机中无直流电动机的换向电刷，故被称为“无刷直流电动机”(Brush Less DC Motor, BLDCM)。

无刷直流电动机存在的问题是：由于电动机定子绕组是一种电感负载，其电流不能突变；而且在同样的控制电压下，定子反电动势与电流变化率相关，因而在不同转速(频率)

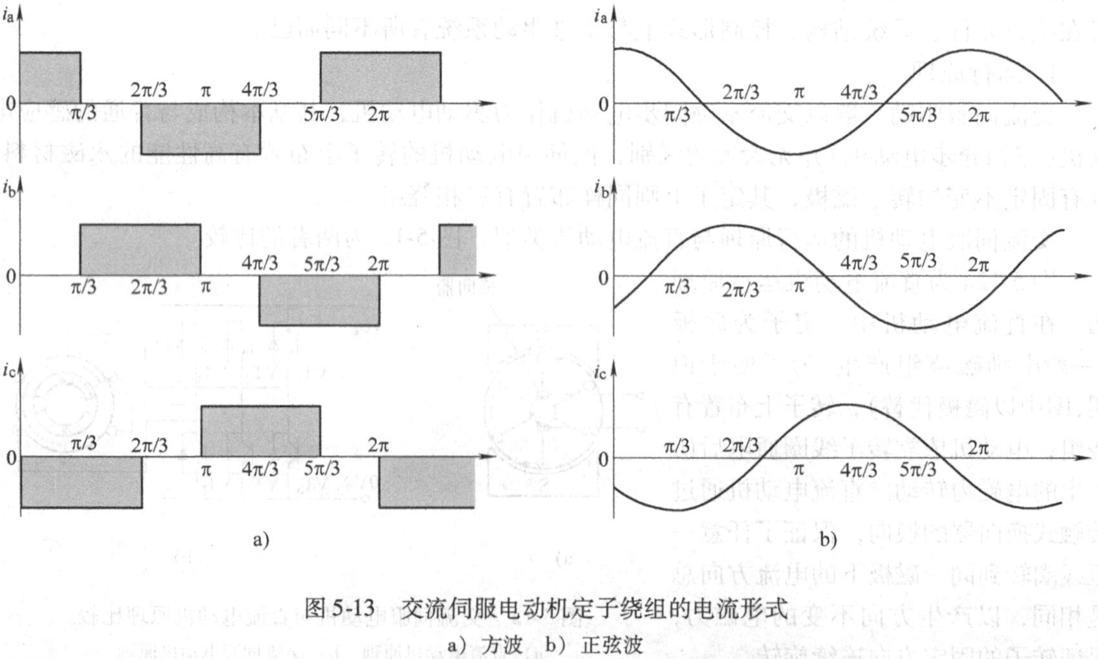

图 5-13　交流伺服电动机定子绕组的电流形式
a) 方波　b) 正弦波

下，定子的反电动势将随着频率的变化而改变，它会带来功率管的不对称通断与高速剩余转矩脉动，严重时可能导致机械谐振的产生。

当定子电流为图5-13b所示的三相对称正弦波时，由感应电动机运行原理可知，这时将在定子中形成平稳旋转的磁场，可以带动转子同步、平稳旋转，这种电动机称为“交流永磁同步电动机”（Permanent-Magnet Synchronous Motor，PMSM）。

与“无刷直流电动机”相比，交流永磁同步电动机由于磁场平稳旋转，消除了由于方波电流突变所带来的转矩脉动，其运行更加平稳，动、静态特性更好，它是当代交流伺服驱动的主要形式。

3. 输出特性

由于交流伺服的运行原理与直流电动机类似，因而它具有与直流电动机类似的优异的调速性能；同时，由于电动机转子有固定不变的磁场，因此只要在某相绕组中通入固定的电流，便可以产生电动机静止时的零速自锁转矩。

交流伺服电动机的输出特性（转速—转矩特性）如图5-14所示，由于伺服电动机的转子磁场无法调节（永久磁铁），因此，它不能实现直流电动机的弱磁调速，即不能进行恒功率调速。

在目前所有交流调速系统中，交流伺服驱动的调速范围最大（大于1∶5000）、调速精度最高（小于0.01%）、过载能力最强（3倍以上过载）、速度响应最快（2500rad/s以上），因此，可以用于高速、高精度速度与位置控制。

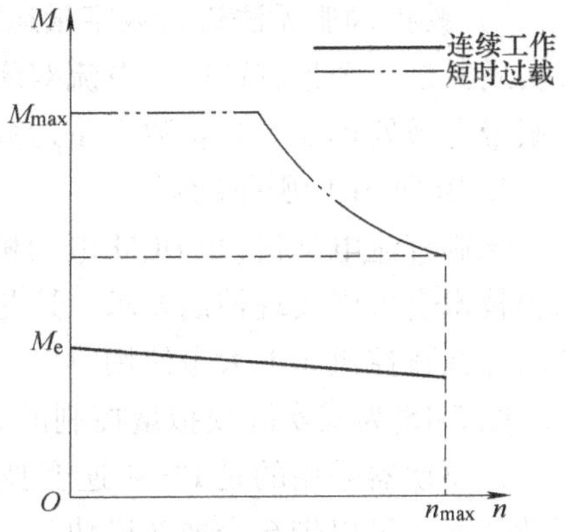

图5-14　交流伺服电动机的输出特性

二、交流伺服驱动器

交流伺服的直流与逆变主回路，位置、速度、电流等控制环节经常被制成一体构成独立的部件，这一装置称为交流伺服驱动器。

1. 伺服驱动器的分类

数控机床使用的交流伺服驱动器可分为通用型伺服与专用型伺服两种。

1）通用型交流伺服：通用型交流伺服是直接利用CNC的位置指令脉冲控制的驱动器，可以独立使用，如果不考虑系统的内部结构，它完全可以像步进驱动系统一样使用。

通用型伺服具有使用方便、控制容易等优点，但它的位置与速度检测信号一般不反馈到CNC上（为了回参考点的需要，电动机的零位脉冲需要输入到CNC），因此，无法在CNC上监控实际位置，也不能通过CNC进行驱动器的参数设定与优化。就CNC来说，位置控制实质上是开环的，因此，系统的定位精度、轮廓加工精度一般较低，只能在经济型数控机床上使用，它是绝大多数国产CNC的配套产品。

2）专用型伺服必须与CNC配套使用，驱动器与CNC间多采用专用总线连接，并以网络通信的形式实现数据传输，通信协议对外部不开放，驱动器不可以独立使用。

虽然，配套专用型伺服的CNC其位置控制环节一般设计在CNC上，驱动器的参数设定、状态监控、调试与优化等均可以在CNC上完成；CNC可以实时监控与动态调整位置，就CNC来说其位置控制是闭环的。配套专用型伺服的系统可以达到很高的定位精度与轮廓加工精度，几乎所有进口CNC采用的都是专用型伺服。

从控制信号形式上，交流伺服有模拟伺服与数字伺服之分，两者的主要区别如下：

1）模拟伺服的所有控制量(电压、电流等)均为连续变化的模拟量；而数字伺服的所有控制量均为二进制形式的数字量。因此，在模拟伺服中，如内部元器件的特性或环境温度的改变所引起的模拟量的微小偏移将直接导致输出量(速度或位置)的改变；而在数字伺服中，这样的变化一般不可能导致二进制状态的改变，其控制精度与稳定性要高于模拟伺服。

2）模拟伺服的运算、调节器件以集成运算放大器、电位器、电阻、电容等器件为主，内部一般无微处理器，调节器功能单一，调试不需要专门的仪器；而数字伺服以微处理器作为基本的控制器件，它可以通过各种算法实现多种调节运算功能，故可实现控制论中的状态观察器、坐标变换、矢量控制、模糊控制等功能与最优控制；但驱动器调试必须有数据输入与显示面板或通信接口。

3）模拟伺服无法进行数字量运算，驱动器中不能实现位置控制功能，换言之，模拟伺服实质只是一个带有速度、电流双闭环的速度调节器，故可称之为“速度控制单元”；数字伺服带有微处理器，具备数字量运算功能，因此，位置/速度与电流调节功能可以集成一体。

2. BLDCM 伺服驱动器

无刷直流电动机(BLDCM 电动机)在所有的交流调速系统中控制最简单，即使利用模拟伺服技术也可以实现控制要求，这是一种最早被实用化的交流调速系统，在 20 世纪 80 年代初已经在数控机床上大量使用。

图 5-15 为某实际模拟量控制的无刷直流电动机伺服驱动器原理框图。

该驱动器采用的是 PWM 逆变技术，产品为模块化结构，电源模块为多逆变回路公用，驱动器最大可以带 6 个逆变模块。

驱动器的整流回路采用的是三相桥式二极管不可控整流电路，交流输入电源为 3 相 165V(线电压)，因此，直流母线电压为 220V。驱动器的直流母线上安装有能耗制动电阻单元，可以为电动机制动提供能量释放回路；驱动器的逆变回路采用了电力晶体管进行驱动，并带有为电动机制动提供能量反馈的续流二极管。

在控制回路，来自外部的速度给定指令(0 ~ ±10V 模拟量)与来自伺服电动机内装测速发电机的速度反馈进行比较后，产生速度误差电压；速度误差电压经过速度调节器(PI 调节器)的比例/积分运算，输出电流给定指令电压。

电流给定指令经过电流极限给定环节的限幅处理后，与来自电动机主回路的实际电流反馈进行比较，产生电流误差信号，这一信号经过电流调节器(PI 调节器)的比例/积分运算，生成 PWM 控制信号。

PWM 控制信号在 PWM 脉冲形成环节中与系统内部的载波信号(三角波)合成后，生成 PWM 波形。PWM 波形经过驱动环节的功率放大，输出到换向控制单元，生成逆变功率管的基极控制信号[⊖]。换向控制单元根据来自电动机内装的实际转子位置检测信号，将基极控制信号加入到对应的功率管上，控制的电动机绕组的三相输出。

以上伺服驱动器实质是一个采用模拟量控制的、具有速度/电流双闭环的、PWM 调制的

⊖ 有关交流伺服的 PWM 控制技术与矢量控制原理的详细说明，可参见本书作者编写的《交流伺服驱动器从原理到完全应用》(人民邮电出版社，2010. 1)一书。

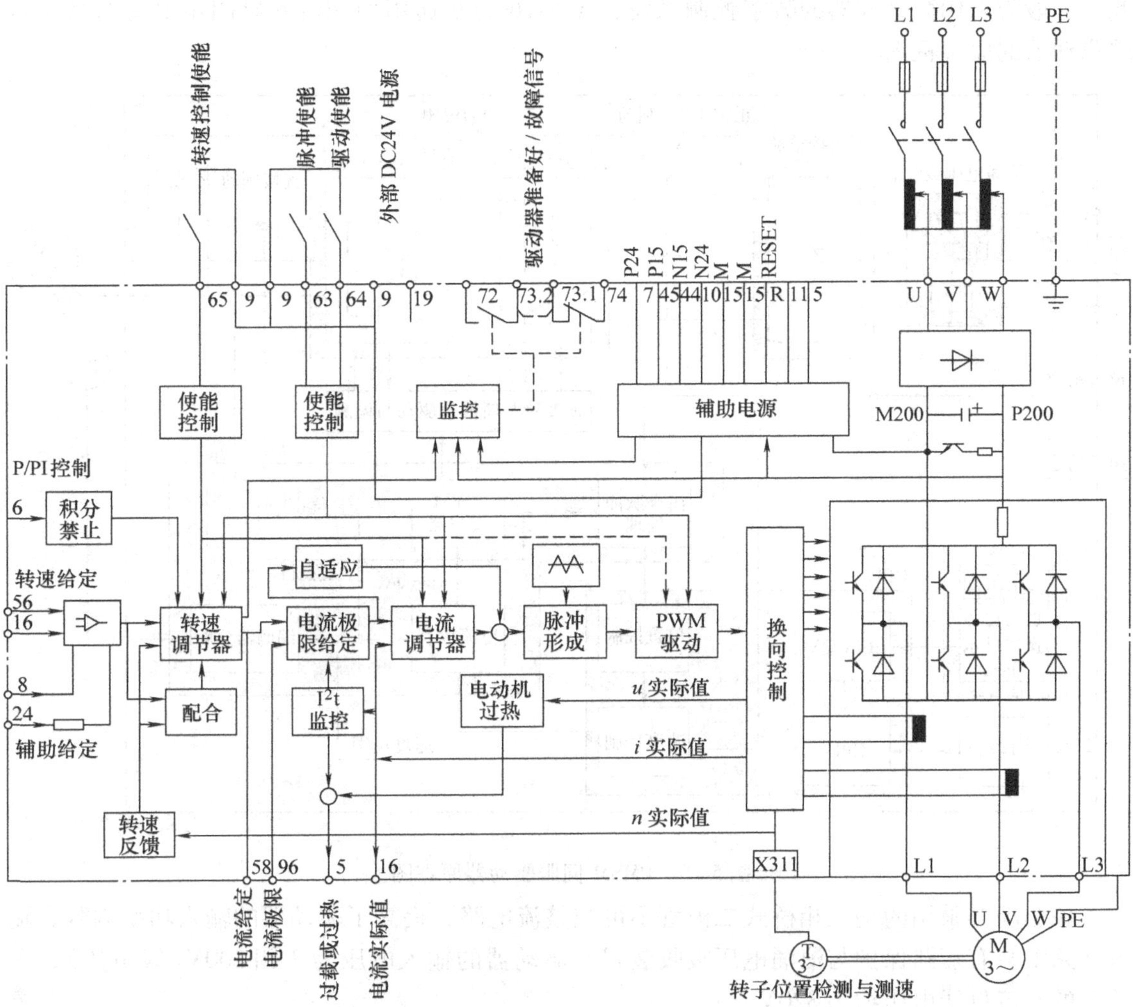

图 5-15 模拟量控制的 BLDCM 伺服驱动器原理框图

速度自动调节系统。驱动器的速度调节器、电流调节器的比例/积分参数可以通过安装于驱动器的调节电位器进行调节。

为了便于外部控制，驱动器的外部控制信号除速度给定输入外，还可以通过“转速控制使能”、“驱动使能”、“控制使能”等信号，控制与封锁相应的调节器输出；驱动器的电流给定、电流极限等也可以直接通过外部输入。

驱动器工作时所需要的各种直流电压可由驱动器内部的辅助电源产生；驱动器的工作状态可以通过驱动器的准备好/故障信号输出；电动机的实际电流、电动机的过载、过热信号也可以输出到外部作控制用。

3. PMSM 伺服驱动器

交流永磁同步电动机伺服系统需要用磁场矢量控制技术㊀进行电流变换与矢量计算，因

㊀ 有关交流伺服的 PWM 控制技术与矢量控制原理的详细说明，可参见本书作者编写的《交流伺服驱动器从原理到完全应用》(人民邮电出版社，2010.1)一书。

此，一般为采用微处理器的数字控制系统，图 5-16 为某通用型交流永磁同步电动机数字伺服驱动器的原理框图。

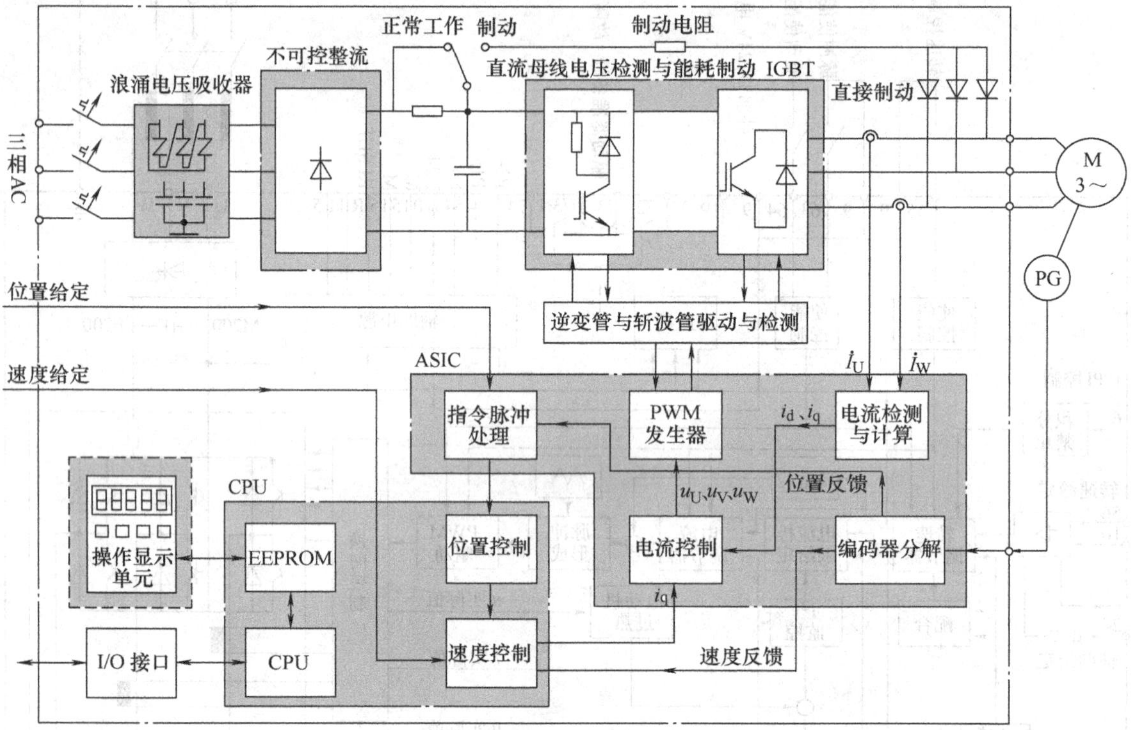

图 5-16 PMSM 伺服驱动器原理图

该驱动器采用的是三相桥式二极管不可控整流电路，提高了驱动器的输入功率因数，输入回路安装有短路保护与浪涌电压吸收装置。驱动器的输入电压为 3 相 200V（线电压），平波后的直流母线电压约为 320V。

驱动器的直流母线上安装有能耗制动电阻单元，可以为电动机制动提供能量释放回路。此外，为了加快电动机的制动过程，线路中还设计了将母线直流电压通过二极管直接加入到电动机三相绕组的直接制动电路，这一制动回路可以在驱动器逆变回路不工作时，为电动机提供制动力矩。驱动器的逆变回路采用了 IGBT 驱动，并带有为电动机制动提供能量反馈通道的续流二极管。

驱动器的速度与位置控制通过 CPU 软件进行控制，速度与位置调节器进行了数字化处理，调节器的参数可以根据系统情况进行修改。驱动器带有可以进行参数设定/状态显示的操作/显示单元与通信总线接口，不仅可以通过操作/显示单元检查驱动器工作状态、进行参数的设定与修改，而且还可以用于网络控制。修改后的参数可以保存在 EEPROM 中。

由于驱动器带有 CPU，因此，它可以直接接收外部位置指令脉冲，构成位置闭环控制系统。如果需要，驱动器也可以接收来自外部的速度给定模拟电压，成为大范围、恒转矩调速的速度控制系统。

为了提高运算与处理速度，驱动器的电流检测与计算、电流控制、编码器信号分解、PWM 信号产生以及位置给定指令脉冲信号的处理均使用了专用集成电路（ASIC）。由于三相正弦交流电始终有 $i_U+i_V+i_W=0$；故只需要检测其中的两相，便可以在 ASIC 的电流检测与计算环节通过计算得到第3相的实际电流值。

电流反馈信号通过合成可以转换为幅值为电枢电流3/2倍的合成电流 i_s；然后，转换为矢量控制所需要的 d-q 坐标中的 i_d、i_q 电流，完成电流检测信号的3/2转换。在电流控制环节中，根据转矩电流给定与 i_d、i_q 的电流反馈值，计算出定子控制电压 u_d、u_q，并变换到参考坐标系a-b上得到三相定子电压的合成矢量，然后分解为三相定子电压，完成电压矢量的2/3转换。定子电压可以直接利用PWM电路转换为SPWM波，实现对电动机的控制，以上就是交流永磁同步电动机伺服驱动器的控制原理。因此，通用型交流伺服实质上是一种具有位置、速度、电流三环控制的闭环调节系统。

第三节　交流主轴驱动与变频调速系统

一、交流主轴驱动与变频器

除了刀具运动轨迹的控制外，用于金属切削机床的CNC机床还必须对刀具的切削速度进行控制，以便适应不同材料的刀具对不同材料工件的切削要求。

机床主轴的控制要求与伺服驱动系统的控制要求是不同的。伺服驱动用来驱动刀具运动，其负载性质为“恒转矩”，要求的电动机容量通常较小，但对调速范围、速度/位置控制的精度要求很高，需要采用无刷直流电动机、交流永磁同步电动机等高性能伺服驱动进行控制。然而，金属的切削加工多数为“恒功率”负载，所要求的电动机容量大，对调速范围、速度/位置的控制精度相对较低，因此，一般不采用无恒功率调速功能的交流伺服电动机，而需要采用具有恒功率输出特性的大容量感应电动机。

1. 变频器与交流主轴驱动器

常用的CNC机床的主轴驱动有交流主轴驱动与变频器两种形式，前者用于全功能型CNC机床；后者用于经济型数控机床。尽管交流主轴驱动与变频器所采用的控制方式、电动机结构有所不同，但从本质上说，都是通过改变感应电动机的电压、频率等参数来调节电动机转速的装置，因此，都可以称为“变频器”。

交流感应电动机是一种多变量、强耦合、非线性的控制对象，控制时首先需要建立电动机的数学模型，而这一模型必须建立在实际电动机的基础之上；也就是说，交流控制系统的性能好坏不仅与控制装置本身有关，而且还与电动机密切相关，要设计出一种能够精确控制多个不同控制对象的通用控制装置是十分困难的，为此，感应电动机的变频调速控制器被分为通用型与专用型两大类。

1）通用变频器：通用变频调速控制器就是指人们平时常说的“变频器”。变频器是面向通用感应电动机的调速装置，它可以对不同生产厂家、不同参数的同容量电动机进行调速控制。正因为如此，变频器的设计者无法预知最终控制对象的各种参数，控制系统必须对电动机模型进行大量的简化与近似处理，因此，其调速范围一般较小、调速精度也较差。

在矢量控制的变频器上，为了提高电动机模型的准确性，可以通过“自动调整（自学习）”等方式，由变频器自动对交流电动机的部分主要参数进行简单的测试，以改善控制性能，实践证明，这一功能对于提高变频器的控制性能是十分有效的。

在结构上，中小功率的通用型变频器一般为独立供应的部件，只要容量选择恰当，它们几乎可以用于所以同规格的感应电动机控制，其使用方便灵活、调试简单，但其调速范围小、调速精度低、过载能力差、速度响应慢，因此，只能用于简单调速控制。

2）交流主轴驱动器：为了改进变频调速性能，建立精确的对象模型，在变频器产品中有一类用于专用感应电动机控制的变频器，这类变频器性能较好但价格较高，多用于数控机床主轴的大范围、精确速度控制，因此称为“交流主轴驱动器”。

交流主轴驱动器与通用变频器的最大区别在于其配套电动机由驱动器生产厂家专门设计，并经过统一、严格的质量控制与精密的测试、试验，因此其数学模型十分精确。在此基础上，通过采用闭环矢量控制技术，使得其调速性能大大优于通用型变频器，且可以进行转矩、位置控制，其性能已经接近交流伺服驱动系统。在某些特殊的主轴电动机上，甚至也有在转子上安装永久磁铁、类似于伺服电动机的结构，此类驱动器被称为“感应电动机伺服驱动器”。

2. 性能比较

1）输出特性：图 5-17 为 *V/f* 控制的通用变频器（采用矢量控制时性能有所提高）与交流主轴驱动器在控制 60Hz、4 极电动机的输出特性比较图。

由图可见，采用 *V/f* 控制的通用变频器实际上只能在额定频率的点上才能输出 100% 转矩，在低于或高于额定转速时，输出转矩均下降；而交流主轴驱动可以在额定转速以下区域可以输出 100% 转矩。因此：使用时可以这样认为：交流主轴驱动的转矩输出能力是同容量 *V/f* 控制的通用变频器的两倍左右。

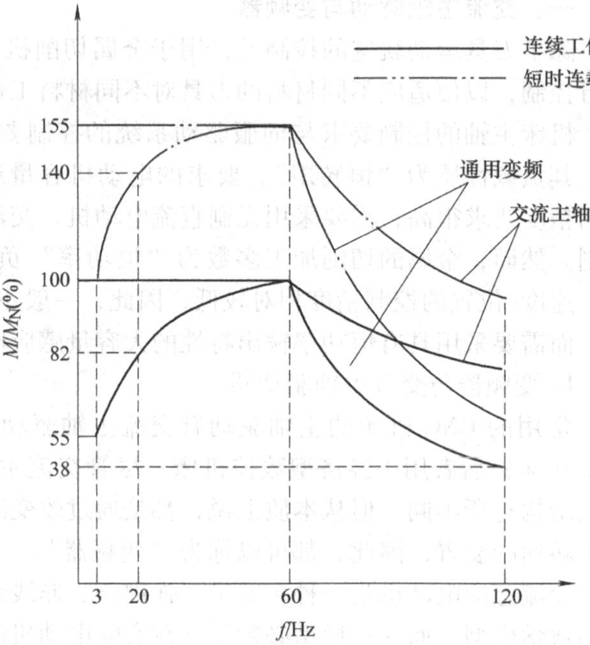

图 5-17　变频器与交流主轴驱动器的输出特性比较图

引起通用变频器低速输出转矩下降的一个重要原因是通用电动机不像专用电动机那样使用独立的风机进行冷却，它一般只能依靠转子轴上所安装的风机进行“自通风”冷却，因此，随着转速的下降，其冷却能力将显著下降，导致电动机允许工作电流的下降。为此，在通用电动机上安装单独的冷却风机是提高通用变频器低速输出转矩的有效措施。

2）技术性能：交流主轴驱动器是一种额定转速以下具有恒转矩调速特性、额定转速以上具有恒功率特性的驱动器，它适合于金属切削数控机床的主轴调速。目前常用闭环矢量控制的交流主轴驱动系统的调速范围已可以做到 1∶1500 以上、速度误差小于 0.02%、过载能力大于 1.5 倍、速度响应达到 500rad/s 以上，其性能已经接近交流伺服。

变频器的输出特性无规律，在整个调速范围上，电动机实际可保证的输出转矩与功率只有额定输出的 50% 左右；因此，无论对于恒转矩负载还是恒功率负载，在选用时都必须留有足够的余量；特别是用于恒转矩调速时宜按照负载连续转矩的 2 倍来选择电动机与变频器。*V/f* 控制的变频器实际可以使用的调速范围为 1∶10 左右、速度误差在 2% 以上、过载能力小于 1.5 倍、速度响应在 20rad/s 以内；采用矢量控制的变频器目前可以达到的技术指标大致为：调速范围为 1∶100、速度误差在 0.2%、过载能力 1.5 倍、速度响应 30rad/s。

3）功率范围：变频器是用于通用感应电动机控制的调速器，可控制的电动机功率在所有交流调速中为最大，目前已经有 630kW 以上的大功率变频器；交流主轴驱动由于电动机结构复杂、生产成本高，其多用于数控机床的主轴控制，因此输出功率范围一般不超过 100kW。

交流主轴驱动器是专门针对固定电动机的专用控制器，驱动器与电动机原则上需要一一对应；而变频器是一种通用的产品，对控制电动机的特性与参数无特定要求，因此，其容量可以满足电动机要求，可用于各类电动机的控制，如用 7.5kW 的变频器控制 3.7kW 或 5.5kW 的电动机不但可行而且还经常使用；此外，通过电路转换还可以用一个变频器来控制多台电动机。

4）过载特性：通用变频器与交流主轴驱动器的过载性能有较大差别，通常情况下，其短时过载能力分别为 100%~150% 与 150%~200%。由于感应电动机不像交流伺服电动机那样具有永久转子磁场，其输出转矩需要由定子旋转磁场与转子之间的转差产生，当转子停止（堵转）时，理论上将无输出转矩。然而，对于有位闭环置控制的交流主轴驱动器来说，由于闭环位置调节的增益可以设定得很高，因此，电动机在零位附近只有少量偏移仍然能够反映出较大的恢复力矩。

5）制动性能：变频器与交流主轴的制动性能类似，由于两者均使用感应电动机，一旦停电，旋转磁场即消失，转子无感应电流产生，它不能像交流伺服电动机那样在停电时通过感应电动势的作用，在定子绕组中产生短路电流，产生制动转矩；因此，对于快速制动的场合，需要使用机械制动器。

二、感应电动机调速原理

感应电动机控制理论研究与控制技术的实用化是交流调速系统的共性关键技术之一，一般认为，现代交流调速理论与技术的发展可分为 *V/f* 控制、矢量控制与直接转矩控制三个阶段。由于各种控制方式都有其特点与适用范围，因此，在通用变频器上为多种控制方式并存；但在交流主轴驱动器上则全部采用矢量控制。

感应电动机调速的原理与理论对交流主轴与变频器同样适用，且较为复杂㊀，现简述如下。

1. *V/f* 控制变频调速

V/f 控制是一种经典控制理论，所有通用变频器都可以采用这一控制方式。自感应电动机诞生后不久，人们通过对感应电动机等效电路与稳态运行特性的分析，就得出了电枢电压与频率比保持恒定（称为 *V/f* 控制）的速度控制方案，但由于受当时的条件限制，长期以来都得不到普及。到了 20 世纪 70 年代中期，随着第 2 代电力电子器件（主要是 GTR）的出现与 PWM 控制技术的进步，*V/f* 控制理论才被真正实用化，并形成了第一代 *V/f* 控制的变频器产品。

V/f 控制是在忽略感应电动机定子电阻等因素影响的前提下，从稳态特性上得出的速度控制方案，它能够较好地解决感应电动机的平滑调速问题，并可通过转差频率补偿、定子电阻压降补偿、采用闭环 *V/f* 控制等方法提高速度控制精度，其输出特性特别适合于风机、水泵等类型的负载。

V/f 控制本质上不具备转矩控制功能，它只能在额定频率点上才能输出额定的转矩，特别在低频工作时，随着定子电阻在阻抗中所占比重的加大，电动机的连续输出转矩、最大输出转矩均大幅度下降，以至于无法正常使用。当代变频器虽可通过低频转矩提升、多点 *V/f*

㊀ 有关感应电动机的调速原理的详细说明，可参见本书作者编写的《变频器从原理到完全应用》（人民邮电出版社，2009.10）一书。

设定等方法提升低频输出转矩，但总体效果并不理想，因此，V/f 控制用于恒转矩调速时的有效调速范围通常较小，电动机需“降额”使用。V/f 控制的速度响应性能较差，即使在当代先进的变频器上，一般也只能达到 10 ~ 20rad/s，它只有交流主轴驱动的 1/20 左右。

V/f 控制的最大优点是变频控制与对象的特性与参数无关、负载波动对速度的影响小，因此，即使在矢量控制早已被实用化的今天，对于结构参数特殊的高速电动机、或对低速稳定性有较高要求的磨床/研磨机主轴控制、或需要用一台变频器同时控制多个电动机的场合，仍需要采用 V/f 控制方式，这也是当代变频器仍需保留 V/f 控制的原因。

2. 矢量控制

感应电动机的矢量控制理论产生于20世纪70年初期，西门子工程师 F. Blaschke 等人提出的“感应电动机磁场定向的控制原理”与美国的 P. C. Custman&A. A. Clark 等申请的“感应电动机定子电压的坐标变换控制”专利是交流感应电动机矢量控制理论的基础。矢量控制理论揭示了感应电动机转矩控制的内在本质，使得转矩控制成为了可能与现实。20 世纪 80 年代初，采用矢量控制的变频器产品在 SIEMENS、YASKAWA、ROCKWELL 等公司研制成功，随后在几乎所有的变频器上得到应用与普及。

矢量控制的基本出发点是将感应电动机等效为直流电动机，该理论通过坐标变换将感应电动机的定子电流分解为转矩电流 I_q 和励磁电流 I_d 两个独立的分量，实现了对感应电动机磁通与转矩的解耦与控制。矢量控制需要进行坐标变换，解耦得到的励磁电流 I_d 对应的是转子磁链，故又称坐标变换矢量控制或转子磁场定向控制。

转子磁场定向控制实现了完全解耦，但由于转子磁链的精确观测与控制的实现难度较大，为此，人们提出了多种简化控制方案，如转差频率矢量控制方案、定子磁场定向矢量控制方案、电压定向矢量控制方案等。

矢量控制的转矩控制性能决定于磁通的精确预测，即转子磁链观测器的精确性。围绕这一问题，出现了基于定子电压/电流的磁通观测器模型(开环电压模型法)、基于定子电流与速度的磁通观测器模型(开环电流模型法)，以及闭环的基于电流误差的转子磁链观测器模型、基于自适应理论的转子磁链观测器模型、龙贝格全价状态观测器模型等。

开环控制变频器的速度性能则决定于速度的精确预测，即速度观测器的精确性。为此，出现了动态速度估计、自适应转速观测、MRAS 速度观测、PI 调节速度观测、转子齿谐波速度观测、高频注入速度观测等多种速度观测器模型。

总之，矢量控制的方案繁多，但至今还没有形成一种为世人所公认的最佳控制方案，各变频器厂家在控制上都结合自身特点进行了相应的改进，因而，变频器的说明书上有“简单矢量控制”、“先进磁通矢量控制”、“电流矢量控制”等多种提法。

3. 直接转矩控制

直接转矩控制理论(Direct Torque Control——DTC)在 20 世纪 80 年代中期由德国鲁尔大学的 Depenbrock 教授首先提出，随后日本学者 I. Takahashi 也提出了类似的控制方案。直接转矩控制完全摈弃了矢量控制的定子电流“解耦”思想，省略了复杂的旋转坐标变换与计算，可以使得转矩控制更为简捷。20 世纪 80 年代末，直接转矩控制理论被逐渐应用到变频器产品上，ABB 等公司先后推出了采用直接转矩控制的变频器产品。

直接转矩控制是一种基于定子电压的转矩控制方案，该理论证明了在忽略定子电阻影响时，定子磁链矢量的运动方向与定子电压方向一致，且旋转速度决定于定子电压幅值，因此，可利用空间矢量分析法，直接在定子坐标系下计算感应电动机的转矩。直接转矩控制的方案通过定子电压矢量构成的多边形轨迹来近似圆形旋转的磁通轨迹，以实现感应电动机的转矩控制，它不存在矢量控制中的电流、磁链等变量之间的复杂变换，其物理概念明确，系统结构简单，尤其适合于开环控制的变频器，这是一种被人们普遍看好的控制方案。

直接转矩控制变频器的转矩与开环速度控制性能同样依赖于磁通观测器与速度观测器的精确性，为此也有多种与矢量控制类似的控制方案，这里不再赘述。

4. 电动机参数的自动测试

如前所述，矢量控制与直接转矩控制的共性问题是必须建立准确的磁通与速度观测器，并设定合理的速度、转矩调节器参数，因此，需要事先知道电动机定子与转子的电阻、电感，铁心饱和系数等诸多参数，这对于专门生产的交流主轴电动机来说容易得到保证，然而，对于对象不确定的通用变频器，要做到这点就非常困难、甚至是不可能的。为此，用于电动机参数自动测试与设定的“自动调整(Auto-tuning)”功能对矢量控制与直接转矩控制来说是必不可少的。

自动调整功能有静态测试与动态测试两类，前者包括长线调整、停止型调整两种；后者包括空载旋转型调整与带负载在线自动调整两种。

长线调整用于电枢连接线与电动机定子的电阻测试与设定，它对 V/f 控制、矢量控制、直接转矩控制同样有效；停止型调整可通过电动机的静态励磁，分析计算电压/电流反馈数据，获得电阻、电感等基本参数。静态测试的优点是电动机参数检测不需要旋转电动机，因此可以用于负载难以分离或不允许进行动态测试的场合；但由于磁链与速度观测的复杂性，电动机停止时所得到的测试数据往往与动态有较大的差异，从而影响变频器性能。

动态测试是对静态测试数据的补充与修正，动态测试最初只能在空载时进行，它可以通过不同转速下的动态电压/电流变化数据，计算出较为准确的对象参数，但仍然无法反映带负载运行时的性能。在线自动调整功能是当代变频器新增的功能，它可以通过带负载时的自动测试，完成包括负载惯量在内的更多参数的测试与设定，并可以降低由于温度变化引起转子参数变动所带来的影响，使得观测器模型更为准确、调节器参数设定更为合理。

5. 位置控制

为了使得变频器的应用进一步向运动控制领域拓展，当代变频器已经具备了简单的位置控制功能，但其性能目前只相当于早期机床主轴控制系统中的定向准停与任意角度定位(分度定位)功能，要像伺服系统那样实现高增益、高精度的插补控制或同步控制则必须使用在转子上安装永久磁铁、类似于伺服电动机的“感应电动机伺服驱动”。

变频器的位置控制需要在速度控制之前再增加一个位置环。对于矢量控制的变频器来说，由于“解耦”是在旋转磁场坐标系上实现的，因此，所构成的位置控制系统响应速度较快，但这样的位置、速度、电流三环系统的调整比较困难，为此，人们又提出了多种快速位置控制的方法，如“滑模变结构控制”、“最优位置控制”等。

滑模变结构控制可以根据系统参数的变化自动改变系统的结构(变结构)，即具有“结构自适应”功能，其性能要优于固定结构的系统；而“滑模(Sliding Mode)”是变结构控制的重要内容，它可以使得系统在速度/角度相平面上按照某一规定的曲线运动，而不需要建模。滑模变结构控制具有结构简单、实现容易、动静态性能好等优点，其中的“无静差滑模变结构控制”是人们广泛关注的课题。

最优位置控制是运用现代控制理论设计的位置控制方案，它只需要考虑系统的机械特性，系统结构更为简单。最优控制（到达给定位置的时间最短、控制能量最小）是目前常用的方法之一，但它对三价以上系统的实时求解比较困难。位置控制同样也有多种理论与方案，在此不再一一细述。

综上所述，感应电动机的控制本身是一个相当复杂的问题，长期以来它一直是人们研究的热点，虽然，对于感应电动机的控制至今还没有形成一种广泛适用、众所公认的最佳控制方案，但各种控制理论与控制技术的实用化，为变频器性能的提高起到了很大推动作用；而在高精度速度控制的基础上，能够以利用变频器控制通用感应电动机的形式，实现高精度位置控制，是人们对变频器的最终期望。相信随着研究工作的不断深入，感应电动机的控制理论与技术将会更加完善与成熟。

三、感应电动机调速系统

感应电动机的变频调速控制可分为 *V/f* 控制变频、直接转矩控制与矢量控制三类，并以 *V/f* 控制变频与矢量控制为常用，简介如下。

1. *V/f* 控制变频调速系统

V/f 控制的变频器多采用开环结构，闭环控制系统的内部结构与开环并无太大的差别，在先进的变频器中，一般将其制成通用型产品，用户可以通过参数的设置与闭环选件模块使用闭环控制功能。

感应电动机的开环 *V/f* 控制变频调速系统组成原理如图 5-18 所示，这是一种最简单的变频控制系统。

为了便于说明变频器的工作原理，本书在介绍原理时将尽可能采用传统的功能图来描述

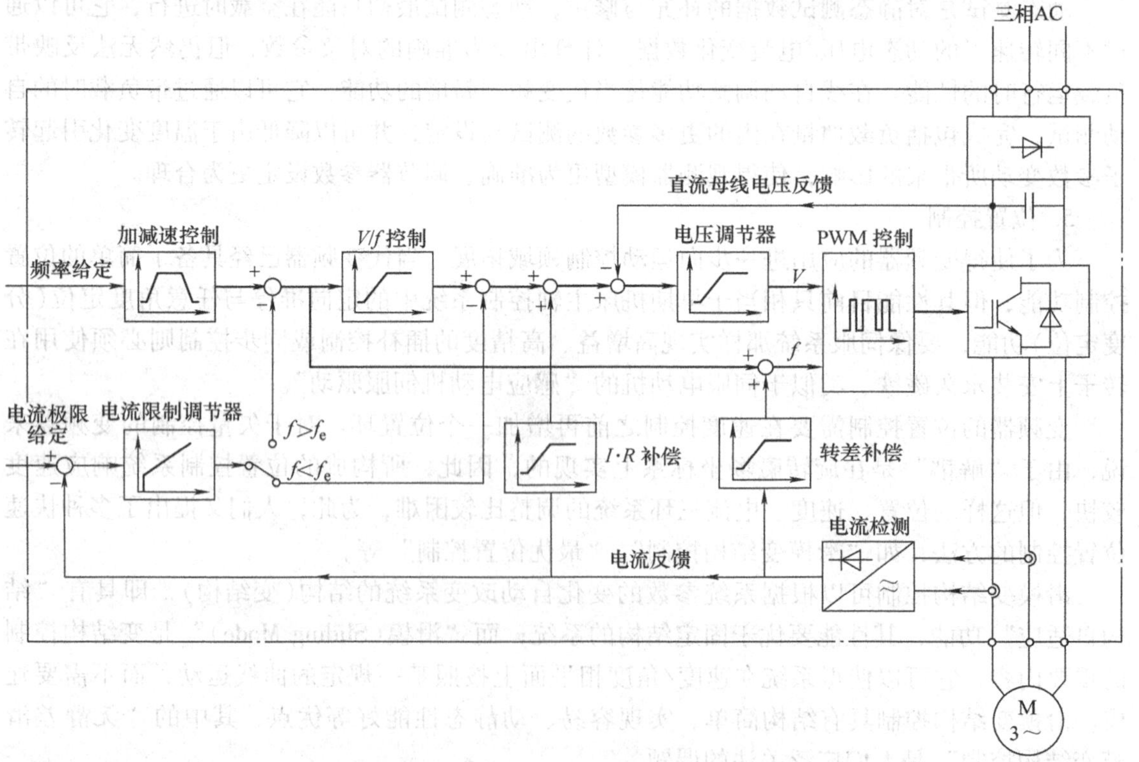

图 5-18　开环 *V/f* 控制通用变频器原理

系统，但在实际变频器中，由于采用了带微处理器的数字控制系统，因此，原理框图中的大部分功能都可以通过计算机完成。

变频器的整流回路与逆变主回路与交流伺服驱动器无太大的区别，在绝大多数场合都采用三相桥式二极管不可控整流电路，输入电压一般为3相380V(线电压)，对于小功率的变频器也有采用单相或3相200输入的情况。变频器的直流母线上同样需要安装能耗制动电阻单元(图中未画出)，为电动机制动提供能量释放回路；对于大容量的变频器，由于制动功率较大，制动电阻需要外接。变频器的逆变回路一般采用IGBT驱动，并带有为制动提供能量反馈的续流二极管。

变频器的控制分电压控制与频率控制两部分，系统可以对输出电流的幅值进行限制，但并不能进行转矩(电流)的闭环调节。频率(速度)给定输入一般为0～±10V的模拟量，它通过加减速控制环节转换为具有斜坡特性的给定值；当给定值在大于电动机额定工作频率f_N时，通过限幅控制，将电压限制在额定电压。

频率给定值在内部可分为电压与频率两条控制支路。电压控制支路经过V/f控制环节的转换得到V/f比保持恒定的定子电压给定，电压给定需要进行三次处理，一是在频率小于额定工作频率f_N时通过电流反馈进行电流限幅；二是根据实际电流的大小，进行定子电阻压降自动补偿(转矩提升控制)；三是根据直流母线的电压反馈调节逆变输出电压。经过处理后的电压给定通过电压调节器，输出到PWM控制环节。感应电动机的机械特性决定了电动机的转速将随着负载转矩的增加而下降，因此，为提高速度控制精度，频率控制支路通常需要增加转差补偿环节。转差补偿环节可根据实际电流(负载)的大小，通过提高输出频率来补偿负载变化引起的速降，保持电动机转速的基本不变。

电压调节器输出与频率给定在PWM环节中合成后，输出SPWM波，这一SPWM经过驱动电路控制IGBT的基极，最终在逆变器的输出端得到近似的正弦波。

以上控制系统的特点是系统结构简单、控制方便、通用性强，但是，在控制系统中由于速度为开环控制，系统对定子电阻压降、转差的补偿都是近似的预估值，因此，系统无法根据实际电动机的运行情况调节输出电压与频率，它只能用于通用电动机的一般控制。

为了提高速度控制精度，可以在以上开环V/f控制的基础上，通过增加速度检测元件与速度闭环来提高电动机转速控制精度。闭环控制系统通过增加速度闭环，将原来开环系统的频率给定改成了给定速度与实际转速的误差信号，系统可以根据电动机的实际转速随时修整输出频率，故无需进行转差补偿。

2. 矢量控制变频调速系统

感应电动机矢量控制的前提是需要知道实际电动机的全部参数，但是，对于通用型变频器，由于电动机生产制造厂家不同、性能各异，变频器生产厂家无法预知电动机参数，也就难以进行正确的控制。为此，矢量控制变频的一个重要问题是变频器必须根据用户设定的有限参数，事先建立感应电动机的数学模型，才能实施控制，从某种意义上说这是一种预测控制。

感应电动机的矢量控制也有开环与闭环两种结构形式，采用闭环矢量控制的变频器不仅可以提高速度控制精度，而且还可以大大提高变频调速的调速范围，高性能的变频器与交流主轴驱动器一般都需要采用矢量控制技术。

由于感应电动机的矢量计算与坐标变换较复杂，通过模拟电路实现难度较大，原则上需要采用计算机进行数字控制。

感应电动机开环矢量控制变频调速系统的组成原理如图 5-19 所示，主回路采用的是 PWM 控制型逆变、三相不可控二极管整流，整流与逆变部分与 V/f 控制相似。

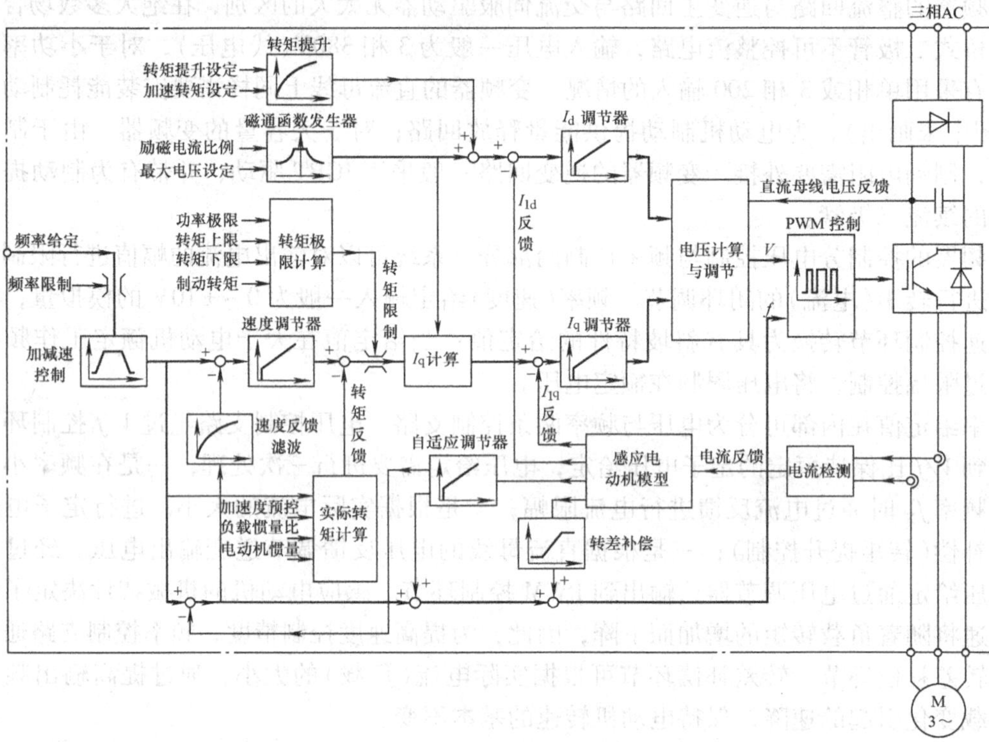

图 5-19　感应电动机开环矢量控制变频调速系统组成原理

控制系统的频率给定通过频率限制与加减速控制后，被分成频率控制与速度控制两条通道。频率控制通道与 V/f 控制类似，但它可通过电动机模型进行速度自适应调节与转差补偿，其控制更为准确。速度控制通道虽然无实际速度检测传感器，但它可以根据电动机模型构成虚拟的闭环，改善速度环的动态响应性能。

速度调节器的输出为系统的转矩给定。转矩给定在考虑了负载惯量比、加速度等因数与最大转矩值限制后合成为定子电流的交轴分量——转矩电流 I_{1q}；I_{1q} 与电动机模型中得到的 I_{1q} 反馈构成了转矩电流 I_{1q} 的闭环控制。

励磁电流的参考值可以由系统根据电动机模型计算得到，参考值在考虑了用户参数设定的励磁比例、最高输出电压等因数后，通过磁通函数发生器生成定子电流直轴分量——励磁电流 I_{1d} 的给定值。励磁电流给定 I_{1d} 需要考虑电动机正反转与弱磁升速的要求，为了满足感应电动机在额定转速以下进行恒转矩调速，额定转速以上进行恒功率调速（弱磁升速）的控制要求，磁通函数发生器产生的是一个在额定转速以下为恒值，额定转速以上为与转速成反比的对称非线性电流给定。I_{1d} 给定在考虑了转矩提升要求后，可以与电动机模型中计算得到的 I_{1d} 反馈一起建立励磁电流 I_{1d} 的闭环调节回路，实现对励磁电流 I_{1d} 的闭环控制。

I_{1q}、I_{1d} 在电压计算与调节环节中进行合成，并与来自直流母线的电压反馈比较后，构成电压闭环调节回路，最终完成对定子电压的闭环调节与控制。

从理论上说，以上控制系统可以对感应电动机进行完全矢量化控制，它是当前应用最普遍的高性能矢量控制交流调速系统。但是，这种控制系统的根本问题是几乎所有的控制都需要依靠电动机模型进行，实际电动机与模型之间的差别越大，其控制就越不准确。为此，通用电动机采用矢量控制时，需要利用“自动调整(自学习)”功能，通过变频器对电动机参数的进行自动测定，才能达到良好的控制效果。

3. 闭环矢量控制系统

交流主轴电动机采用的是闭环矢量控制变频调速系统，图 5-20 为某公司采用间接磁场定向控制、具有位置、速度控制功能的交流主轴驱动器原理框图。

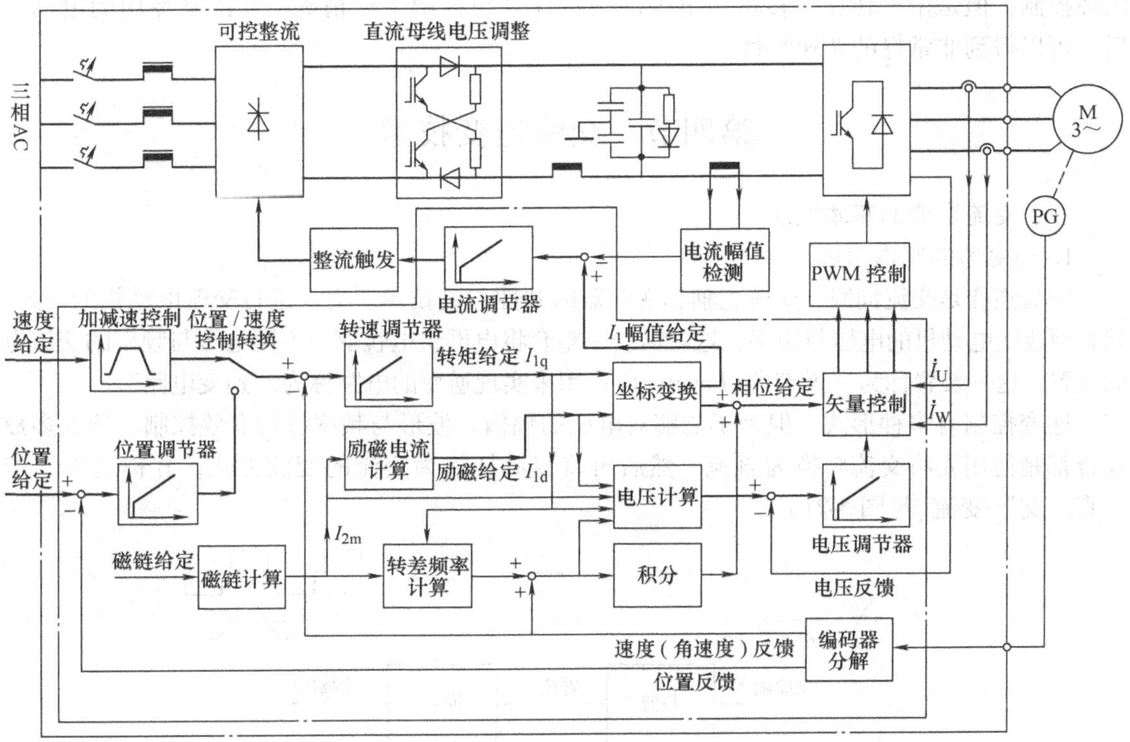

图 5-20　具有位置、速度控制功能的交流主轴驱动器原理框图

为了实现对定子电流的幅值控制，系统采用了电流控制型逆变方式，整流回路为晶闸管可控整流；电动机制动时的能量可以回馈到电网。为了控制直流母线的电压，主回路上安装有两个斩波管，并以电阻放电的形式实现对母线电压进行自动调节。

在控制回路上，来自外部的速度给定经加减速控制环节与来自编码器的实际转速比较后构成了速度闭环。由于主轴定向、定位等方面的需要，要求系统应具有位置控制功能，在位置控制功能生效时，来自外部的位置给定可以与来自编码器的位置反馈比较后构成位置闭环，位置调节器的输出为速度环的给定，这就相当于在速度环之外再增加了一个位置环。

速度调节器的输出为转矩给定，在矢量控制方式下，转矩给定相当于定子电流交轴分量 I_{1q}；I_{1q} 与系统中的励磁电流(定子电流直轴分量) I_{1d} 通过坐标变换环节被转换成极坐标形式的电流幅值 I_1 与相角。电流幅值 I_1 与来自直流母线的实际电流幅值反馈比较，通过控制整流晶闸管的触发角构成电流闭环；相角与经过转差频率计算、积分计算后的转子磁链相角相加，得到定子电流的相位给定。

转子磁链给定在通过磁链计算后，可以转换为转子励磁电流 I_{2m}。I_{2m} 分为三条支路：一是通过励磁电流的计算，转换为定子励磁电流 I_{1d}，它直接与上述 I_{1q} 进行定子电流坐标变换；二是通过转差频率计算，计算出转差频率；三是输出到电压计算环节，进行定子电压计算。

转差频率与来自转速反馈的加速度相加后得到转子磁链角速度；这一值在经过积分计算后得到转子磁链的相角，它与极坐标转换所得到定子电流相角相加后得到定子电流相位。

计算得到的定子电压 u_{1d}、u_{1q} 经过 2/3 变换后与来自逆变输出的电压反馈比较，构成电压闭环调节回路，最终完成对定子电压的闭环调节与控制。以上控制系统虽然不构成 I_{1d} 的闭环控制，但是由于转速、转矩与电压的矢量计算与控制十分精确，在配套专用的电动机后，可以得到非常好的调速特性。

第四节　交流逆变技术

一、交流逆变的基本概念

1. 逆变器的基本组成

交流逆变是交流伺服、交流主轴、变频器的共性关键技术。为了进行交流电动机的调速，就必须改变电动机的电压与频率，这就需要一整套将电网供电转变为不同电压与频率的交流电的装置，这一装置称为“逆变器(Inverter)”；用来实现逆变的电路称为“逆变电路”。

逆变控制有多种形式，但为了能够对电压的幅值、波形与频率进行有效控制，绝大多数场合都是使用先将交流转换为直流，然后再将直流转换为交流的变流方式，并称之为“交—直—交”变流(见图 5-21)。

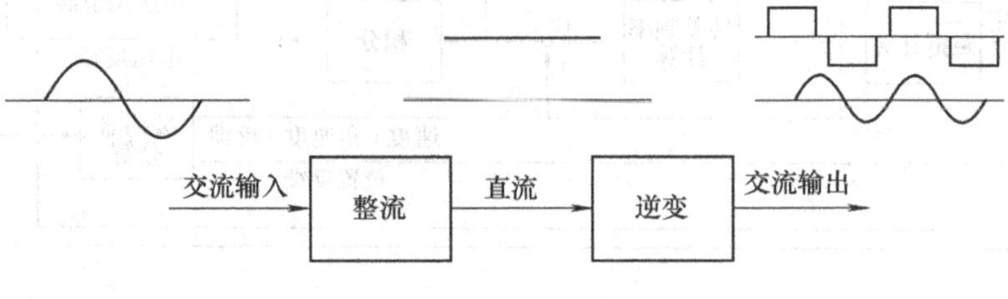

图 5-21　交—直—交变流

在交—直—交变流系统中，将交流输入转换为直流的部分称为“整流”；而将直流转换为交流部分称为“逆变”。因此，“逆变”在电气控制系统中有两层含义：从广义上是一种将交流电转换为其他频率交流电的全套电气控制装置的总称，在狭义上是指这一装置中将直流转换为交流部分的名称。

由图可见，逆变系统实际上由整流、中间电路(称为直流母线控制电路)与逆变三部分组成。“整流”的作用是将交流输入转换为直流输出，由于电网额定频率一般为 50Hz 或 60Hz，它对电力电子器件的工作频率要求不高，且不需要关断，为此，几乎所有的逆变器都是使用二极管或晶闸管作为整流器件。中间电路的作用是保持直流母线电压的稳定，并通过电阻放电等形式控制电动机制动。逆变部分通过对功率管的通断控制，将直流转变为幅值、频率可变的交流，它是交流逆变的关键。

2. 逆变的控制形式

逆变电路是将直流转换为频率可调的交流的电路。根据控制方式的不同，逆变控制主要有“电流控制型”、“电压控制型”与“PWM 控制型”三种，其主要特点如表 5-1 所示。

表 5-1　逆变形式与主要特点

控制形式	电流控制型	电压控制型	PWM 控制型
主回路形式	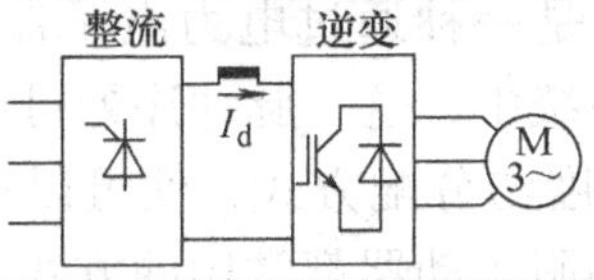	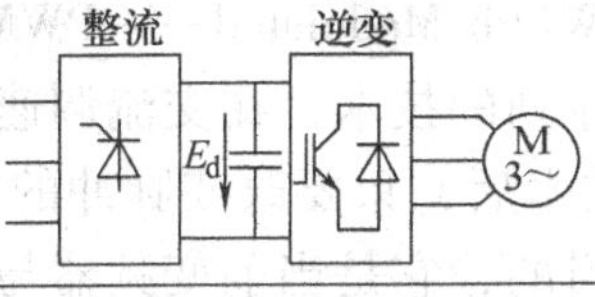	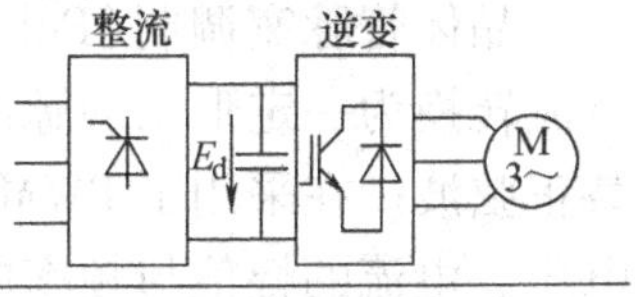
输出电压	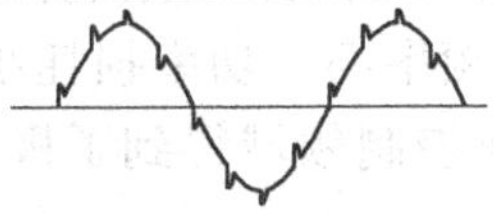	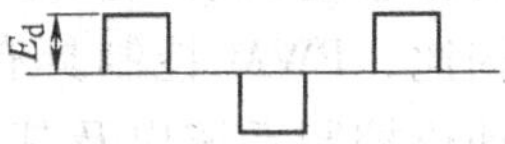	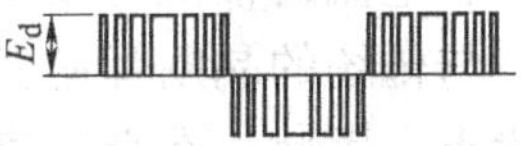
输出电流	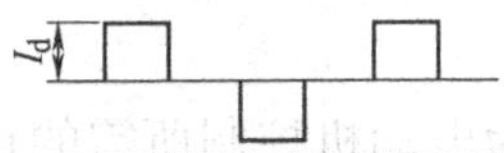	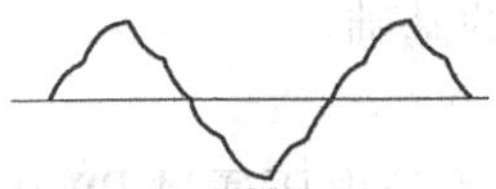	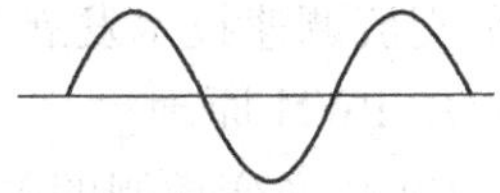
整流要求	需要控制直流电流 I_d	需要控制直流电压 E_d	要求直流电压 E_d 恒定
直流母线	需要加滤波电抗器	需要加稳压电容	需要加稳压电容
逆变回路	频率控制	频率控制	频率、电压控制
制动形式	回馈制动	能耗制动	能耗制动
用途	无刷直流电动机控制		永磁同步电动机、感应电动机控制

电流控制型与电压控制型逆变的共同特点是：负载电流或电压的调节在整流电路或直流母线上的中间电路上实现，逆变环节只是进行频率的控制。而 PWM 逆变则可以在逆变电路上同时进行电压调节与频率控制。

电流控制型与电压控制型逆变一般用于交通运输、矿山、冶金等行业的大型变频器，如高速列车、大型轧机等；常用的中、小型机电设备控制用的变频器与交流伺服驱动器通常都采用 PWM 控制型逆变。

为了适应大型变频器的高压、大电流控制要求，电流控制型与电压控制型逆变器的逆变回路通常使用晶闸管；PWM 控制型逆变由于工作频率高，必须使用 IGBT 等可控关断电力电子器件。

电流控制与电压控制形逆变的主要特点如下，PWM 逆变的原理详见后述。

1）电流控制形逆变：电流控制形逆变器的直流母线上串联有电感量较大的平波电抗器，整流部分可以看成是输出电流幅值保持 I_d 不变的电流源；电流源通过逆变功率管以方波的形式分配给电动机，调节 I_d 的大小便可控制电动机的输出转矩。电流形逆变器的最大优点是电动机的制动能量可以通过控制晶闸管触发角返回到电网，实现回馈制动，因此，常用于定子电流为方波的大型交流同步电动机（如高速列车）的控制。

2）电压控制形逆变：电压控制形逆变器的整流部分可看成输出电压保持不变的电压源，为此需要在直流母线上并联大电容；直流电压通过逆变部分功率管以方波电压的形式分配给电动机；由于电动机绕组为感性负载，在电压为方波时电动机电流波形为近似的正弦波。电压控制形逆变器的调压同样需要在整流电路上实现，通过调节母线电压 U_d 可以改变电动机的电枢电压。电压控制形逆变器的直流母线电容不允许进行反向充电，线路无法实现回馈制动，为此，需要将制动过程中从电动机返回到直流母线上的能量以能耗制动的形式消耗；逆变功率管上必须并联续流二极管，为电动机能量的返回提供通道。

电压型逆变器由于不需要进行回馈制动控制，其线路较简单，且直流母线上不需要大容量的电感，其体积与成本比电流形逆变器低。

二、PWM 逆变原理

晶体管脉宽调制(Pulse Width Modulated——PWM)是一种通过电力电子器件的通/断将直流转换为一定形状的脉冲序列的技术，在交流调速系统中，这一脉冲序列可以用来等效代替正弦波。在采用了 PWM 技术后，只要改变脉冲的宽度与分配方式，便可以达到同时改变电压、电流的幅值与频率的目的，它是当前变频器与伺服驱动器都常用的方式。

与传统的晶闸管逆变方式相比，PWM 控制具有开关频率高、功率损耗小、动态响应快等优点，因此，在交、直流电动机控制系统以及其他工业控制领域得到了极为广泛的应用，它是交流调速技术发展与进步的基础。

1. PWM 原理

PWM 逆变控制的关键是将直流电压通过 PWM 转换为电动机控制所需的正弦波。

根据采样控制理论，当面积(冲量)相等、形状不同的窄脉冲加到一个惯性环节上，其产生的效果基本相同。根据这一原理，如果将图 5-22 所示的正弦波信号分为 N 等分，并将每一区域看成是一个宽度相等、幅值不同的窄脉冲，便可以由一列幅值相等但宽度不同、面积与等分区域相等的矩形脉冲串来等效代替，而当等效脉冲串的宽度按正弦函数的规律进行变化时便可生成近似的正弦波，这样的波形称为 SPWM 波。

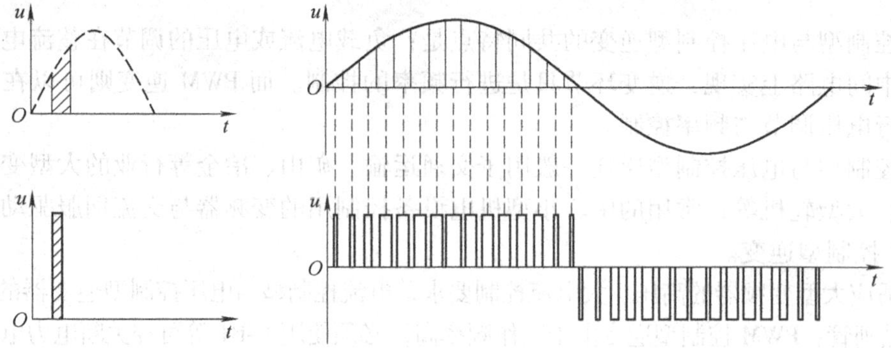

图 5-22　SPWM 调制原理
a）等效窄脉冲　b）正弦波调制波形

采用了 PWM 控制的逆变器称为 PWM 控制型逆变器，这种逆变控制方式与电流型、电压型控制逆变比较具有如下区别：

1）系统结构简单：电流型与电压型控制逆变的逆变回路只进行单纯的开/关与频率控制，但加入到负载的电流、电压幅值需要通过整流回路进行调节，因此，逆变器需要同时对整流与逆变回路进行控制，系统结构复杂；而 PWM 控制型逆变无需对整流电路进行控制，故可以直接采用二极管不可控整流，并可避免可控整流引起的功率因数降低与谐波影响，改善了用电质量。

2）提高系统的响应速度：电流控制与电压控制型逆变在调节电流与电压幅值时，需要通过大电感、大电容的延时才能反映到逆变回路上，而 PWM 逆变则可以同时控制逆变回路的输出脉冲宽度、幅值与频率，提高了系统的响应速度。

3）改善了调速性能：电流型与电压型控制逆变的逆变回路只进行单纯的开/关频率控

制，逆变器的输出为低频宽脉冲，波形中的谐波分量将引起电动机的发热并影响调速性能；而 PWM 逆变输出的是远高于电动机运行频率的高频窄脉冲，它通过提高脉冲频率大大降低了输出中的谐波分量，改善了电动机的低速性能，扩大了调速范围。

4）降低生产制造成本：从系统结构上看，为了准确控制逆变输出，电流型与电压型控制逆变的每一逆变回路都需要有单独的整流与中间电路，这样的方式较适合于单机、大容量变频控制。而 PWM 控制型逆变器可通过脉宽调制，同时实现频率与幅值的控制，因此，只要容量足够、电压合适，用于逆变的直流电源完全可以独立设置或直接由外部提供，即：PWM 控制型逆变器可采用模块化的结构形式，由统一的电源模块为多组逆变回路提供公用的直流电源，提高整流回路的效率、降低生产制造成本、减小体积，因此特别适合于中小功率、多电动机调速的生产设备与自动化生产线的控制。

2. PWM 波形的产生

PWM 逆变的一个关键问题是如何产生 PWM 的波形。虽然，从理论说可以根据输出频率、幅值以及需要划分的区域数，通过计算得到脉冲宽度数据，但这样的计算与控制通常比较复杂，对提高系统的速度不利。因此，目前实际控制系统大都采用载波调制技术生成。

载波调制技术源于通信技术，在 20 世纪 60 年代中期应用于电动机调速的控制。利用载波调制技术产生 SPWM 波形的方法有多种，直到目前它还是很多人的研究热点。以下是其基本原理。

图 5-23 所示为一种最简单、最早被应用的交流调速系统的载波调制方法，可以用于单相交流的调制。

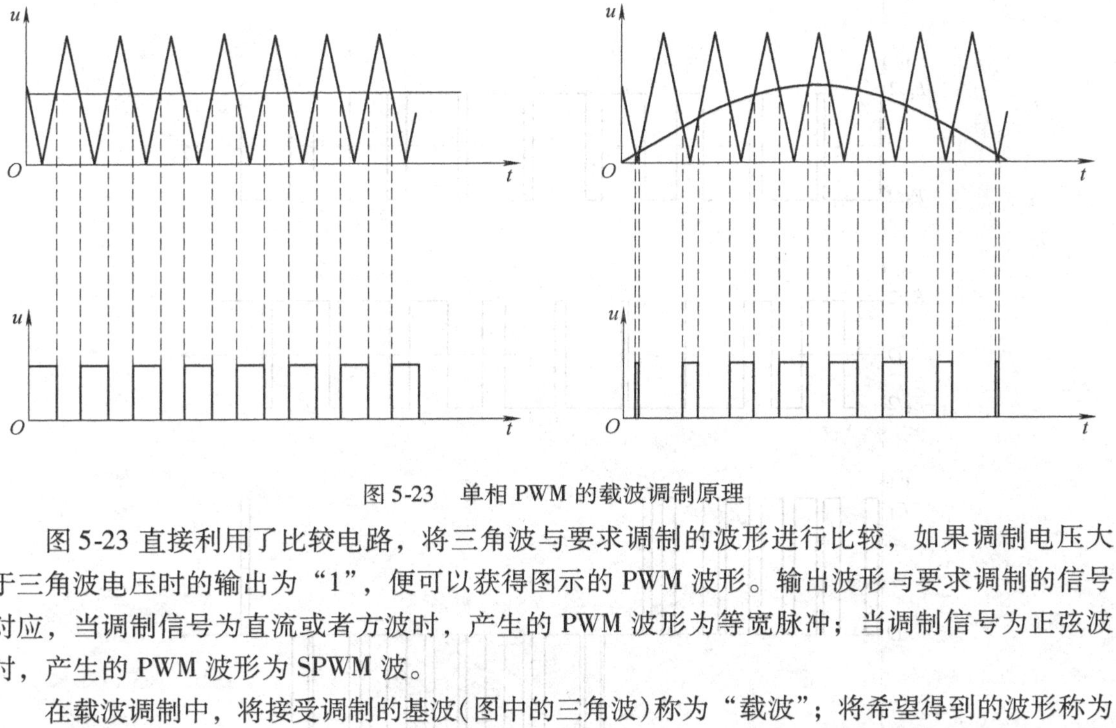

图 5-23　单相 PWM 的载波调制原理

图 5-23 直接利用了比较电路，将三角波与要求调制的波形进行比较，如果调制电压大于三角波电压时的输出为“1”，便可以获得图示的 PWM 波形。输出波形与要求调制的信号对应，当调制信号为直流或者方波时，产生的 PWM 波形为等宽脉冲；当调制信号为正弦波时，产生的 PWM 波形为 SPWM 波。

在载波调制中，将接受调制的基波(图中的三角波)称为“载波”；将希望得到的波形称为“调制波”或调制信号。显然，为了进行调制，载波的频率必须远远高于调制信号的频率，载波的频率越高，产生的 PWM 脉冲就越密，由输出脉冲组成的波形也就越接近调制信号。因此，在变频器与交流伺服驱动器中，载波频率(亦称 PWM 频率)是决定最高输出频率与波形质量的重要技术指标，目前变频器与伺服驱动器的载波频率通常都可以达到 2 ~ 15kHz。

利用同样的原理，如果在三相电路中使 A、B、C 相调制公用一个载波信号，并假设逆变器的直流输入为 E_d（以 $E_d/2$ 作为参考电位），则可以得到图 5-24 所示的 u_a、u_b、u_c 波形。将此电压加入到三相电动机后，按 $u_{ab}=u_a-u_b$ 的关系可得到图示线电压 u_{ab} 的 SPWM 波形；这就是三相 SPWM 波。

交流伺服驱动器、交流主轴驱动器、变频器就是根据这一原理控制电压与频率的交流调速装置。

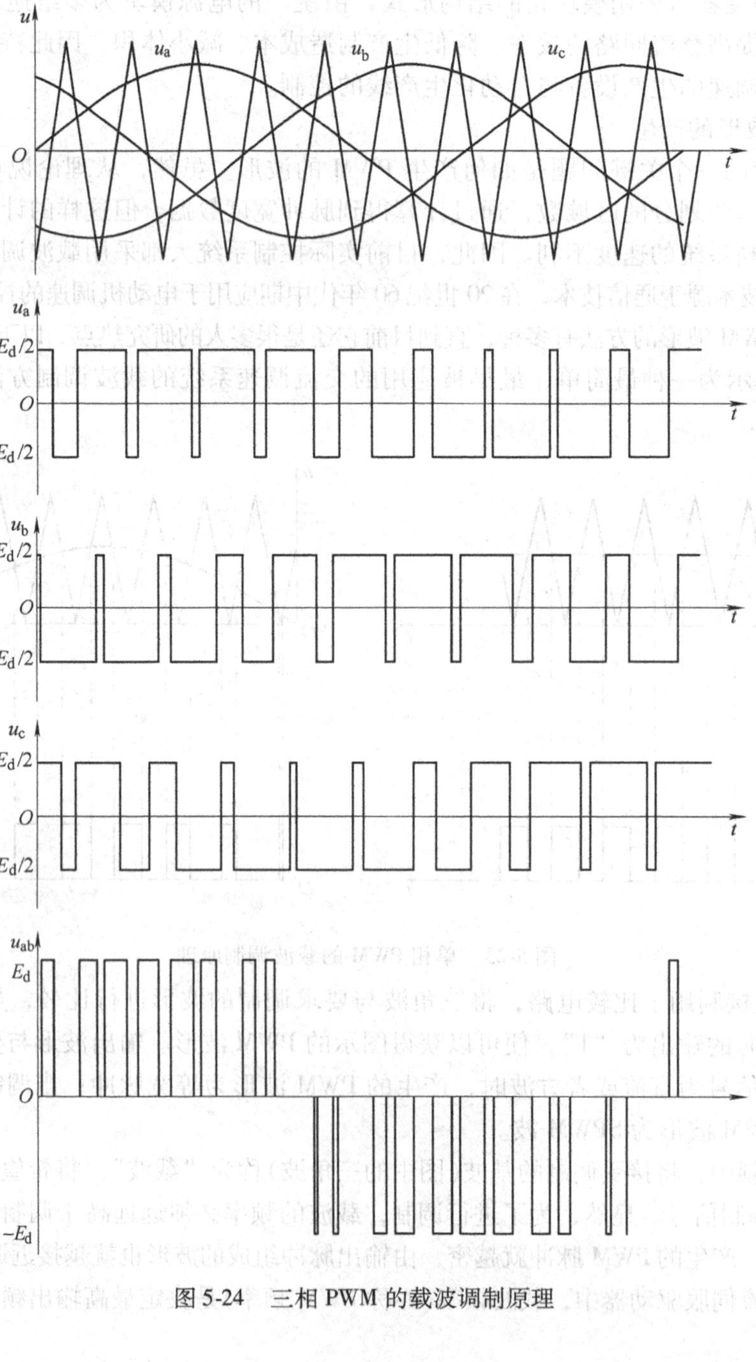

图 5-24　三相 PWM 的载波调制原理

第五节　数控机床的检测技术

位置检测元件是闭环控制系统的重要组成部分，其作用是检测出机床执行机构的实际位置或电动机转角，并作为CNC或伺服驱动器的位置反馈输入，构成闭环位置自动调节系统。部分位置反馈元件还可以同时分解出速度反馈信号，构成速度闭环。

数控机床目前常用的位置检测元件包括利用光电技术的光栅与光电编码器以及利用电磁技术的磁栅与磁性编码器几种，旋转变压器、感应同步器等已经被逐步淘汰。

一、光栅与光电编码器

1. 光栅的外形与结构

光栅是一种利用光电原理测量位置的非接触式位置检测元件，测量精度可达0.1μm，在数控机床上应用较广泛。

光栅的外形与结构如图5-25所示，光栅内部由光源、标尺光栅、指示光栅、光敏元件、透镜及放大电路等组成；标尺光栅的长度与测量范围相同；光源、指示光栅、光敏元件、透镜及放大电路等安装在读数头上。

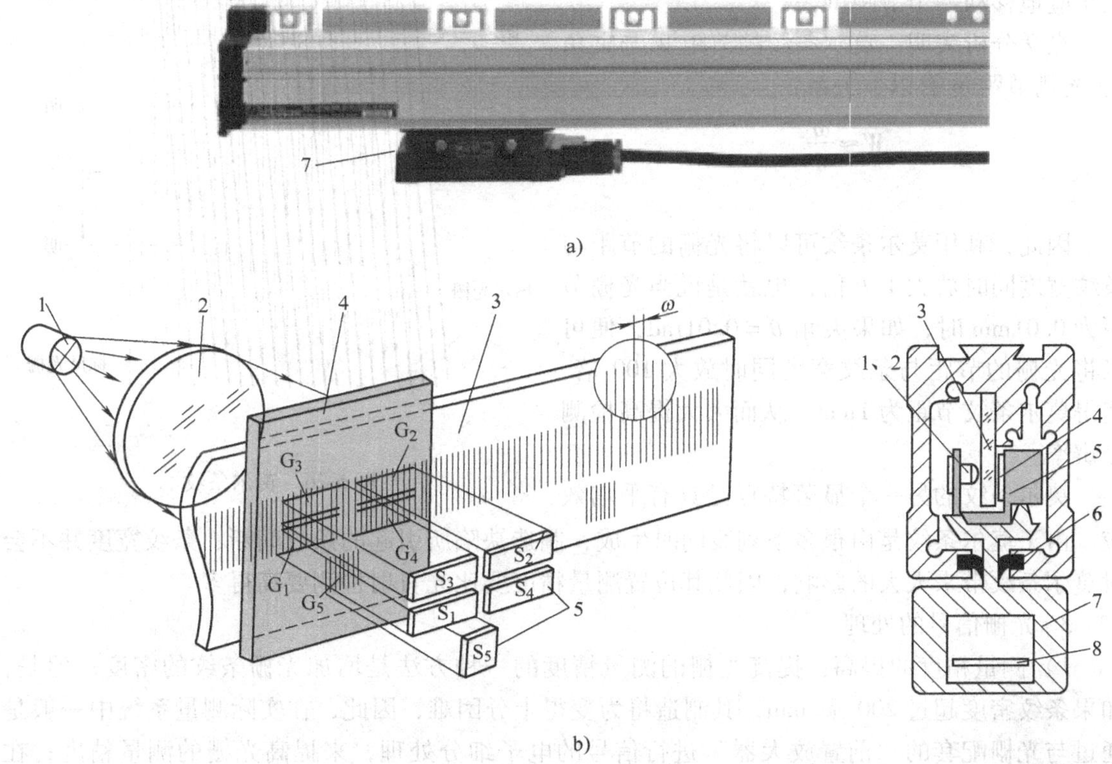

图5-25　光栅的外形与结构

a）外形　b）结构

1—光源　2—透镜　3—标尺光栅　4—指示光栅　5—光敏元件　6—密封橡胶　7—读数头　8—放大电路

标尺光栅与指示光栅上均刻有密集的平行条纹，条纹间的距离称为节距 ω 或栅距，一般而言每毫米的条纹数有50、100或200条。标尺光栅与指示光栅的节距相同，光栅面相互平行，但条纹成一定的角度，以便生成后述的莫尔条纹。

光栅的光源一般为长寿命的白炽灯，光线经透镜后变为平行光束。光敏元件可以将光强转变成与之成比例的电压信号，这一信号经过放大电路放大后可以进行较长距离的传输。在绝大多数光栅上，光敏元件一般布置有图示的 $S_1 \sim S_5$ 五只，其中的 $S_1 \sim S_4$ 用来产生 u_a、$*u_a$、u_b、$*u_b$ 四组计数信号，S_5 用来产生零标记(零脉冲)。通过光敏元件的布置，可以使得 u_a 与 $*u_a$、u_b 与 $*u_b$ 互为反信号；u_a 与 u_b、$*u_a$ 与 $*u_b$ 互差 1/4 节距；而零标记的间隔距离一般为整数如 10mm、20mm 等。

2. 光栅的工作原理

由于光栅的条纹非常密集，如果仅仅依靠光直射所产生的光强进行位置检测，不但容易产生误差，而且光敏元件的布置亦将变得非常困难，因此，实际光栅需要利用莫尔条纹进行检测。

根据光学原理，如果在布置时将指示光栅与标尺光栅的条纹相差一个很小的角度 θ，这样就会产生如图 5-26 所示的明暗相间的条纹，这一条纹称为莫尔条纹。

莫尔条纹的方向与光栅刻线大致垂直；当标尺光栅左右移动时，莫尔条纹就沿垂直方向上下移动；光栅移动一个节距 ω 时，莫尔条纹就相应地移动一个节距 W。

光学分析表明，莫尔条纹的节距 W 与夹角 θ、光栅节距 ω 有以下关系：

$$W \approx \frac{\omega}{\theta}$$

因此，利用莫尔条纹可以将光栅的节距与条纹宽度同时放大 $1/\theta$ 倍，也就是说当光栅节距为 0.01mm 时，如果夹角 $\theta = 0.01\text{rad}$，便可以将光栅的节距与条纹宽度同时放大 100 倍，使得莫尔条纹节距为 1mm，从而大大提高检测分辨率。

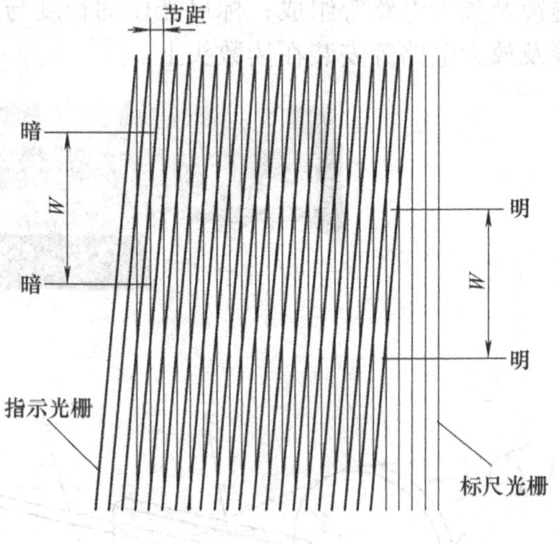

图 5-26　莫尔条纹

莫尔条纹的另一个显著特点是具有平均效应，由于莫尔条纹是由很多条刻线同时生成，制造缺陷所引起的条纹间断、条纹宽度并不会对莫尔条纹带来太大的影响，因此其位置测量精度要比光直射检测要高得多。

3. 光栅信号的处理

1）测量精度的提高：提高光栅的测量精度的一种方法是增加光栅条纹的密度；但是，如果条纹密度超过 200 条/mm，其制造将为变得十分困难，因此，在实际测量系统中一般是通过与光栅配套的“前置放大器”进行信号的电子细分处理，来提高光栅的测量精度；在部分光栅上，也有将前置放大器布置于光栅读数头的情况，此时光栅的放大电路与细分电路集成为一体。

光栅的输出信号是周期为 1 个节距的三角波信号(近似为正弦波)，其幅值将随着光栅的移动而改变，这样的信号很容易通过 A/D 转换等方法直接将其转换成为数字量或细分脉冲信号，而且其细分倍率可以做得很高。例如，如果将节距为 0.02mm 的光栅信号进行 1024

细分，其检测精度便可以达到0.02μm，足以满足数控机床的高精度位置测量要求。

2）运动方向与速度检测：光栅的运动方向可以通过检测 u_a/u_b 或 $^*u_a/^*u_b$ 的相位确定，由 u_a/u_b 或 $^*u_a/^*u_b$ 的空间位置差1/4节距，因此，输出信号的相位相差90°；如果 u_a 超前 u_b 为正向运动，那么 u_a 滞后 u_b 即为反向。光栅的速度可以通过对输出脉冲的D/A转换直接实现，单位时间内的输入脉冲数便代表了光栅的移动速度。

3）绝对位置的确定：以上光栅的输出信号为以节距为周期的信号，转换后的计数脉冲数量实际上只能反映运动距离而不能确定实际位置（绝对位置），因此，它是一种“增量式”的位置检测信号。为此，光栅上需要每隔一定的距离增加一组零标记刻线，以便CNC通过回参考点操作，建立机床坐标系、计算与确定绝对位置值。

4. 绝对光栅

增量光栅的缺点是必须通过CNC的回参考点操作才能确定绝对位置，增加了操作动作，为此可以采用绝对光栅直接确定参考点，省略回参考点的动作。

绝对光栅有绝对位置编码光栅与带绝对零点参考标记光栅两种。

带绝对零点参考标记的光栅在标尺光栅上增加了位于两个“零位脉冲”之间的“绝对零点参考标记”（Distance code reference，亦称距离编码标记，见图5-27），其绝对位置可通过“零位脉冲”与“绝对零点参考标记”之间的间隔直接反映，光栅的计数仍可通过增量刻度进行。绝对光栅的“零位脉冲”与“绝对零点参考标记”重合点即为绝对零点，绝对零点是虚拟的零点，它可能在远离实际标尺光栅的位置上。

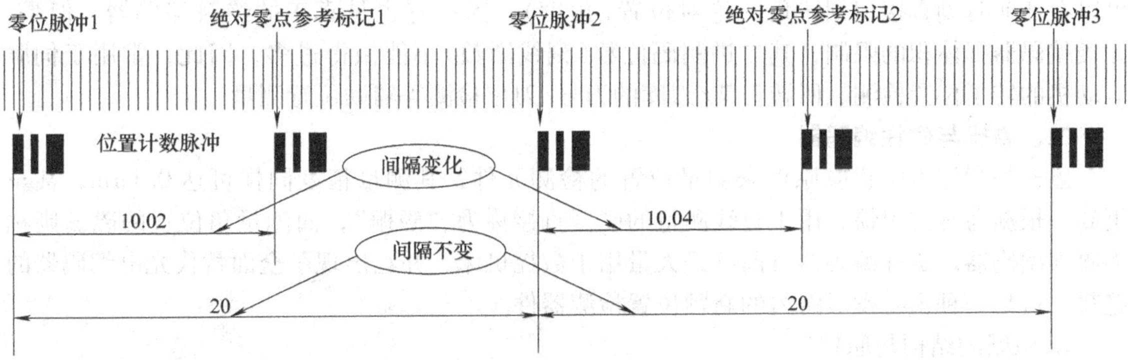

图5-27 绝对式光栅示意图

绝对光栅使用时，为了识别零点参考标记，机床只要任意移动2个以上的零位脉冲间隔（这一间隔通常较小），便能够确定绝对零点，因此，机床坐标原点的建立比增量式光栅要方便得多。

5. 光电编码器

光电编码器与光栅只是结构上有区别，其原理完全相同。由于编码器用于检测角位移，因此，它是一种360°回转的位置测量元件。

光电编码器的结构如图5-28所示，编码器内部同样由光源、标尺光栅、指示光栅、光敏元件、透镜及放大电路等组成；只不过编码器的标尺光栅为旋转的圆盘而已。

光电编码器在输出脉冲数较少时经常采用光直射的检测形式，此类编码器无指示光栅。

数控机床上所使用的光电编码器也很少有像光栅那样增加“绝对零点参考标记”的绝

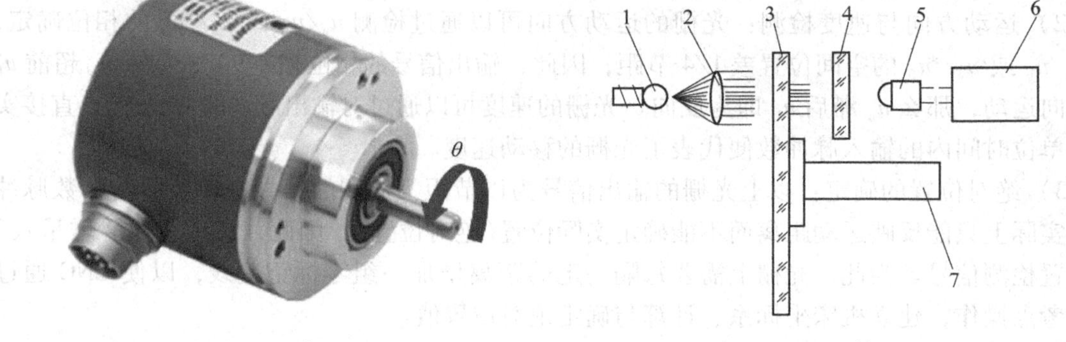

a) b)

图 5-28 光电编码器的外形与结构

a）外形 b）结构

1—光源 2—透镜 3—标尺光栅 4—指示光栅 5—光敏元件 6—放大电路 7—回转轴

对编码器，目前所谓的绝对编码器通常只是可利用电池保存编码器的“零脉冲计数值”与“偏移零脉冲的脉冲数”这两组数据的增量编码器而已，而并非真正意义上具有物理“绝对零点参考标记”的编码器。

作为数控机床的辅助位置检测装置，有时也使用标尺光栅上直接刻有多圈循环二进制编码条纹、格莱码条纹的光电编码器，它的每圈刻线代表一个二进制位的信号，这样的编码器可以在任何时刻直接识别转角的绝对位置(角度)，因而它也是真正的绝对编码器。但是，此类编码器因体积的限制，其二进制码位数(刻线圈数)不能做得过多，因此，常用于伺服电动机的转子位置检测、回转刀架/刀库的刀号/刀位检测等辅助位置测量。

二、磁栅与磁性编码器

磁栅是利用电磁感应原理来测量位置的检测元件，其测量精度同样可达 0.1μm，甚至更高。根据通常的习惯，用于直线测量的磁栅直接称为“磁栅”，而测量角位置的磁栅则称为磁性编码器。磁性编码器目前已经大量用于数控机床，并且出现了全面替代光电编码器的趋势，这是一种很有发展潜力的新颖位置检测器件。

1. 磁栅的结构与原理

磁栅的结构原理如图 5-29 所示，它由磁性标尺、磁头和检测电路三部分组成。

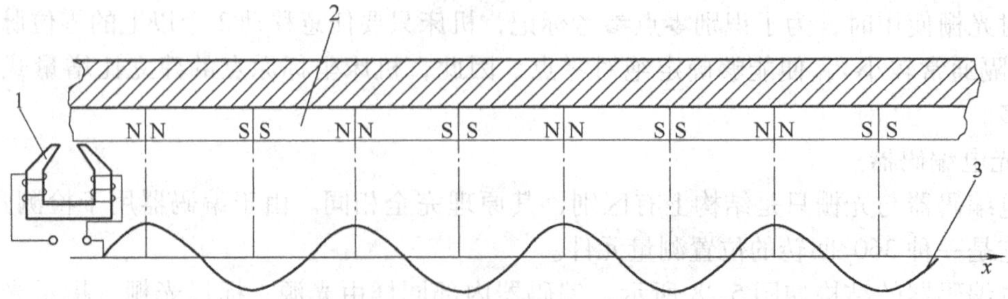

图 5-29 磁栅的结构原理

1—磁头 2—磁性标尺 3—磁场强度分布曲线

磁性标尺中的是非磁性基体，其表面是磁性材料覆盖层。

1）磁性标尺：磁性标尺是在玻璃、不锈钢、铜、铝、合成材料等非导磁材料（图中加斜线部分）的基体上，采用涂敷、化学沉积或电镀等方法，覆盖上一层 10 ~ 20μm 厚的磁性材料，形成一层均匀的磁性膜，然后用录磁方法使磁性膜录上等距周期性磁化信号。磁性标尺的基体可以为长条形、带状或线状。磁化信号的节距 λ 一般为 0.05mm、0.10mm、0.20mm、1mm 等。

2）磁头：磁栅所使用的磁通响应型磁头是一种利用饱和铁心的二次谐波调制器件，它用软磁材料（如坡莫合金等）制成。磁头是利用电磁感应原理进行磁电转换的器件，它可以检测磁化信号的磁场强度并将其转换成电信号。为了在低速甚至静止时也能进行位置检测，磁栅必须使用磁通响应型磁头（又称磁调制式磁头），普通的录音机上的过渡响应型磁头不能用做数控机床的位置检测。

2. 工作原理

磁栅的电磁感应原理检测原理如图 5-30 所示。磁栅的磁头上分别有两个“励磁绕组”与两个“拾磁绕组”，励磁绕组用来产生励磁磁通，两个绕组所产生的磁通方向相反；拾磁绕组用来获得电磁感应信号。

根据电磁原理，当励磁绕组中一旦通入高频励磁电流后，它所产生的励磁磁通将与磁性标尺上的固定磁通进行叠加，形成产生强度随标尺位置变化的合成磁通。由于磁路的非饱和性，在合成磁通的作用下，磁头的拾磁绕组中将得到频率为励磁电流两倍、强度随标尺位置变化的二次调谐波感应电动势信号，这一信号放大后便可以作为位置检测信号。

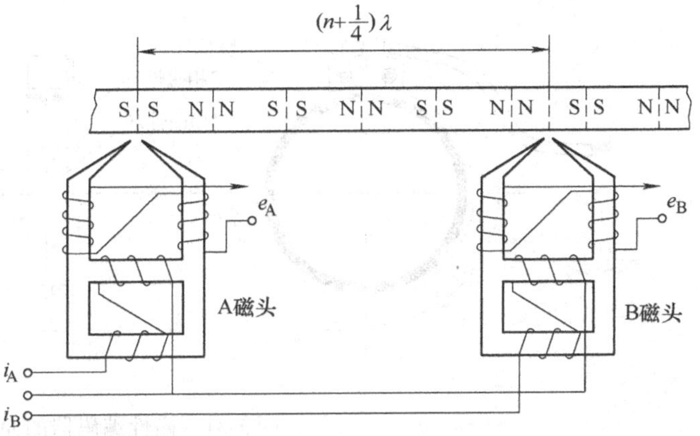

图 5-30　双磁头磁栅的原理图

数控机床所使用的磁栅通常采用“鉴幅”测量方式，为了能够辨别磁头的移动方向，需要同时安装两个间距为 $(n \pm 1/4)\lambda$ 的磁头（图 5-30，n 为整数）；单个磁头的输出信号一般较弱，也为此，也可使用多个磁头串联的多间隙磁头，通过信号的叠加来增强输出信号。

对于磁化信号节距为 λ 的标尺，如果磁头离开 N 极点的距离为 X，则该点的磁通强度近似于 $B\sin\frac{2\pi X}{\lambda}$，如果对图 5-31 中磁头 A 和 B 的激磁绕组分别加入频率、相位、幅值相同的励磁电流

$$i_A = i_B = \sin\frac{\omega t}{2}$$

则在相对间距为 $\lambda/4$ 的磁头 A、B 的拾磁绕组上便可以得到如下二次调谐波感应电动势：

$$E_{SCA} = E_0 \sin\frac{2\pi X}{\lambda}\sin\omega t$$

$$E_{SCB} = E_0 \cos \frac{2\pi X}{\lambda} \sin\omega t$$

这一输出信号经过放大并通过检波电路滤去高频载波信号 $\sin\omega t$，便可以得到相位差为 $\pi/2$ 的交变电压信号

$$U_{SCA} = U_0 \sin \frac{2\pi X}{\lambda}$$

$$U_{SCB} = U_0 \cos \frac{2\pi X}{\lambda}$$

这一信号与光栅输出完全一致，利用光栅同样的细分处理后，便可以转换为位置脉冲测量输出。

3. 磁性编码器

磁性编码器与磁栅的区别主要在形状上，其结构如图 5-31 所示。

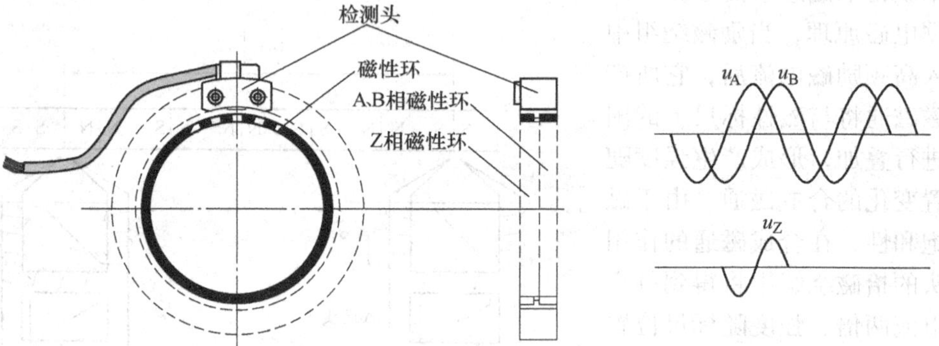

图 5-31　磁性编码器的原理

磁性编码器的磁性标尺为磁性环，用于 A、B 两相输出发信的磁性环上均匀布置有 64～1024个磁体，磁体与磁体之间为非导磁材料；检测头（磁头）上安装有相对间距为 λ/4（相位差为 90°）的磁头 A、B，两相磁感应元件与每转输出 1 周期的 Z 相磁感应元件。

当磁性环旋转一周，A、B 两相检测头上即可以输出 64～1024 周期的正弦波信号；用于 Z 相检测的磁性环上只布置有 1 个磁体，磁性环每旋转一转，Z 相检测头上只输出 1 周期的正弦波信号。

检测头输出的信号通过编码器内部或外部的前置放大器进行整形与细分，同样可以转换为 1024～4096 或更多的位置脉冲测量输出。

复习思考题

1. CNC 机床常用的步进电动机有哪些类型？它们有什么区别？
2. 简述步进电动机静态转矩、动态转矩、启动频率、运行频率的含义。
3. 步进电动机的驱动电源主要有哪几种形式？简述其优缺点。
4. 什么叫 BLDCM 电动机？什么叫 PMSM 电动机？它们有什么区别？

5. 简述通用型伺服与专用型伺服、数字伺服与模拟伺服的特点与区别。
6. 简述交流伺服、交流主轴与通用变频器的区别，并比较其主要技术指标。
7. 通用变频器有哪些控制方式？为什么需要电动机参数自动测试功能？
8. 交流电的逆变控制有哪些形式？PWM 控制逆变的优点有哪些？
9. 光栅与光电编码器的区别是什么？目前数控机床上所谓的“绝对编码器”的实质是什么？
10. 磁栅与磁性编码器有何区别？它们与光栅、光电编码器的区别是什么？

第六章　数控机床的工程设计

第一节　数控系统的硬件结构与选型

一、数控系统的硬件组成

1. 基本硬件

数控系统是数控设备的核心。数控系统的主要控制对象是坐标轴的位移(包括移动速度、方向与位置)，控制指令来自加工程序。因此，数控系统的基本组成部件应包括图6-1所示的数据输入与显示装置、数控装置、伺服驱动等硬件以及配套的软件。

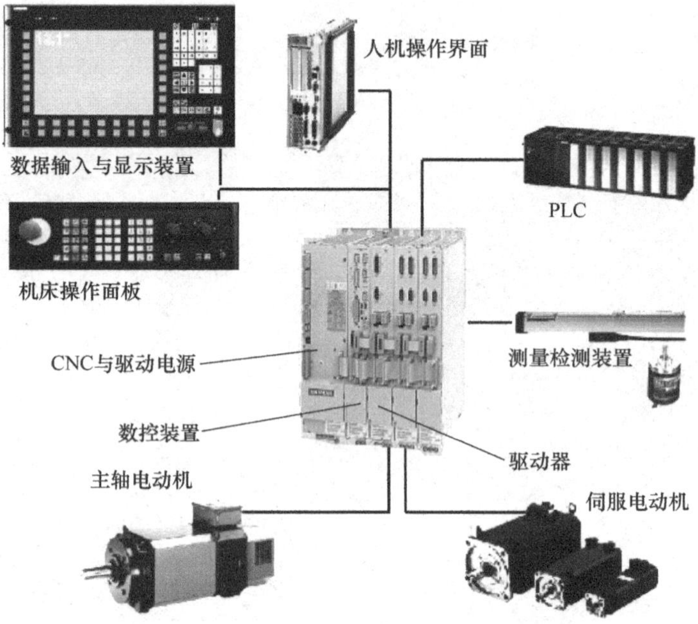

图6-1　数控系统的硬件组成

(1) 数据输入与显示装置　输入与显示装置用于数控加工程序、CNC参数、坐标轴位置、机床工作状态、参数等的输入与显示，键盘和显示器是必备的基本装置。键盘又称“手动数据输入单元”，简称MDI；显像管显示器简称CRT，液晶显示器简称为LCD。数控系统的键盘与显示器通常被制成一体，这一单元称为MDI/CRT单元或MDI/LCD单元。

(2) 数控装置　数控装置(简称CNC)由输入/输出接口线路、控制器、运算器和存储器等部分组成，其作用是编译、运算和处理加工程序与其他数据、控制机床动作。

通过插补运算控制坐标轴的移动轨迹是CNC的基本功能；而对主轴转速/转向/起动/停止控制、刀具的交换、冷却/润滑的起动/停止、工件的松开/夹紧、工作台的分度等指令则一般只进行译码，具体动作需要由内置PLC或外部PLC进行控制。

简易型的 CNC（如国产 CNC）在插补完成后只能输出频率/数量可变的位置脉冲信号，其速度/位置需要由伺服驱动器（通用伺服）控制，这样的系统实际上没有真正通过 CNC 实现闭环位置控制，因此，其轮廓加工精度较低。

（3）伺服驱动　伺服驱动由伺服放大器（亦称驱动器、伺服单元）和交流伺服电动机（执行机构）等组成，直流伺服目前已经淘汰；而先进的高速加工机床已经开始使用直线电动机；简易型 CNC 也有使用步进驱动的情况。

（4）其他部件　随着数控技术的发展和机床要求的提高，数控系统的功能在日益增强，为保证数控系统的完整和统一、方便用户使用，机床操作面板、内置 PLC 是数控系统常用配套装置。在金属切削机床上，由于精密螺纹加工等方面的需要，主轴位置（转角）必须参与坐标轴的插补运算，这样的系统其主轴驱动也是基本组成部分之一。在全闭环数控机床上，直接测量位置的光栅、编码器等也属于数控系统的基本配置。此外，在先进的数控系统上，有时直接用个人计算机作为人机界面。

总之，数控系统的组成决定于 CNC 的性能与要求，不同系统的组成有很大的区别，本节将以 FANUC-0i 系统为例，对数控系统的硬件结构进行简要介绍

2. FANUC-0i 产品系列

FS-0i（FANUC System-0i 的简写，下同）系列数控系统是目前市场销售最大、可靠性最高的数控系统之一，FS-0i 在 FANUC 产品中虽然只属于功能精简型系统，但它所采用的技术仍然领先于同类产品，而且系列产品的发展代表着 CNC 的不同结构模式、发展方向与趋势。

FS-0i 共有三大系列产品 FS-0iA、FS-0iB、FS-0iC/0iD，每系列又有车床用（T 型）、铣床/加工中心用（M 型）等型号。其中，FS-0iA/0iB 为早期产品，硬件采用的是 MDI/LCD 单元、CNC 分离型结构（见图 6-2）。

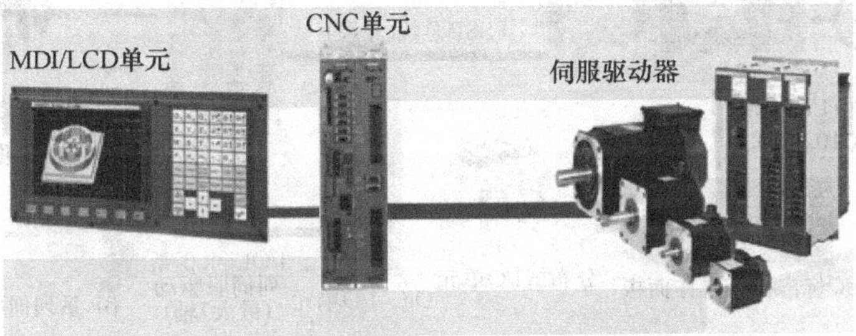

图 6-2　MDI/LCD 与 CNC 分离型结构

FS-0iC/0iD（两者并无实质性区别）为当前产品，硬件结构采用 MDI/LCD/CNC 集成一体结构（见图 6-3），其安装更方便、体积更小、可靠性更高。

系列产品中的 FS-0iA 虽采用了 I/O-Link 网络总线技术[㊀]，但仅限于 PMC 的 I/O-Link 从站[㊁]（如操作面板 I/O 单元、分布式 I/O 等）链接，CNC 与伺服驱动器之间仍使用 PWM 电缆

㊀ I/O-Link（I/O 链接网）亦称“省配线网”，这是一种用于控制装置与 I/O 设备（传感器、执行器）链接的最底层网络，多用于开关量输入/输出的链接，隶属于现场总线系统。

㊁ 从站（Slave Station 或 Slave）是网络控制系统的术语，在网络控制系统中，将可以通过通信手段控制的物理设备称为“站（Station）”；控制网络数据通信的站称为“主站（Master Station）”；接受主站控制的站称为“从站”。

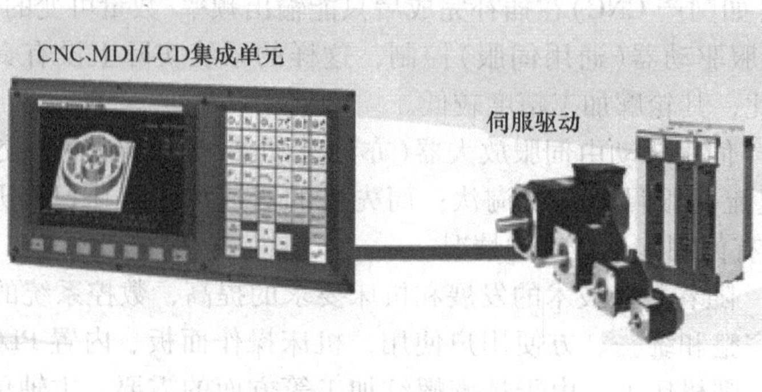

图 6-3　MDI/LCD/CNC 集成结构

连接，换言之，CNC 与伺服驱动间未采用网络总线技术。

在 FS-0iB/0iC/0iD 上，不仅可通过 I/O-Link 总线链接 I/O-Link 从站，而且 CNC 与伺服驱动间亦可通过以光缆为传输介质的 FSSB 总线[⊖]进行链接，连接更简单、可靠。

3. FS-0iC 的组成

FS-0iC 的基本组成如图 6-4 所示。从传统的角度，FS-0iC 由 MDI/LCD/CNC 集成单元及其附件(如操作面板、手持式操作盒等)、伺服驱动器、PMC 的开关量 I/O 连接单元(包括 FANUC 标准操作面板)等部件组成。

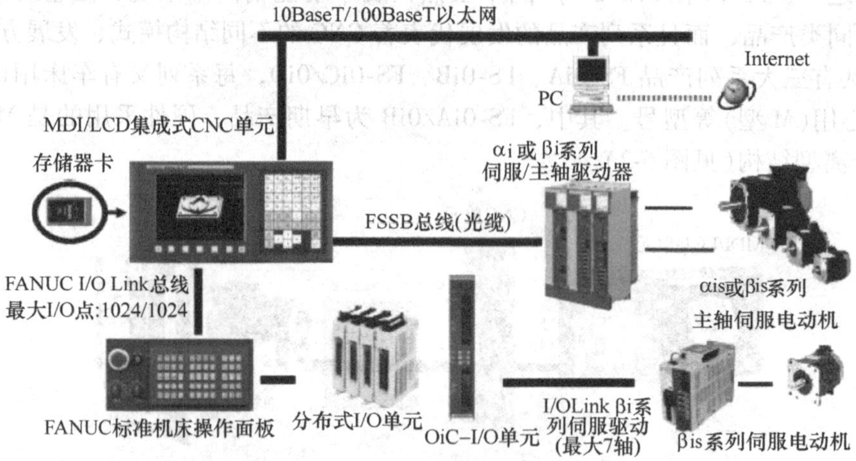

图 6-4　FS-0iC 的基本组成

从现代网络控制的角度，FS-0iC 包括了 I/O-Link 与 FSSB 两大网络系统，系统由 I/O-Link 主站(PMC)、I/O-Link 总线、I/O-Link 从站；FSSB 主站(CNC)、FSSB 总线、FSSB 从站，以及公用的人机界面(MDI/LCD 单元)等组成。通过功能选件(以太网接口)，CNC 还可以与上级网络链接成为工业以太网系统的从站。

FS-0iC 的 MDI/LCD、CNC、PMC 集成一体，内部包括了图 6-5 所示的电源、坐标轴控制卡、显卡、CPU 卡、FROM/SRAM 存储器、模拟主轴选件、PMC 等基本组件。

⊖ FSSB(FANUC Serial Servo Bus)是伺服系统控制网络(Servo System Control Network，简称 SSCNET)的一种，一般用于 CNC、PLC 与伺服驱动器之间的网络链接，隶属于现场总线系统。

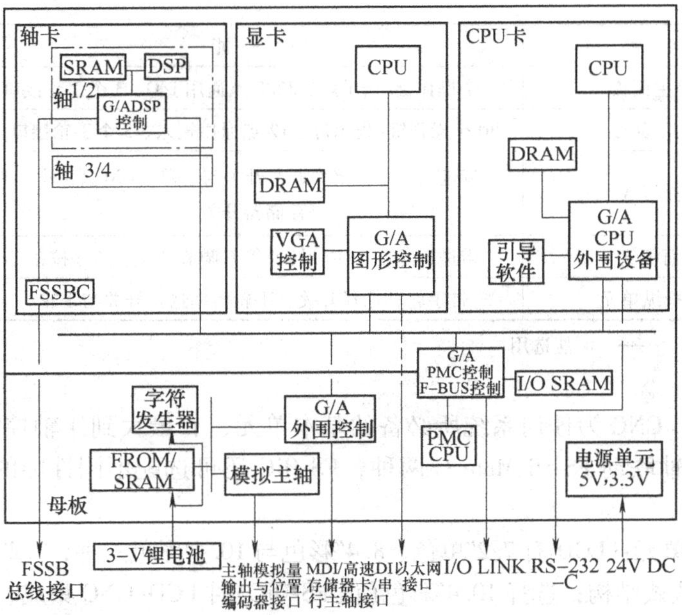

图 6-5　FS-0iC 的内部结构

二、硬件配置与选择

1. CNC 及附件

表 6-1 为 FS-0iC 系统的硬件配置表

表 6-1　CNC 单元与附件配置表

类别	名　称	性　能	0iC	0iMate C
CNC	CNC 主板	无扩展模块插槽	●	●
		带 2 个扩展插槽	●	——
	PMC-SA1(5000 步)	PMC-SA1(5000 步)	●	●
	PMC-SB7(24000 步)	PMC-SB7(24000 步)	●	——
	串行通信板	RS422/RS232	●	——
	高速串行总线接口	HSSB 接口	●	
	以太网接口	100Base-TX	●	——
	PROFIBUS 接口	PROFIBUS-DP	●	——
	DeviceNet 接口	DeviceNet-TM	●	——
	数据服务板	100Base-TX、ATA	●	——
LCD/MDI	水平布置 MDI/LCD	7. 2″单色、分车床与铣床两种规格	●	●
		8. 4″彩色、分车床与铣床两种规格	●	●
	垂直布置 MDI/LCD	7. 2″单色、分车床与铣床两种规格	●	●
		8. 4″彩色、分车床与铣床两种规格	●	●
	10. 4″彩色 LCD	10. 4″彩色	●	——
	水平布置 MDI 单元	10. 4″彩色 LCD 配套	●	——
	垂直布置 MDI 单元	10. 4″彩色 LCD 配套	●	——

（续）

类别	名　称	性　能	0iC	0iMate C
操作面板	标准主面板	55个操作键/指示灯、32/8点通用I/O、3个手轮接口	●	●
	小型主面板	30个操作键/指示灯、12点通用输入、3个手轮接口	●	●
	子面板A	带进给、主轴倍率调节开关与急停、CNC启/停、存储器开关	●	●
	子面板B	带进给速度、主轴转速倍率调节开关、急停按钮	●	●
	手轮操纵单元	带手轮轴选择开关、手轮倍率选择开关与手轮	●	●

注：●：可选择功能；——：不能选用

1）CNC单元：CNC为任何系统所必备的基本单元，有最大到4轴控制/4轴联动的FS-0iC与3轴控制/3轴联动FS-0i Mate C两种，FS-0iC还可选配不同性能的PMC与网络链接接口。

2）MDI/LCD单元：LCD有7.2″单色、8.4″彩色与10.4″彩色三种，7.2″单色与8.4″彩色为MDI/LCD/CNC集成式结构；选择10.4″彩色(仅FS-0iC)时LCD/CNC集成、MDI需要分离。

MDI/LCD/CNC的布置方式有水平布置(MDI面板在LCD的左侧)与垂直布置(MDI面板在LCD的下侧)两种，可以任意选择。

3）标准机床操作面板：标准机床操作面板是FANUC公司针对加工中心(铣床)与数控车床的要求专门设计的通用面板，用户可以根据需要选用也可以自制。FANUC标准机床操作面板分“主操作面板(主面板)”与“子操作面板(子面板)”两类，共四种规格。

主面板上布置有操作方式选择、轴选择、程序运行控制、主轴控制等按键与指示灯，并集成有I/O-Link总线接口电路，可直接以I/O-Link从站的形式与PMC链接，主面板分标准型与小型两种，小型面板的按键较少但集成有进给速度/主轴转速倍率调节开关与急停按钮。

子面板是与标准型主面板配套的附加操作面板，分A、B两种规格，均布置进给速度、主轴转速倍率调节开关、急停按钮；子面板A上还有CNC启动/停止按钮、存储器保护按键。子面板无I/O-Link总线接口，但它可以直接与主面板连接，借助主面板的I/O-Link总线与PMC链接。

除机床操作面板外，FANUC还可以提供悬挂式手轮操作单元，该单元安装有手轮轴选择开关、手轮倍率选择开关与手轮。手轮操作单元可直接与主面板连接，并可使用主面板的I/O-Link接口与总线。

4）I/O单元配置：FS-0iC的I/O单元实质上是一种I/O-Link网络从站(Slave Station)，它是受I/O-Link主站(PMC)控制、利用网络形式连接的I/O装置，其作用与传统意义上的I/O连接单元、I/O模块相同，只是它无需连接大量的电缆而已。

FS-0iC的I/O单元分操作面板I/O单元、机床I/O单元、分布式I/O单元、βi系列伺服驱动器四类。

操作面板I/O单元用于连接用户自制的操作面板信号，I/O单元无外壳，应安装于密封的机床操纵台上(与LCD/MDI/CNC紧邻)，且带有手轮连接接口。FANUC标准主面板、小型主面板上已集成有操作面板I/O单元，无需另行选用。

机床I/O单元可用于操作面板与机床I/O信号的连接，连接单元的I/O点多、体积小，输入/输出信号规格固定。机床 I/O 单元一般安装在电气柜内。

分布式 I/O(Distributed I/O)单元在 FS-0iC 上不常用，分布式 I/O 单元由基本模块与可选的输入/输出扩展模块组成，其通用性强、I/O 点数与输入/输出规格可变。

带有 I/O-Link 接口的 βi 系列伺服驱动器可通过 I/O-Link 总线与 PMC 链接，成为 PMC 的辅助控制轴。

以上 4 类 I/O-Link 从站的基本规格与主要技术参数如表 6-2 所示。从站应根据机床实际 I/O 点数配置，在 CNC 的最大允许 I/O 点内可以同时选择多种从站。

表 6-2　I/O-Link 从站的基本规格与主要技术参数

类别	名　称	主 要 参 数
操作面板 I/O 单元	矩阵扫描输入操作面板 I/O 单元	矩阵扫描输入：56 点 DC5V 输入；通用 I/O：16 点 DC24V 输入/56 点 DC24V、0.2A 输出；3 个手轮连接接口
	通用操作面板 I/O 单元	通用 I/O：48 点 DC24V 输入/32 点 DC24V、0.2A 输出；3 个手轮连接接口
机床 I/O 连接单元	0iC-I/O 单元	96 点 DC24V 输入/64 点 DC24V、0.2A 输出；3 个手轮连接接口
	通用 I/O 单元	48 点 DC24V 输入/32 点 DC24V、0.2A 输出
	源/汇点输入通用 I/O 单元	96 点 DC24V 输入/64 点 DC24V、0.2A 输出
	源/汇点输入通用 I/O 单元	64 点 DC24V 输入/32 点 DC24V、0.2A 输出
分布式 I/O	基本单元	集成 I/O：24 点 DC24V 输入/16 点 DC24V、0.2A 输出
	扩展模块 A	24 点 DC24V 输入/16 点 DC24V、0.2A 输出，带 3 个手轮连接接口
	扩展模块 B	24 点 DC24V 输入/16 点 DC24V、0.2A 输出
	扩展模块 C	16 点 DC24V、2A 输出
	扩展模块 D	4 通道模拟量输入
附加驱动	伺服驱动	βi 系列

2. 伺服驱动器

FS-0iC 的伺服驱动器实质上是一种 FSSB 网络从站，通过光缆总线与 CNC 链接，从站包括伺服驱动器与分离形检测接口两类。

FANUC 可与 FSSB 网络连接的驱动器有 βi 与 αi 两类。

αi 系列为模块化结构，驱动器由电源模块、伺服驱动模块、主轴驱动模块组成，电源模块为公用，伺服模块、主轴模块可根据电动机的规格选择(图 6-6a)；对于小功率驱动模块，还可以选择双轴、三轴一体型伺服模块。

βi 系列驱动器分单轴形(SVM 型,图 6-6b)与多轴一体形(SVPM 型,图 6-6c)两类。单轴有独立的电源，可以单独安装与使用；多轴一体形有双轴 + 主轴(SVPM2)、三轴 + 主轴(SVPM3)两种结构，一体形驱动的伺服轴、主轴、电源等控制电路均采用一体化设计，不可分离安装。

分离形检测接口是用 FSSB 总线连接的位置检测接口转换单元，它可将来自光栅、编码器等装置输入的位置检测信号转换为 FSSB 通信数据传送到 CNC，在全闭环控制系统中需要选用。

a)　　　　　b)　　　　　c)

图 6-6　FS-0iC 驱动器

a）αi 系列　b）βi 系列单轴形　c）βi 系列多轴一体形

第二节　数控系统的软件功能

一、坐标轴控制功能

1. 轴控制功能

CNC 的坐标轴控制包括“轴控制能力”与“轮廓控制能力”两方面，前者称 CNC 的“轴控制功能”，后者称“插补功能”。

坐标轴控制功能是衡量 CNC 控制能力与规模的重要技术参数，它包括最大控制轴数、同时控制(联动)轴数及可以实现的特殊控制方式(如同步控制、多电动机驱动、倾斜轴控制等)；在 FS-0iC 上 CNC 对主轴的控制能力，如最大控制的主轴数、Cs 轴控制(主轴位置控制)等也归入轴控制功能的范畴。

“插补功能”是衡量 CNC 轮廓加工能力的重要技术参数，插补只能在 CNC 的基本控制轴上进行，参与插补的轴可以是直线轴，也可以是回转轴；可以同时参与插补的坐标轴称为联动轴，插补功能需要在加工程序中用 G 代码编程。

FS-0iC 所具备的轴控制功能如表 6-3 所示，实现这些功能需要相关的软件(功能选件)与相应的 CNC 参数。

表 6-3　FS-0iC 轴控制功能表

控制功能		FS-0i			FS-0i Mate	
		MC	TC	PC	MC	TC
轴控制	最大基本控制轴数	4	4★	4	3	2
	最大联动轴数(不包括 Cs 轴)	4	4★	4	3	2
	可控制的主轴数	2	2	—	1	1
	PMC 控制轴	4	4	4	—	—
	主-从同步控制	●	●	●	—	—
	双电动机驱动	●	●	●	—	—
	倾斜轴控制	●	●	●	—	—

注：●：基本功能；★：选择功能；——：不能使用。

1）PMC 控制轴：PMC 控制轴与 PMC 控制的辅助轴同样是两个完全不同的概念。PMC 控制轴属于 CNC 基本坐标轴的范畴，轴的连接、控制、调节、显示、参数设定等都需要通过 CNC 进行，但其操作控制命令来自 PMC 的内部 I/O 信号而不是来自加工程序。如果需要，FS-0iC 的全部基本轴都可以成为 PMC 控制轴，并通过 PMC 的控制命令实现 CNC 基本轴所具有的手动连续进给、手轮进给、回参考点、自动进给等全部功能。而 PMC 控制的辅助轴则是一种完全由 PMC 实施控制的辅助轴，它与 CNC 无任何本质的联系，其控制只需要通过 PMC 的 I/O 信号进行，所有的参数设定、控制命令等都由 PMC 生成。

2）主—从同步控制：主—从同步控制适用于大型或高速机床（如龙门结构的机床）的多丝杠驱动。主动轴可以像基本坐标轴一样通过 CNC 加工程序进行控制；从动轴是跟随主动轴同步移动的、具有主动轴同样的位置控制功能的辅助坐标轴，但它不能在 CNC 加工程序中编程。

3）双电动机驱动：双电动机驱动适用于龙门机床、大型机床的双电动机单丝杠驱动。双电动机驱动的从动轴只起提供转矩的作用，驱动器的位置/速度控制功能无效；转矩给定信号来自主动轴的速度调节器输出。双电动机驱动的从动轴仍需要通过 CNC 进行参数的设定与调整，需占用 CNC 的基本控制轴。双电动机驱动一般都有“预加载”、“速度反馈平均”等功能，以消除传动系统的间隙、提高系统稳定性等措施。

4）倾斜轴控制：倾斜轴控制功能是为适应倾斜布局机床增加的功能。倾斜布置坐标轴的运动将导致两个笛卡儿坐标系（虚拟）的轴产生位移，倾斜轴控制就是一种在倾斜轴运动时自动调整坐标尺寸的功能。

2. 位置误差补偿功能

为了提高数控机床的定位精度与轮廓加工精度，CNC 可通过反向间隙补偿、螺距误差补偿等功能对机械传动装置的间隙、丝杠的螺距误差进行自动补偿。

1）反向间隙补偿：反向间隙补偿功能用于补偿机械传动部件（如齿轮、齿条、同步皮带、滚珠丝杠、蜗轮、蜗杆等）正、反运动时产生的固定间隙。FS-0iC 的快速运动与进给运动反向间隙可分别补偿，以解决在不同运动速度以及速度改变时的间隙变化问题。

2）螺距误差补偿：螺距补偿功能用于补偿机械传动部件（如齿轮/齿条、滚珠丝杠、蜗轮/蜗杆等）的加工误差，每一坐标轴可以在多个不同位置上设定多个不同的补偿值。在绝大多数 CNC 上，螺距补偿只能补偿指定位置上的平均误差，此类补偿称“单向螺距误差补偿”。

但是，在实际机床上，正向定位与反向定位的误差总是存在一定的差距，误差平均补偿往往达不到理想的效果，为此，先进的 CNC 一般都有双向螺距误差补偿功能，它可以对正向定位与反向定位的误差进行分别补偿。

3. 轴安全保护功能

轴安全保护功能包括“运动保护”与“禁区保护”两方面，前者用于机床出现紧急情况的停机与条件不满足时的运行禁止；后者可以用来防止加工过程中的碰撞与干涉。

1）运动保护功能：运动保护功能包括紧急停止、轴互锁、硬件限位、软件限位等。紧急停止功能用于机床出现紧急情况时的停机，一旦急停有效，所有运动轴立即快速制动与停止。运动轴互锁可通过 PMC 信号实现，它可以防止出现诸如主轴未到达实际转速而出现的加工动作。硬件限位是用来限制运动轴的移动范围，它可以利用外部行程开关信号禁止某一方向的运动。软件限位的作用与硬件限位保护类似，但它可以根据坐标轴的实际位置自动保护，无需外部开关信号输入。

2）禁区保护功能：禁区保护功能包括加工禁区保护、卡盘保护、尾座保护等。加工禁区（亦称存储行程检查）是一种附加的软件限位功能，通过加工禁区的设定，可以自动阻止刀具进入保护区，以防出现刀具与夹具（或其他部件）的碰撞与干涉。卡盘保护是车床系统的标准功能，其作用与加工禁区类似，并可选择“内爪卡盘”与“外爪卡盘”形状。尾座保护同样是车床系统的标准功能，其作用与卡盘保护类似。

4. 进给速度控制功能

1）运动速度与单位：CNC 的坐标轴运动速度可以选择快速定位与切削进给两种，切削进给速度的单位可用加工程序指令改变，当主轴配有编码器时，还可选择主轴每转进给（mm/r）以方便编程。

2）加减速控制：进给运动的加减速主要有线性加减速、指数加减速与 S 形加减速三种。线性加减速是一种加速度保持恒定的加减速方式，加减速时速度呈线性增减；指数加减速的速度按照指数曲线变化；S 形加减速是一种加速度变化率保持恒定的加减速方式，在加减速过程中加速度线性变化，速度曲线呈 S 形，故被称为“S 形”或“钟（或铃）形（Bell-shaped）”加减速。

3）拐角自动减速与圆弧插补速度限制：在数控机床上，由于机械传动部件刚性、电气控制延时等因素的影响，使得刀具的实际移动总是要滞后于 CNC 的指令，即存在所谓的“跟随误差”。在连续切削加工过程中，跟随误差将导致加工轨迹转换处（拐角）产生过渡圆角，影响轮廓的精度。利用拐角自动减速功能可以强制运动轴在程序段终点减速定位，只有当运动速度到达规定值以下，才能开始下一步的运动，从而提高轮廓加工精度。跟随误差还会带来圆弧插补的半径偏差，为了保证轮廓加工精度，FS-0iC 可根据圆弧半径自动限制圆弧插补时的进给速度，这一功能称“圆弧插补速度限制”。

5. 前瞻控制

前瞻控制亦称先行控制（Advanced Preview Control）是用于高速、高精度加工的一种新功能。

在传统的数控机床上，CNC 的位置给定输出是“插补”运算得到的指令脉冲，脉冲经每一轴各自的加减速处理后输出到伺服驱动器，控制电动机完成定位运动，这种控制方式的加减速环节位于插补运算之后，故称“插补后加减速”。“插补后加减速”的缺点是：虽然“插补”后的数据是准确的轮廓轨迹，但经过各坐标轴加减速环节的处理，“插补”运算的结果将被改变；而且加减速阶段的实际加工轨迹总是滞后于理论轨迹，因此轮廓加工精度不高。

高速、高精度加工时，位置指令首先进行统一的加减速处理才进行插补运算，指令脉冲已考虑了加减速过程，故可以直接输出到伺服驱动器控制电动机完成定位，这种控制方式的减速环节位于插补运算之前，故称“插补前加减速”。“插补前加减速”所生成的理论轨迹总是超前于实际运动，轮廓加工精度高。“插补前加减速”必须预先知道下一个程序段的运动轨迹，才能计算出加减速曲线，即 CNC 的处理要“先行”于插补运算，故称“AI 先行控制”或“前瞻控制”。

二、主轴控制功能

1. 主轴控制方式

FS-0iC 可以选择主轴模拟量输出或串行主轴控制两种方式控制主轴运行。

1）主轴模拟量输出功能：这是一种通过 CNC 附加的 D/A 转换器，将数字型 S 代码转换为模拟电压(一般为 DC -10 ~10V)的功能，这一模拟电压可通过速度控制单元实现闭环速度控制。主轴采用模拟量输出时原则上不可在 CNC 上定向准停或定位控制，更不能实现 Cs 轴控制，但 CNC 可输出与定向准停或定位匹配的转速模拟量，通过外部主轴速度控制装置实现定位。

使用主轴模拟输出功能的机床主轴加减速控制、位置/速度/电流调节器的参数均需要在主轴速度控制单元上设定与调整；主轴的起动/停止、正转/反转与定位控制需要通过开关量输出信号控制。

2）串行主轴控制功能：这是一种主轴网络控制功能，CNC 与主轴驱动器间通过串行接口连接，利用网络总线传送数据，故称“串行主轴控制”。

串行主轴控制可以直接传送数字型的速度与位置指令，因此，可以实现定向准停、定位控制与 Cs 轴控制功能，主轴的参数可以直接在 CNC 上设定与调整，主轴的起动/停止与正反转的控制使用内部信号。

对于大型、复杂机床如车削中心的双主轴驱动等，还可以使用多主轴主-从同步控制功能，同步控制只能在两个串行输出的主轴间进行，功能包括速度同步与角度(相位)同步两种。FS0-iC 的主从同步控制功能是简易的，对于同步要求高的多主轴机床，应选用同步功能更强的 FS-16/18i 系列 CNC。

2. 主轴速度控制

为了进行金属切削加工，刀具与工件之间的必须有合适的切削速度，而切削速度又决定于主轴转速与刀具(工件)直径。CNC 控制主轴转速的功能称主轴速度控制功能，主轴不仅可以根据编程的 S 代码改变转速，而且还具有自动传动级交换、线速度恒定控制与最大转速限制功能。

1）自动传动级交换功能：功能用于主轴有辅助机械变速机构的机床，功能包括 CNC 根据机床的实际传动级自动变换速度给定输出(FS-0iC 称“T 型换挡”)与根据程序中的 S 指令自动选择合适的传动级同时变换速度给定输出(FS-0iC 称“M 型换挡”)两种。交换传动级时，为了保证齿轮的正确啮合，主轴可按要求进行间歇正/反转，以控制变速齿轮“抖动”。

2）线速度恒定控制：该功能一般用于数控车床，以便在端面车削加工时根据工件的实际半径自动调整主轴转速，使主轴转速与实际加工半径的乘积(线速度)保持恒定，从而提高表面加工质量。线速度恒定控制生效后，程序中的 S 指令可以指定线速度。

3）最大转速限制功能：这是一种防止主轴转速值超过实际机床允许值的主轴转速限制功能，功能生效后可以限制主轴的转速输出，防止主轴超速。

3. 主轴位置控制功能

常用的主轴位置控制包括主轴定向准停、主轴定位、Cs 轴控制、刚性攻螺纹四种。

1）主轴定向准停：主轴定向准停功能用于自动换刀的刀具啮合或精密镗孔加工时的自动让刀，它只需要将主轴停止在某一固定的方向上，故称主轴定向准停或主轴定向(Spindle Orientation)。主轴定向准停的检测装置可以是磁性感应器(如接近开关等)，也可以是 1024p/r 的脉冲编码器。

2）主轴定位：主轴定位(Spindle Positioning)是一种主轴简单位置控制功能，它可以使主轴在360°范围内的任意位置定位停止。主轴定位的位置检测一般为1024p/r的脉冲编码器，定位精度较低(通常为0.088°)，主轴不能参与坐标轴的插补。

3）Cs轴控制：Cs轴控制亦称Cs轮廓控制(Cs Contouring Control)或C轴控制，这是一种真正能够对主轴的位置进行完全控制的功能。Cs轴控制功能不但可以在360°范围内任意选择主轴的定位位置，而且其位置控制精度可在0.001°以内，主轴可以像回转轴一样进行手动、回参考点、快速定位等操作，在程序中可以参与基本坐标轴的插补运算。Cs轴控制必须配套高精度位置编码器。

4）刚性攻螺纹：刚性攻螺纹(Rigid tapping)是一种攻螺纹进给轴(通常为Z轴)与主轴转角保持同步的进给控制功能。在刚性攻螺纹方式下，进给轴将跟随主轴的角度同步进给。当主轴进行加减速时，进给轴将自动调整进给速度，严格保证主轴每转所对应的进给量为1个螺距。刚性攻螺纹的位置检测可以是1024p/r的脉冲编码器或高精度位置编码器。

三、辅助功能控制

在数控机床上，把控制坐标轴运动以外的其他动作的功能称为辅助控制功能或辅助功能。辅助功能在加工程序中一般用M、B、E代码指令，以M代码为常用，称为第1辅助功能；B、E代码分别称为第2辅助功能与第3辅助功能。从CNC处理方式上，主轴转速指令S与刀具指令T均属于辅助功能的范畴，只是S、T代码有特定含义而已。

1. 辅助功能特点

辅助功能的最大特点是指令的作用与意义可以由设计者进行自由定义。在M代码中，除M00、M01、M02、M30等极少数代码与CNC加工程序的执行直接相关外，其余M指令、B代码指令均可以由机床设计者进行定义与使用。

辅助功能的另一特点是它可以在CNC加工程序中进行自由编程，CNC可以在执行加工程序时，对辅助功能代码进行译码并将其转换为二进制信号传送到外部接口或内部PMC上。因此，作为机床设计来说，有效地利用辅助功能代码，可达到利用CNC加工程序中来直接控制机床动作的目的。

辅助功能指令所代表的意义完全取决于机床生产厂家的PMC程序设计，在不同的机床上，同一辅助功能代码可能有完全不同的含义，因此，M、B、E等辅助功能代码的编程与使用必须参照机床使用说明书进行。

2. 辅助功能指令

在CNC内部，M、B代码以32位二进制数据的形式传送到PMC上，理论上说，可以进行编程的辅助功能代码可以多达2^{32}(42944967296)个。但是，由于受到CNC字长分配、处理速度等方面的限制，在FS-0iC中可以使用的M代码范围为8位10进制正数(M0～M99999999)；B代码最大范围为8位带符号的10进制值(B－99999999～B＋99999999)；B代码可以使用小数点。

如前所述，辅助功能指令的作用与意义原则上由机床生产厂家定义，但是，对于部分常用动作，相关标准(ISO1056)也对其作了一定的规定，表6-4为标准规定或CNC常用的M功能代码表。

表 6-4　辅助功能代码表

代　码	作　用	备　注	代　码	作　用	备　注
★M00	程序暂停		M17	子程序结束标记	仅在 SIEMENS 系统上使用
★M01	程序选择暂停				
★M02	程序结束标记	对部分 CNC（如 SIEMENS），也可以作子程序结束标记	M19	主轴定向准停	
★M03	主轴正转		M29	刚性攻螺纹	仅 FANUC 系统使用
			★M30	程序结束、CNC 复位	
			M41	主轴变速挡 1	（低速）
★M04	主轴反转		M42	主轴变速挡 2	（次低速）
★M05	主轴停止		M43	主轴变速挡 3	（中速）
M06	自动换刀		M44	主轴变速挡 4	（次高速）
★M07	内冷却开		M45	主轴变速挡 5	（高速）
★M08	外冷却开		M98	子程序调用	FANUC 系统使用
★M09	冷却关		M99	子程序结束标记	FANUC 系统使用

注：★表示所有 CNC 统一的 M 代码。

3. 辅助功能控制

FS-0iC 的所有辅助功能指令（M、S、T、B）的执行控制过程相同，当 CNC 执行到含有辅助功能代码指令的程序段时，CNC 将以十进制数表示的辅助功能代码转换为二进制信号，传送到 PMC 上，PMC 可以根据不同的辅助功能代码，控制相应的机床动作。

当辅助功能与轴运动指令被同时编程时，可以在轴运动的同时或在轴运动完成后进行辅助功能指令的处理，它决定于设计者的选择，编制 PMC 程序时可以利用 CNC 的插补完成（脉冲分配结束）DEN 信号进行控制。

一般而言，为了使得机床动作清晰、可靠，每一加工程序段中以使用 1 个辅助功能代码为宜，但如果需要，也可在 1 个程序段中编入 3 个辅助功能代码（M 代码）。在这种情况下，FS-0iC 将通过 CNC 与 PMC 之间的内部接口，同时传送 3 组不同的二进制信号到 PMC 上，以同时控制不同的辅助动作。

第三节　主轴系统的设计

一、电动机基本参数的确定

主轴电动机的选择包括确定电动机类型、安装形式、转速、功率与加减速时间等。

1. 电动机类型

电动机类型、安装形式决定于机床的结构；转速、功率与加减速需要通过算后确定。

FS-0iC 可以配套 αi、βi 两大系列的主轴电动机。αi 系列主轴电动机的结构有标准型、主轴直接连接型两类，以标准型为常用；βi 系列目前只有标准型，且规格较少。标准型主轴电动机需要通过齿轮、同步带、联轴器等与主轴联接；直接连接型电动机带有中空的转子轴，可以加装刀具中心内冷用的旋转密封接头，并通过特殊的联轴器与中心内冷主轴连接，一般用于高速加工机床。

2. 电动机转速的选择

主轴电动机的转速选择包括确定电动机的额定转速与最高转速两方面。其中，电动机的最高转速直接决定了机床主轴的最高转速这一主参数，必须选择正确。

在同样的最高转速下，主电动机的额定转速决定了主轴的恒功率输出范围，它是反映机床实际切削加工能力的指标，在生产成本、安装尺寸许可的情况下，原则上应尽量选择额定转速较低的电动机，以提高切削能力。

主轴电动机的最高转速与传动系统的结构有关。对于直接连接或通过固定传动比的减速装置(如传动带、固定减速齿轮等)连接的系统，只需要根据机床对主轴最高转速的要求，直接计算后确定；但对于传动比可变的主轴系统，需要考虑因传动级变换而带来的主轴功率下降，并保证功率下降在允许范围之内。

例如，对主轴最高转速为6000r/min的系统，当电动机的额定转速为1500r/min时，对传动比为1∶1、4∶1的两级主轴变速系统，选择最高转速为6000r/min、额定转速为1500r/min的电动机是合适的，它在变速挡改变时，输出功率保持不变(见图6-7a)。

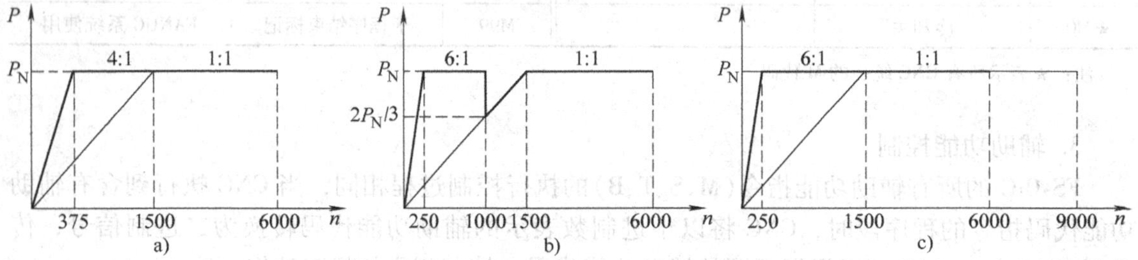

图6-7　传动级交换时的输出特性

a) n_N = 1500r/min，n_m = 6000r/min　b) n_N = 1500r/min，n_m = 6000r/min　c) n_N = 1500r/min，n_m = 9000r/min

如果同样的主电动机用于传动比为1∶1、6∶1的两级主轴变速系统(主轴最高转速要求不变)，则在1000～1500r/min范围将引起输出功率的下降(见图6-7b)。

而如选用最高转速为9000r/min，额定转速仍为1500r/min的主轴电动机，则可以保持输出功率的不变(见图6-7c)。

二、电动机功率的选择

主轴电动机的输出功率应根据机床的“切削能力”这一设计指标计算后确定。机床的切削能力常用以每分钟能够切削的典型金属材料(如45钢)体积Q(cm^3/min)来衡量。对于特定的材料，单位切削体积Q所需要的功率(kW)是一个大致不变的值，因此，可以根据机床设计要求的“切削能力”来计算主轴功率。

由于数控机床的加工对象不定，实际切削的情况无法事先确定，因此，主轴电动机的功率选择往往是根据车、铣、钻孔等典型加工情况在计算后确定。

1. 车削能力的计算

车削加工切削能力Q与加工直径D、进给速度F、切削深度d有关，计算公式如下：

$$Q = \frac{\pi DdF}{1000} \tag{6-1}$$

式中　Q——每分钟切削的体积(cm^3/min)；

D——平均切削直径(mm)；

d——切削深度(mm)；

F——切削进给速度(mm/min)。

2. 铣削能力的计算

铣削加工切削能力 Q 与铣削宽度 W、进给速度 F、铣削深度 d 有关(图 6-8)，计算公式如下：

$$Q=\frac{WdF}{1000} \tag{6-2}$$

式中 Q——每分钟切削的体积(cm^3/min)；

W——铣削宽度(mm)；

d——铣削深度(mm)；

F——切削进给速度(mm/min)。

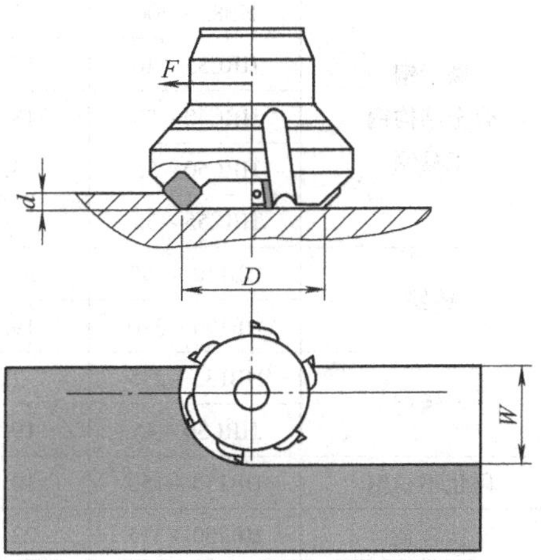

图 6-8 铣削能力计算图

3. 钻孔能力的计算

钻孔加工切削能力 Q 与钻孔直径 D、进给速度 F 有关，计算公式如下(无预钻孔)：

$$Q=\pi\left(\frac{D}{2}\right)^2\frac{F}{1000} \tag{6-3}$$

式中 Q——每分钟切削的体积(cm^3/min)；

D——钻孔直径(mm)；

F——切削进给速度(mm/min)。

4. 主轴功率的计算

在加工能力确定后，可以针对不同的加工方式、加工材料，选择主电动机功率，电动机功率的计算式如下：

$$P=\frac{Q}{\eta M_r} \tag{6-4}$$

式中 P——切削功率(kW)；

Q——每分钟切削的体积(cm^3/min)；

η——机械传动装置效率(见表 6-5)；

M_r——单位功率的切削能力(cm^3/min/kW)。

表 6-5 常用的机械传动装置效率

传动装置类型	传动效率 η	传动装置类型	传动效率 η
同步齿形带(单级)	0.95～0.97	摆线齿轮传动(单级)	0.85～0.9
齿轮传动(单级)	0.9～0.95	谐波齿轮传动	0.8～0.9
行星齿轮传动(单级/双级)	0.88～0.94	蜗杆传动	0.7
齿轮传动(多级)	0.8～0.88		

单位功率的切削能力 M_r 与刀具材料、切削用量、工件材质、硬度等因素有关，对于常规加工可参考表 6-6，限于篇幅，对于特殊刀具与特殊材料的加工，本书不再列出，读者可查阅刀具生产厂家提供的手册或其他有关参考资料。

表 6-6 常规加工的单位功率切削能力参考用表

切削条件与工件材质	硬度	单位功率切削能力 M_r ($cm^3/min/kW$)					
		车削		铣削		钻孔	
切削用量	——	主轴每转 0.12 ~ 0.38mm		每齿 0.12 ~ 0.3mm		主轴每转 0.05 ~ 0.3mm	
刀具材料	——	高速钢或硬质合金		硬质合金		高速钢	
刀具形式	——	锋利	钝化	锋利	钝化	锋利	钝化
碳素钢 合金结构钢 工具钢	HB85 ~ 200	25	19.6	25	19.6	27.4	21
	HRC35 ~ 40	19.6	16.1	18.2	14.4	19.6	16.1
	HRC40 ~ 50	18.2	14.4	15.2	12.5	16.1	13
	HRC50 ~ 55	13.6	10.9	13	10.5	13	10.5
	HRC55 ~ 58	8	6.5	10.5	8.5	10.5	8.5
铸铁	HB110 ~ 190	39.1	30.5	45.7	34.2	27.4	22.9
	HB190 ~ 320	19.6	16.1	25	19.6	17.1	13.6
不锈钢	HB135 ~ 275	21	17.1	19.6	16.1	25	19.6
	HRC30 ~ 45	19.6	16.1	18.2	14.4	22.9	18.2
硬化不锈钢	HB150 ~ 450	19.6	16.1	18.2	14.4	22.9	18.2
钛合金	HB250 ~ 375	22.9	18.2	25	19.6	25	19.6
耐高温合金(镍、钴基)	HB200 ~ 360	10.9	8.7	13.6	10.9	13.6	10.9
铁合金	HB180 ~ 320	17.1	13.6	17.1	13.6	22.9	18.2
钨钢	HB321	9.8	7.7	9.4	7.6	10.5	8.2
钼钢	HB229	13.6	10.9	17.1	13.6	17.1	13.6
铌钢	HB217	16.1	13	18.2	14.4	19.6	16.1
镍合金	HB80 ~ 360	13.6	10.9	14.4	11.9	15.2	12.5
铝合金	HB30 ~ 150	110	91.5	85.7	68.6	171.5	137.2
锰合金	HB40 ~ 90	171.5	137.2	171.5	137.2	171.5	137.2
铜	HRB80	27.4	22.9	27.4	22.9	30.5	25
铜合金	HRB80 ~ 100	27.4	22.9	27.4	22.9	34.2	27.4

5. 主轴电动机功率计算实例

例 6-1 假设某数控车床要求能利用高速钢刀具，对硬度为 HB180、直径为 100mm 的钢件，进行单边 3mm 以上的切削。主轴传动系统采用多级齿轮变速，传动效率取 0.8，主轴电动机功率可以按照以下方法计算。

对于通常情况，高速钢刀具加工硬度为 HB180 的钢件，其切削速度可以取 30m/min，主轴每转进给量为 0.3mm，因此

主轴转速：$n = \dfrac{V}{\pi D} = \dfrac{30 \times 1000}{\pi \times 100} r/min = 95 r/min$

进给速度：$F = 0.3 \times 95 mm/min = 29 mm/min$

车削能力：$Q = \pi DdF/1000 = \pi \times 100 \times 3 \times 29/1000 cm^3/min = 27.33\ cm^3/min$

主轴功率：$P \geqslant \frac{Q}{\eta M_r} = \frac{27.33}{0.8 \times 25}\text{kW} = 1.37\text{kW}$

选择电动机时应注意：以上主轴功率是针对主轴转速为95r/min时的要求，而并非主轴在额定转速下的最大功率输出。假设车床在低速挡的传动比为6:1，也就是要求主轴电动机在570r/min时的输出功率为1.37kW，如果选择额定转速为2000r/min的电动机，则电动机的额定功率必须为：

$$P_N \geqslant \frac{2000}{570} \times 1.37\text{kW} = 4.8\text{kW}$$

因此，可以选择FANUC β6(5.5/7.5kW)主轴电动机。

例6-2 假设某加工中心要求能利用高速钢刀具，对硬度为HB180的钢件，进行直径为25mm的钻孔。主轴采用一级(1:1)同步齿形带传动，传动效率取0.95，主轴功率可以按照以下方法计算。

对于通常情况，高速钢刀具对硬度为HB180钢件的钻孔加工，其切削速度可以取21m/min，主轴每转进给量为0.3mm，因此：

主轴转速：$n = \frac{V}{\pi D} = \frac{21 \times 1000}{\pi \times 25}\text{r/min} = 267\text{r/min}$

进给速度：$F = 0.3 \times 267\text{mm/min} = 80\text{mm/min}$

钻孔能力：$Q = \pi \left(\frac{D}{2}\right)^2 \frac{F}{1000} = \pi \times 12.5^2 \times 80/1000\text{cm}^3/\text{min} = 39.27\ \text{cm}^3/\text{min}$

主轴功率：$P \geqslant \frac{Q}{\eta M_r} = \frac{39.27}{0.95 \times 27.4}\text{kW} = 1.5\text{kW}$

选择电动机时同样应注意：以上主轴功率是在主轴转速为267r/min的要求，而并非主轴在额定转速下的最大功率输出。当主轴与电动机为1:1连接时，如果选择额定转速为2000r/min的电动机，则功率应达到11.3kW；选择额定转速为1500r/min的电动机，则功率应达到8.43kW。

考虑钻孔为短时加工，故可以选择β12(11/15kW)的主轴电动机；因为β8主电动机在15min短时加工时额定转速、输出功率可以达到为1500r/min、11kW，出于经济性的考虑，选择β8主电动机也是可行的。

三、加减能力计算

主轴加减速能力是衡量机床快速性的指标，以加减速时间进行衡量，加减速时间可以根据主电动机的输出特性与负载情况计算后确定。

1. 主轴电动机的输出特性

主轴电动机的输出特性一般有图6-9所示的两类。图6-9a为普通主轴电动机的输出特性，曲线分“恒转矩输出段($O \sim n_N$)”与“恒功率输出段($n_N \sim n_m$)”两段；图6-9b为高速主轴电动机的输出特性，曲线分“恒转矩输出段($O \sim n_N$)”、“恒功率输出段($n_N \sim n_f$)”与“高速输出段($n_f \sim n_m$)”三段。计算加减速时间时，需要根据输出特性曲线进行分段计算。

2. 加减速时间的计算

在不考虑摩擦转矩(通常很小)的情况下，根据电动机的转矩平衡方程

$$M(t) = J\frac{d\omega}{dt} = \frac{2\pi}{60}J\frac{dn}{dt} \tag{6-5}$$

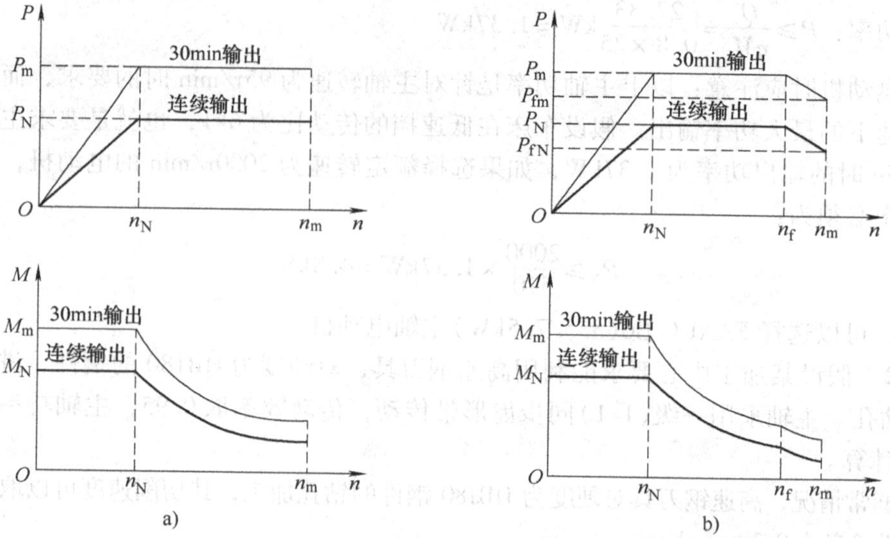

图6-9 主轴电动机的输出特性

a）普通主轴电动机 b）高速主轴电动机

式中 $M(t)$——加减速转矩（N·m）；

$\omega(t)$——角速度（rad/s）；

$n(t)$——转速（r/min）；

J——系统总惯量，$J = J_m + J_L$；

J_m——电动机转子惯量（$kg \cdot m^2$）；

J_L——负载惯量（$kg \cdot m^2$）。

可得加减速时间计算公式为

$$t = \frac{2\pi}{60}(J_m + J_L)\int \frac{1}{M(t)}dn \tag{6-6}$$

根据式（6-6），主轴各段输出特性的加减速时间可以计算如下。

（1）恒转矩输出段 在恒转矩输出段（$0 \sim n_N$），电动机的输出转矩 $M(t) = M_a$ 保持恒定，故

$$t_1 = \frac{2\pi}{60}(J_m + J_L)\int_0^{n_e} \frac{1}{M_a}dn = \frac{2\pi n_N (J_m + J_L)}{60 \quad M_a} \tag{6-7}$$

式中 n_N——电动机额定转速（r/min）；

M_a——电动机加减速转矩（N·m）。

在不考虑摩擦转矩时，对于FANUC公司的αi、βi系列的主轴电动机可取 $M_a = 1.2M_m$（M_m 为电动机30min输出转矩）。

（2）恒功率输出段 在恒功率输出段（$n_N \sim n_m$ 或 $n_N \sim n_f$），电动机的输出功率 $P(t) = P_a$ 保持恒定。

由于
$$P(t) = M(t)\omega(t) = \frac{2\pi}{60}M(t)n(t) \tag{6-8}$$

所以
$$M(t) = \frac{60 \quad P_a}{2\pi n(t)}$$

代入式(6-6)后可得

$$t_2 = \frac{2\pi}{60}(J_m + J_L)\int_{n_N}^{n_m}\frac{1}{M(t)}dn = \left(\frac{2\pi}{60}\right)^2\frac{(J_m + J_L)}{2P_a}(n_m^2 - n_N^2) \tag{6-9}$$

$$或\ t_2 = \frac{2\pi}{60}(J_m + J_L)\int_{n_N}^{n_f}\frac{1}{M(t)}dn = \left(\frac{2\pi}{60}\right)^2\frac{(J_m + J_L)}{2P_a}(n_f^2 - n_N^2) \tag{6-10}$$

式(6-9)、式(6-10)中 n_m 或 n_f——恒功率输出段的电动机最高转速(r/min)；

P_a——恒功率输出段的电动机加减速功率(W)；

对于FANUC公司的αi、βi系列的主轴电动机，$P_a = 1.2P_m$(P_m为电动机30min输出功率)。

(3)高速输出段　高速输出段的电动机输出功率呈线性下降，根据式(6-6)与式(6-8)，可得出加速时间的计算式如下：

$$t_3 = \left(\frac{2\pi}{60}\right)^2\frac{(J_m + J_L)(n_m - n_f)}{P_{af} - P_a}\left[(n_m - n_f) - \frac{P_a n_m - P_{af}n_f}{P_{af} - P_a}\ln\left(\frac{P_{af}}{P_a}\right)\right] \tag{6-11}$$

式中 n_m——电动机最高转速(r/min)；

n_f——恒功率输出段的最高转速(r/min)；

P_a——恒功率输出段的电动机加减速功率(W)，$P_a = 1.2P_m$(P_m为30min输出功率)；

P_{af}——电动机最高转速时的加减速功率(W)，$P_{af} = 1.2P_{fm}$(P_{fm}为电动机最高转速时的30min输出功率)。

3. 加减速能力计算实例

例6-3　假设某加工中心的主轴选择α8/8000*i*电动机，负载惯量$J_L = 0.055kg \cdot m^2$，主轴加减速时间可以计算如下。

α8/8000*i*电动机参数如下：

转子惯量：$J_m = 0.0275kg \cdot m^2$；

额定转速：$n_N = 1500r/min$；

30min输出转矩：$M_m = 70N \cdot m$；

恒功率输出段的最高转速：$n_f = 6000r/min$；

高速输出段的最高转速：$n_m = 8000r/min$；

恒功率输出段的30min输出功率：$P_m = 11kW$；

最高转速时的30min输出功率：$P_{fm} = 7.5kW$。

根据上述参数计算可得：

$M_a = 84N \cdot m$；$P_a = 13200W$；$P_{af} = 9000W$；

$t_1 = 0.15s$；$t_2 = 1.16s$；$t_3 = 1.16s$；

总加速时间为$t = t_1 + t_2 + t_3 = 2.47s$。

第四节　伺服进给系统设计

一、伺服电动机的基本选择

数控机床的伺服电动机一般都采用高速、中小惯量的电动机，以满足数控机床高速、高精度加工要求。伺服电动机的选择包括确定电动机类型、安装形式、转速、输出转矩与加减速能力等。其中，电动机类型、安装形式决定于机械部件的结构，一般由机械设计人员确定；转速、转矩与加减速性能需要通过计算才能确定。

1. 电动机类型的选择

对于闭环或半闭环的数字伺服进给系统，由于通信总线、协议为专用，一般都需要配套CNC生产厂家提供的专用伺服驱动与电动机。

FS-0iC可配套使用的伺服电动机有αi与βi两大系列，每一系列又分各种不同的类型。总体而言，αi系列属于高性能驱动电动机，βi系列为经济型产品，两者所使用的磁性材料等存在较大的不同，在价格与性能，特别是加减速能力、高速与低速输出特性、调速范围、控制精度与价格等方面存在较大的差别，在选择时应根据实际需要，综合考虑后确定。

αi系列伺服电动机分为αi、αis两大类。其中，αi是用于普通数控机床的中惯量伺服电动机；αis是用于高速数控机床的小惯量伺服电动机；为了与400V级的伺服驱动器配套，两大类产品中还有高电压级(HV级)产品可供选用。β系列伺服电动机目前只有普通数控机床用的高速小惯量电动机βis，但也有高电压级(HV级)产品。

伺服电动机的安装一般为端面法兰连接，输出轴的形式有锥轴带键、直轴(平轴)、直轴带键等；根据需要，电动机还可以带内置式制动器。

2. 电动机转速的选择

一般而言，由CNC生产厂家配套提供的伺服电动机，其调速范围与调速性能足以满足数控机床对进给系统的要求，伺服电动机的转速选择相对较简单，一般只需要选择最高转速。

坐标轴的快进速度、丝杠螺距与传动系统的减速比是决定伺服电动机最高转速的三个要素，一旦进给传动系统机械设计完成，便可以直接计算出伺服电动机的最高转速。

例 6-4 假设某加工中心要求*X/Y*轴的快进速度为32m/min，*Z*轴的快进速度为24m/min丝杠螺距为12mm，电动机与丝杠之间采用联轴器直接联接，电动机的最高转速可以计算如下：

*X/Y*轴：$n_m \geqslant \frac{32 \times 1000}{12} \text{r/min} = 2667\text{r/min}$

*Z*轴：$n_m \geqslant \frac{24 \times 1000}{12} \text{r/min} = 2000\text{r/min}$

因此，*X/Y*可以选择最高转速为3000r/min的伺服电动机；*Z*可以选择最高转速为2000r/min的伺服电动机。

二、进给系统的稳态设计

伺服进给系统由位置调节、速度调节、电流调节回路，伺服电动机、机械传动装置等部分组成，正确选择伺服电动机与设计机械传动装置对进给系统的性能至关重要。

进给系统设计包括稳态设计与动态设计两个方面，前者是根据负载情况确定电动机连续输出转矩；后者是对系统的瞬态响应特性(如加减速过程、过渡过程与动态稳定性等)进行的分析与计算。

通常来说，系统的稳态特性可以通过力学关系进行较为准确的计算；但是，由于系统中存在部分非线性环节，对动态参数进行准确的分析与计算通常需要借助计算机完成，分析的结果还需要通过仿真等手段进行优化与调整，因此，要对其进行准确的描述是非常困难的，尽管如此，经典的动态分析理论与方法，还是可以为进给系统的正确设计提供很大的帮助。

1. 电动机输出转矩的计算

伺服电动机连续额定输出转矩需要通过计算负载转矩后确定，在 FANUC 的 αi 与 βi 两大系列中，可以通过负载转矩确定电动机的静态转矩 M_S(Stall Torque)。

对于输出特性很“硬”的电动机(如 αi 系列,见图 6-10a)，电动机的连续输出转矩几乎与静态输出转矩相等，因此，可以直接通过计算负载转矩 M_L 来确定静态输出转矩 M_S。对于输出特性较“软”的电动机(如 βi 系列,见图 6-10b)，应计算在对应切削速度下的电动机输出转矩并使之大于负载转矩 M_L；或直接选择高速时的转矩 M_f 大于负载转矩 M_L。

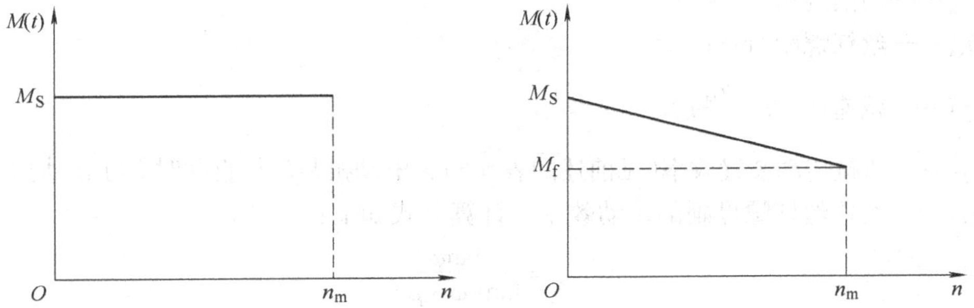

图 6-10　伺服电动机输出特性

电动机负载转矩 M_L 的计算式如下：

$$M_L = M_V + \sum M_R \pm M_G \tag{6-12}$$

式中　M_L——电动机负载转矩(N·m)；

M_V——切削加工力折算到电动机上的转矩(N·m)；

$\sum M_R$——摩擦阻力折算到电动机上的转矩(N·m)；

M_G——运动部件重力折算到电动机上的转矩(N·m)。

上述转矩需要根据进给系统的参数通过计算后确定。以图 6-11 所示的丝杠传动伺服进给系统为例，各转矩的计算分别如下。

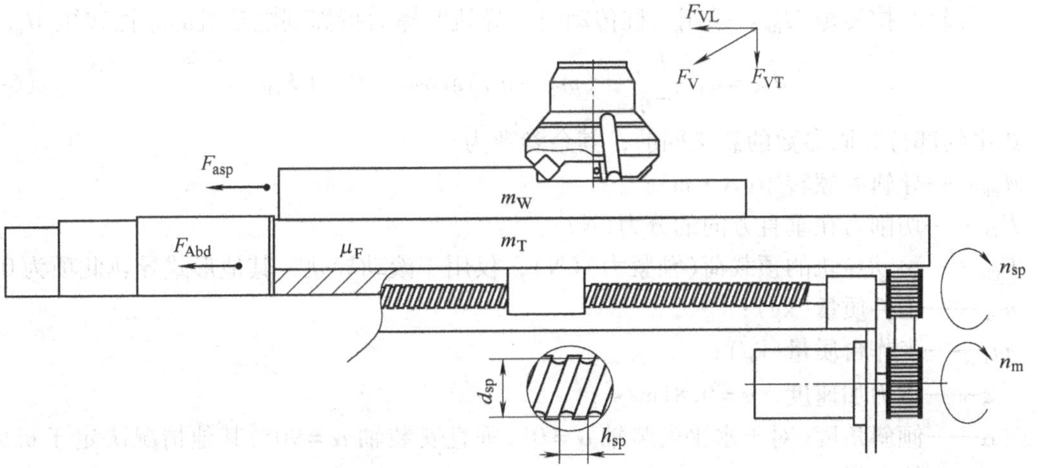

图 6-11　伺服电动机驱动系统结构

（1）切削加工力转矩 M_V 切削力折算到电动机的转矩决定于加工时在运动方向上产生的轴向抗力，它与工件材料、刀具形状与材质、进给速度、切削速度、冷却润滑等诸多因素有关，要详细计算是十分困难的。对于通用型数控机床，这一参数常常是由机床设计者确定一个最大切削进给力指标 F_{VL}，在此基础上计算出切削力所需要的转矩，或者是在选定了伺服电动机后，根据电动机的实际输出转矩在计算后进行确定。

切削力折算到电动机的转矩计算式如下：

$$M_V = \frac{F_{VL} h_{sp}}{2\pi i \eta_G \eta_{SM}} \tag{6-13}$$

式中 F_{VL}——切削进给力(N)；

h_{sp}——丝杠螺距(m)；

i——减速比，$i = \frac{n_m}{n_{sp}}$；

η_G——机械传动装置效率(见前述的表6-5)，电动机与丝杠直联时 i 与 η_G 均为1；

η_{SM}——滚珠丝杠螺母副的传动效率，计算公式如下：

$$\eta_{SM} = \frac{\tan\varphi}{\tan(\varphi + \rho)} \tag{6-14}$$

式中 φ——螺旋角(deg)，$\varphi = \arctan \frac{h_{sp}}{\pi d_{sp}}$；

ρ——与螺旋线断面形状有关的摩擦角。

在滚珠丝杠参数未详时，可以按照 $\eta_{SM} \approx 0.9 \sim 0.95$ 取值。

（2）摩擦转矩 $\sum M_R$ 进给系统的摩擦转矩通常包括导轨摩擦转矩 M_{RF}、防护罩摩擦转矩 M_{Abd}、丝杠支承轴承摩擦转矩 M_{RSL} 以及滚珠丝杠摩擦阻力与机械传动装置的摩擦阻力产生的转矩等，其中，滚珠丝杠摩擦阻力与机械传动装置的摩擦阻力一般以传动效率的形式进行等效，其余摩擦转矩可以分别通过计算得到。系统总摩擦转矩为

$$\sum M_R = \frac{M_{RF} + M_{Abd} + M_{RSL}}{i \eta_G} \tag{6-15}$$

1）导轨摩擦转矩 M_{RF}：采用丝杠传动时，导轨摩擦力折算到电动机的摩擦转矩 M_{RF} 为

$$M_{RF} = \mu_F \frac{h_{sp}}{2\pi \eta_{SM}} [(m_W + m_T) g\cos\alpha + F_{VT} + F_{FU}] \tag{6-16}$$

式中的部分相同参数的意义同前，其余参数为：

M_{RF}——导轨摩擦转矩(N·m)；

F_{VT}——切削力在垂直方向的分力(N)；

F_{FU}——滚动导轨的预载荷(预紧力)(N)，仅用于滚动导轨，其他形式导轨此项为0；

m_W——工件质量(kg)；

m_T——工作台质量(kg)；

g——重力加速度，$g = 9.81\text{m/s}^2$；

α——倾斜角度(对于水平安装轴 $\alpha = 0°$，垂直安装轴 $\alpha = 90°$；其他情况决定于机床结构布局)；

μ_F——与导轨形式有关的导轨摩擦因数，对于常见导轨如表6-7所示。

表 6-7 常用导轨的摩擦因数表

导轨类型	摩擦因数 μ_F	导轨类型	摩擦因数 μ_F
铸铁与铸铁	0.18	圆柱滚珠滚动导轨	0.005～0.01
铸铁与环氧树脂	0.1	球滚珠滚动导轨	0.002～0.003
铸铁与聚四氟乙烯	0.06		

2）防护罩摩擦转矩 M_{Abd}：数控机床的导轨一般都安装有波纹管、金属螺旋罩、多级伸缩防护罩等防护装置，其中以多级伸缩防护罩为常用。

多级伸缩防护罩的摩擦阻力与宽度有关，根据国外生产厂家提供的数据，1 米宽度防护罩所产生的阻力为表 6-8 所示，其他宽度的防护罩可以根据比例进行换算。

表 6-8 多级伸缩防护罩产生的阻力

宽度范围/m	摩擦阻力 F_{Abd}/(N/m)	宽度范围/m	摩擦阻力 F_{Abd}/(N/m)
0～1m	180N/m	2～3m	250N/m
1～2m	220N/m		

防护罩产生的阻力折算到电动机的摩擦转矩 M_{Abd} 为

$$M_{Abd}=\frac{h_{SP}}{2\pi\eta_{SM}}F_{Abd} \tag{6-17}$$

3）丝杠支承轴承摩擦转矩 M_{RSL}：丝杠支承轴承摩擦转矩通常很小，在一般情况下可以忽略，但在丝杠进行预紧(双端支承)时，需要考虑由此引起的摩擦转矩增加。根据 INA 公司提供的数据，丝杠支承轴承所产生的摩擦转矩 M_{RSL} 大致为

$$M_{RSL}=\mu_{SL}\times\frac{1}{2}d_{ML}(F_{aVL}+F_{asp}) \tag{6-18}$$

式中 M_{RSL}——丝杠支承轴承摩擦转矩(N·m)；

μ_{SL}——支承轴承摩擦因数，一般为 0.003～0.005；

d_{ML}——支承轴承平均直径(m)；

F_{aVL}——支承轴承预紧力(N)；

F_{asp}——丝杠预紧力(N)。

丝杠支承轴承摩擦转矩也可以直接从轴承生产厂家的样本中查得，这时不需要再进行式(6-18)的计算。

(3) 运动部件重力转矩 M_G　运动部件重力转矩 M_G 只存在于垂直轴或倾斜轴($\sigma\neq 0$)，对于水平安装的轴无需考虑，运动部件重力转矩 M_G 的计算方法如下：

$$M_G=\frac{h_{SP}}{2\pi i\eta_{SM}\eta_G}(m_W+m_T)g\sin\alpha \tag{6-19}$$

各参数的意义同前。

2. 电动机输出转矩的选择

如前所述，切削力 F_{VL} 折算到电动机的转矩的计算十分困难，特别对于通用型数控机床，由于加工情况未详，无法计算出切削力转矩，这时可以通过系统对摩擦转矩的要求来进行选择。

根据国外推荐，对于理想的进给系统，摩擦转矩与电动机的静态转矩之间应满足如下关系：

$$0.05M_S \leqslant \sum M_R \leqslant 0.1M_S \tag{6-20}$$

对于垂直或倾斜轴，运动部件重力转矩将产生电动机的连续热损耗，因此必须保证

$$M_G + \sum M_R \leqslant (0.2 \sim 0.3) M_S \tag{6-21}$$

否则，应考虑增加平衡机构。

3. 伺服进给系统稳态设计实例

例 6-5 假设例 6-4 的立式加工中心主要参数如下，试初步选择伺服电动机的规格。

X/Y 移动部件：工作台尺寸 700mm×450mm，质量 180kg；*Y* 拖板等部件质量 220kg；

Z 移动部件：主电动机质量 51kg，主轴以及箱体、拖板等质量 150kg；

传动系统：*X/Y/Z* 滚珠丝杠规格 *Φ*40×12mm，长度分别为 1000/800/900mm；电动机直接联接；支承轴承的摩擦转矩为 0.6N·m；

导轨：35mm 宽直线滚动导轨，摩擦因数 $\mu_F = 0.003$；滑块预载荷 0.02C(838N)；

防护罩：多级伸缩防护罩，*X/Y* 轴宽度 550/650mm，*Z* 轴宽度 450mm。

为了初步选择伺服电动机，可以先计算各轴的总摩擦转矩 $\sum M_R$，计算时取 $\eta_{SM} = 0.93$，并假设切削力在 *X/Y* 平面垂直方向的分量为 1000*N*，各轴的计算值如下：

X 轴：

$$M_{RF} = 0.003 \times \frac{0.012}{2\pi \times 0.93}[(180+450) \times 9.81\cos 0 + 838 \times 4 + 1000]\text{N·m} = 0.06\text{N·m}$$

$$M_{Abd} = \frac{0.012}{2\pi \times 0.93} \times (0.55 \times 2) \times 180\text{N·m} = 0.4\text{N·m}$$

$$M_{RSL} = 0.6\text{N·m}$$

$$M_G = 0$$

$$\sum M_R = 1.06\text{N·m}$$

Y 轴：

$$M_{RF} = 0.003 \times \frac{0.012}{2\pi \times 0.93}[(180+450+220) \times 9.81\cos 0 + 838 \times 4 + 1000]\text{N·m} = 0.08\text{N·m}$$

$$M_{Abd} = \frac{0.012}{2\pi \times 0.93} \times (0.65 \times 2) \times 180\text{N·m} = 0.48\text{N·m}$$

$$M_{RSL} = 0.6\text{N·m}$$

$$M_G = 0$$

$$\sum M_R = 1.16\text{N·m}$$

Z 轴：

$$M_{RF} = 0.003 \times \frac{0.012}{2\pi \times 0.93}[(51+150) \times 9.81\sin 0 + 838 \times 4]\text{N·m} = 0.02\text{N·m}$$

$$M_{Abd} = \frac{0.012}{2\pi \times 0.93} \times (0.45 \times 2) \times 180\text{N·m} = 0.33\text{N·m}$$

$$M_{RSL} = 0.6\text{N·m}$$

$$\sum M_R = 0.95\text{N·m}$$

$$M_G = \frac{0.012}{2\pi \times 0.93} \times (150+51) \times 9.81 \times \sin 90°\text{N·m} = 4.05\text{N·m}$$

按 $M_S = 10\sum M_R$ 的要求，X/Y 轴的进给电动机可以初步选择为静态转矩为 $M_S = 11\text{N}\cdot\text{m}$ 的 β12/3000is 型伺服电动机。

按 $M_G + \sum M_R \leqslant (0.2 \sim 0.3) M_S$ 的要求，在无平衡机构时，Z 轴的进给电动机可以初步选择为静态转矩为 $M_S = 20\text{N}\cdot\text{m}$ 的 β22/2000is 型伺服电动机。

根据式(6-12)与式(6-13)，可以推算出各轴的实际可以达到的最大切削进给力为

$$F_{VL} = \frac{2\pi i \eta_G \eta_{SM}}{h_{sp}} M_V = \frac{2\pi i \eta_G \eta_{SM}}{h_{sp}} (M_L - \sum M_R \pm M_G)$$

切削加工多为低速，可取当 $M_S = M_L$ 进行计算

X 轴：$F_{VLX} = \dfrac{2\pi \times 0.93}{0.012} \times (11 - 1.06)\text{N} = 4840\text{N}$

Y 轴：$F_{VLY} = \dfrac{2\pi \times 0.93}{0.012} \times (11 - 1.16)\text{N} = 4791\text{N}$

Z 轴：$F_{VLZ} = \dfrac{2\pi \times 0.93}{0.012} \times (20 - 0.95 + 4.05)\text{N} = 11248\text{N}$，$F_{VLZ}$的切削进给力方向与重力方向相同(垂直向下)。

因此，本机床可以将 X/Y 轴的最大切削进给力指标确定为 4500N；Z 轴的切削进给力指标定为 10000N，计算切削进给转矩为

$$M_{VX} = M_{VY} = \frac{0.012 \times 4500}{2\pi \times 0.93}\text{N}\cdot\text{m} = 9.24\text{N}\cdot\text{m}$$

$$M_{VZ} = \left(\frac{0.012 \times 10000}{2\pi \times 0.93} - 4.05\right)\text{N}\cdot\text{m} = 16.49\text{N}\cdot\text{m}$$

三、伺服进给系统的动态设计

1. 进给系统动态设计的基本要求

进给系统对动态性能的要求可以归结为加减速快、瞬态响应过程平稳、抗扰动能力强、系统稳定性好四个方面。这就要求伺服系统驱动电动机的加减速转矩、机械传动装置的刚性足够大，电气调节回路的延时、机械传动系统的死区足够小等。

由于系统中的动态设计需要建立各部分的数学模型、确定传递函数、构建系统框图等过程，分析与计算过程较为复杂；而且由于系统具有非线性环节，要对其进行准确的分析较为困难，因此，在总体设计时通常只对电动机的惯量匹配、加减速能力进行简单的计算，动态参数的调整可以在机床调试阶段，利用 CNC 软件自动完成。

在假设机械传动系统的设计是合理的前提下，对于进给系统的机械传动部件采用直接连接或少量齿轮、同步带连接的场合，为保证系统具有良好的动态性能，作为进给系统的一般设计准则，应满足如下两式

$$0 < J_L < (2 \sim 3) J_M \tag{6-22}$$

$$M_B \approx 2M_S$$

式中　J_L——负载惯量($\text{kg}\cdot\text{m}^2$)；

J_M——电动机转子惯量($\text{kg}\cdot\text{m}^2$)；

M_B——电动机加减速转矩($\text{N}\cdot\text{m}$)；

M_S——电动机静态输出转矩($\text{N}\cdot\text{m}$)。

2. 加减速能力的计算与要求

对旋转运动系统来说，转矩平衡方程如下：

$$M_M = M_L + M_B \tag{6-23}$$

$$M_B = J_{Ges}\frac{d\omega}{dt} = J_{Ges}\frac{2\pi dn}{60\,dt}$$

式中 J_{Ges}——系统总惯量($kg \cdot m^2$)；

M_M——电动机输出转矩(N·m)；

M_L——静态负载转矩(N·m)，包括前述的摩擦转矩$\sum M_R$与重力产生的转矩M_G；

M_B——电动机加减速转矩(N·m)；

ω——电动机角速度(rad/s)，$\omega = \frac{2\pi n}{60}$；

n——电动机转速(r/min)。

当采用线性加减速时$\frac{dn}{dt}$恒定，假设从0到最大转速n_m的加速时间为t_H，则有

$$M_B = J_{Ges}\frac{2\pi n_m}{60 t_H}$$

由此可见，在加速转矩M_B确定后，按旋转运动的要求，其加速时间t_H的计算式为

$$t_H = J_{Ges}\frac{2\pi n_m}{60 M_B} \tag{6-24}$$

另一方面，从机床的设计要求上看，机床的加减速性能可以通过最大加速度a_m与快进速度v_m两个指标衡量。当采用线性加减速，且加速度为a_m时，对于0到最大转速v_m的加速，其加速时间t_a为

$$t_a = \frac{v_m}{60 a_m} \tag{6-25}$$

式中，快进速度v_m指标通常容易明确，而加速度a_m则需要根据机床的实际性能进行确定，作为设计参考，可以使用表6-9的国外推荐数据。

表6-9　机床推荐的加速度值

机床类型	推荐加速度值 a_m	机床类型	推荐加速度值 a_m
大型龙门、落地式机床	$0.2 \sim 1mm/s^2$	直线电动机传动的高速加工机床	$10 \sim 40mm/s^2$
中型车床与铣床、加工中心	$0.5 \sim 2mm/s^2$	铣床、加工中心上的回转轴	$5 \sim 50rad/s^2$
小型车床与铣床、加工中心	$1 \sim 5mm/s^2$	机器人上的转臂	$20 \sim 100rad/s^2$
丝杠传动的高速加工机床	$5 \sim 15mm/s^2$	高速机器人	$200 \sim 500rad/s^2$

表6-9的推荐数据为对机床的一般要求，由于设计的需要，在同一机床上的不同坐标轴也可以使用不同的数据，例如，对于立式机床的垂直轴Z、卧式机床的垂直轴Y，由于重力的作用，其加速度的选择可以比推荐值略低。

显然，由式6-24计算得到的t_H反映了系统实际所具备的加减速能力，而由式(6-25)计算得到的t_a则是机床对加减速能力的设计要求，因此，进给系统的加减速设计准则为

$$t_H \leqslant t_a \tag{6-26}$$

3. 运动部件惯量的计算

利用式(6-24)计算系统实际所具备的加减速能力时，首先需要确定系统总惯量 J_{Ges}。在伺服电动机驱动滚珠丝杠的运动系统中，系统总惯量包括旋转运动部件与直线运动部件折算到电动机上的惯量两部分。旋转运动部件有电动机本身的转子惯量 J_M，滚珠丝杠惯量 J_{SP}，联轴器或齿轮、同步带轮的惯量等；直线运动部件有工作台、工件等，惯量的计算方法如下。

（1）旋转运动部件　在旋转运动部件中，电动机转子的惯量 J_M 可以直接从电动机的技术参数中查得；其余滚珠丝杠、联轴器或齿轮、同步带轮等大部分零件均可以通过如下实心圆柱体的惯量计算基本公式计算

$$J_C = \frac{\pi\gamma}{32} D^4 L \tag{6-27}$$

式中　J_C——圆柱体惯量($kg \cdot m^2$)；

γ——材料密度(kg/m^3)；

D——实心圆柱体直径(m)；

L——实心圆柱体长度(m)。

对于钢制零件，当使用常用尺寸单位与代入密度后，可以通过下式进行计算

$$J_C = 0.77 \times 10^{-12} d^4 l \tag{6-28}$$

式中　d——实心圆柱体直径(mm)；

l——实心圆柱体长度(mm)。

(2)直线运动部件　对直线运动部件的工作台、工件等，惯量计算基本公式如下：

$$J_Z = m\left(\frac{h_{sp}}{2\pi}\right)^2 \tag{6-29}$$

式中　J_Z——直线运动部件惯量($kg \cdot m^2$)；

m——运动部件质量(kg)；

h_{sp}——丝杠螺距(m)。

4. 动态设计实例

例 6-6　对于例 6-4、例 6-5 的数控机床，在 X/Y 轴进给电动机初步选择为 β12/3000is，Z 轴进给电动机初步选择为 β22/2000is 时，如机床要求的 X/Y 轴的最大运动速度为 32m/min、最大加速度要求为 $5m/s^2$；Z 轴的最大运动速度为 24m/min、最大加速度要求为 $4m/s^2$ 时，其加减速能力可计算如下。

X 轴：

直线运动部件的惯量：$J_{W+T} = (180+450) \times \left(\frac{0.012}{2\pi}\right)^2 kg \cdot m^2 = 2.30 \times 10^{-3} kg \cdot m^2$

滚珠丝杠的惯量：$J_{sp} = 0.77 \times 10^{-12} \times 40^4 \times 1000 kg \cdot m^2 = 1.97 \times 10^{-3} kg \cdot m^2$

联轴器等件的惯量：$J_{Gt} = 0.3 \times 10^{-3} kg \cdot m^2$

负载总惯量为：$J_L = 4.57 \times 10^{-3} kg \cdot m^2$

β12/3000is 电动机转子的惯量：$J_M = 2.28 \times 10^{-3} kg \cdot m^2$

系统总惯量 $J_{Ges} = 6.85 \times 10^{-3} kg \cdot m^2$

从电动机加减速曲线可以查得，β12/3000is 在最高转速 $n_m = 2667 r/min$ 时的短时输出加速转矩 M_M 为 22N · m，根据例 6-5 的计算结果，有

$M_B = M_M - \sum M_R = (22 - 1.06) N \cdot m = 20.94 N \cdot m$

系统实际可以达到的加速时间为

$$t_{\mathrm{H}}=6.85\times10^{-3}\times\frac{2\pi\times2667}{60\times20.94}\mathrm{s}=0.091\mathrm{s}$$

系统设计要求的线性加减速能力为

$$t_{\mathrm{a}}=\frac{32}{60\times5}=0.107\mathrm{s}$$

可以满足式(6-22)与式(6-26)的要求。

Y 轴：

直线运动部件的惯量：$J_{\mathrm{W+T}}=(180+450+220)\times\left(\frac{0.012}{2\pi}\right)^2\mathrm{kg\cdot m^2}=3.10\times10^{-3}\mathrm{kg\cdot m^2}$

滚珠丝杠的惯量：$J_{\mathrm{sp}}=0.77\times10^{-12}\times40^4\times800\mathrm{kg\cdot m^2}=1.58\times10^{-3}\mathrm{kg\cdot m^2}$

联轴器等件的惯量：$J_{\mathrm{Gt}}=0.3\times10^{-3}\mathrm{kg\cdot m^2}$

负载总惯量为：$J_{\mathrm{L}}=4.98\times10^{-3}\mathrm{kg\cdot m^2}$

β12/3000is 电动机转子的惯量：$J_{\mathrm{M}}=2.28\times10^{-3}\mathrm{kg\cdot m^2}$

系统总惯量 $J_{\mathrm{Ges}}=7.26\times10^{-3}\mathrm{kg\cdot m^2}$

根据例 6-5 的计算结果，有

$$M_{\mathrm{B}}=M_{\mathrm{M}}-\sum M_{\mathrm{R}}=(22-1.16)\mathrm{N\cdot m}=19.84\mathrm{N\cdot m}$$

系统实际可以达到的加速时间为

$$t_{\mathrm{H}}=7.26\times10^{-3}\times\frac{2\pi\times2667}{60\times19.84}\mathrm{s}=0.102\mathrm{s}$$

系统设计要求的加减速能力与 *X* 轴同，同样可以满足式(6-22)与式(6-26)要求。

Z 轴：

直线运动部件的惯量：$J_{\mathrm{W+T}}=(51+150)\times\left(\frac{0.012}{2\pi}\right)^2\mathrm{kg\cdot m^2}=0.7\times10^{-3}\mathrm{kg\cdot m^2}$

滚珠丝杠的惯量：$J_{\mathrm{sp}}=0.77\times10^{-12}\times40^4\times900\mathrm{kg\cdot m^2}=1.77\times10^{-3}\mathrm{kg\cdot m^2}$

联轴器等件的惯量：$J_{\mathrm{Gt}}=0.3\times10^{-3}\mathrm{kg\cdot m^2}$

负载总惯量为：$J_{\mathrm{L}}=2.77\times10^{-3}\mathrm{kg\cdot m^2}$

β22/2000is 电动机转子的惯量：$J_{\mathrm{M}}=5.87\times10^{-3}\mathrm{kg\cdot m^2}$

系统总惯量 $J_{\mathrm{Ges}}=8.64\times10^{-3}\mathrm{kg\cdot m^2}$

从电动机加减速曲线可以查得，β22/2000is 在最高转速 $n_{\mathrm{m}}=2000\mathrm{r/min}$ 时的短时输出加速转矩 M_{M} 为 27N · m，根据例 6-5 的计算结果，有

$$M_{\mathrm{B}}=M_{\mathrm{M}}-\sum M_{\mathrm{R}}-M_{\mathrm{G}}=(27-0.95-4.05)\mathrm{N\cdot m}=22\mathrm{N\cdot m}$$

系统实际可以达到的加速时间为

$$t_{\mathrm{H}}=8.64\times10^{-3}\times\frac{2\pi\times2000}{60\times22}\mathrm{s}=0.082\mathrm{s}$$

系统设计要求的加减速能力为

$$t_{\mathrm{a}}=\frac{24}{60\times4}\mathrm{s}=0.100\mathrm{s}$$

同样可以满足式(6-22)与式(6-26)要求。

参考文献

[1] 王永章，等．机床的数字控制技术[M]．哈尔滨：哈尔滨工业大学出版社，1995.

[2] 卓迪仕．数控技术及应用[M]．北京：国防工业出版社，1997.

[3] 刘雄伟，等．数控加工理论与编程技术[M]．北京：机械工业出版社，2000.

[4] 李清新．伺服系统与机床电器控制[M]．北京：机械工业出版社，1994.

[5] 冯勇，霍勇进．现代计算机数控系统[M]．北京：机械工业出版社，1996.

[6] 周济，周艳红．数控加工技术[M]．北京：国防工业出版社，2002.

[7] 白恩远．现代数控机床伺服及检测技术[M]．北京：国防工业出版社，2002.

[8] 王先逵．现代制造技术手册[M]．北京：国防工业出版社，2000.

[9] 全荣．五坐标联动数控技术[M]．长沙：湖南科学技术出版社，1995.